教育中国·院士精品系列

石油和化工行业"十四五"规划教材

MICROBIAL PHARMACEUTICAL MANUFACTURING TECHNOLOGY

微生物药物制造工艺学

郑裕国 薛亚平 主编

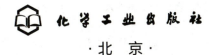

·北京·

内容简介

本书以微生物药物制造工艺学的理论知识和技术为主线，重点介绍了微生物药物制造工艺学相关的基本概念、理论、技术、方法和应用，兼顾该领域的新进展。本书共 8 章，包括绪论、微生物药物的生物合成、微生物药物产生菌的筛选和新药研发、微生物药物产生菌的选育、微生物药物的发酵生产、微生物药物的分离纯化、微生物药物的质量控制与质量管理、微生物制药废物的生物处理。每一部分都涵盖了该领域的重要内容，既有理论知识的阐述，也有实践经验的分享。本书文字简洁明了，配图丰富，配套的多媒体课件，对一些微生物制药工艺进行直观、生动的介绍，可方便读者更容易地了解、掌握本书内容。

本书可作为普通高等院校生物工程、生物制药、生物技术、制药工程等本科专业的教材，也可供从事生物、制药、发酵、化工、轻工、环境等领域的科研、生产、管理的专业人员参考。

图书在版编目（CIP）数据

微生物药物制造工艺学 / 郑裕国，薛亚平主编. 北京：化学工业出版社，2024. 10. --（石油和化工行业"十四五"规划教材）. -- ISBN 978-7-122-46393-7

Ⅰ. TQ460.38

中国国家版本馆CIP数据核字第20242YB922号

责任编辑：赵玉清　　　　　　　文字编辑：周　倜
责任校对：宋　玮　　　　　　　装帧设计：刘丽华

出版发行：化学工业出版社
　　　　（北京市东城区青年湖南街13号　邮政编码100011）
印　　装：大厂回族自治县聚鑫印刷有限责任公司
880mm×1230mm　1/16　印张18½　字数557千字
2025年1月北京第1版第1次印刷

购书咨询：010-64518888　　　售后服务：010-64518899
网　　址：http://www.cip.com.cn
凡购买本书，如有缺损质量问题，本社销售中心负责调换。

定　　价：59.00元　　　　　　　　　　　版权所有　违者必究

前言

微生物药物是治疗许多重大疾病的重要手段之一，对人类健康具有重要意义。随着学科的交叉融合和技术的发展，微生物药物制造技术取得一系列重大进展与突破，推动了制药行业高质量发展。新的形势下，习近平总书记提出"新质生产力"，加快科技创新的要求，微生物药物制造产业必将迎来新的发展机遇与挑战。

微生物药物制造产业的发展、各种信息技术、多媒体技术的广泛应用对专业教学课程建设和教材编写提出了新的要求。作为面向生物工程、生物制药、生物技术及相关专业的教学用书，本书在强调知识先进性和科学性同时，注重工艺核心单元知识结构的系统性、完整性，将基础知识、学科前沿、工程应用有机结合，贴近实际应用需求，力争为学生今后工程实践提供扎实的知识储备。

基于十几年来课程改革成果，作者团队总结教学与科研工作经验，经过系统梳理、归纳、总结，在化学工业出版社的鼓励、帮助和支持下，撰写完成《微生物药物制造工艺学》。为促进学习过程，引导学生开阔思路、积极思考、主动参与教学与讨论，培养创新型人才，本书力争突出以下特色：

● 重点突出，适用性和先进性融为一体。突出工艺的核心单元的重点知识，以典型微生物药物产品为实例，以新技术、新工艺为前导，融入国内外最新的科研成果，面向未来，面向世界。

● 设置兴趣引导、问题导向和学习目标。以问题为导向，阐述学习本章知识的实际意义，将学生的注意力集中在应该学到的知识上。针对性设置概念检查和案例教学及信息化教学内容，帮助检测学生对知识的理解程度，更好地激发学习兴趣。

● 提炼知识点，加强课后练习。章后总结学习要素，梳理知识点、重要名词、概念、工艺流程、技术指导与应用等，力争调动学生思考的同时，进一步加深对知识的理解和应用。

● 作为新形态教材，设置工程设计问题，锻炼学生解决复杂问题的能力以及探究科学的思维习惯，进一步加强对能力的培养和技巧的提升。

本书共8章，由郑裕国院士、薛亚平教授组织编写和统稿，邹树平教授、熊能副教授、沈其副教授、岑宇科副教授、汤恒博士、周仕芃博士承担编写校对，化学工业出版社赵玉清编审对本书编写进行了指导。在此向所有关心、指导、帮助和支持本书出版的前辈、同仁和朋友们表示深深的谢意！

由于作者水平和经验有限，书中难免有疏漏和不妥之处，敬请广大读者批评指正。

作者
2024年6月
浙江工业大学

目录

第一章　绪论　001

1.1　微生物药物在现代生物医药领域的地位和重要性　001
1.2　微生物药物的发展历程　001
1.3　微生物制药产业现状与发展趋势　004
 1.3.1　微生物制药产业现状　004
 1.3.2　微生物制药的发展趋势　006
1.4　课程内容和任务　007

第二章　微生物药物的生物合成　009

2.1　微生物药物的分类　011
 2.1.1　基于微生物药物的化学结构的分类　011
 2.1.2　基于作用的分类　017
2.2　微生物药物的主要来源　018
 2.2.1　放线菌　018
 2.2.2　真细菌　018
 2.2.3　古细菌　019
 2.2.4　真菌　019
 2.2.5　病毒　020
2.3　微生物药物产生菌的代谢　020
 2.3.1　微生物主要的代谢途径　020
 2.3.2　药物生产菌的代谢网络及调控　023
 2.3.3　微生物的初级与次级代谢产物　026
 2.3.4　次级代谢产物的类型　029
 2.3.5　次级代谢与初级代谢的主要区别与联系　030
 2.3.6　人工构建的代谢产物　030
2.4　微生物药物典型构建单位与合成途径　032
 2.4.1　糖类　033
 2.4.2　氨基酸及其衍生物　034
 2.4.3　聚酮体　034
 2.4.4　甲羟戊酸　035
 2.4.5　环醇与氨基环醇　035
 2.4.6　核苷酸及其衍生物　037
 2.4.7　莽草酸　037
2.5　微生物药物生物合成及调控　038
 2.5.1　生物合成的基本步骤　038
 2.5.2　生物合成的调控　041
 2.5.3　生物合成机理的主要研究方法　043

第三章　微生物药物产生菌的筛选和新药研发　047

3.1　微生物药物的产生菌　050
 3.1.1　典型抗生素产生菌　051
 3.1.2　针对不同用途的药物产生菌　055
 3.1.3　不同类型药物的产生菌　062

3.2 菌种的分离 ... 064
　3.2.1 土壤微生物的分离 ... 064
　3.2.2 海洋微生物的分离 ... 067
　3.2.3 极端微生物的分离 ... 068
3.3 微生物药物与菌种的筛选 ... 068
　3.3.1 菌种筛选流程 ... 068
　3.3.2 菌种的常规筛选方法 ... 068
　3.3.3 微生物药物的筛选 ... 072
　3.3.4 微生物药物筛选新技术 ... 074
　3.3.5 药物发现与筛选技术进展 ... 077
3.4 微生物新药的研发 ... 079
　3.4.1 微生物新药的研究开发流程 ... 080
　3.4.2 微生物新药的发现方法 ... 080
　3.4.3 菌种采集与分离 ... 085
　3.4.4 菌种资源库的构建与应用 ... 088
　3.4.5 微生物产物库的构建 ... 089
　3.4.6 近几年发现的微生物药物新药 ... 091

第四章　微生物药物产生菌的选育　　095

4.1 非理性育种 ... 097
　4.1.1 概述 ... 097
　4.1.2 自然育种 ... 097
　4.1.3 诱变育种 ... 098
　4.1.4 低能离子注入育种 ... 102
　4.1.5 杂交育种 ... 102
4.2 代谢工程育种 ... 103
　4.2.1 代谢工程育种原理 ... 104
　4.2.2 微生物的设计 ... 104
　4.2.3 微生物的组装与构建 ... 108
　4.2.4 微生物的优化 ... 110
　4.2.5 "设计-构建-检验-重设计"的特征循环 ... 112
　4.2.6 代谢工程育种的典型案例 ... 114
4.3 合成生物学育种 ... 116
　4.3.1 合成生物学及其原则 ... 116
　4.3.2 合成生物系统的调控与优化 ... 117
　4.3.3 合成生物学育种在微生物药物合成中的应用实例 ... 121

第五章　微生物药物的发酵生产　　125

5.1 微生物药物发酵生产概述 ... 127
　5.1.1 微生物药物发酵生产的发展历程 ... 128
　5.1.2 微生物药物发酵生产流程及类型 ... 130
　5.1.3 微生物药物发酵的特点 ... 132
　5.1.4 微生物药物发酵的发展趋势 ... 133
5.2 微生物药物发酵用培养基 ... 134
　5.2.1 培养基的主要成分 ... 134
　5.2.2 不同类型和用途的培养基 ... 136
　5.2.3 发酵培养基的设计原则 ... 138
5.3 灭菌与除菌 ... 138
　5.3.1 灭菌 ... 138
　5.3.2 工业生产中常用的培养基灭菌方法 ... 143
　5.3.3 空气除菌 ... 148
5.4 微生物药物发酵类型 ... 151
　5.4.1 分批发酵 ... 151
　5.4.2 连续发酵 ... 153
　5.4.3 补料分批发酵 ... 154

5.4.4　几个发酵参数的概念　157

5.5　发酵过程的控制　159
 5.5.1　发酵过程中主要参数控制　159
 5.5.2　发酵终点的判断及异常情况处理　164

5.6　发酵过程的放大　165
 5.6.1　生物过程放大技术的发展历程和研究进展　166
 5.6.2　发酵过程放大研究的主要内容　167
 5.6.3　生产菌株的稳定性　170
 5.6.4　大型发酵罐中发酵过程的模拟　170

5.7　发酵生产染菌及其防治　171
 5.7.1　染菌对发酵的影响　171
 5.7.2　一些常见的染菌防治措施　171
 5.7.3　染菌原因分析　172
 5.7.4　处理染菌的措施　172
 5.7.5　噬菌体的防治与污染处理　173

5.8　两性霉素的发酵工艺　177
 5.8.1　两性霉素概述　177
 5.8.2　两性霉素的发酵生产　178
 5.8.3　两性霉素的提取　178

第六章　微生物药物的分离纯化　183

6.1　分离纯化工艺的基本概念　185
 6.1.1　分离纯化与微生物药物　186
 6.1.2　下游过程在微生物制药中的地位　187
 6.1.3　微生物药物分离纯化工艺的特点　187

6.2　微生物药物分离的过程和原则　188
 6.2.1　微生物药物分离纯化的典型流程　188
 6.2.2　分离纯化方法的选择　189
 6.2.3　分离纯化技术的发展趋势　190

6.3　微生物药物分离纯化的主要单元操作　191
 6.3.1　发酵液的预处理　191
 6.3.2　固液分离　193
 6.3.3　萃取　196
 6.3.4　离子交换　199
 6.3.5　吸附　201
 6.3.6　沉淀　202
 6.3.7　色谱分离法　203
 6.3.8　膜分离法　205

6.4　微生物药物的精制　207
 6.4.1　精制的原则　207
 6.4.2　脱色　208
 6.4.3　结晶与重结晶　208
 6.4.4　成品干燥　209

6.5　微生物药物工业生产的实例　212
 6.5.1　两性霉素B的提取和精制　212
 6.5.2　阿卡波糖的提取和精制　213

第七章　微生物药物的质量控制与质量管理　219

7.1　微生物药物的鉴别　221
 7.1.1　微生物药物的外观鉴别　221
 7.1.2　微生物药物的理化性质测定　222
 7.1.3　结构鉴定方法　224

7.2　微生物药物的质量检定　227
 7.2.1　杂质鉴定　227
 7.2.2　纯度检定　228
 7.2.3　生物效价测定　229

7.3 微生物药物的质量管理和质量控制　231
- 7.3.1 药品质量管理的概念　231
- 7.3.2 微生物药物的标准化研发　232
- 7.3.3 GMP的概念与实际应用　233
- 7.3.4 微生物药物生产质量控制　235
- 7.3.5 微生物药物生产的物料质量控制　239
- 7.3.6 原料药质量控制和标准　240
- 7.3.7 制剂的质量控制和标准　241
- 7.3.8 微生物药物的质量检测范例　242

7.4 微生物药物生产与开发的执行标准　244
- 7.4.1 微生物药物生产相关的药事管理　244
- 7.4.2 药品生产许可　245
- 7.4.3 药品注册　247
- 7.4.4 仿制药与一致性评价　248
- 7.4.5 生产工艺变更　249

第八章　微生物制药废物的生物处理　253

8.1 微生物制药工业的废物　255

8.2 微生物制药废渣　255
- 8.2.1 微生物制药废渣的定义与成分　256
- 8.2.2 微生物制药废渣的来源与特点　256
- 8.2.3 微生物制药废渣的生物处理技术　257
- 8.2.4 微生物制药废渣生物处理实例　260

8.3 微生物制药废水　261
- 8.3.1 微生物制药废水的定义与成分　261
- 8.3.2 微生物制药废水的来源、分类与特点　261
- 8.3.3 微生物制药废水的生物处理技术　263
- 8.3.4 微生物制药废水生物处理实例　269

8.4 微生物制药废气　270
- 8.4.1 微生物制药废气的定义与成分　270
- 8.4.2 微生物制药废气的主要来源与特点　271
- 8.4.3 微生物制药废气的生物处理技术　271
- 8.4.4 微生物制药废气生物除臭实例　276

8.5 环保和排放法律法规简介　277
- 8.5.1 环境保护法律框架　277
- 8.5.2 微生物制药废水污染防治法规及其实施条例　279
- 8.5.3 微生物制药固体废物污染防治法规及其实施条例　280
- 8.5.4 微生物制药废气污染防治法规及其实施条例　280
- 8.5.5 微生物制药企业环境信息公开　282

参考文献　285

第一章 绪论

1.1 微生物药物在现代生物医药领域的地位和重要性

随着人口增长和疾病增加,人们对健康需求也在不断增加,许多疾病如感染性疾病、糖尿病、高血压、高血脂、癌症、自身免疫疾病等,需要高效和安全的治疗药物。微生物是一个巨大的资源宝库,包含了数以万计的微生物物种,具有多样化的代谢途径和生物合成能力,可以产生成千上万种药物分子,包括抗生素、酶抑制剂、激素、维生素、酶等,微生物药物已经成为许多疾病的主要治疗手段。微生物药物制造工艺的创新和进步,不仅推动了药物工业的进步,也为人类提供了更多高效、安全、有效的药物选择(图1-1)。

因此,微生物药物制造工艺学是现代生物合成与生物制造领域中的重要学科,它关系着如何利用微生物来生产药物,并通过合理的工艺设计和优化,确保药物的高效、可靠和安全生产。微生物药物制造工艺是将生物学原理与工程技术相结合的课程,它承载着人们对健康的追求和对生命科学的深入研究。随着生物技术及其工程化水平的不断进步,微生物药物制造工艺也得到了极大发展。基因工程、蛋白质表达与组学研究、合成生物学等新技术的应用,使微生物的生产能力和产物质量得到显著提高。随着科学技术不断进步和生物医药产业快速发展,微生物药物制造工艺的研究与应用日益受到重视。通过深入研究微生物药物制造工艺,可以了解微生物药物生产原理、生产工艺和质量控制等关键要素,从而提升药物的生产效率,提高药物产量、纯度和稳定性。

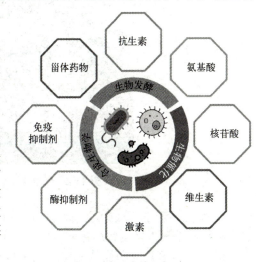

图1-1 通过生物发酵、生物转化和合成生物学方法利用微生物产生各种药物

1.2 微生物药物的发展历程

微生物药物最早是从抗生素发展起来的一类药物。提起抗生素,人们并不陌生,它是一类在低浓度时能选择性地抑制或杀灭其它微生物的低分子量微生物次生代谢产物,在抗感染、治疗癌症等方面发挥

重大作用。抗生素仅仅是微生物药物中的一类，微生物药物是一个更大更广的药物范畴，它是指微生物在其生命活动过程中所产生的一系列具有生理活性的物质及其衍生物，包括抗生素、维生素、氨基酸、核苷酸、激素、免疫抑制剂等。微生物药物是人类控制感染等疾病，保障身体健康，以及用来防治动植物病虫害的一类重要药物。

微生物在医药与治疗疾病的应用最早可以追溯到远古时期。例如，两千多年前的汉朝，人们就发现利用豆腐上的霉毛可以治疗疮疡疖痛。唐朝时，长安城的裁缝就懂得把长有绿毛的糨糊涂在被剪刀划破的手指上以加速伤口的愈合，其原理就是利用绿毛产生的物质（青霉素）来进行杀菌。但早先的微生物及微生物技术的应用仅是朴素的、经验的总结。直至 17 世纪，荷兰显微镜学家列文虎克首次通过自制的显微镜观察到了细菌，自此人类开启了对微生物世界的认知。

微生物药物的发展始于青霉素的发现。1929 年，英国科学家弗莱明发现青霉菌落周围存在一层细菌无法生长的抑菌圈（图 1-2），并将其中的活性成分命名为青霉素。青霉素的发现标志着抗生素纪元即化学治疗的黄金时代的开始。随着牛津大学病理学家弗洛里和生物化学家钱恩在青霉素提取和纯化上取得突破性进展，并由此开启了现代抗生素发酵工业，青霉素开始得到大规模应用，许多曾经严重危害人类的疾病，如猩红热、化脓性咽喉炎、白喉、梅毒、淋病以及各种结核病、败血病、肺炎、伤寒等，都得到了有效抑制，同时也挽救了大量因伤感染的士兵的生命。1945 年，弗莱明、弗洛里和钱恩因"发现青霉素及其临床效用"而共同荣获诺贝尔生理学或医学奖。青霉素的纯化与工业化生产，开始了现代抗生素发酵工业。由此展开了以生物学为基础的微生物药物研究。

图 1-2　弗莱明发现青霉菌产生的活性成分可以抑制细菌生长

作为一项跨时代的成就，青霉素的发现和成功应用为使用抗生素治疗传染病开辟了道路，开启了利用抗菌物质杀灭人体内致病菌的新思路，也促使科学家们在世界各地寻找新的微生物抗菌物质。1943 年，土壤微生物学家瓦克斯曼从一株灰色链霉菌中分离到了一种对结核分枝杆菌具有强烈抑制活性的物质，将其命名为"链霉素"，并最先为抗生素下了如下定义："抗生素是微生物产生的能抑制或破坏他种微生物的物质。" 20 世纪 50 年代初将定义扩展："抗生素是在低浓度下，能选择性地抑制或杀死他种微生物或肿瘤细胞的微生物次级代谢产物。"二十世纪四五十年代陆续发现了氯霉素、金霉素、土霉素、红霉素、卡那霉素等。这些发现使得人们充分认识到微生物，尤其是链霉素在药物筛选中的重要性。

进入 20 世纪 60 年代以后，通过对原有的抗生素进行改造来获得具有更好临床效果的衍生物成为新的研究方向。6-氨基青霉烷酸的问世，揭开了半合成青霉素研究热潮，大大地改善了天然青霉素的缺陷。随后，头孢霉素类、四环素、大环内酯等抗生素的化学修饰也取得了极大进展。随着半合成抗生素的发现，60 年代又将抗生素的定义修订为："一类在低浓度下能选择性地抑制或杀死他种微生物或肿瘤细胞的微生物次级代谢产物，和采用化学或生物学等方法将次级代谢产物作为先导化合物加以修饰，制得的衍生物与结构修饰物。"因此微生物药物的研究和发展史，尤其在初期，可以说是抗生素研究发展史。重要抗生素的发现历程见图 1-3。

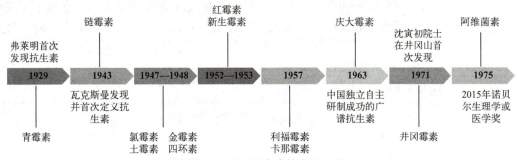

图 1-3　重要抗生素的发现历程

20 世纪 70 年代到 90 年代，抗生素的研发效率呈衰退趋势，新骨架抗生素发现的数量屈指可数，更多的是已知化合物的类似物。与此同时，由于抗生素在临床上的不当使用，导致了新病原体出现和多重耐药菌株增加。这一时期微生物药物研发的另一个特点是，越来越多具有非抗菌活性的次级代谢产物被发现并开发成为药物广泛应用，如酶抑制剂（他汀类药物）、免疫调节剂（环孢霉 A）、受体拮抗剂和激动剂等。抗生素已经不再是微生物药物的全部主题，抗肿瘤药物、抗病毒药物、抗线虫药物、除草剂、免疫调节剂、酶抑制剂、家禽家畜生长激素、农作物生长激素等已经占据微生物药物研究的主流。这标志着微生物药物的内涵从简单的抗生素拓展为用于治疗其他生理性疾病药物。

抗生素大规模发酵生产的成功也为其他微生物药物的发酵生产奠定了坚实的基础。采用微生物发酵法生产的维生素有维生素 C、维生素 B_2、维生素 B_{12} 和 β- 胡萝卜素等，其中以维生素 C 的产量最大。1975 年，中国科学院微生物研究所与北京制药厂合作发明了二步发酵法合成维生素 C。甾体类药物的微生物转化是利用微生物酶对甾体底物的某一特定部位进行改造，获得新的甾体化合物。核苷酸的类似物能干扰核苷酸的代谢，可作为抗肿瘤药物。随着近代分子生物学的发展，人们对于核苷酸类物质在调控机体生理平衡作用方面的认识加深，同时对微生物发酵生产核苷酸代谢调控机制的研究更加深入，核酸类药物的发酵生产得到迅速发展。至此，近一半的畅销药物是天然产品或其衍生物，充分证明了微生物药物在治疗疾病、药物开发等方面的重要性。微生物药物发展历程见图 1-4。

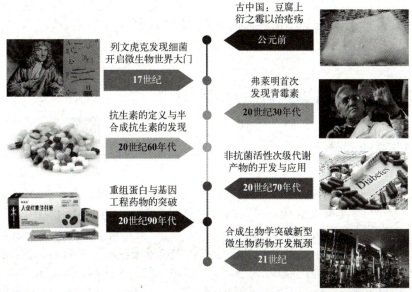

图 1-4　微生物药物发展历程

20世纪90年代以来,合成生物学、系统生物学、组学等学科技术的飞速发展推动微生物药物产业进入崭新阶段。除了开发新型抗生素外,抗生素替代药物(如抗毒力化合物或生物膜抑制剂)、抗生素佐剂等新药物也成为研究热点。许多重要的商业化新药是从天然来源或由天然化合物结构修饰而成,或是以天然化合物为模型、经人工设计合成的新化合物。因此,微生物药物可以定义为:含抗生素在内的,在抗生素研究发展过程中逐渐扩展开的,具有抗细菌、抗真菌、抗病毒、抗肿瘤、抗高血脂、抗高血压等作用的药物及抗氧化剂、酶抑制剂、免疫抑制剂、强心剂、镇定止痛剂等一系列用于治疗其他生理性疾病药物。微生物药物领域重大的新发现见表1-1。

表1-1 微生物药物领域重大的新发现

时间	微生物药物研究相关重大发现
1943年	青霉素大规模发酵成功并成功应用
1950年	首次发现抗真菌药物制霉菌素
1972年	保罗·伯格发明DNA重组技术
1983年	PCR技术出现
1987年	首款还原酶抑制剂洛伐他汀上市,用于治疗高胆固醇血症和混合型高脂血症
1990年	人类基因组计划启动
1998年	第一个反义寡核苷酸Vitravene上市,用于巨细胞病毒引起的视网膜炎的治疗
2000年	人类基因组草图绘制完成
2012年	CRISPR系统的基因编辑技术出现
2017年	CRISPR系统的基因编辑应用于底盘细胞的构建
2021年	靶向CD19的CAR-T药物瑞基奥仑赛注射液获批上市
2022年	人工智能技术应用于微生物药物的研发

随着生物技术的不断革新。现代生物制药领域已经取得了很多阶段性成果,随着人类基因组计划的顺利完成,人类对自身遗传信息的了解和掌握有了前所未有的进步。与此同时,分子水平的基因检测技术平台不断发展和完善,使得基因检测技术得到了迅猛发展,基因疾病与其作用靶点的发现进一步推动了现代生物制药技术的发展。现代工业微生物制药工程已经与基因工程、细胞工程和酶工程等紧密结合起来,在生物工程这个高科技前沿地带充分发挥其主角的作用并得到新的发展。采用体外重组DNA技术改变细菌的代谢途径,以提高发酵产物的产量,已应用于抗生素、维生素、氨基酸、核苷酸和酶制剂的生产。将异源目的基因引入大肠杆菌、枯草芽孢杆菌或其他底盘细胞,以改变底盘细胞的遗传特性,从而使"工程菌"能够用于生产紧缺贵重的医药产品。

1.3 微生物制药产业现状与发展趋势

1.3.1 微生物制药产业现状

我国是微生物制药生产大国,每年会产出数以亿吨的微生物药剂,其中以抗生素类药物,特别是原料药为主,全球75%的青霉素工业盐、80%的头孢菌素、90%的链霉素均由中国生产。"十一五"期间,国家将生物产业提升到产业立国的高度,国家发改委、科技部先后批准建立国家生物产业基地和火炬计划特色生物产业基地近40个,微生物药物产业进入加速发展阶段。在政策的连续支持和引导下,形成了以长江三角洲、环渤海地区为发展核心,珠江三角洲、东北等区域集聚的生物医药产业空间格局。"十二五"期间,生物产业被确立为国家第三大战略性新兴产业。在多种药物在华专利相继过期的背景下,政策红利持续体现，我国微生物药物产业实现了跨越式发展，基本形成环渤海、长江三角洲、粤港澳大湾区等三个大型生物医药集聚区。同时，东北，中部地区的河南、湖北，西部地区的四川等地在龙头企业的带领下也形成了区域特色快速发展的产业格局。然而，总体而言我国微生物制药产业仍处于全球价值链低端，在国际上处于追赶状态。"十三五"期间，国家以提升药物品质为目标，加快推广化学原料药绿色制备和清洁生产，不断提高原料药和制剂产品质量技术水平，推动产业从原料药出口向终端产品出口的转变。生物发酵产业产品总量居世界第一，大量传统制药企业加快创新转型，从事创新药、新型技术开发的创新创业公司已超过2000家，进入临床阶段的新药数量和研发投入大幅增长，在研新药数量跃居全球第二位，1000余个新药申报临床，47个国产创新药获批上市，较"十二五"翻一番。"十四五"时期，世界百年未有之大变局加速演变和我国社会主义现代化建设新征程开局起步相互交融。我国医药工业发展机遇大于挑战，仍处于重要战略机遇期。期间，国家明确提出要打造高水平生物医药创新集聚区，积极融入全球生物医药创新体系。在微生物药物领域，重点发展针对肿瘤、免疫类疾病、病毒感染、高血脂等疾病的新型抗体药物，新一代免疫检测点调节药物，多功能抗体、G蛋白偶联受体抗体、抗体偶联药物；重点开发超大规模（≥1万升/罐）细胞培养技术，双功能抗体、抗体偶联药物、多肽偶联药物、细胞治疗和基因治疗药物等新型生物药的产业化制备技术，生物药新给药方式和新型递送技术。

抗感染类药物是我国市场销售主体。根据药物综合数据库显示，我国抗生素总产量世界第一，在青霉素、链霉素和四环素等原料药生产上拥有绝对优势，新品种研发能力不断提高，已在数十个产品上打破了欧美技术和市场垄断，百余品种实现产业化，形成了一批规模化的产业集团和完整的产业链。其中，β-内酰胺类药物在抗生素市场中份额最大，既包括原料药，也包括中间体，其中头孢菌素和青霉素类分别占世界抗生素市场的25%和20%。总体来看，抗生素行业产能过剩较为严重，行业壁垒逐渐增高，"限抗""限排"政策促进产能出清，龙头企业规模优势凸显，并正向下游发展。

在抗肿瘤类药物方面，我国近半数市场被进口药瓜分。得益于鼓励药品研发创新、抗癌药进口零关税以及加强重大疾病医保谈判等政策，我国抗肿瘤用药在医药市场中占比由2016年的6.35%上升至2020年的10.01%。在已发现的治疗癌症的近200种小分子药物中，约三分之一直接来源于天然产物或是其衍生物，包括多糖类、蒽环类、萜类、生物碱类及大环内酯类等，多种已在临床肿瘤治疗中发挥了极其重要的作用。目前，国内抗肿瘤治疗药物主要品种包括细胞毒类药物、激素类药物、生物反应调节剂等，如丝裂霉素、放线菌素D、依西美坦、吉非替尼、吡柔比星等。

酶抑制剂是一种可以抑制生物体内与某种疾病有关的专一酶活性，从而获得疗效的物质。在酶抑制剂方面，目前上市的酶抑制剂药物近一半以受体为作用靶点，其次是酶、离子通道和核酸。许多微生物的初级/次级代谢已被用于生产酶抑制剂，其中研究最多的是放线菌，同时也是产生微生物药物最多的类群。我国对酶抑制剂的研究起步较晚，国内企业主要以生产仿制药为主，如α-糖苷酶抑制剂阿卡波糖和米格列醇，凝血酶抑制剂达比加群酯等。以阿卡波糖为例，华东医药的阿卡波糖片剂"卡博平"售价较"拜唐苹"低30%以上，临床使用量占国产制剂国内市场份额的95%，打破了德国拜耳公司的垄断，自2005年上市以来，这一项目为国家节省了近30亿元医保支出，每位糖尿病患者每年的药物开销可少花近千元。

免疫抑制剂是指能降低或抑制一种或一种以上免疫反应、能够抑制机体免疫应答的药物，可作用于免疫反应的不同环节，在防止器官或组织移植后排斥反应以及治疗由免疫失衡引起的疾病方面发挥着重要作用。微生物发酵生产的免疫抑制剂主要有环孢菌素、他克莫司、雷帕霉素及其衍生物、咪唑立宾等。根据作用原理不同，其可分为第一代、第二代和第三代免疫抑制剂。截止到2023年，我国免疫抑制剂市场主要存在十多种药物，环孢菌素、他克莫司、吗替麦考酚酯等第二代免疫抑制剂仍是我国免疫抑制剂市场上的前三大品种，上市产品数量分别有62款、56款和63款。全国医院免疫抑制剂销售额中，他克莫司、吗替麦考酚酯和环孢菌素分别占比约31%、23%和13%。从总量上看，这三大免疫抑制剂在最近5年持续稳定增长，国产厂商占有国内免疫抑制剂市场合计超过30%的市场份额，市场容量仍有提升空间。从中国免疫抑制剂产业代表性企业区域分布情况来看，东部沿海区域产业链企业分布最完整，其中浙江、广东、北京分布最多。作为窄治疗窗药物的典型代表，免疫抑制剂药代动力学复杂，需要严监测，安斯泰来、诺华、罗氏等国外原研药厂商处于第一梯队，但国产厂商纷纷加快新药研发，生产的仿制药在价格方面具有优势。

就目前国内微生物制药行业的发展状况来看，高端生物仿制药有希望在短期内取得关键性突破的环节。生物仿制药的需求增长较快、前景明朗，国内的成本优势明显。目前全球对生物药的需求巨大，但是生物药的价格较为昂贵，对其普及造成限制。在治疗肿瘤、免疫/神经系统疑难疾病、某些遗传缺陷、突发群体性疾病方面，生物医药比传统手段在检测、疗效上有明显优势。近年来全球生物药需求稳定高速增长，已经出现一批年销售额在10亿美元以上的"重磅炸弹药物"。在以国内大循环为主体、国内国际双循环相互促进的新发展格局下，庞大的医药内需市场需要有大而高质量的产业供给与其匹配。生物医药产业作为战略性新兴产业、国家经济建设支柱产业正在逐步吸纳各项优质资源，新技术不断涌现，自主创新能力日趋增强，微生物药物产业将迎来重大发展机遇。

1.3.2　微生物制药的发展趋势

随着科技的发展和人们对健康的需求不断增加，微生物制药领域也在不断发展。截至2020年3月，根据在线基因数据库"GOLD"公布的数据，已有3691种古细菌、328612种细菌和32233种真核生物完成基因组测序工作。进一步的生物信息学分析显示，许多微生物基因组所编码的合成次级代谢产物的潜在基因簇数量远远超过目前已鉴定的天然产物数，表明微生物天然产物"暗物质"是一个亟待开发的巨大宝藏，而合成生物学技术的迅猛发展为挖掘新型天然产物以及创制新型人工产物提供了前所未有的机遇。随着CRISPR/Cas9技术的不断革新，为底盘细胞的构建提供了方便可靠的工具。除基因编辑外，基因组装配重组技术也是合成生物学发展的前沿领域，目前Red/ET重组技术、酵母细胞内同源重组和Gibson一步拼接已发展成为3种成熟的基因簇组装技术，可以实现天然产物的高效挖掘和生产。

自21世纪初以来，高通量测序技术的迅猛发展产生了大量微生物基因组数据，通过实验从微生物中分离得到的化合物数量仅仅只是微生物基因组理论上编码的次级代谢产物数量的冰山一角。微生物天然产物及其结构类似物已被广泛用作药物制剂，特别是用于感染性疾病和癌症。虽然诸如antiSMASH、BiG-SCAPE等"基因组扫描"技术在发掘新型天然产物上实现突破，但通常需要依赖已知生物合成途径作为参考，并且往往受到研究人员经验判断的限制，难以捕获基因组信息与合成产物之间的高阶关联。此外，在微生物天然产物研究中全面实施人工智能的另一大障碍是缺乏集成和有组织的数据库。特定化合物的大多数数据（如分类、结构、基因组和代谢组学数据）无法以数据库的形式汇编和以科学文献的形式呈现，人工访问和分析非常困难。因此，需要开发和运用更加先进智能的天然产物合成途径预测工具，尤其是基于已有生物合成途径的人工智能深度学习的大数据分析方法，开发具有创新化学和作用模式的新结构类别微生物药物来应对日益增长的抗生素耐药性和其他公共健康问题。

随着人们对个性化医疗的需求增加，微生物制药也朝着个性化药物的方向发展。基因工程技术的应用使得微生物菌株的改良变得更加精确和高效，可以通过基因编辑和代谢工程等手段提高药物的产量和质量。通过对微生物株的精准改良和定制化生产，可以生产更适合个体需求的药物，提高治疗效果和减少副作用。此外，微生物制药生产过程也在向着更加智能化、自动化的方向发展，包括利用机器学习和人工智能优化生产流程、监测微生物培养过程以及提高产品质量等。生物制造的可持续性也成为了微生物制药发展的重要方向，利用可再生能源和废物资源进行生产，可降低对环境的影响。最后，生物药物的普及也推动了微生物制药的发展，特别是单克隆抗体药物等新型生物药物的应用不断扩大，为微生物制药的发展提供了新的市场机遇。总的来说，微生物制药的发展趋势是多元化和创新的。随着新技术的不断涌现和应用，微生物制药将在医药领域发挥越来越重要的作用，促进医疗健康事业的发展。

1.4 课程内容和任务

"微生物药物制造工艺学"是一门研究利用微生物进行药物生产的工艺工程的学科，它是从生物工程的研究内容和范畴出发，根据微生物制药共性技术，阐述微生物药物生产过程中的主要技术、原理和设计方法。微生物药物制造工艺学是从事微生物制药技术领域的研究开发人员都应当了解、掌握的一门学科。学习"微生物药物制造工艺学"课程的主要任务是使学生在已学习微生物学、生物化学、分子生物学、基因工程和生物工艺学等课程的基础上，研究微生物药物及其制造工艺的相关问题，进一步了解国内外生物技术和生物工程的研究前沿，掌握微生物药物制造过程中产生菌的筛选、选育以及微生物药物的合成、生产与分离纯化技术，了解微生物药物的质量控制以及废物生物处理现状及发展趋势，使学生能够独立地解决微生物药物工业生产、实验研究及技术开发方面的问题。

第二章　微生物药物的生物合成

当今许多微生物被用于生产人类所需的药物，它们微小的细胞可谓是一个个"细胞工厂"。微生物细胞工厂是一种基于生物工程技术的创新概念，旨在利用微生物细胞作为生物合成的工厂，通过对微生物菌株进行遗传工程改造，使其能够高效合成目标化合物。微生物细胞工厂的核心思想是利用微生物菌株内的代谢途径合成生产人类所需要的物质。微生物代谢途径是微生物体内一系列生化反应的组合，其中一些代谢途径被广泛应用于药物生产。特别重要的是次生代谢途径，它们是微生物在特定的生长阶段或生长环境下产生次生代谢产物的过程，能产生抗生素、免疫调节剂、酶类、抗肿瘤分子等。这些次生代谢产物常被用作药物的原料或直接作为药物使用。利用微生物代谢途径合成药物有许多优点：首先，微生物细胞代谢途径具有高效生产能力，可以在相对短的时间内大量生产目标产物，从而降低生产成本。其次，微生物种类繁多，不同微生物具有不同的代谢途径和生物合成能力，可以生产各种类型的化合物。最后，利用微生物代谢途径生产具有可持续发展性。化学合成药物大多数需要昂贵的起始原料和多步反应，而微生物代谢途径的起始原料一般是廉价的碳源和氮源，如葡萄糖、玉米浆等。综上所述，利用微生物代谢途径合成药物作为一种生物合成技术具有诸多优点和广泛的应用前景，被视为一种可持续发展的药物生产技术。

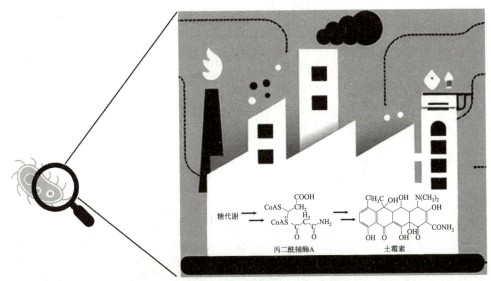

微生物细胞工厂利用代谢途径合成药物

知识导图

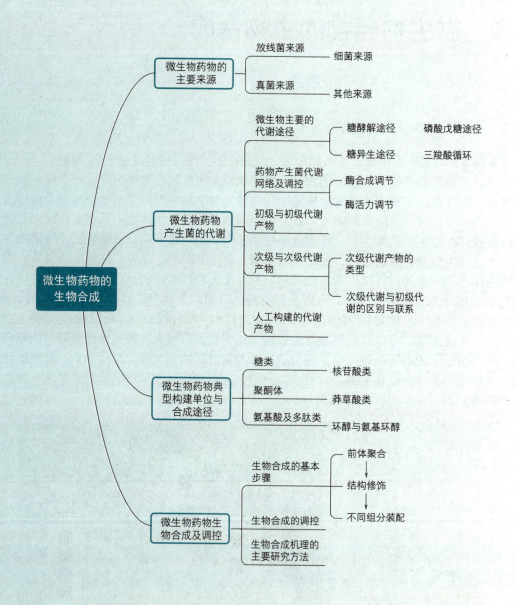

为什么要学习微生物药物的生物合成？

微生物合成是生产许多药物的主要方法之一。通过了解微生物如何合成药物，可以更好地设计和改进药物生产的工艺，从而提高药物的产量和质量。通过研究微生物药物的生物合成途径，可以发现新的生物活性化合物，为新药的发现和开发提供线索。了解微生物合成途径可以帮助科学家设计更有效的药物，或者通过改变微生物的遗传信息来生产更高效的药物。因此，学习微生物药物的生物合成不仅有助于药物开发和生产，还有助于新药的发现、药物的设计和改进。

学习目标

- 了解微生物药物的定义、发展史和分类。
- 熟悉微生物药物的来源，理解微生物药物产生菌的代谢途径。
- 理解微生物药物典型构建单位及熟悉其分类、理化性质、合成途径。
- 理解微生物药物生物合成步骤及调控，熟悉生物合成机理的主要研究方法。
- 掌握各种反馈机制，并通过画图和实例解释。
- 掌握微生物细胞代谢途径，并能通过画图和实例解释。

微生物药物生物合成是指利用微生物、微生物代谢产物或通过基因工程手段改造微生物生产药物的过程。微生物种类繁多，是药物高效精准合成制备的理想"细胞工厂"，其代谢合成的产物化学结构丰富，生物活性广泛，是药物发现与发展的重要源泉，为研发各种新药物提供有力支撑。微生物药物在临床治疗某些疑难疾病中发挥着越来越重要的作用，随着合成生物学的不断发展，为生物医药领域发展开辟了广阔的市场前景。

2.1 微生物药物的分类

2.1.1 基于微生物药物的化学结构的分类

2.1.1.1 抗生素类药物

抗生素是由微生物（包括细菌、真菌、放线菌属）或高等动植物在生活过程中所产生的具有抗病原体或其它活性的一类次级代谢产物，能干扰其他生活细胞发育功能的化学物质。现临床常用的抗生素有微生物培养液中提取物以及用化学方法合成或半合成的化合物，目前已发现的抗生素有抗细菌、抗肿瘤、抗真菌、抗病毒、抗原虫、抗藻类、抗寄生虫、杀虫、除草和抗细胞毒性等的抗生素。据不完全统计，已知的抗生素总数不少于9000种，市场中主要有β-内酰胺类、氨基糖苷类、大环内酯类、四环素类、林可酰胺类几大类。抗生素种类繁多，其中微生物来源的就有3000种以上。抗生素来源有两种：一种是微生物的发酵产物，为微生物合成（microbial synthesis）；另一种是半合成及合成的衍生物。为了便于研究需要将抗生素进行分类。但是，抗生素分类迄今亦无统一的方法，不同领域的科学家按不同的需要进行分类，提出了多种分类方法。

（1）根据抗生素的生物来源分类

微生物是产生抗生素的主要来源，其中以放线菌产生的为最多，真菌次之，细菌又次之。除此之外，还有来源于植物、动物和海洋生物的抗生素。

① 放线菌产生的抗生素　放线菌中以链霉菌属产生的抗生素最多，诺卡氏菌属较少。近年来在小单孢菌属中寻找抗生素的工作也受到了重视。放线菌产生的抗生素主要有氨基糖苷类（链霉素、新霉素、卡那霉素等）、四环素类（四环素、金霉素、土霉素等）、放线菌素类（放线菌素D等）、大环内酯类（红霉素、卡波霉素、竹桃霉素等）和多烯大环内酯类（制霉菌素、曲古霉素等）等。放线菌产生的抗生素有酸性的、碱性的、中性的和两性的，以碱性化合物为多。

② 真菌产生的抗生素　真菌的四个纲中，藻菌纲及子囊菌纲产生的抗生素较少，担子菌纲稍多，而不完全纲的曲霉菌属、青霉菌属、镰刀菌属和头孢菌属则产生一些较重要的抗生素。真菌产生的抗生素是酯环芳香类或简单的复杂环类，多数为酸性化合物。

③ 细菌产生的抗生素　细菌产生的抗生素主要来源是多黏杆菌、枯草杆菌（芽孢杆菌）、短芽孢杆菌等。这一类抗生素如多黏菌素、枯草菌素、短杆菌素等，是由肽键将多种不同氨基酸结合而成的环状或链状多肽类物质，具有复杂的化学结构，含有自由氨基，其化学性质一般为碱性。这类抗生素多数对肾脏有毒害作用。

④ 其他生物（动物、植物、海洋生物等）产生的抗生素　地衣和藻类植物产生地衣酸和绿藻酸；从被子植物如蒜和番茄等植物的组织或果实中得到的蒜素和番茄素；裸子植物如银杏、红杉等也能产生抗生素物质；中药中有不少能抑制细菌，已提纯的物质有常山碱、小檗碱、白果酸及白果醇等。植物产生的抗生素主要是杂环及酯环类物质。动物的多种组织能产生溶菌酶或一些抗生素，如从动物的心、肺、脾、肾、眼泪中可提出鱼素，有抗菌及抗病毒等作用。

按照生物来源进行抗生素的分类，对寻找新抗生素有一定帮助，应注意的是，某些抗生素能由多种生物产生，不但同一属的生物能产生同一抗生素，不同属甚至不同门的生物也能产生同一抗生素。例如，能产生青霉素的菌种很多，其中不少是属于青霉属的，也有属于曲霉菌属或头孢菌属的。此外，一种菌株可以产生许多不同的抗生素，如灰色链霉菌能产生链霉素，也能产生放线菌酮。

（2）根据医疗作用对象分类

按照抗生素的临床作用对象分类便于医师应用时参考。某些抗生素的抗菌谱较广，例如四环素和氯霉素等能抑制几类微生物，链霉素和新霉素等能抑制几种细菌；而有些抗生素的抗菌谱较窄，如青霉素只对革兰氏阳性细菌有效。所以，了解不同抗生素的抗菌谱，便于合理用药，提高疗效。因此，根据抗生素的临床作用对象，抗生素可分为以下几类：

① 抗感染抗生素：此类抗生素又可按其作用的对象分为抗细菌抗生素，抗真菌抗生素，抗原虫、抗寄生虫抗生素，广谱抗生素，抗革兰氏阳性细菌抗生素，抗革兰氏阴性细菌抗生素。

② 抗肿瘤抗生素：如丝裂霉素、博来霉素等。

③ 降血脂抗生素：如新霉素、洛伐他汀等。

（3）按作用性质分类

按照抗生素作用性质分类，有助于掌握临床用药配伍禁忌，便于临床合理、安全用药。主要可分为：

① 繁殖期杀菌作用的抗生素，如青霉素、头孢菌素等。

② 静止期杀菌作用的抗生素，如链霉素、多黏菌素等。

③ 速效抑菌作用的抗生素，如四环素、红霉素等。

④ 慢效抑菌作用的抗生素，如环丝氨酸等。

（4）按应用范围分类

根据抗生素的应用范围，抗生素可分为：

① 医用抗生素，如青霉素及其衍生物、头孢菌素及其衍生物、红霉素及其衍生物等。

② 农用抗生素，如春雷霉素、庆丰霉素、放线菌酮等。

③ 食品保藏用抗生素。
④ 工农业产品防霉防腐用抗生素。
⑤ 实验试剂用抗生素。

按照抗生素应用范围分类，有利于对不同应用范围的抗生素进行质量监控。

（5）按作用机制分类

经过化学家和药理学家多年的共同努力，已经证明的抗生素的作用机制有以下五类：

① 抑制或干扰细胞壁合成的抗生素，如青霉素类和头孢菌素类。
② 抑制或干扰蛋白质合成的抗生素，如链霉素、红霉素等。
③ 抑制或干扰 DNA、RNA 合成的抗生素，如丝裂霉素、博来霉素、阿霉素等。
④ 抑制或干扰细胞膜功能的抗生素，如多黏菌素、两性霉素 B、制霉菌素等。
⑤ 作用于能量代谢系统的抗生素，如 5-氟尿嘧啶、5-氟脱氧尿苷等。

（6）根据抗生素的生物合成途径分类

按生物合成途径分类，便于将生物合成途径相似的抗生素互相比较，以寻找它们在合成代谢方面的相似之处。这种分类方式与其他分类方式是有联系的。相同类型的微生物，通常能够产生由相同的代谢途径形成的化学结构相似的抗生素。因此，研究抗生素的结构、代谢途径和产生菌之间的关系，可为寻找新菌种提供方向。

根据生物合成途径，可将临床上使用的一些抗生素分为下列三个类群：

① 氨基酸、肽类衍生物。
② 糖类衍生物。
③ 以乙酸、丙酸为单位的衍生物。

（7）按化学结构分类

化学结构决定抗生素的理化性质、作用机制和疗效。例如，对于水溶性碱性氨基糖苷类或多肽类抗生素，含氨基愈多，碱性愈强，抗菌谱逐渐移向革兰氏阴性菌；大环内酯类抗生素对革兰氏阳性、革兰氏阴性球菌和分枝杆菌有活性，并有中等毒性和副作用；多烯大环内酯类抗生素则对真菌有广谱活性，而对细菌一般无活性。因此，结构上微小的改变通常会引起抗菌能力的显著变化。

按抗生素结构相似性、作用机理相似性，抗生素可分为以下七类：

① β-内酰胺类抗生素，这类抗生素的结构中都包含一个四元内酰胺环，如青霉素、头孢菌素、硫霉素、棒酸等。
② 四环素类抗生素，这类抗生素以四并苯为母核，如四环素、金霉素、土霉素等。
③ 氨基糖苷类抗生素，既含有氨基糖苷，也含有氨基环醇结构，如链霉素、新霉素、卡那霉素、庆大霉素、春雷霉素、巴龙霉素等。
④ 大环内酯类抗生素，抗生素分子结构中有一个大环内酯，如红霉素、麦迪霉素、螺旋霉素、白霉素、竹桃霉素等。
⑤ 多肽类抗生素的分子是由多种氨基酸脱水形成肽键构成的，如杆菌素、短杆菌肽、放线菌素等。
⑥ 多烯大环内酯类抗生素的分子内有一个大环内酯，且在内酯内有共轭双键，如两性霉素 B、制霉菌素等。
⑦ 其他类抗生素，如具有苯烃基胺的氯霉素及其衍生物，带有蒽环的紫红霉素、磷霉素、博来霉素等。

2.1.1.2　氨基酸及其衍生物类药物

首先采用微生物发酵生产氨基酸的是日本科学家木下祝郎，于 1956 年首创利用谷氨酸棒状杆菌生产谷氨酸。以后，随着氨基酸生物合成代谢及其调节机制的深入研究，人们进而采用人工诱发缺陷型和代谢调节型突变株，使氨基酸发酵生产的品种和产量不断增多。目前氨基酸类药物有单一氨基酸制剂和复方氨基酸制剂两类。

（1）单一氨基酸制剂

主要用于治疗某些针对性的疾病，如用精氨酸和鸟氨酸治疗肝昏迷，解除氨毒；胱氨酸用于抗过敏、治疗肝炎及白细胞减少症；L-谷氨酰胺用于治疗消化道溃疡；蛋氨酸用于防治肝炎、肝坏死、脂肪肝；L-组氨酸常作为治疗消化道疾病的辅助药物等。

（2）复方氨基酸制剂

复方氨基酸制剂一般由氨基酸、糖、电解质、微量元素、维生素及pH值调节剂等组成，是肠外营养的基本供氮物，目前批准上市的复方氨基酸注射液有20余种。根据营养学，复方氨基酸制剂可分为平衡型氨基酸、疾病适用型氨基酸和儿童型氨基酸制剂。与单一氨基酸制剂相比，复方氨基酸制剂更适用于蛋白质摄入不足的营养不良，因手术、大面积创伤、消耗疾病等原因引起的蛋白质缺乏或损失严重的病患，应根据患者的病情需要，选择不同配方组成的复方氨基酸制剂以维持营养需求。另外，复方氨基酸制剂在处方中普遍添加亚硫酸盐（焦亚硫酸钠、亚硫酸氢钠）作为抗氧化剂，这类抗氧化剂易诱发过敏反应，增加临床用药风险。随着微生物制药工艺的进步与发展，国内已有药品生产企业研发了不含亚硫酸盐的复方氨基酸注射液。

（3）氨基酸衍生物

氨基酸衍生物是由氨基酸衍生而来的有机化合物，也是重要的药物，可用来治疗部分癌症、心脏病、糖尿病等疾病，也可以用来制备多种药物如酶抑制剂、调节剂、催化剂和抗生素等。氨基酸衍生物的种类繁多，具有重要的生物学功能。它们参与激素的分泌、细胞的分裂和代谢，以及影响血液流动、呼吸和心脏跳动等。例如，人体内多种物质，如肾上腺素、甲状腺激素就是氨基酸衍生物；丁氨酸、谷氨酸和胱氨酸等氨基酸衍生物可抑制炎症反应，用于治疗过敏性疾病；维生素B_3可以调节细胞代谢，用于降低血脂；维生素B_5可以促进新陈代谢等。

2.1.1.3 核苷酸类药物

核苷酸类药物是指由某些微生物的细胞内提取出的核酸（包括核苷酸和脱氧核苷酸），或者用人工合成法制备的具有核酸结构，包括核苷酸和脱氧核苷酸结构，同时又具有一定药理作用的物质。核苷酸类药物具有多种药理作用，按其作用特点可分为：

（1）抗病毒剂

代表药物有三氮唑核苷、无环鸟苷和阿糖腺苷等，临床上用于抗肝炎病毒、疱疹病毒及其他病毒。

（2）抗肿瘤剂

代表药物有用于治疗消化道癌的氟尿嘧及用于治疗各类急性白血病的阿糖腺苷等。

（3）干扰素诱导剂

代表药物为聚肌胞，临床上用于抗肝炎病毒、疱疹病毒等。

（4）免疫增强剂

主要用于抗病毒及抗肿瘤的辅助治疗。

（5）功能剂

如腺苷三磷酸（ATP）、黄素腺嘌呤二核苷酸（FAD）、辅酶A（CoA）、辅酶Ⅰ（CoⅠ）等。

2.1.1.4 维生素类药物

维生素类药物同样可选择微生物方式生产，如具有提升机体免疫力与抑制癌细胞增殖等功能的强力抗氧化剂β-胡萝卜素能够通过三孢布拉氏霉菌进行发酵生产。微生物生产出来的维生素E与维生素C都属于优良抗氧化剂，其中维生素C的作用是破坏组织自由基的形成，同时也对免疫系统细胞活力具有激活作用,而维生素 E 的作用是防治前列腺癌、抗衰老以及痴呆症等。维生素 D_2 的前体麦角甾醇、维生素 B_2(核黄素)、维生素 B_{12}(钴胺素)等作为维生素类药物均被广泛使用。

2.1.1.5 治疗酶及酶抑制剂

1893 年,Francis 在白喉和结核性溃疡病的治疗中,利用木瓜蛋白酶取得了良好的效果,引起了医药界的重视,在此后,多种酶被发现并用作药物在临床中发挥作用。目前,酶已被广泛地用作助消化、消炎、消肿、清疮、促凝血、促纤维蛋白溶解、促进生物氧化、解毒及抗肿瘤等方面的治疗用药。

酶抑制剂是一类可以干扰或抑制生物体内酶活性的化合物,其本质是一种催化化学反应的蛋白质,可以与酶结合并占据其活性位点,从而阻止底物结合或催化反应的进行。酶抑制剂的特点及作用包括:①酶抑制剂可以通过改变酶的构象或调节酶的产生来影响酶的活性;②可选择性地抑制特定的酶,从而干扰异常的生物化学途径或阻断病原体的生存;③酶抑制剂还用于研究酶的功能和调节机制,以及开发新的药物和治疗方法。常见的酶抑制剂包括竞争性抑制剂、非竞争性抑制剂和可逆性或不可逆性抑制剂,具体的分类取决于酶抑制剂与酶的结合方式和效果的持久性。作为药物使用的酶抑制剂,其作用模式可以是针对人体病原微生物的酶,也可以是针对人体自身的酶系,其共同特点都是通过部分或全部地抑制酶催化的生化反应,使底物浓度聚集升高或使产物的生成减少,从而达到治疗的目的。

目前,已上市的酶抑制剂药物主要以受体、酶、离子通道和核酸为作用靶点。酶抑制剂来源的主要途径为天然产物(包括动植物初级和次生代谢产物,以及各种微生物的代谢产物等)和化学合成物。目前,已上市的常见酶抑制剂药物包括:

(1)丙戊酸

广泛用于治疗癫痫和双相情感障碍,通过抑制谷氨酸脱羧酶来提高 γ-氨基丁酸的浓度,从而发挥抗癫痫和情感稳定的作用。

(2)阿司匹林

常用的非甾体抗炎药物,通过抑制环氧合酶来减少炎症反应和疼痛感。

(3)贝那普利

一种血管紧张素转换酶抑制剂,用于治疗高血压和心力衰竭,通过抑制血管紧张素转换酶来降低血压和减轻心脏负担。

(4)他汀类药物

包括辛伐他汀、阿托伐他汀等,通过抑制羟甲基戊二酰辅酶 A 还原酶(HMG-CoA 还原酶)来阻断胆固醇的合成,降低血液中的胆固醇水平。

(5)利帕酶抑制剂

如奥利司他等,通过抑制胰脂酶的活性来减少脂肪的吸收,用于治疗肥胖。

(6)伊马替尼

一种靶向治疗药物,主要通过抑制特定的酪氨酸激酶来阻止异常细胞的增殖,用于治疗慢性髓细胞白血病和某些类型的胃肠道间质瘤。

2.1.1.6 免疫抑制剂

免疫系统是身体的防御机制,可以识别和消灭外来的病原体,如细菌、病毒和肿瘤细胞。然而,有时免疫系统对自身组织产生过度的反应,导致自身免疫性疾病或器官移植排斥反应。免疫抑制剂是一类可以抑制免疫系统的活性或功能的药物,其原理是通过不同的机制干扰或抑制免疫系统的活性,主要用于防止器官移植中的排斥反应和抑制某些自身免疫性疾病的进展等。由微生物次级代谢产物得到的微生物药物作为免疫抑制剂在临床上得到广泛应用,如用于抑制接受器官移植者的免疫系统以减少器官移植排斥反应，治疗自身免疫性疾病（如类风湿性关节炎、系统性红斑狼疮和多发性硬化症等），治疗克罗恩病和溃疡性结肠炎等炎症性肠病，治疗白血病和淋巴瘤等血液肿瘤。常见的免疫抑制剂包括：

（1）糖皮质激素（如泼尼松和地塞米松）

可抑制炎症反应和免疫细胞的功能，减少免疫系统的活性。

（2）细胞毒性药物（如环磷酰胺和甲氨蝶呤）

可干扰DNA合成和细胞分裂，从而抑制免疫细胞的增殖和活性。

（3）免疫调节剂（如环孢菌素、他克莫司和铁杉酮）

通过阻断细胞信号传导途径或抑制特定免疫细胞的功能来抑制免疫系统的活性。

（4）生物制剂（如抗体药物和蛋白质抑制剂）

可与特定的免疫分子或细胞相互作用，阻断免疫反应或调节免疫系统的功能。

2.1.1.7 甾体药物

甾体亦称类固醇，是一类以环戊烷多氢菲为母核的有机小分子，广泛存在于动植物、真菌及个别细菌中，其在生命体生存繁育的过程中作用极其多样且无可取代。甾体化合物具有一个四环的（A、B、C、D）母核，这个母核像"田"字，并且在C10和C13处各有一个角甲基，在C17处有一侧链，这样在母核上的三个侧链像"巛"字，"甾"字十分形象地表示了这类化合物。甾体具有多种药物的功能，如抗病毒、抗抑郁、保护神经、治疗心脑血管疾病以及促进骨骼发育等。甾体化合物由于普遍地应用于临床，从而逐渐形成了一类依据结构特征命名的药物——甾体药物。甾体药物是维持机体正常生命活动的重要活性物质，其在调节机体物质代谢、细胞发育分化、性功能及免疫调节等方面发挥着重要作用，并且其临床作用范围不断扩大。1944年，即已发现微生物具有转化甾醇生成有用代谢产物的能力。如在真核微生物中，从环氧角鲨烯出发，可通过类似于胆固醇的代谢途径生成麦角甾醇，再经转化修饰生成一系列的甾型次级代谢产物。目前，全球生产的甾体类药物已超过400种，其中以甾体激素类药物为主要地位，是仅次于抗生素的第二大类化学药。根据下游产品属性，甾体激素类药物可分为性激素、皮质激素及其他类。据统计，2021年全球皮质甾体激素类原料药消耗量387.58吨，相较于2016年增长率达12.25%。2021年全球原料药消耗量TOP3品种为泼尼松龙、氢化可的松、泼尼松，总计市场占有率60.5%。我国是甾体类原料药的生产大国，甾体类药物年产量占世界总产量的1/3左右，其中皮质激素原料药生产能力和实际产量均居世界第一，激素类原料药和中间体已成为我国原料药走向世界的重要品种。

植物甾醇的四种主要成分和结构：

2.1.1.8 其他微生物药物

随着微生物药物产业的发展，越来越多新型微生物药物被研究发现。如为了解决抗生素耐药性问题，出现了生物膜抑制剂（通常是一类多肽）、某些抗生素佐剂（本身是具有很少或没有抗生素活性，能提高抗生素活性的化合物）等新型药物。随着科学技术的发展，微生物药物技术的进一步提升，将从微生物中寻找到更多化学结构和作用机制新颖的药物用以对抗愈发严峻的细菌耐药性，以及满足人类治疗其他疾病的需求。

2.1.2 基于作用的分类

微生物药物广泛用于医学的各领域，如治疗感染性疾病、炎症性疾病、免疫调节和肿瘤治疗等，这些药物可以是微生物本身，也可以是微生物所产生的代谢产物、酶或蛋白质等。按功能用途对微生物药物进行分类，有利于临床应用。

2.1.2.1 治疗药物

治疗疾病是微生物药物的主要功能。微生物药物以其独特的生理调节作用，可以通过抑制病原体的生长、杀死病原体或减轻疾病症状等方式来促进疾病的治愈或缓解，对许多常见病、多发病、疑难病均有很好的治疗作用，且毒副作用低。如对糖尿病、免疫缺陷病、心脑血管病、内分泌障碍、肿瘤等的治疗效果优于其他类别的药物。常见的治疗药物包括抗生素、抗真菌药物、抗病毒药物、抗寄生虫药物等。

抗生素和抗真菌药物分别用于治疗细菌和真菌感染，可以通过不同的机制来抑制细菌/真菌的生长和复制，如阻断或抑制细胞壁的合成、阻止蛋白质合成、阻断真菌细胞膜等。常见的抗真菌药物包括伊曲康唑、氟康唑、克霉唑等，常用于治疗念珠菌感染、白色念珠菌病等真菌引起的疾病。

抗病毒药物是一类用于治疗病毒感染的药物，可以通过不同的机制来抑制病毒的复制、阻断病毒进入宿主细胞等。常见的抗病毒药物包括抗逆转录病毒药物和抗流感药物等。

（1）抗逆转录病毒药物

抗逆转录病毒药物是一类用于治疗逆转录病毒感染的药物，主要用于治疗人类免疫缺陷病毒（HIV）感染。这些药物通过不同的机制干扰病毒的复制过程，从而减少病毒在体内的数量，抑制病毒的复制和传播，延缓疾病进展，并提高患者的生活质量。常见的抗逆转录病毒药物包括核苷类逆转录酶抑制剂、非核苷类逆转录酶抑制剂和蛋白酶抑制剂。其中，核苷类逆转录酶抑制剂主要通过模拟细胞内的自然核苷酸，进入病毒细胞并嵌入到正在复制的病毒DNA链中，从而阻断病毒逆转录酶的活性，防止病毒复制，如拉米夫定、阿比卡韦、恩替卡韦等。非核苷类逆转录酶抑制剂则直接与逆转录酶结合，阻断其活性，从而抑制病毒的复制。与核苷类逆转录酶抑制剂不同，非核苷类逆转录酶抑制剂不需要嵌入到病毒DNA中。常见的非核苷类逆转录酶抑制剂包括尼拉韦林、培他韦林、利托那韦等。相比之下，蛋白酶抑制剂直接抑制病毒的蛋白酶活性，阻碍病毒的后续成熟和释放。蛋白酶抑制剂可阻断病毒蛋白质的裁剪过程，从而抑制新病毒颗粒的形成。常见的蛋白酶抑制剂包括洛匹那韦、达芦那韦、阿扎那韦等。

（2）抗流感药物

抗流感药物可抑制病毒复制来控制和治疗流感病毒感染，主要分为神经氨酸酶抑制剂和M2通道阻断剂。神经氨酸酶抑制剂类药物可抑制流感病毒表面的神经氨酸酶活性，阻断病毒从受感染细胞的释放，从而抑制病毒的复制和传播。常见的神经氨酸酶抑制剂包括奥司他韦、扎那米韦、佐那米韦等。这些药物通常需要在感染后的48小时内开始使用，以获得最佳疗效。M2通道阻断剂类药物可抑制流感病毒M2蛋白通道的功能，阻止病毒释放其遗传物质入细胞核，从而抑制病毒的复制。常见的M2通道阻断剂包括金刚烷胺、金刚烷胺羟基胺等。

（3）抗寄生虫药物

抗寄生虫药物主要用于治疗疟疾等寄生虫感染疾病，主要通过不同的机制来杀灭或抑制寄生虫的生长和繁殖。常见的抗寄生虫药物包括抗疟药物和抗蠕虫药物等。

2.1.2.2 微生物制剂等其他用途

微生物药物在保健品、食品、化妆品、医用材料等方面也有广泛的应用，这类微生物药物通常具有其他特殊的应用目的。如益生菌和免疫调节剂等。益生菌类药物是富含有益菌株的制剂，用于调节肠道菌群平衡，改善肠道健康。而免疫调节剂是一类常用于调节免疫系统功能的药物，如重组免疫调节因子、免疫抑制剂等。

2.2 微生物药物的主要来源

2.2.1 放线菌

放线菌是一群革兰氏阳性细菌，在自然界分布很广，与许多细菌一样，多为腐生，少数寄生。放线菌能形成分生孢子和分枝菌丝，主要依靠孢子繁殖，呈菌丝状生长。菌丝体有营养菌丝、气生菌丝和孢子丝之分。营养菌丝主要功能是吸收营养物质，有的可产生不同的色素，是菌种鉴定的重要依据。气生菌丝叠生于营养菌丝之上，其发育到一定阶段，可以分化出形成孢子丝，孢子丝再形成分生孢子。放线菌对抗生素和溶菌酶敏感，对抗真菌药物不敏感，繁殖方式为无性繁殖，遗传特性与细菌相似。

2.2.1.1 链霉菌

链霉菌属约有 1000 多种，它们具有发育良好的菌丝体，菌丝体长短不一。

链霉菌产生的抗生素有巨大医药和经济价值。研究表明，抗生素主要由放线菌合成，而其中 90% 又由链霉菌产生，例如，常见的抗生素如土霉素和链霉素，抗肿瘤药物如丝裂霉素和博来霉素，抗结核药物如卡那霉素，抗真菌药物如制霉菌素，以及治疗水稻病害的井冈霉素等，均属链霉菌次生代谢物。

2.2.1.2 诺卡氏菌

诺卡氏菌属多数为微好氧腐生菌，少数为厌氧寄生菌，能同化各种碳水化合物，有的能利用碳氢化合物、纤维素。诺卡氏菌具有分枝、丝状菌丝的形态特征。在生长过程中，丝状菌丝可能会形成一定结构的气生菌落，这一特点使其在实验室培养中容易识别。

诺卡氏菌主要分布于土壤中。能产生 30 多种抗生素，例如对结核麻风分枝杆菌有功效的利福霉素，对原虫、细菌、病毒有作用的间型霉素，对革兰氏阳性细菌有作用的瑞斯托菌素等。

2.2.2 真细菌

真细菌是一类包括除古细菌之外所有类群的原核微生物，真细菌域的细菌等属于原核生物，具有拟核。真细菌包括革兰氏阴性菌、革兰氏阳性菌、黄杆菌、螺旋体、脱硫细菌、抗辐射球菌等。许多真细菌的代谢产物则是直接应用于生物医药和工农业生产。

真细菌的典型代表为大肠杆菌，又叫大肠埃希氏菌，属于革兰氏阴性菌。大肠杆菌因其生长速度快、代谢产物丰富、基因操作便捷等特点，在工业生产中应用广泛，如发酵产生胰岛素、生产酶制剂等。通过合成生物学和代谢工程改造大肠杆菌，可用于生产有机酸、维生素、天然产物及聚羟基脂肪酸酯等多种医药产品，也可应用于丙氨酸、赖氨酸、苏氨酸、疫苗等药物的绿色生物合成。

2.2.3 古细菌

古细菌,又称作古生菌、古菌、古核细胞或原细菌,是一类很特殊的细菌。古细菌代表之一嗜盐古菌,其代谢多样性、较低的营养需求和适应恶劣条件(如营养缺乏、干燥、高太阳辐射和高离子强度)的特点,使它们成为发现新型药物的希望。目前研究发现,嗜盐古菌代谢产物多肽、胞外多糖、生物表面活性剂、生物色素等在抗菌、抗炎、抗肿瘤等方面均具有一定的效果,在生物医学领域具有广阔的应用前景。

2.2.4 真菌

真菌是一种具真核的无叶绿体的真核生物,包括酵母、霉菌、蕈菌以及其他人类所熟知的菌菇类。目前已经发现了十二万多种真菌。真菌独立于动物、植物和其他真核生物,自成一界。真菌界主要包括5个门:接合菌门、壶菌门、子囊菌门、担子菌门和球囊菌门(图2-1)。

真菌来源的天然产物是药物先导化合物,许多真菌天然产物具有良好的抗肿瘤、抗菌、免疫抑制、除草、杀虫等活性,已经被广泛应用于医药、农业、食品加工等领域。其中代表性的化合物紫杉醇最初是从紫杉属的植物中发现的,后来还发现多个内生真菌产生此类化合物。紫杉醇具有抗肿瘤活性,通过干扰微管聚合与解聚抑制肿瘤细胞分裂。目前,已经被广泛应用于临床癌症治疗。

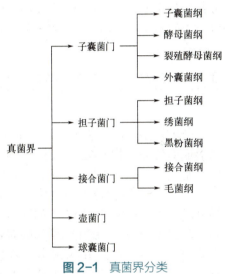

图 2-1 真菌界分类

2.2.4.1 青霉菌

青霉属真菌的一种真核生物。属于子囊菌亚门、不整囊菌纲、散囊菌目、散囊菌科、青霉属。青霉属真菌生产了世界上第一种抗生素青霉素,也生产了其他抗生素,如克拉维酸和头孢菌素。

2.2.4.2 酵母菌

酵母是一种单细胞真菌,分布于整个自然界,是一种典型的异养兼性厌氧微生物,能将糖发酵成乙醇和 CO_2,在有氧和无氧条件下都能够存活,是一种天然发酵剂。

因酵母属于简单的单细胞真核生物、易于培养、生长迅速,被广泛用于现代生物学研究中。最常提到的酵母为酿酒酵母,也称面包酵母。酿酒酵母是科学研究中一个重要的模式生物,尤其在分子和细胞生物学研究领域。研究中广泛利用酵母进行基因表达和调控、蛋白质功能和相互作用、基因编辑及表观遗传学等方面的实验。同时,酵母在生产生物燃料、制造酶以及作为宿主表达重组蛋白等方面具有潜在应用。啤酒酵母是啤酒生产中常用的典型酵母菌,除用于酿造啤酒、酒精,还可发酵面包,还可以在发酵过程中合成核酸、细胞色素c、凝血质、谷胱甘肽、辅酶A和ATP等。

2.2.4.3 假丝酵母

假丝酵母菌,又称念珠菌,属于子囊菌门,是一类深部感染真菌。部分假丝酵母菌可侵犯皮肤、黏膜和内脏,表现为急性、亚急性或慢性炎症,大多为继发性感染。

产朊假丝酵母菌在医药生产中有广泛应用,其特点:具有快速的生长速度,克隆操作简便,在实验室规模的制备或工业化生产中能够快速完成相关工作;能以尿素和硝酸作为氮源,在培养基中不需要加入任何生长因子即可生长；能利用五碳糖和六碳糖，既能利用造纸工业的亚硫酸废液，还能利用廉价的糖蜜、木材水解液等生产出可食用的蛋白质。

2.2.5 病毒

病毒是一种结构简单、个体微小，只含一种核酸（DNA 或 RNA）的非细胞型生物。病毒由一个核酸长链和蛋白质外壳构成，病毒没有自己的代谢机制和酶系统，需要寄生在活细胞内复制、转录、翻译和增殖。生物病毒给社会带来一定的经济效益，例如利用噬菌体可以治疗相关细菌感染，利用昆虫病毒可以治疗、预防一些农业病虫害等。微生物制药领域还涉及病毒疫苗的开发。这类疫苗可以由灭活病毒或减毒活病毒制备，是以某个病毒构建的蛋白质亚单位，或是基于病毒载体的重组疫苗。比如，新冠病毒疫苗中的阿斯利康瑞典 - 牛津大学疫苗（AZD1222）就是采用了基于腺病毒载体技术制备的。

2.3 微生物药物产生菌的代谢

微生物是地球上最庞大的物种资源和基因资源库，其生命活动过程中产生的生理活性物质及其衍生物形成的代谢产物库在医疗健康领域发挥着巨大的作用。近一半的畅销药物是由天然微生物产品或其衍生物制成的，充分证明了微生物药物在治疗疾病、开发药物等方面的重要性。

微生物代谢是指发生在生命的基本功能组成单元，也就是细胞中的一系列化学反应的统称。其基本过程可以描述为：从细胞外摄入的营养物质被分解为基本的中间代谢物分子和能量单元，然后这些能量和中间代谢物分子依据细胞生命活动的需要被合成为相应的执行生物功能的生物大分子，例如糖类、脂类、蛋白质和核酸等。这些与细胞生长过程直接相关的酶促反应依据其具体功能可以划分为两大类：分解代谢和合成代谢。前者指的是将代谢物分解为更小物质的过程，例如葡萄糖经过多步反应分解为丙酮酸再进一步参与三羧酸循环的细胞呼吸途径。后者指的是生物大分子的合成过程，例如通过基本代谢物组件分子合成核酸和蛋白质以执行生物功能的反应过程。通常合成代谢是耗能过程而分解代谢是放能过程。

在微生物代谢过程中产生的种类繁多的代谢产物，可分为初级代谢产物和次级代谢产物。初级代谢产物是指生物在生长过程中细胞生长和繁殖所必需的各种代谢物。次级代谢产物是指生物合成过程中产生的非生命所必需的各种代谢物，这些物质通常与生物生长、繁殖无直接关系。次级代谢产物主要包括生物碱、酚类、类固醇、黄酮、挥发油、抗生素等。

2.3.1 微生物主要的代谢途径

微生物主要的代谢途径涉及能量的产生、有机物的合成和降解。主要包括糖酵解途径、磷酸戊糖途径、糖异生途径、三羧酸循环、脂质合成、核苷酸生物合成及氨基酸生物合成等。这些代谢途径共同构成了微生物的代谢网络，支持微生物生存、生长和繁殖。微生物能够根据环境条件和可用底物灵活地调节这些途径，以适应不同的生态和生理条件。

2.3.1.1 糖酵解途径

糖酵解途径（glycolytic pathway），又称为己糖二磷酸途径，是从葡萄糖开始分解生成丙酮酸的过程（图 2-2）。可概括成耗能和产能两个阶段，分成 10 步酶催化反应：葡萄糖磷酸化、6- 磷酸葡萄糖异构转化为 6- 磷酸果糖、6- 磷酸果糖磷酸化生成 1,6- 二磷酸果糖、1,6- 二磷酸果糖裂解、3- 磷酸甘油醛和磷酸二羟丙酮的相互转换、3-磷酸甘油醛的氧化、1,3-二磷酸甘油酸转变为 3-磷酸甘油酸、3-磷酸甘油酸转变为 2-磷酸甘油酸、2-磷酸甘油酸转变为磷酸烯醇式丙酮酸、丙酮酸的生成。

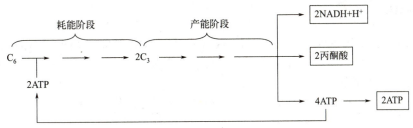

图 2-2　糖酵解途径

2.3.1.2　磷酸戊糖途径

磷酸戊糖途径（pentose phosphate pathway）也称六碳酸磷酸途径或己糖磷酸途径，是一种在细胞内进行的重要代谢途径。该途径的主要功能是生成 NADPH 和戊糖磷酸盐（如核酸中的核糖一磷酸）。磷酸戊糖途径在保持细胞氧化-还原平衡、合成必要的生物分子以及应对氧化应激等方面起到关键作用。磷酸戊糖途径以葡萄糖为起点，经过一系列的代谢反应生成磷酸戊糖（如 D-核酮糖-5-磷酸）和 $NADPH^+$，是一条葡萄糖不经糖酵解途径和三羧酸循环途径而得到彻底氧化的代谢途径（图 2-3）。磷酸戊糖途径分为两个阶段，第一阶段是不可逆的氧化阶段，由 6-磷酸葡萄糖生成 5-磷酸核酮糖，并产生 NADPH。第二阶段是可逆的分子重排阶段，将 5-磷酸核酮糖转变为 6-磷酸果糖和 3-磷酸甘油醛，以进入糖酵解。磷酸戊糖途径产生大量的 NADPH，为细胞的各种合成反应提供还原力，与其他代谢途径，如糖酵解途径和 TCA 循环（三羧酸循环）紧密相连，并在整个代谢网络中发挥重要作用。

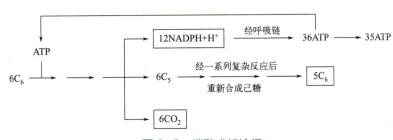

图 2-3　磷酸戊糖途径

2.3.1.3　糖异生途径

糖异生途径（gluconeogenic pathway），又称 2-酮-3-脱氧-6-磷酸葡糖酸（KDPG）裂解途径（图 2-4）。此途径最早由 Entner 和 Doudotoff 两人在嗜糖假单胞菌中发现，之后许多学者证明它在细菌中广泛存在。糖异生途径是在缺乏完整糖酵解途径时的一种替代途径。其特点是葡萄糖只经过 4 步反应即可快速获得由糖酵解途径须经 10 步才能获得的丙酮酸。

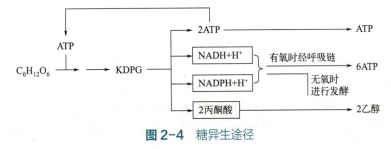

图 2-4　糖异生途径

具有糖异生途径的细菌有嗜糖假单胞菌、铜绿假单胞菌、荧光假单胞菌、林氏假单胞菌、真养产碱菌。

2.3.1.4 三羧酸循环

三羧酸循环（tricarboxylic acid cycle），又称 TCA 循环、卡尔文循环或柠檬酸循环（图 2-5）。这是一种环形的链式反应，它在绝大多数异养微生物的氧化性（呼吸）代谢中起着关键性的作用。在真核微生物中，TCA 循环的反应在细胞基质与线粒体内进行，其中的大多数酶定位在线粒体的基质中。在原核生物例如细菌中，大多数酶都存在于细胞质内。只有琥珀酸脱氢酶属于例外，它在线粒体或细菌中都是结合在膜上的。

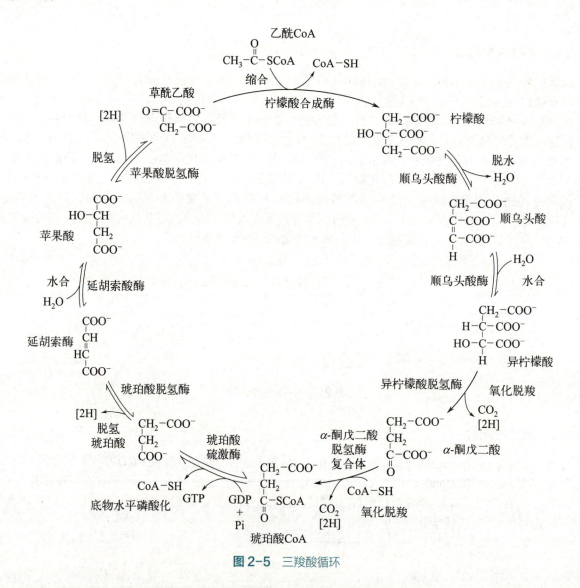

图 2-5 三羧酸循环

三羧酸循环是机体获取能量的主要方式，同时它也为体内某些物质的合成提供了原料。三羧酸循环是三大营养素（糖类、脂类、氨基酸）的最终代谢通路，又是糖类、脂类、氨基酸代谢联系的枢纽。三羧酸循环为机体提供能量：每摩尔葡萄糖彻底氧化成 H_2O 和 CO_2 时，净生成 30mol 或 32mol（糖原则生成 31～33mol）ATP。因此在一般生理条件下，各种组织细胞（除红细胞外）皆从糖的有氧氧化获得能量。糖的有氧氧化不但产能效率高，而且逐步释能，并逐步储存于ATP分子中，因此能的利用率也极高。

三羧酸循环简图见图2-6。

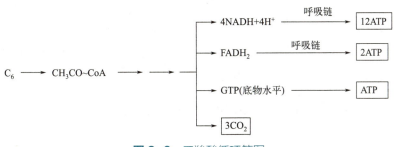

图 2-6　三羧酸循环简图

2.3.2　药物生产菌的代谢网络及调控

细胞的代谢系统通常由数量庞大的酶催化代谢反应以及多种有机物分子组成。其过程受到外部环境、反应物与酶浓度、反应动力学与热力学以及基因表达调控等多个水平的调控。为了方便理解和学习，可将组成代谢网络的代谢通路分为合成代谢和分解代谢，两者是密不可分的。很多代谢通路随着细胞生长状态的变化，有时担任合成代谢的任务，有时又扮演分解代谢的角色，如糖酵解和TCA循环。

微生物有着一整套可塑性极强且精确极高的代谢调节系统，可以稳定地维持成百上千种酶井然有序地进行极其复杂的新陈代谢反应。从细胞水平上来看，微生物的代谢调节能力要超过复杂的高等动植物。这是因为，微生物细胞的体积极小，而所处的环境条件却十分多变，每个细胞要在这样复杂的环境条件下求得生存和发展，就必须具备一整套发达的代谢调节系统。据报道，在大肠杆菌细胞中同时存在着多达2500种左右的蛋白质，其中有大约1000种是在正常新陈代谢中起到关键作用的酶。在长期生物进化过程中，微生物发展出一整套十分有效的代谢调节方式，巧妙地解决了这一系列矛盾。通过代谢调节，微生物可实现最经济地利用其营养物，合成出能满足自己生长、繁殖所需要的一切中间代谢物，并做到既不缺乏也不剩余任何代谢物的高效"经济核算"。

微生物细胞的代谢调节方式很多，例如可以改变细胞膜对不同营养物质的透过能力进行调整，也通过酶的形状与结合位点的调整以限制它与相应底物的接近，以及调节代谢流等。其中以调节代谢流的方式最为重要，它包括两个方面：一是"粗调"，即调节酶的合成量；二是"细调"，即调节现成酶分子的催化活力。两者往往密切配合和协调，以达到最佳调节效果。

2.3.2.1　酶活性的调节

酶活性的调节是指在酶分子水平上的一种代谢调节，它是通过改变现成的酶分子活性来调节新陈代谢的速率。根据酶分子活性的变化可以分为激活和抑制两个方面。酶活性的抑制主要是反馈抑制，它主要表现在某个代谢途径的末端产物表达量过高时，这个产物会反过来直接抑制该途径中第一个酶的活性，促使整个反应过程减慢或停止，从而避免了末端产物的过多累积。

（1）直线型代谢途径中的反馈抑制

这是一种最简单的反馈抑制类型，例如大肠杆菌在合成异亮氨酸时，因合成产物过多可抑制途径中第一个苏氨酸脱氨酶的活性，从而使α-酮丁酸及其之后一系列中间代谢物都无法合成，最终导致异亮氨酸合成的停止（图2-7）。

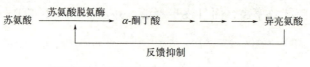

图 2-7　直线型代谢途径中的反馈抑制

（2）分支代谢途径中的反馈抑制

在分支代谢途径中，因有多重不同代谢流存在，反馈抑制的情况较为复杂。目前微生物已发展出多种调节方式。

① 同工酶调节（isozyme regulation）　同工酶，是指可以催化同一种反应，但酶蛋白分子结构有差异的一类酶。它们虽存于同一个体或同一组织中，但在生理、免疫和理化特性上却存在着差别。同工酶调节特点：在分支途径中，第一个酶往往具有一组多种结构的同工酶。每个代谢终产物仅对其中一种同工酶具有反馈抑制作用。当几种代谢终产物同时过量时，它们会共同发挥完全反馈抑制作用，从而阻止反应继续进行。例如，在大肠杆菌中，天冬氨酸族氨基酸的合成过程中存在三个天冬氨酸激酶，它们分别负责催化该途径的第一个反应，并分别受到赖氨酸、苏氨酸、甲硫氨酸的调节。同工酶调节见图 2-8。

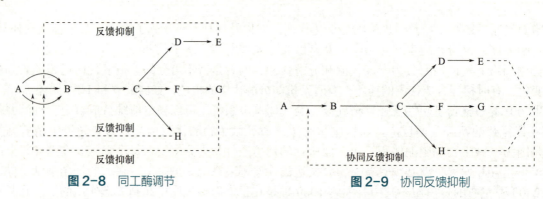

图 2-8　同工酶调节　　　　　图 2-9　协同反馈抑制

② 协同反馈抑制（concerted feedback inhibition）　协同反馈抑制是一种调控细胞生物代谢速率的机制。在这个机制下，一个或多个终产物与该谢途径中起始或关键酶上的调节位点结合，抑制该途径中的关键酶活性，从而抑制整个代谢途径的进行（图 2-9）。协同反馈抑制有助于在细胞内维持基础代谢产物的恒定平衡，防止过量堆积与浪费。

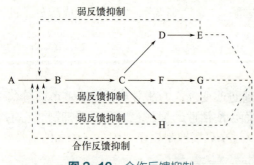

图 2-10　合作反馈抑制

③ 合作反馈抑制（coopeative feedback inbilbition）　合作反馈抑制，该机制与协同反馈有类似的地方，但是在这整个调控体系中，终端产物有较弱的独立反馈抑制的作用（图 2-10）。因此当所有的终端产物同时过剩时，会导致其反馈抑制的程度比各个终端产物单独时的总和更大。例如，单磷酸腺苷和鸟苷酸虽可分别抑制磷酸核糖焦磷酸酶，但两者同时存在时抑制效果却要大得多。

④ 累积反馈抑制（cumulative feedback inhibition）　累积反馈抑制是一种代谢调节机制，发生在分支代谢途径中。在该机制下，当途径中的任何一种终端产物过量时，都能对共同途径中的第一个酶产生抑制作用，而且各种终端产物的抑制作用不会相互干扰。当所有的终端产物一起过量时，它们的抑制作用是累加的（图 2-11）。以大肠杆菌中的谷氨酰胺合成酶调节过程为例，这个酶受到八个终端产物的累积反馈抑制。当八个终端产物同时存在时，酶的活性将完全被抑制。

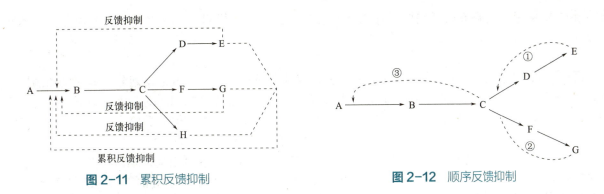

图 2-11　累积反馈抑制　　　　　　　　　图 2-12　顺序反馈抑制

⑤ 顺序反馈抑制（sequentiadl fectback inhibition）　顺序反馈抑制，是指在分支代谢途径中的两个终端产物，其不能直接抑制代谢途径中的第一个酶，而是通过分别抑制分支点后的反应过程，造成分支点上中间产物的积累，高浓度的中间产物再去反馈抑制第一个酶的活性。因此仅当两个终端产物都过量时，才能对代谢途径中的第一个酶起到抑制作用（图 2-12）。例如，枯草芽孢杆菌合成芳香族氨基酸的代谢途径就采取这种方式进行调节。

（3）变构酶调节

尽管反馈抑制的类型极多，但其主要的作用方式在于最终产物对反应途径中第一个酶即变构酶（allosteric enzyme）或调整酶（regulatory enzyme）的抑制。有关一些氨基酸或核苷酸等小分子末端产物对变构酶的作用机制，尽管还了解得不多，但目前普遍认为，它可用变构酶的理论来解释（图 2-13）。

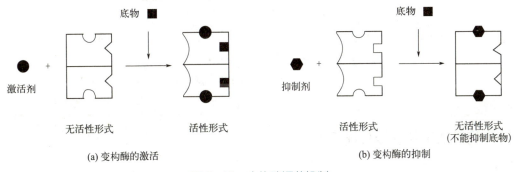

图 2-13　变构酶调节机制

变构酶是一类具有可变构蛋白质的酶，它们具有两个或更多立体专一性不同的受体位点。其中一个位点是能与底物结合并具有生化催化活性的部位，称为活性中心；另一个位点不能与底物结合，但能与一个类似于底物的代谢产物（效应物）结合，称为调节中心。酶与效应物的结合会引发变构酶分子发生显著且可逆的结构变化，从而改变活性中心的性质。某些效应物能增强活性中心对底物的亲和力，被称为活化剂；而有些效应物会减弱活性中心对底物的亲和力，被称为抑制剂。变构酶在代谢调节中的功能不仅限于对同一合成途径产生反馈抑制，还能协调不同代谢途径的功能。原因在于变构酶不仅可以与其专一底物和同一途径的代谢产物结合，还能与其他代谢途径的产物结合，从而受到这些代谢途径产物的调控，实现活化或抑制。

2.3.2.2　酶合成的调节

酶合成的调节是一种通过调节酶的合成量进而调节代谢速率的调节机制，这是一种在基因或转录水平上的代谢调节。促进酶生物合成的现象，称为诱导（induction）；而能阻碍酶生物合成的现象，则称为阻遏（repression）。与上述调节酶活性的反馈抑制等相比，酶合成调节是一类较间接而缓慢的调节方式，其优点则是通过阻止酶的过量合成，有利于节约生物合成的原料和能量。在正常代谢途径中，酶活性调节和酶合成调节两者是同时存在且密切配合、协调进行的。酶合成调节有两种方式：诱导和阻遏。

（1）诱导

根据酶的生成是否与环境中所存在的该酶底物或其有关物的关系，可把酶划分成组成酶和诱导酶两类。组成酶是细胞在不同时期表达量不会变化太多的酶类，其合成是在相应的基因控制下进行的，它不因分解底物或其结构类似物的存在而受影响，例如糖酵解途径的有关酶类。诱导酶则是细胞为适应外来底物或其结构类似物而临时合成的一类酶，例如大肠杆菌在含乳糖培养基中所产生的 β- 半乳糖苷酶和半乳糖苷渗透酶等。能促进诱导酶产生的物质称为诱导物（inducet），它可以是该酶的底物，也可以是难以代谢的底物类似物或是底物的前体物质。例如，能诱导 β- 半乳糖苷酶产生的除了其正常底物乳糖外，不能被其利用的异丙基 -β-D- 硫代半乳糖苷（IPTG）也可诱导，且其诱导效果要比乳糖高。例如在大肠杆菌培养基中，加入 IPTG 后，其 β- 半乳糖苷酶的活力可突然提高 1000 倍。

（2）阻遏

在生物代谢过程中，当代谢途径中某末端产物过量时，除可用反馈抑制的方式来抑制该途径中关键酶的活性，以减少末端产物的生成外，还可通过阻遏作用来阻碍代谢途径中包括关键酶在内的一系列酶的生物合成，从而更彻底地控制代谢和减少末端产物的合成。阻遏作用有利于生物体节省有限的养料和能量。阻遏的类型主要有末端代谢产物阻遏和分解代谢产物阻遏两种。精氨酸合成中的末端代谢产物阻遏见图 2-14。

图 2-14 精氨酸合成中的末端代谢产物阻遏
① 为氨甲酰基转移酶（OCT 酶）；② 为精氨酸琥珀酸合成酶；③ 为精氨酸琥珀酸裂合酶

2.3.3 微生物的初级与次级代谢产物

根据微生物在代谢过程中产生的代谢产物在机体内的不同作用，可将代谢分为初级代谢（primary metabolism）和次级代谢（secondary metabolism）两种类型。初级代谢是指能使营养物质转变成机体的结构物质和对机体具有生理活性作用的物质，或是为机体生长提供能量的一类代谢。初级代谢的产物称为初级代谢产物，这类产物包括供机体进行生物合成的各种小分子前体、单体和多聚体物质，以及在能量代谢中起调节作用的各种物质，如多糖、蛋白质、脂肪和核酸等，它们是生命物质的基础建筑材料。次级代谢是指存在于某些生物中（如某些植物和微生物），并在一定的生长期内出现的一类代谢类型。次级代谢产生的物质被称为次级代谢物。这些物质对生物体的基本生命过程并没有直接作用，产量通常相对较低。然而，在应对恶劣环境、清除有毒物质、寻找生殖伙伴以及信息传递等方面，次级代谢物都具有重要的功能。次级代谢产物的生物合成（biosynthesis）途径和产物的结构错综复杂，不仅种属间存在差异，而且变种之间也截然不同。抗生素、酶抑制剂、免疫调节剂、植物生长调节剂等均属于微生物药物范畴内的重要的具有生理活性的次级代谢产物。

虽然次级代谢产物的分子结构要比初级代谢产物复杂得多，而且次级代谢产物分子中往往还含有初级代谢产物所没有的基团，但是次级代谢产物的合成途径并不是独立存在的，而是与初级代谢产物合成途径间存在着紧密的联系。次级代谢产物基本上都是以初级代谢产物为母体衍生而来的，催化特殊次级代谢产物合成反应的酶可以从初级代谢途径的酶演化而来。一些共同的中间体既可以用来合成初级代谢产物，也可以用来合成次级代谢产物，这种中间体称为分叉中间体。例如，糖经过磷酸己糖支路途径和磷酸戊糖途径生成磷酸烯醇式丙酮酸及 4-磷酸赤藓糖，两者经酶催化进一步转变成莽草酸，莽草酸在初级代谢中经过一系列合成酶系的催化作用转化为芳香族氨基酸苯丙氨酸、酪氨酸、色氨酸等；而在次级代谢中则经过多次重复缩合、环化或闭环等生化反应形成多种酚类化合物。因此，莽草酸是分叉中间体。其他分叉中间体主要有丙二酰辅酶 A、乙酰辅酶 A、甲羟戊酸、α-氨基己二酸等。

初级代谢产物与次级代谢产物关系见图 2-15。

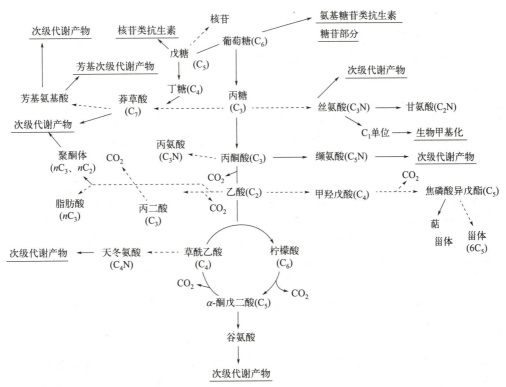

图 2-15 初级代谢产物与次级代谢产物关系
—— 葡萄糖分解代谢的主要途径；------ 初级代谢的合成过程

2.3.3.1 次级代谢产物生物合成基因簇异源表达

微生物次级代谢产物生物合成相关的调节基因、结构基因、转运相关基因和耐药性基因等聚集在一起形成生物合成基因簇（biosynthetic gene clusters，BGCs）。随着生物技术的快速发展，科学家已积累了大量的微生物基因组数据。通过这些基因组数据信息分析表明，只有不到 10% 的微生物次级代谢产物的 BGCs 与已发现的次级代谢产物相对应。这表明微生物基因组中还蕴藏着巨大的次级代谢产物合成潜力。

开发这些潜在的微生物次级代谢产物的 BGCs 基本流程为：BGCs 组装、克隆和异源表达；微生物基因组测序及 BGCs 预测；次级代谢产物的鉴定和分离。

（1）微生物基因组挖掘

微生物基因组挖掘是从基因组序列信息出发，利用生物信息学技术预测编码目的天然产物的 BGCs。通过微生物次级代谢物合成基因组簇的综合性数据库（the antibiotics and secondary metabolite analysis shell，anti SMASH）分析，可快速鉴定出基因组序列中负责次级代谢产物的 BGCs，这些次级代谢产物包括萜类、非核糖体肽、氨基糖苷类和 β-内酰胺类等微生物药物。

（2）BGCs 克隆

使用基因组挖掘策略已成功地在链霉菌中发现了大量的 BGCs。微生物次级代谢产物的 BGCs 长度通常在 10～200kb 之间，而且很多 BGCs 在原始宿主菌中保持沉默状态，将这些 BGCs 克隆到异源的模式菌株中常常可以表达出目的产物，但克隆这些大型 BGCs 很有挑战性。已经发展出很多新的大型 BGCs 克隆策略，包括转化相关的重组（transformation-associated recombination，TAR）、Red/ET 重组（Red/ET recombination）、直接途径克隆（direct pathway cloning，DiPaC）和位点特异性重组（site specific recombination，SSR）。

（3）异源表达

不依赖底盘细胞的重组酶介导的基因组工程（chassis-independent recombinase-assisted genome engineering，CRAGE）策略从菌株发育系统的角度出发，能高效率、高精度地将复杂 BGCs 整合到多个门的不同细菌物种的染色体中，筛选出高效表达目的基因簇的宿主菌。CRAGE 有助于鉴定和发现以前未表征的次级代谢产物，具有一定的应用前景。

链霉菌是一种高 GC 含量的革兰氏阳性细菌。在放线菌中，链霉菌属是抗生素生产最多的，在 6000 个微生物起源的抗生素中，超过 60% 由链霉菌生产，这些化合物中有抗真菌的、抗细菌的和其他活性的，例如抗癌药物、免疫抑制剂和抗虫剂等。链霉菌及与其亲缘关系较近的其它放线菌也经常被用作异源宿主来生产各种天然化合物，其中变铅青链霉菌是异源表达主要菌种。首先，链霉菌本身就具有生产多种次级代谢产物的能力，在已知的多聚酮化合物中，大约三分之二是来自于放线菌。在全测序的 3 种链霉菌安全菌株中的天蓝色链霉菌、阿维链霉菌和糖多孢红霉菌已经发展了比较完善的基因工程和发酵技术。这些特点使得链霉菌成为异源表达来自高 GC 含量的黏细菌或其他放线菌基因簇的首要选择。

假单胞菌能够生产某些抗真菌的微生物药物化合物。与其它宿主菌株相比较，假单胞菌作为异源宿主具有以下优点：假单胞菌生长速率快，遗传背景清楚。如恶臭假单胞菌 KT2440 是迄今为止遗传研究最为清晰、代谢多样性研究最为透彻的腐生假单胞菌，同时也是公认的对环境安全的革兰氏阴性菌株，是异源表达的良好宿主菌。假单胞菌可分泌多种类型的抗生素，其代表为吩嗪类抗生素，如吩嗪-1-羧酸（phenazine-1-carboxylic acid，PCA）和绿脓菌素（pyocyanin，PYO）。

枯草芽孢杆菌是一种革兰氏阳性细菌，没有太大的密码子偏爱性，且具有强大的外分泌功能。同时，该菌株是公认的安全菌株，具有完善的分子生物学工具进行相应的基因工程和代谢工程操作。而且该菌株生长速率快，允许外源 DNA 的引入和染色体整合。该菌株自身也可以生产许多化合物，如抗生素聚酮化合物和聚肽化合物。

2.3.3.2 表观遗传调控

表观遗传调控是指通过影响基因表达而不涉及 DNA 序列变化的一类遗传调控机制。这些调控机制可以在细胞内部和外部环境的相互作用下发生，从而影响基因的活性，进而影响细胞功能和表型。表观遗传调控涉及各种分子机制，其中主要包括 DNA 甲基化、组蛋白修饰和非编码 RNA。DNA 甲基化、组蛋白修饰主要存在于真核生物中。而非编码 RNA 调控在真核生物与原核生物内都存在。

2.3.3.3 代谢调控技术

代谢调控就是通过对 DNA 进行有目的改造，达到对细胞内的代谢网络进行精密调控目的，实现菌体性能的提高、其他大分子装配等的过程。如为提高链霉菌中聚酮类化合物的效价，研究人员设计了一个动态降解三酰甘油（ddTAG）的策略，来高效利用三酰甘油以增加聚酮的生物合成。

值得注意的是过强的表达有时会对菌体造成负担，因此启动子对基因表达的合理调控对于代谢调控技术高效生产微生物药物至关重要。适度的基因表达水平由启动子在转录水平上提供强有力的调节，这对于重构代谢途径至关重要。目前，已有许多启动子用于在大肠杆菌、枯草芽孢杆菌和谷氨酸棒杆菌等宿主中实现多种酶的过量表达，用于生产胡萝卜素、2-吡喃酮-4,6-二羧酸和聚乳酸等产品。

2.3.3.4 调整培养条件

微生物合成药物易受培养条件的影响，如培养基组分、温度、pH值、金属离子、氧气浓度、盐度、培养状态、生物合成前体等，这些因素的调整必定会引起生物合成中酶活性的改变，导致与之相关的次级代谢物多样性的改变。因此在微生物赖以生存的培养基上进行研究，能产生新类型的次级代谢产物的出现或者已知次级代谢产物产量增加的结果。如一株海洋衍生菌株在由海盐组成的富营养化培养基中培养时，发现产生了一种新的三萜类化合物和一种新的环烯醚衍生物。这种方法相对经济简单但结果却有多种可能，起到的是"牵一发动全身"的作用。

2.3.3.5 微生物共培养

在一种培养基中，一个菌株与另一个菌株之间的关系可能是竞争性的、对抗性的或友好的。两个或两个以上菌株的共培养有可能提高已知化合物的产量或积累，或检测到隐匿化合物。

2.3.4 次级代谢产物的类型

2.3.4.1 与糖代谢有关的类型

以糖或糖代谢产物为前体合成次级代谢产物有三种情况。第一种是直接由葡萄糖合成次级代谢产物，如曲霉菌产生的曲酸，放线菌产生的链霉素以及大环内酯类抗生素中的糖苷等。第二种是由苯酸合成的芳香族次级代谢产物，如放线菌产生的氯霉素、新霉素等。第三种是磷酸戊糖合成的次级代谢产物，磷酸戊糖先合成核苷类物质，再进一步合成次级代谢产物，如嘌呤霉素、抗溃疡间型霉素等。

2.3.4.2 与脂肪酸代谢有关的类型

第一种是以脂肪酸为前体，经过脱氢氧化等过程后生成聚乙炔脂肪酸，这是一种次级代谢产物，在高等植物中比较常见。第二种是从丙酮酸开始生成乙酰辅酶A，在羧化酶的催化下生成丙二酰CoA，丙二酰CoA链中的羰基不被还原，生成聚酮或多酮次甲基链，进而生成不同的次级代谢产物，如四环素类抗生素。

2.3.4.3 与萜烯和甾体化合物有关的类型

这一类型主要是由霉菌产生的，如烟曲霉素、赤霉素、梭链孢酸及由八个异戊二烯单位聚合而成的β-胡萝卜素等。

2.3.4.4 与TCA循环有关的类型

第一类是从TCA循环中得到的中间产物进一步合成次级产物，如α-酮戊二酸还原生成戊烯酸，由乌头酸脱羧生成衣康酸。第二类是由乙酸得到的有机酸与TCA循环中的中间产物缩合生成次级代谢产物，如草酰乙酸或α-酮戊二酸羧基或羰基缩合生成脂肪酸α-亚甲基。

2.3.4.5 与氨基酸代谢有关的类型

第一种是由一个氨基酸形成的次级代谢产物，如放线菌产生的环丝氨酸、氮丝氨酸。第二种是由两个氨基酸形成的曲霉酸、支霉粘毒。第三种是由三个及三个以上的氨基酸缩合成的次级产物，如镰刀菌产生的恩镰孢菌素，其氨基酸之间多以肽键结合成直链状。

2.3.5 次级代谢与初级代谢的主要区别与联系

① 次级代谢不是在所有生物体都存在的，次级代谢只发生在某些生物体中。且同一种生物体在不同的生长环境下所产生的次级代谢物也会有所不同。初级代谢是会发生在所有生物体中的，代谢途径和代谢产物基本相同。

② 初级代谢和次级代谢的产物有明显不同。初级代谢产物一般是生物体所必需的，如核苷酸、脂肪酸、氨基酸等。次级代谢产物一般是分子结构比较复杂的化合物，根据其作用可分为抗生素、生物碱、维生素等，所以微生物药物一般在次级代谢中产生。

③ 次级代谢一般出现在菌体的生长后期，此类微生物的生理过程可以区分为两个阶段，即菌体生长阶段和代谢产物合成阶段。例如，链霉素、青霉素、金霉素、红霉素、杆菌肽等都是在合成阶段形成。例如，青霉素合成中的酰基转移酶、链霉素合成中的脒基转移酶等次级代谢中的关键酶都在合成阶段被合成。

④ 次级代谢酶的专一性较低，当一条途径中缺失某一个酶后，该酶反应前面的物质并不累积，反应顺序后面的酶仍能起作用，产生出一个分支代谢产物。例如金霉素链霉菌失去氯化能力或培养基中没有氯化物存在时，不能合成金霉素，但用于合成金霉素的中间产物仍可以进行氨基化、甲基化反应，进而合成四环素。

⑤ 次级代谢产物合成酶是由初级代谢产物诱导的，这是初级代谢和次级代谢一个比较明显的联系。在初级代谢的过程中，初级代谢产物会诱导合成酶的产生，在合成反应中积累发挥作用，进而增加最终产物的产量。

⑥ 初级代谢和次级代谢的调控都是受微生物的代谢调节影响，因为它们的代谢途径是互相交错的，因此它们二者之间的代谢调节也是相互交错联系的。例如，初级代谢产物缬氨酸自身反馈抑制乙酰羧酸合成酶的活性，从而减少了缬氨酸与青霉素合成的共同中间体。当然，初级代谢比次级代谢更直接地受到菌体调控，初级代谢受到的调控比次级代谢要更强烈一些。

初级代谢与次级代谢的区别见表 2-1。

表 2-1 初级代谢与次级代谢的区别

项目	初级代谢	次级代谢
概念	在微生物的新陈代谢中，将微生物从外界吸收的营养通过分解代谢和合成代谢，生成维持生命活动的物质和能量的过程	相对于初级代谢的概念，指微生物在一定生长阶段，利用初级代谢的产物合成一些对生物体生命过程没有明确作用的结构复杂的分子
产物	单糖或单糖衍生物、核苷酸、脂肪酸等	抗生素、生长刺激素、维生素、色素、毒素、生物碱等
存在范围	在所有的微生物中都存在初级代谢	只存在于某些特定的微生物中，并不是所有的微生物都有次级代谢
对微生物的作用	给微生物提供基础的营养价值，给微生物的生活生产提供能量	不是微生物的生理活动必需的物质，不论是否存在都不会影响微生物的生长

2.3.6 人工构建的代谢产物

2.3.6.1 人工合成抗生素

抗生素是由细菌、放线菌、真菌等微生物在生命活动过程中产生的（或通过其他方法获取的）有机物质，它能在低浓度条件下选择性地抑制或影响其他物种的功能。作为抗菌药物的一种，抗生素专门针对细菌，其功能是抑制或杀死细菌。从微生物的代谢产物中提取和分离出的化学物质，如内酰胺类、大环内酯类和氨基糖苷类等，都属于抗生素类药物。抗生素主要有两种来源：天然合成和化学合成或半合成。天然合成指的是由微生物生成的抗生素，而化学合成或半合成是对天然抗生素进行结构改造后得到的部分合成产物，通常称为半合成抗生素。

目前，人工合成的抗生素主要包括喹诺酮类和磺胺类药物。喹诺酮类药物已经发展出四代。1946年，美国有机化学家George Y. Lesher博士在合成氯奎宁过程中意外发现了萘啶酸。经筛选后，他发现萘啶酸具有抗菌活性。1962年，将萘啶酸用于治疗尿路感染的报道使萘啶酸成为第一代喹诺酮类药物，由于生物利用度较低，如今已经被淘汰，不再使用。1969年，第二代喹诺酮类药物问世，代表药物为吡哌酸。与第一代相比，它具有更广泛的抗菌谱，药物副作用降低，不良反应减少，半衰期延长。该类药物对革兰氏阳性菌有一定的抑制效果，主要用于治疗尿路感染等。在寻求更具活性的萘啶酸衍生物过程中，拜耳公司化学家K. Grohe发现了一种提高抗生素效果的工艺方法，即环芳酰化，从而开启了第三代喹诺酮类药物的发展之路。科学家们在萘啶酸的母核上的第六位碳原子上引入氟原子，发现在加入氟原子以后使得这个药物的活性大大增强，6-氟结构的奇特效应使很长一段时间内引入氟原子成为喹诺酮类药物的必须配置。因此后来也习惯把喹诺酮类药物称为氟喹诺酮类药物。与此同时科学家们在侧链上加入哌嗪环或者甲基噁唑环后发现对葡萄球菌等革兰氏阳性菌也有抗菌效果，同时对一些革兰氏阴性菌的抗菌作用进一步增强，这种改进进一步扩大了喹诺酮类药物的抗菌谱。1982年，拜耳公司生产了第三代喹诺酮类药物——环丙沙星。自此之后，喹诺酮类药物成为了临床治疗细菌感染的主要药物之一。当时还有一款颇受关注的第三代喹诺酮类药物是左氧氟沙星，由德国Hoechst公司和日本第一制药株式会社共同开发，1982年研制成功，1985年在德国上市。1993年日本第一制药株式会社推出了左氧氟沙星，商品名为"可乐必妥"，并成为该公司的主要产品之一。1995年，左氧氟沙星在美国经过食品和药物管理局（FDA）的批准，1997年我国科学家成功研制出其原料药。

从1997年起，第四代喹诺酮类药物相继问世，代表性药物包括莫西沙星、司帕沙星等。第四代喹诺酮类药物在6位氟的基础上引入5位或者8位的氨基或甲基及甲基衍生物，在前面药物的基础上又进一步扩大了抗菌谱，覆盖衣原体、支原体，对革兰氏阴性菌和厌氧菌的活性也更强。第四代的代表药物莫西沙星于1999年在德国上市，广泛应用于社区获得性肺炎。就在科学家们认为6-氟结构是喹诺酮类抗菌作用的必要条件时，1997年日本的Toyama化学公司实验室合成出一系列6-氢喹诺酮结构，改变了人们对于喹诺酮类药物必须带有6-氟标配的固有认知，也开启了无氟喹诺酮类的新时代。

至今，喹诺酮类家族已经有数百位成员，这些人工合成的抗生素药物的背后是一代又一代科学家们不懈的努力和人们战胜疾病的决心。

2.3.6.2 人工合成维生素

维生素是人和动物为维持正常生理功能而必须从食物中获得的一类微量有机物质。维生素在人体的生长、代谢、发育过程中发挥着不可替代的重要作用。维生素种类繁多，存在于不同的动植物体内，因此每餐要做到荤素搭配均匀才能适量地摄入人体需要的维生素的量。

天然维生素A主要存在于动物和鱼类的肝脏中。维生素A有两种：一种是维生素A醇，是最初的维生素A的形态（只存在于动物性食物中）；另一种是胡萝卜素，在体内转变为维生素A的前体物质（可以从植物性和动物性食物中摄取）。维生素A在视觉、生殖、免疫系统和上皮细胞分化、骨骼正常生长发育等多种生理功能过程中具有重要的作用。当人体内缺乏维生素A时会出现夜盲症、免疫力低下、生长缓慢等问题。维生素A的生产方法主要有天然提取、化学合成和微生物合成。天然提取维生素A主要从鱼肝油中得到，主要成分为视黄醇。但由于海洋资源比较分散，鱼类数量和种类有限，步骤复杂且成本较高等问题，因此市售的维生素A大都采用化学合成法合成，工艺路线主要来自瑞士Roche和德国BASF两家公司，他们都以β-紫罗兰酮为初始原料，格氏反应为特征，选择加氢等一系列步骤生成维生素A醋酸酯。虽然化学生产法可以大规模生产维生素A，但由于化学合成法对环境有一定程度的危害，国家提倡绿色发展，最终化学合成法受到了限制。

维生素C是人体必需的物质，主要存在于生物组织中，在新鲜水果、蔬菜和动物肝脏中的含量尤其丰富，可以改善提高机体免疫系统的强度。但人体自身不能合成维生素C，并且人体不能储存维生素C，因此只能从食物中获得。维生素C最早是从动植物中提炼出来的，后来发展出化学制造法，以及发酵和化学共享的制造法。维生素C的全球市场在10万吨/年以上。维生素C是天然产物生物合成的典型案例。早在1933年德国化学家Reichstein等发明的莱氏法是最早应用于工业生产维生素C的方法。该法以葡萄糖为原料，经过催化加氢制取D-山梨醇，然后用醋酸菌发酵生成L-山梨糖，再经过酮化和化学氧化，水解后得到2-酮基-L-古洛糖酸（2-KLG），再经过盐酸酸化得到维生素C。莱氏法生产的维生素C具有产品质量好、收率高、生产原料易得、中间产物化学性质稳定等优势，但它也存在一些缺陷，比如生产工序多、劳动强度大、化学药品毒性大、易燃易爆等。目前维生素C基本都是用生物法合成，主要合成路径有两条，其一是山梨糖途径，其二是葡萄糖酸途径。山梨糖途径分两步，第一步发酵是以D-葡萄糖为原料，加氢催化生成D-山梨醇，再加入假单胞杆菌氧化获得L-山梨糖；第二步发酵是通过加入氧化葡萄糖酸杆菌和巨大芽孢杆菌、蜡状芽孢杆菌等伴生菌混合发酵L-山梨糖后获得维生素C的前体2-酮基-L-古龙酸。葡萄糖酸途径通过草生欧文氏菌中的葡萄糖脱氢酶、葡萄糖酸脱氢酶和2-酮基-D-葡萄糖酸脱氢酶将D-葡萄糖氧化生成D-葡萄糖酸、2-酮基-D-葡萄糖酸和2,5-二酮基-D-葡萄糖酸，再通过谷氨酸棒状杆菌将2,5-二酮基-D-葡萄糖酸还原生成2-酮基-L-古龙酸，该法在工艺程序、原料方面都有所简化，收率较高，应用前途广，但存在中间产物不太稳定、生产效率低、成本高等问题。

2.3.6.3 人工合成色素

色素是指由微生物在代谢中合成的积累在胞内或分泌于胞外的各种能够呈现出颜色的次级代谢产物。在食品工业、医药和化妆品行业都需要用到色素。色素主要有合成色素和天然色素，合成色素更经济更容易生产，但同时对环境的危害也更大，因此大家慢慢把目光转移到微生物色素中。微生物色素是通过真菌、藻类、细菌等微生物发酵得到的一类天然色素，包括胞外色素和胞内色素。产生微生物色素的微生物主要有微藻。微藻通过光合作用能够生成叶绿素、β-胡萝卜素、虾青素、叶黄素和藻胆蛋白等物质。然而，类胡萝卜素在藻类和植物体内的含量非常低，难以提取，因此通常采用生物合成方法。类胡萝卜素的生物合成过程相对复杂，牻牛儿基牻牛儿基焦磷酸（GGPP）是生物合成类胡萝卜素过程中的关键步骤。首先，在转移酶PSY的催化作用下，GGPP合成八氢番茄红素。然后，在氧化还原酶PDS的催化下，八氢番茄红素转化为β-胡萝卜素。接下来，在另一种氧化还原酶ZDS的作用下，β-胡萝卜素生成番茄红素。最后，在不同种类酶的催化下，番茄红素生成各种胡萝卜素。

根据当前的研究趋势来看，微生物发酵法制备色素的研究主要集中在发酵工艺条件的优化、菌种的选育、菌种的诱变以及传统方法和现代技术的结合。以番茄红素为例，S.M. Choudhari在生产番茄红素的过程中利用三孢布拉氏霉菌，加入醋酸维生素A，可以使番茄红素的产量达到770～780mg/L。最近几年来在新菌种的研究方面也取得了重大进展，F.E. Nicolas-Molina等用基因工程技术生产出一种组合菌株，使番茄红素的含量达到了5 mg/g，是原始菌株的7倍。

随着合成生物学的不断发展，为微生物合成天然色素带来了新的契机，借助连续的设计、构建、测试与学习模型，有望达到预期的评价目标，有助于构建出更加高效、环保、稳定的人工合成细胞工厂，使人工合成色素朝着高通量、智能化、高效率的方向发展。

2.4 微生物药物典型构建单位与合成途径

合成次级代谢产物的起始物被称为构建单位。用来合成次级代谢产物的构建单位主要有：糖类、氨基酸及其衍生物、聚酮体、甲羟戊酸、莽草酸、环醇与氨基环醇、核苷酸及其衍生物等。

2.4.1 糖类

糖作为生命体新陈代谢的主要能量，广泛存在于自然界中，作为地球上最多的一类有机化合物，它的功能丰富，不光作为细胞内的通用能源，还参与形成植物、微生物的细胞壁，作为中间体提供碳骨架合成氨基酸、核苷酸、脂肪酸等，同时也可以作为细胞表面的信号分子，如抗原抗体识别。

许多糖类的次级代谢产物在结构上与糖类相关，包括氨基糖、糖胺、核糖、环多醇和氨基环多醇等。尽管它们的前体物质都源于葡萄糖，但在次级代谢过程中，它们的结构会发生修饰。例如，卡那霉素、新霉素和链霉素这些寡糖类抗生素的分子结构在次级代谢过程中都经过了改变。

2.4.1.1 氨基糖

氨基糖在自然界中广泛存在，它具有许多独特的生物活性，它能与蛋白质、脂质以及细胞表面产生作用力，从而发挥其抗肿瘤、抗菌、抗炎和神经保护等作用。氨基糖是以葡萄糖为前体，含有一个氨基和羟基的单糖。在生物体内葡萄糖先转化成己酮糖，再经过转氨作用，将其中的一个羟基转化成氨基，从而形成氨基糖。一个或多个氨基糖分子和氨基环醇类分子通过糖苷键连接即可形成氨基糖苷类抗生素，其中包括链霉素、庆大霉素、新霉素、多烯大环内酯类抗生素等。

以麦霉氨基糖和海藻氨基糖的生物合成途径为例，葡萄糖经：①NAD依赖dTDP-葡萄糖氧化还原酶，②需要磷酸吡哆醛的转氨酶，③差向异构酶，从而生成麦霉氨基糖或海藻氨基糖（图2-16）。

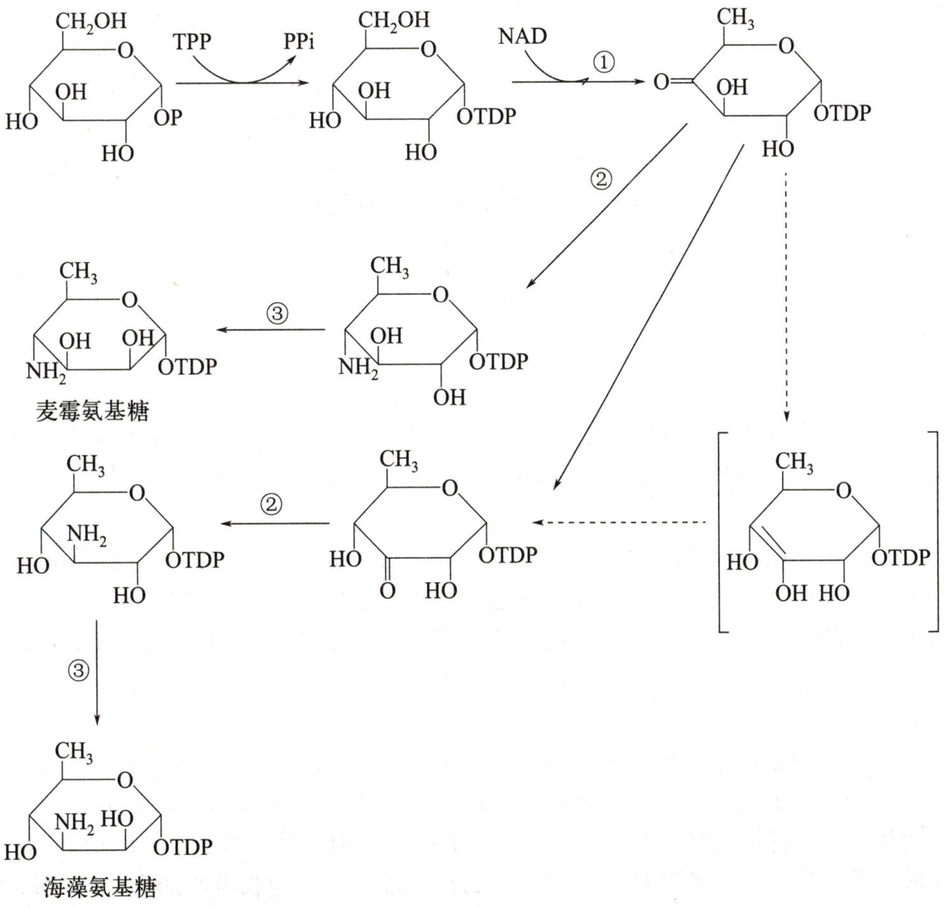

图 2-16 海藻氨基糖和麦霉氨基糖的生物合成途径

2.4.1.2 糖胺聚糖

糖胺聚糖属于杂多糖，为不分支的长链聚合物，由含己糖醛酸（角质素除外）和己糖胺成分的重复复合单位构成。

糖胺聚糖是细胞外基质主要成分，具有极为优良的生物相容性、生物可降解性和生物学活性。因此，利用糖胺聚糖的这些特性可制备系列生物医用材料，例如生物支架、三维细胞水凝胶等。

2.4.2 氨基酸及其衍生物

2.4.2.1 氨基酸类

氨基酸是构成蛋白质的基本单位，对生物体的代谢调控起着重要作用，它是由氨基将羧酸碳原子上的氢取代后的化合物。构成蛋白质的基本氨基酸有20种，其中有8种氨基酸是必需氨基酸，生物体不能通过自身合成，只能通过外界食物中摄取。

许多抗生素是由微生物通过氨基酸的次级代谢过程合成的。例如，青霉素是由青霉属真菌合成的，其合成过程需要依赖于赖氨酸和 α-氨基己酸等氨基酸。生物碱是一类天然产物，具有碱性的氮原子，它们中的部分与氨基酸合成相关。例如，吗啉碱是从色诺菌产生的生物碱，它的合成与色诺菌的氨基酸代谢密切相关。

2.4.2.2 多肽类

肽是由 α-氨基酸以肽键连接在一起而形成的化合物，是蛋白质水解的中间产物。由两个氨基酸分子脱水缩合而成的化合物叫做二肽，由三个或三个以上氨基酸分子组成的肽叫多肽。

已经成功应用的代表性含有肽结构的微生物药物包括抗生素杆菌肽（bacitracin）、棘白菌素类（echinocandins）、达托霉素（daptomycin）、多黏菌素（polymyxin）和万古霉素（vancomycin），抗癌药物博来霉素（bleomycin）和免疫抑制剂（cyclosporine）等。

2.4.3 聚酮体

次级代谢过程中，小分子有机酸在缩合过程中把羧基转化为酮基。随着缩合不断进行，产物的碳链和酮基逐渐增加，从而形成多种聚酮体。这类聚酮体主要为抗生素，如四环类、蒽环类、大环内酯类和多烯类。

聚酮体合成的初始单位包括乙酰辅酶A、丙酰辅酶A和丁酰辅酶A，而链延长单位则有丙二酰辅酶A、甲基丙二酰辅酶A和乙基丙二酰辅酶A等，它们分别代表2C、3C、4C单元的供体。乙酰辅酶A可由糖代谢和脂代谢产生。丙酰辅酶A可由琥珀酰辅酶A转化、奇数脂肪酸降解或支链氨基酸降解等途径形成。而丁酰辅酶A通常是由1个乙酰辅酶A与1个丙酰辅酶A缩合生成，也可以通过亮氨酸经2-O-异己酸降解而产生。

聚酮体的形成，有的是由单一的构建单位缩合而成，也有的是由几种构建单位经过交叉缩合形成。聚酮体缩合反应不是在细胞质基质中以游离态进行的，而是附着于细胞膜表面上完成的。微生物合成的聚酮体链在长度和结构上有很大的差别。聚酮体链一般由4个构建单位组成，长的聚酮体可由19个构建单位组成。合成过程中聚酮体链若经过连续而完全的还原反应可成为长链脂肪酸，若经过不完全的还原或还原位点的不同，可得到变化范围广泛的聚酮体。部分还原的聚酮体经过重复脱水、环化常可得到复杂的聚酮体化合物，如四环素、蒽环类抗生素；还可形成大环内酯类抗生素；若经过脱水反应形成含多个双键的环状化合物，则可得到多烯大环内酯类抗生素。

2.4.4 甲羟戊酸

甲羟戊酸（mevalonic acid，MVA），又称甲戊二羟酸或者甲瓦龙酸，化学式 $C_6H_{12}O_4$，化学名称为3,5-二羟-3-甲基戊酸。甲羟戊酸是重要有机化合物。甲羟戊酸最开始是由麦尔克公司在酒精发酵废液中作为乳酸菌的乙酸代替生长因子发现的，称为二榍斗酸。之后日本研究员在清酒中的火落菌生长因子中发现了甲羟戊酸，又命名为火落酸，后来统一称为甲羟戊酸。

甲羟戊酸呈现油状，易溶于水和带有极性的有机溶剂并且容易内酯化。甲羟戊酸是戊二烯、萜烯类和胆甾醇生物合成的重要中间体，与此同时甲羟戊酸是萜类和类固醇物质合成的重要前体，例如，类胡萝卜素、青蒿素、紫杉醇和异戊二烯等，这些重要化合物被广泛应用于化工、生物与医药和食品行业。

甲羟戊酸化学结构上的 3 号位碳是个不对称碳原子，该位点存在两种异构体，但是微生物只能对 3R 体有作用。甲羟戊酸是甲羟戊酸合成途径生成的中间代谢物，同时也是萜烯类等合成途径中的重要中间体。经过实验证明在植物细胞培养过程中添加适量的甲羟戊酸，有利于提高天然产物的产量。研究表明甲羟戊酸对人体皮肤的老化有抑制作用，因此可用于化妆品产业；甲羟戊酸的手性碳原子有旋光作用，因此还可以应用于光学材料和抗生素的生产。

甲羟戊酸和甲羟戊酸内酯的相互转化见图 2-17。

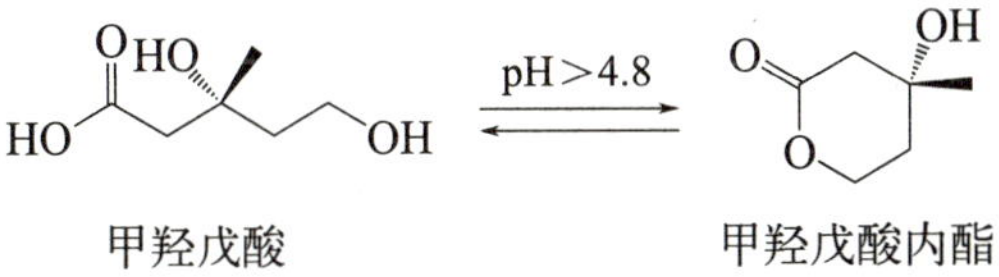

甲羟戊酸在化工、食品和生物与医药行业也有重要的用途，这使得对甲羟戊酸需求量增加。常见的化学法合成甲羟戊酸具有结构复杂、原料难得和成本较高等难题，不适合大规模的工业生产，合成的甲羟戊酸多为外消旋混合物很难得到利用，因此生物酶法合成甲羟戊酸有着很大的发展趋势。

图 2-17　甲羟戊酸和甲羟戊酸内酯的相互转化

甲羟戊酸合成途径是由乙酰辅酶 A 开始，经过乙酰乙酰辅酶 A 硫解酶、HMG-CoA 合成酶和 HMG-CoA 还原酶等催化生成甲羟戊酸，最后生成的是异戊二烯焦磷酸（IPP）。甲羟戊酸合成途径是微生物细胞和动植物细胞中一个非常重要的代谢途径，因为该途径参与许多重要萜类的前体化合物的合成。甲羟戊酸合成途径中有 6 个重要酶参与，分别为乙酰乙酰 CoA 硫解酶、HMG-CoA 合成酶、HMG-CoA 还原酶、甲羟戊酸激酶、磷酸甲羟戊酸激酶和 5-焦磷酸甲羟戊酸脱羧酶（图 2-18）。工业上也可利用该途径合成甲羟戊酸。

2.4.5 环醇与氨基环醇

环醇是环烃基与羟基相连接的醇，因为环烃基可分为芳环烃基和脂环烃基，故环醇分为芳香醇和脂环醇。脂环醇又可分为两种：一种是羟基连在脂环侧链上；另一种是羟基直接连在脂环上。例如环己甲醇属于前者，环己醇属于后者。芳香醇是羟基连在芳烃侧链上，例如 2-苯乙醇（$C_6H_5CH_2CH_2OH$）和苯甲醇（$C_6H_5CH_2OH$）。

在合成氨基环醇类抗生素的生物合成途径中，环多醇是一个十分重要的中间体。氨基取代环多醇中一个或多个羟基后生成氨基环多醇。不同的氨基环醇类抗生素化合物中所含有的氨基环醇的结构有所不同，但其中主要是链霉胍和脱氧链霉胺。这些氨基环醇都以 D-葡萄糖作为合成前体，经过氨基化、酸化和环化等反应过程，合成一个共同的氨基环醇中间体，随后再经过不同的代谢途径衍生出不同的化合物（图 2-19）。

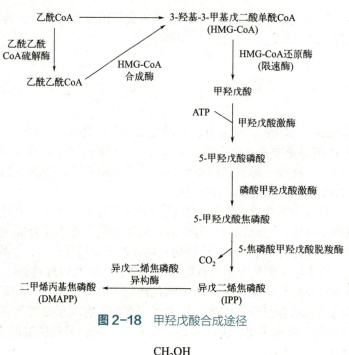

图 2-18　甲羟戊酸合成途径

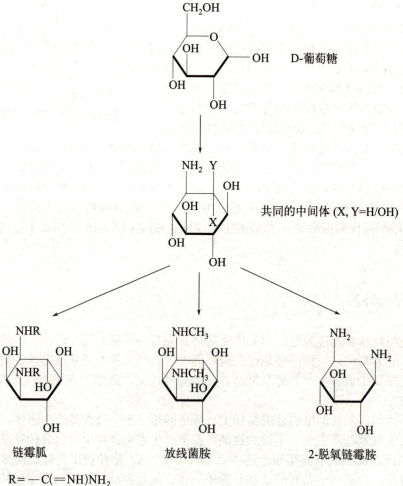

图 2-19　氨基环醇衍生出不同结构化合物

2.4.6 核苷酸及其衍生物

核苷酸类衍生物是指从核苷酸（nucleotide）分子中派生出来的化合物。核苷酸是由一个五碳糖、一个含氮碱基（图 2-20）和一个磷酸基团组成的生物大分子。核苷酸在生物学中有着重要的功能，包括构建 DNA 和 RNA，作为能量分子（如 ATP）、信号分子（如 cAMP）等。核苷酸类衍生物不仅在基本的生物学过程中发挥重要作用，还可以参与到次级代谢途径中，作为合成复杂有机分子的前体。

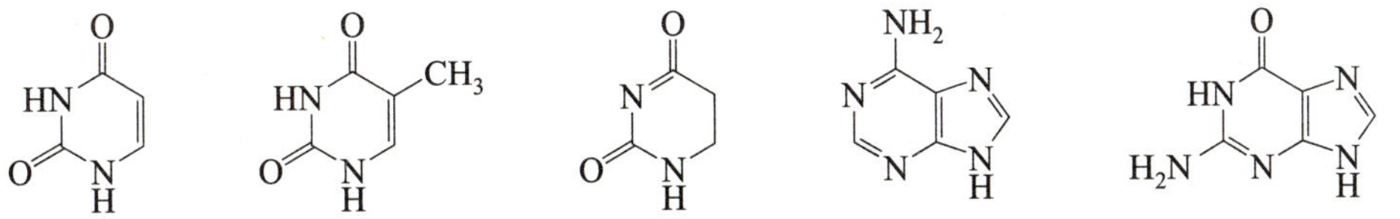

图 2-20 五种碱基的化学结构

腺苷，也称为腺嘌呤核苷，化学名称为 6-氨基-9-β-D-呋喃核糖嘌呤。它在生理生化过程中发挥调控作用，并具有广泛的药用价值。研究发现，腺苷具有抗癫痫和强效扩张冠状动脉功能，可用于治疗心绞痛、心肌梗死、冠状动脉功能不全、动脉硬化、原发性高血压、脑血管障碍、中风后遗症以及进行性心肌萎缩症等疾病。此外，腺苷还是一种重要的医药中间体。它可以用于合成治疗恶性肿瘤的药物 8-氯腺苷，同时还可用于合成具有良好生物活性的腺苷衍生物。

腺苷生产主要有细菌发酵法和酶合成法，发酵法生产腺苷有成本上的优势，因此是今后腺苷生产的发展方向。可用芽孢杆菌作为宿主细胞，发酵合成腺苷，发酵结束后，产物可用离子交换树脂或用超滤膜提取得到腺苷。腺苷也可从 RNA 的酶解得到。

2.4.7 莽草酸

莽草酸的化学名称是 3,4,5-三羟基-1-环己烯-1-羧酸（图 2-21），它是合成许多生物碱、芳香氨基酸、吲哚衍生物和手性药物（如抗病毒药物）的前体。莽草酸本身具有抗炎和镇痛作用。它可能通过影响花生四烯酸的代谢来抑制血小板聚集和凝血系统，进而发挥抗血栓形成的功能。此外，莽草酸还是合成目前在临床上唯一有效抗禽流感药物——磷酸奥斯米韦的重要原料。

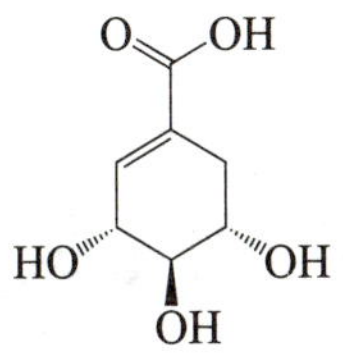

图 2-21 莽草酸的结构式

莽草酸是芳香族氨基酸生物合成途径中的共同代谢中间体，同时也是肉桂酸和多酚化合物的前体物质。在此途径中，葡萄糖通过糖酵解和磷酸戊糖途径分别生成磷酸烯醇式丙酮酸（PEP）和 4-磷酸赤藓糖（E4P）。这两种物质在 3-脱氧-阿拉伯庚酮糖酸-7-磷酸（DAHP）合成酶的催化作用下进入莽草酸途径（图 2-22）。接下来，它们经过一系列酶促反应形成莽草酸，最后合成 3 种芳香族氨基酸：酪氨酸、色氨酸和苯丙氨酸。该途径中有 3 个酶对莽草酸产量有重要影响：① 3-脱氧-阿拉伯庚酮糖酸-7-磷酸合成酶，大肠杆菌中存在 3 种该酶的同工酶，且分别受终端产物 3 种芳香族氨基酸的反馈抑制，限制了底物流入该途径合成莽草酸；②脱氢奎尼酸合成酶，该酶催化 3-脱氧-阿拉伯庚酮糖酸-7-磷酸的转化，当大量 3-脱氧-阿拉伯庚酮糖酸-7-磷酸合成后，该酶不能及时将上游产物转化为 3-脱氢奎尼酸而使其发生去磷酸化，降低了莽草酸的产量；③莽草酸脱氢酶，该酶将 3-脱氢莽草酸还原为莽草酸，同时受到草酸的反馈抑制。

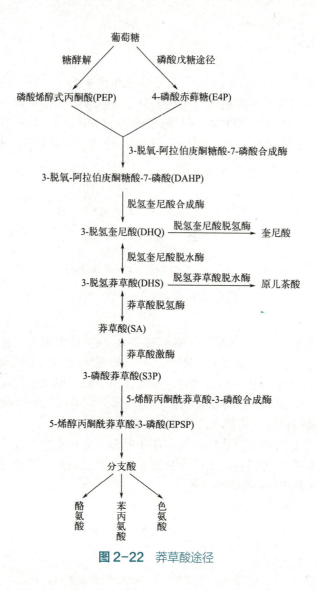

图 2-22 莽草酸途径

2.5 微生物药物生物合成及调控

2.5.1 生物合成的基本步骤

微生物药物的合成过程是指小分子物质在微生物体内酶的催化下逐步合成分子量较大的产物的生物反应。这种生物合成途径涉及一系列的生物转化反应、途径和网络。药物的合成需要在外界特定信号的刺激下被激活，再通过多个催化功能及调控元件的组合进行特定药物分子的合成。而这种药物的分子结构主要取决于具有催化功能元件的化学选择性及立体选择性，药物合成途径中调控元件以及关键节点酶的催化效率则会影响药品的产率。

微生物合成药物从整个途径过程看，其合成首先是从简单小分子前体开始，再经过顺序协作的系列酶催化反应最终形成。该过程包括很多复杂的生物合成反应、合成途径和代谢网络，而这些反应、途径和网络又涉及一系列的化学结构的生物转化。

微生物药物（主要是次级代谢产物）生物合成的特点包括以下几点：
① 前体存在，在该前提下遇到适当的条件它们便会流向次级代谢物生物合成的专用途径。
② 在某些情况下单体结构单位被聚合，形成聚合物，如聚酮化物、寡肽和聚醚类抗生素等。
③ 这些特有的生物合成中间产物需要后几步的结构修饰，修饰的深度取决于产生菌的生理条件。
④ 一些复杂抗生素是由几个来自不同生物合成途径组成的。整个次级代谢产物生物合成的基本途径主要包括前体聚合、结构修饰和不同组分的装配。

次级代谢产物经过生源合成后，可以通过缩合反应形成聚酮体、聚乙烯、寡肽等。通过前体单位聚合形成的次级代谢物包括四环素类、大环内酯类、安莎霉素类、真菌芳香化合物的聚多酮类、肽类抗生素以及聚醚和聚异戊二烯类抗生素。前体聚合过程需要诸如合成酶、转氨酶、脱水酶、连接酶等多种酶的协同作用。以四环素合成为例，在多酮链合成酶的催化下，丙二酰 CoA 等物质经过合成最终形成多酮链，从而生成四环素和大环内酯类抗生素。

典型的微生物药物合成过程有：

2.5.1.1 聚酮体的聚合

大多数聚酮体的聚合反应过程相似，但是不同次级代谢产物的起始单位和延伸单位各不相同。一般认为，以乙酰 CoA、丙酰 CoA、丁酰 CoA 和丙二酰 CoA 等酰基 CoA 为前体的聚酮体和异戊二烯的聚合反应与以乙酰 CoA 为前体形成脂肪酸时的聚合反应类似。它们之间的区别在于脂肪酸在聚合过程中会因为还原和脱水而饱和，并且它的合成需要 NADPH 参与。而聚酮体的形成过程对 NADPH 的需求较小，大多数酮基仅被简单地还原为羟基，不会进一步发生脱水和还原。合成聚酮体之后，可能直接成环，如形成四环素类抗生素的母核以及大环内酯等；也可能进一步被修饰，并与相应的基团（如氨基糖、糖胺及其他糖类单位等）结合，形成具有不同化学结构和生理活性的次级代谢产物。四环素类抗生素，包括四环素、金霉素、土霉素以及部分衍生物，均是以四并苯为母核的一类有机化合物。合成四环素的初始化合物是丙二酰 CoA，它和八个丙二酰 CoA 通过重复缩合和脱羧作用形成一个多酮次甲基链。经过重复闭环后，形成四环素类抗生素。从葡萄糖开始合成金霉素的过程包括大约 20 多步酶反应。考虑到可能存在的竞争和平行反应，实际的酶反应步骤可能增加至约 300 步，生物合成全过程中涉及 70 多个中间体。

四环素类抗生素生物合成途径见图 2-23。

丙二酰 CoA 可能是葡萄糖通过磷酸烯醇式丙酮酸经羧化作用形成草酰乙酸、再氧化脱羧为丙二酰 CoA 而形成的。氯则来自于培养基中的氯离子，氨基可能来源于谷氨酸，甲基可能来源于蛋氨酸。

2.5.1.2 氨基酸的聚合

许多次级代谢产物，如由纯氨基酸组成的化合物、氨基酸与其他代谢物（如糖、脂肪酸）相结合的产物，以及由一个或多个氨基酸衍生物相结合的产物，统称为多肽类或环肽化合物。氨基酸聚合形成多肽化合物有不同的机理。①被激活的氨基酸：在这种机制中，首先，氨基酸被激活成磷酸酯。接着，在特定酶（如肽合成酶）的催化下，这些被激活的氨基酸分子连接起来，形成肽链。这种机制通常出现在较小的肽类化合物合成中，如谷胱甘肽。②核糖体翻译：对于大多数蛋白质和多肽，其合成是通过核糖体介导的翻译过程实现的。

非核糖体介导的肽类化合物的合成主要依赖于多酶复合体系，合成的寡肽包括短杆菌肽以及真菌次级代谢产物（如恩链孢菌素和环孢菌素）。这种形成机制受多功能基因控制的多酶体系支配，有利于低分子量多肽的结构多样性的特殊方式，这些多肽正是许多微生物所形成的次级代谢产物。而核糖体介导的肽类次级代谢产物具有多种生物活性，一般分子量较大，如具有抗菌作用的乳链菌肽、枯草菌素乳酸菌肽和抗病毒的肉桂霉素。这类化合物的生物合成是由核糖体介导的，其组成氨基酸是直接由基因编码的，与普通蛋白质的合成过程相同。

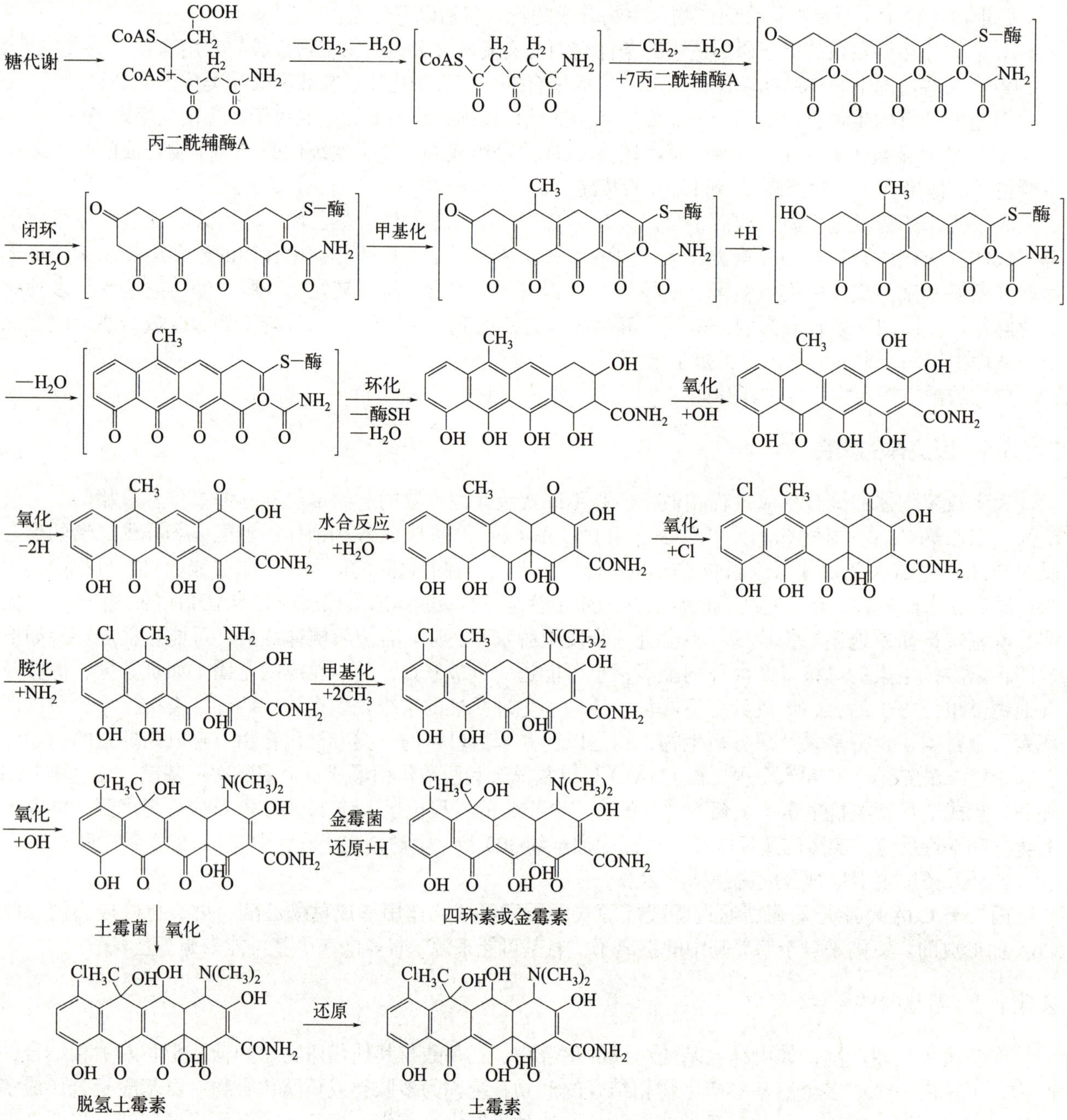

图 2-23 四环素类抗生素生物合成途径

2.5.1.3 结构修饰

聚合后的产物再经过修饰反应如环化、氧化、甲基化、氯化等。氧化作用是在加氧酶催化下进行的。次级代谢中的加氧酶多是单加氧酶，它把氧分子中的一个氧原子添加到底物上，另一个氧原子还原成水，并常伴有 NADPH 的氧化。次级代谢产物的各种单体聚合在一起，建立起基本骨架结构后，其中的某些基团往往还必须通过酶促反应进行修饰，才会形成具有生理活性的物质。这些酶促反应包括糖基化、酰基化、甲基化、羟基化和氨基化反应以及氧化还原等。也正是由于这些反应，使抗生素生产往往存在一系列类似物。

2.5.1.4 不同组分的装配

次级代谢产物所必需的几个部分合成后,需要按照一定的顺序在特异酶的催化下组装在一起才会形成具有生理活性的次级代谢产物。例如新生霉素的几个组分:4-甲氧基-5′,5′-二甲基-L-来苏糖(noviose)、香豆素和对羟基苯甲酸等形成后,再经过装配形成新生霉素。

2.5.2 生物合成的调控

因为参加微生物代谢的物质很多,即使是同一类物质也有不同的代谢路径,并且路径中产生的不同物质之间也存在着彼此联系和相互作用,所以构建一个调控系统能够有效地调节代谢活动。糖、蛋白质、脂肪和核酸的代谢调控见图2-24。

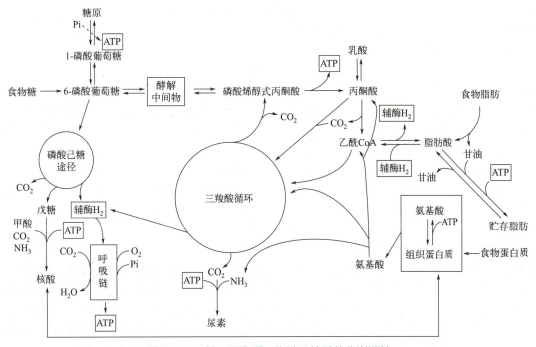

图2-24 糖、蛋白质、脂肪和核酸的代谢调控

2.5.2.1 初级代谢调节

微生物初级代谢调节机制有助于它们适应各种环境条件,保持细胞内代谢平衡,并确保其生长和功能正常。初级代谢调节的一些关键因素包括:底物浓度、产物抑制、酶活性调节、信号转导以及营养状况等。对微生物而言,初级代谢调节在生存和适应不同环境条件方面具有重要意义。

2.5.2.2 次级代谢调节

次级代谢的调节在某些方面与其他微生物产物生物合成的调节相似,会受到关联代谢酶活性(激活或抑制)和酶合成(诱导或阻遏)的控制。然而,次级代谢调节也存在独特之处,主要体现在以下几个方面。

(1)初级代谢的产物量来调节次级代谢

次级代谢调节是在初级代谢的基础上进一步反应,两者之间的关系紧密。次级代谢产物大都是以初级代谢产物为母体变化而来的,而且催化特殊次级代谢产物合成反应的酶有的也从初级代谢途径的酶演化而来，因此从表观来看，次级代谢受到初级代谢的调控。当它们进行有关的合成反应时，如果前一步的初级代谢的终产物过量，那么这些终产物会抑制次级代谢产物中重要的分叉中间体的合成，从而会抑制次级代谢产物的合成。

（2）碳代谢物的调节

在次级代谢过程中的葡萄糖效应，其实是对碳代谢物的抑制作用，它是由代谢过程的中间产物引起的。葡萄糖效应的抑制主要发生在菌体生长阶段，速效碳源的分解产物阻遏了次级代谢过程中酶系的合成，只有当这类碳源耗尽时，才能解除其对参与次级代谢的酶的阻遏，菌体才能转入次级代谢产物的合成阶段。例如，在青霉素发酵过程中发现，作为碳源的葡萄糖最先被菌体利用消耗，但是却不利于青霉素的合成。经实验研究发现，发酵过程中乳糖消耗的效率较为缓慢，可提高青霉素产量。而在混有葡萄糖和乳糖的培养基中发酵抗生素，经过监测发现，葡萄糖是优于乳糖前消耗完的，在葡萄糖耗尽后，才利用乳糖。实验证明，在次级代谢途径中，碳源的利用情况比初级代谢更为复杂。

（3）氮代谢物的调节

与碳代谢物的调控作用一样，许多次级代谢产物的合成也受到氮代谢物的调节。它类似于碳源分解调节的分解阻遏方式。主要指含氮底物的酶，如蛋白酶、硝酸还原酶、酰胺酶、组氨酸酶和脲酶的合成受快速利用的氮源，尤其是氨的阻遏。

（4）磷酸盐的调节

磷酸盐在次级代谢过程中发挥着重要作用。它不仅是限制菌体生长的关键因素，还是调节次级代谢产物生物合成的重要因素。目前研究发现，磷酸盐过量会抑制四环素类、氨基糖苷类和多烯大环内酯类等32种抗生素的生物合成。因此，在工业生产过程中，磷酸盐的浓度通常被控制在低于适合菌体生长的浓度，即所谓的亚适量。磷酸盐在0.3～3mmol/L的浓度范围内能够促进菌体生长；当浓度达到10mmol/L或更高时，会抑制许多抗生素的合成，例如10mmol/L的磷酸盐可以完全阻止杀假丝菌素的合成。磷酸盐浓度的高低还可以调控发酵合成期的早晚。当磷酸盐接近耗尽时，菌体才会进入合成期。若磷酸盐初始浓度较高，耗尽所需时间较长，合成期便会向后推迟。另外，磷酸盐还可以使产生抗生素的非生长状态菌体转变为生长状态，此时这些菌体将不再产生抗生素。

（5）ATP（腺苷三磷酸）调节

ATP在微生物和其他生物的代谢过程中发挥着关键的能量储存和传递作用。通常，ATP水平与细胞的代谢状态紧密相关，因此也会对次级代谢产物的生成产生影响。当细胞内能量需求增加时，ATP会被分解成ADP和磷酸以释放能量，这种能量释放可能对次级代谢产物的生成产生影响。ATP可能作为一些次级代谢产物生成过程中的共同底物参与。在某些合成途径中，磷酸基团的转移可能依赖于ATP的存在。因此，ATP水平的变化可能直接影响这些合成途径的进行。此外，ATP在细胞内能够充当信号分子的角色，通过调节某些酶的活性或参与细胞信号转导通路，从而影响代谢路径。这种信号传递方式可能对次级代谢产物的生成产生间接影响。

（6）酶的诱导调节

催化次级代谢产物合成的酶通常属于诱导酶，它们是在产生菌指数生长期末期或稳定生长期中，由于某种中间产物积累而诱导机体合成一种能催化次级代谢产物合成的酶。相对而言，催化初级代谢产物合成的酶专一性和稳定性较强。对于诱导酶的形成需要诱导物的存在，比如说甘露糖链霉素酶的形成需要α-甲基甘露糖、甘露聚糖等诱导物的存在，其中以酵母的甘露聚糖的诱导效果为最好。目前，虽然底物的诱导机理并不完全清楚，但加入诱导物的确能够提高次级代谢产物的产量。此外，诱导剂还分为外源诱导剂（即需要外源人工加入）和内源诱导剂（即菌体代谢过程中自身产生的）。

（7）反馈调节

反馈调节在次级代谢产物合成中起着两方面的主要作用。一方面是由于次级代谢过程中产生了过量的产物，该产物会导致反馈调节现象。例如，Lagsto发现，产生50μg/mL氯霉素的委内瑞拉链霉菌被50μg/mL外源氯霉素所抑制。抗生素对自身产物的抑制有一定的规律：抑制特定产生菌合成抗生素所需浓度与生产水平具有相关性，一般产生菌产量高，对自身抗生素的耐受力强，反之则越敏感。例如氯霉素对芳基氨合成酶的反馈调节，已知氯霉素通过莽草酸的分支代谢途径产生，芳基氨合成酶是分支点后第一个酶，这种酶只存于产氯霉素的菌体内，当培养基内的氯霉素浓度达 100mg/L 时，可完全阻遏该酶的生成，但不影响菌体的生长，也不影响芳香族氨基酸途径的其他酶类。氯霉素的甲硫基类似物比氯霉素容易透入细胞，其抑制作用比氯霉素还大。由此可见，次级代谢产物反馈调节机制的复杂性。另一方面，次级代谢是在初级代谢的基础上衍变而来的，初级代谢受到的反馈调节也将影响次级代谢产物的合成。比如乙酰羟酸受到缬氨酸的反馈抑制将会影响青霉素的合成。

（8）细胞膜通透性调节

细胞质膜的运输对于外界营养物质的进入或者是排出有着重要的影响。如果细胞质膜出现问题导致细胞内合成代谢的产物不能分泌出去，将会影响发酵产物的产量。例如，野生 L- 谷氨酸产生菌的特点是不允许谷氨酸从细胞内渗透到细胞外的，那么细胞膜通透性的改变将会影响谷氨酸的产量。故在发酵过程中，采用温度敏感型突变株进行控制使得谷氨酸渗透到细胞外，完成谷氨酸产生菌由生长型细胞向产酸型细胞的转变，从而能够避免因原料的影响而造成的产酸不稳定现象。此外，还可以通过控制生物素亚适量来提高膜的选择通透性，比如添加青霉素使得谷氨酸发酵完成其非积累型细胞到谷氨酸积累型细胞的转变。因此，细胞膜通透性是代谢调节的一个重要方面。那么另一种情况是细胞外的营养物质进入少，从而影响产物的合成，造成产量下降。例如产生菌细胞膜输入硫化物能力的大小是影响青霉素发酵单位高低的一个因素，因此利用诱变方法获得能够提高细胞膜摄取无机硫酸盐能力的青霉素高产菌株，这样就提高了细胞内硫酸盐的浓度，从而能有效地将无机硫转变为半胱氨酸，增加了合成青霉素的前体物质。

2.5.3 生物合成机理的主要研究方法

想要能够有效地控制微生物代谢、提高微生物药物合成产量，就需要进一步掌握微生物药物生物合成的原理。微生物的合成机制，主要是深入研究初级代谢产物和次级代谢产物的相互作用，以及对生物反应体系的调控机理。

论证生物合成途径的步骤分为以下三步：一是确定构成目的产物的构建单位即生源；二是确定生物合成途径中的关键的中间产物，合理地推断反应顺序；三是鉴别生物合成反应中的关键酶。目前的主要研究方法如下：

2.5.3.1 喂养实验法

将某些物质加入发酵培养基中进行培养，对培养过后的物质进行观察。该实验数据所得到的是较为粗浅的，难以判断这些物质所产生的效果究竟是前体还是刺激作用，需要进一步进行实验研究。

2.5.3.2 洗涤菌丝悬浮法

静息细胞是通过收集生长到一定阶段的菌体，进行洗涤去掉原有培养基与代谢产物后，悬浮在生理盐水之中以耗尽其内源营养物质获得的。然后在人工培养系统中进行试验，观察该静息细胞对被实验的化合物的分解或合成作用，对所得产物进行分析以判断代谢过程。但静息细胞法是整体细胞水平上的研究方法，故难以推断物质代谢的中间过程，且细胞膜的存在，某些物质不能通过，产生一定的误差。

2.5.3.3 阻断变株法

阻断变株法是指通过诱变处理和基因操作处理次级代谢产物形成菌，以筛选出阻断某种目标代谢产物生成作用的突变体。这种突变株还可以积累一些中间代谢产物。通过鉴定这些中间代谢产物并与目标产品进行对比，可以推测生物合成的反应过程，并从中分离出特殊酶类以确定反应特征。

2.5.3.4 互补共合成法

互补共合成法指将两株在单独培养时均无法产生目标代谢产物的生物合成阻断变株共同培养，接着通过鉴定这些阻断变株生成的目标代谢产物或中间体，以了解它们的阻断部位和顺序。通过这种方法，可以更好地推测目标产物的生物合成途径。

2.5.3.5 同位素标记法

同位素标记法是指在微生物生长的后期阶段，将用放射性同位素标记的可疑前体加入生成次级代谢产物的培养基中进行培养，分离目的代谢产物。利用放射性同位素的特点，根据仪器测定查看与同位素结合的次级代谢产物的情况，推断试验化合物的生物合成途径。放射性原子容易查找与辨认，且同位素的加入并不影响原有的代谢途径，该方法简便且灵敏，因此适用于研究物质的代谢途径。无细胞抽提液法、酶促反应实验可以进一步验证代谢物的反应过程，故将细胞破碎、离心、冷冻干燥、分离纯化制得纯酶，然后将制得的纯酶用于酶促反应实验。通过检测反应体系中的底物和产物浓度，判断该酶是否催化目的产物的生物合成。

2.5.3.6 酶抑制剂法

酶抑制剂法是指在研究微生物的代谢途径中，添加酶抑制剂，利用酶的专一性特点来抑制目的产物的生成；或者是在生物合成途径过程中添加酶抑制剂来停止其中某一反应的产物生成，由此来阻断中间代谢反应，推断微生物代谢过程。酶抑制剂是一种能够与酶结合并降低其活性的分子。它通过与酶的活性位点结合，减少底物与酶的亲和力，从而抑制酶-底物复合物的形成，阻碍反应的催化作用，并降低（有时为零）反应速率。

酶抑制剂在自然界中广泛存在，而且在药理学和生物化学领域也会进行设计和生产。天然毒素通常作为酶抑制剂，可以随着进化发展来保护植物或动物免受食肉动物的侵害。这些天然毒素包括一些已知最剧毒的化合物。人工酶抑制剂通常用作药物，但也可以是杀虫剂（如马拉硫磷）、除草剂（如草甘膦）或消毒剂（如三氯生）。

 拓展阅读

中国青霉素研制
先驱樊庆笙

 总结

- 微生物药物的生物合成是一项复杂而重要的技术，涉及微生物的代谢途径、基因调控、酶催化等多个方面的知识。通过发酵、生物技术和基因工程等技术，可以实现新型微生物药物的开发，从源头上推动产业化的创新。
- 微生物细胞内主要的代谢途径包括糖酵解途径、磷酸戊糖途径、糖异生途径和三羧酸循环。这些途径为微生物提供了能量和原料，是微生物生物合成药物的基础。糖酵解途径将碳源转化为三碳糖醛和三碳酸，提供能量和原料；磷酸戊糖途径是葡萄糖的主要代谢途径，生成丙酮酸和丙酮等中间产物；糖异生途径则是将非糖类底物转化为糖类产物；三羧酸循环是细胞中重要的能量产生途径，将乙酰辅酶A转化为二氧化碳和ATP等。

- 微生物生产药物的调节方式多种多样,包括同工酶调节、协同反馈抑制、合作反馈抑制、累积反馈抑制和顺序反馈抑制等。这些调节方式能够有效地控制药物合成过程中的代谢通路,提高产物的产量和纯度。
- 根据微生物在代谢过程中产生的代谢产物在机体内的不同作用,可以将代谢分为初级代谢和次级代谢两种类型。初级代谢是为微生物维持正常生长和生存所必需的代谢过程,如细胞呼吸和糖酵解等;而次级代谢则是在特定的生理条件下产生的,通常与微生物的生长阶段和环境压力相关,如抗生素和激素等。重点掌握两者区别在于初级代谢产物是维持细胞生存所必需的,而次级代谢产物则更多地与环境适应和竞争有关,如抗生素对其他微生物的竞争优势。
- 人工构建微生物代谢产物是微生物药物开发的重要手段之一,包括人工合成抗生素、维生素和色素等。通过基因工程技术,可以将目标基因导入微生物细胞中,利用其代谢机制合成所需的药物分子,从而实现对微生物药物的精准控制和高效产出。
- 微生物药物的典型构建单位包括糖及氨基糖、氨基酸及其衍生物、聚酮体、甲羟戊酸、环醇与氨基环醇和碱基及其衍生物等。这些构建单位是微生物合成药物过程中的基本组成部分,通过不同的代谢途径和反应机制,可以形成各种具有生物活性的药物分子。

综上所述,微生物药物的生物合成是一项综合性的科学技术,通过对微生物代谢途径和基因表达的深入研究,可以实现对药物生产过程的精准控制和高效优化,为人类的健康事业带来更多的福祉。这种技术的不断创新和发展将推动微生物药物领域的进步,为未来药物研发提供更多可能性。

 工程/思维训练

- 产业化实例

  背景知识:

  红霉素属于大环内酯类抗生素,其疗效确切、毒副作用小,对一些感染病症如上呼吸道感染、泌尿生殖系统感染,尤其是对耐青霉素菌的感染及对青霉素过敏的患者特别有效,因此临床用量较大。红霉素是糖多孢链霉菌(*Sacharopolyspora erythraea*)的次级代谢产物。

  能力训练:

  红霉素的生物合成。

  对应知识点:

  大环内酯类抗生素的合成途径。

 课后练习

1. 阐述以链霉素为例次级代谢产物生物合成的基本过程,并且说明次级代谢的生物合成受到哪些因素影响。
2. 次级代谢产物生物合成的控制方法有哪些?
3. 用乳糖操纵子模型解释分解代谢物的阻遏机制。
4. 如何区分微生物代谢过程产生的两种代谢机制?从定义、机制和两者差别进行阐述。
5. 微生物自身调控代谢产物的目的是什么?
6. 挖掘新的微生物次级代谢合成途径方法有哪些?
7. 酶受到产物反馈抑制的机理有哪几种?
8. 甲羟戊酸体内合成途径及其合成次级代谢产物种类有哪些?
9. 初级代谢如何影响次级代谢?
10. 生物合成机理的主要研究方法有哪些?

第三章 微生物药物产生菌的筛选和新药研发

在医药生物技术领域，微生物是开发新药的重要资源之一。从青霉素的发现到最新一代抗生素和其他药物的研发，微生物产生的次级代谢产物一直是探索新药的宝库。这些次级代谢产物，包括各种抗生素、抗肿瘤剂和免疫调节剂，因其独特的生物活性，成为现代药物研发中不可或缺的元素。

在探索微生物在新药研发中的作用时，环孢菌素 A 提供了一个光彩夺目的例子。这种强大的免疫抑制剂是由土壤真菌 *Tolypocladium inflatum* 产生的，自从其在 20 世纪 70 年代被发现以来，就彻底改变了器官移植医学。环孢菌素 A 的发现不仅展示了微生物的巨大潜力，也揭示了自然界中隐藏着未被发掘的药用资源。其成功说明了环境微生物的巨大药用价值，并激发了对其他未知微生物资源的深入研究。

环孢菌素 A 是通过筛选特定的土壤样本，寻找能够产生具有免疫抑制活性化合物的微生物而被发现的。这种化合物能够有效抑制 T 细胞活性，从而防止器官移植后的身体排斥反应，使得器官移植手术的成功率大幅提高。环孢菌素 A 的发现过程强调了靶向筛选和生物活性评估在药物开发中的重要性。

随着技术进步和研究方法的不断创新，我们有理由相信，未来会有更多类似环孢菌素 A 这样的微生物来源药物被发现，为人类健康和医学进步做出重大贡献。新技术如基因编辑和生物信息学的应用，正在加速这一过程，使得从微生物中筛选和优化新型药物变得更加高效。加入我们，一探微生物在新药研发中的神奇世界，共同见证这一领域的持续创新和突破。

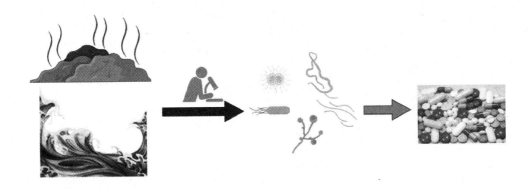

知识导图

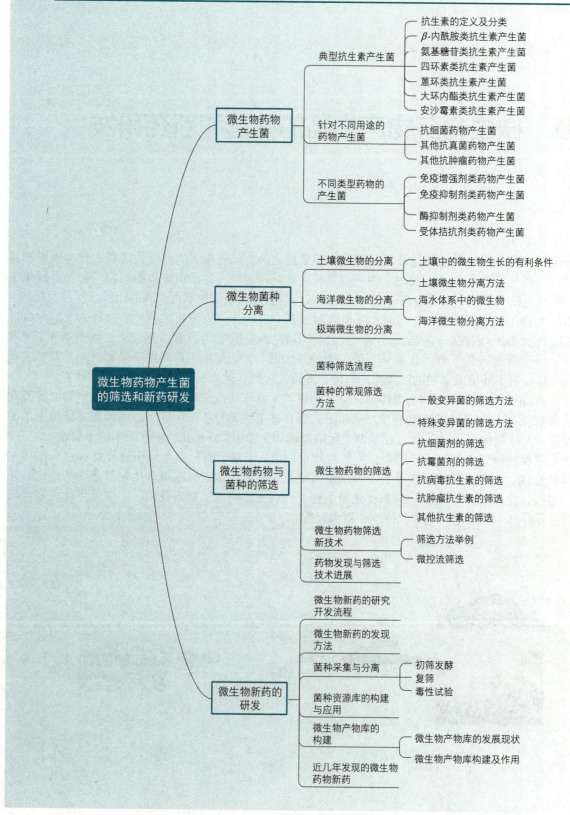

为什么学习微生物药物产生菌的筛选和新药研发？

探索微生物世界的奥秘，发现未来医疗的钥匙！随着抗生素抗性的威胁日益加剧，我们迫切需要突破传统治疗的局限，开拓新的抗菌战线。微生物筛选不仅是这场战斗的利器，还是挖掘新药可能性的宝库。面对慢性病与癌症等现代疾病的挑战，自然界中蕴藏的微生物资源显得尤为珍贵。通过系统地筛选这些微生物，科学家们有望揭示它们独特的生物活性物质，为医药发展开辟前所未有的新途径。此外，微生物筛选技术的进步不仅能推动生物技术和环境保护领域的革新，更是探索自然奥秘、促进科学技术跨越的关键。加入这场科学探索的旅程，见证微生物筛选如何为我们的健康和环境带来革命性的改变！

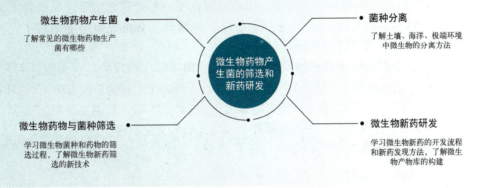

学习目标

- 理解微生物药物的菌种起源以及发展、分类。
- 掌握微生物菌种分离方法与流程。
- 掌握微生物药物菌种的筛选方法与筛选流程。
- 掌握抗生素药物的筛选方法。
- 了解微生物新药的发现方法。
- 通过本章的学习，能够针对不同的微生物药物选择合适的菌种，对其进行分离筛选。

在21世纪的医药研发领域中，微生物药物的探索与开发已成为一个引人注目的研究热点。微生物，作为地球上生物多样性的重要组成部分，其在自然界中的广泛存在及其独特的生物合成能力，为人类提供了丰富的药物资源。微生物药物，特指由微生物或其代谢产物直接提取或通过基因工程手段生产的药物，涵盖了抗生素、抗肿瘤药、疫苗、酶制剂等多种类型，这些药物在预防、治疗疾病以及改善人类健康方面起着至关重要的作用。

微生物药物的开发，始于微生物的筛选与鉴定。这一过程依赖于对环境样本的广泛收集，包括土壤、水体、植物、海洋以及极端环境中的微生物。通过先进的微生物培养技术与分子生物学方法，科研人员可以筛选出具有特定生物活性的微生物菌株。此外，随着基因组学、转录组学和代谢组学等现代生物技术的应用，对于微生物生理特性的深入理解和操控，已经成为推动微生物药物研发的关键因素。

3.1 微生物药物的产生菌

微生物药物的开创可追溯到 20 世纪 40 年代初，世界上第一个有效抗菌物质——青霉素的研究开发和工业化生产。英国细菌学家 Fleming 首次发现点青霉能产生一种活性抗菌成分，并将其命名为青霉素（图 3-1）。十年后牛津大学病理学教授 Florey 联合其他二十几位学者共同研究，首次制得了青霉素结晶，并在 1941 年将其应用于临床试验，以此奠定了青霉素的治疗学基础。1943 年又发现了产黄青霉菌（*Penicillium chrysogenum*），使得青霉素的产量大幅提高，同年 Chain 又确定了青霉素的分子结构。至此，利用微生物发酵制备抗生素正式进入工业化阶段，抗生素的黄金时代到来。

继青霉素之后，由美国科学家 Waksman 牵头，各国微生物学者开始从微生物中大规模进行其他抗生素的筛选。Waksman 根据自己多年的研究工作，摸索并提出了一整套详尽的筛选试验技术，包括分离培养放线菌、提取抗生素以及测定其活性三个方面的总结。1944 年，Waksman 宣布发现了一种可以作为抗结核病药品的新型抗生素——链霉素。

而后的近 20 年，众多抗生素品种被发现。目前已应用于临床治疗的绝大多数抗生素都是在 20 世纪 50～60 年代发现的。比如氯霉素（第一个广谱抗生素）、卡那霉素（对耐药菌有效）、四环素（毒性较低）、抗肿瘤抗生素（柔红霉素、丝裂毒素 C、博来霉素等）、抗虫抗生素（盐霉素、莫能霉素、阿弗米丁等）、农用抗生素（春雷霉素、有效霉素、井冈霉素等）以及抗病毒抗生素等。

链霉菌的形态示意见图 3-2。

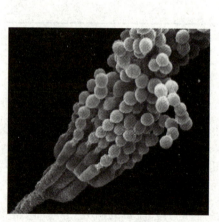

图 3-1 青霉素产生菌

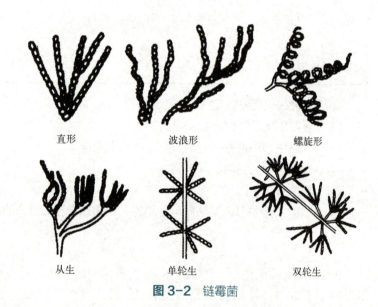

图 3-2 链霉菌

由于青霉素等天然抗生素的广泛应用，临床上逐渐出现了过敏反应以及耐药性菌种。因此从 20 世纪 60 年代开始，科学家们的研究重点从发现新的抗生素逐渐转移至对原有抗生素进行结构改造，以此寻求具有更好临床效果的抗生素衍生物。由此，抗生素研究进入半合成抗生素时代。例如由青霉素母核 6-APA 合成的苯乙青霉素、甲氧苯青霉素、苯唑青霉素以及广谱氨苄青霉素；由头孢菌素母核 7-ACA 合成的头孢噻吩、头孢唑啉、头孢噻肟以及头孢拉定；由青霉素 G 的 6-APA 经化学扩环得到的 7-ADCA 为母核合成的头孢氨苄、头孢克洛等。

Teixobactin 是一个近几年发现的具有革命性潜力的新型抗生素，由土壤微生物产生，首次报道于 2015 年。这种化合物由一个名为 *Eleftheria terrae* 的细菌产生，显示出对多种耐药细菌的强效活性，包括金黄色葡萄球菌（MRSA）和结核分枝杆菌。Teixobactin 对多种难治性细菌，包括那些对现有抗生素产生抗性的菌株，显示出了强大的抗菌活性。更引人注目的是，迄今为止，尚未发现细菌对 Teixobactin 产生耐药性，这使得它成为战胜耐药性挑战的有力候选者。

在深入研究抗生素的基础上，另一类由微生物产生的除抗感染、抗肿瘤以外的其他生理活性物质（例如特异性酶抑制剂、免疫调节剂、受体拮抗剂以及抗氧化剂等）的报道层出不穷。这类物质也是微生物的次级代谢产物，但其活性已远远超出抑制某些生物生命活动的范围。由于这类物质具有广泛的生理活性，正在被开发成为各种药物并应用于临床。从已经取得的研究成果来看，这种生理活性物质已经成为构成微生物药物的主要部分。

应用 DNA 重组技术和细胞工程技术所获得的工程菌以及新型微生物菌种来开发各类新型药物已成为微生物制药研究的重点和发展方向之一。应用微生物技术研究开发新药来改造和替代传统制药工业技术，加快医药生物技术产品的产业化速度与规模，是目前医药工业的一个重要发展方向。

3.1.1 典型抗生素产生菌

3.1.1.1 抗生素的定义及分类

由于抗生素的多样性，关于抗生素的定义一直存在分歧。目前，一个被大多数专家所接受的定义是：抗生素是低分子质量的微生物代谢产物，能够在较低浓度下抑制其他微生物生长。这里提出的低分子质量代谢产物是指抗生素的分子质量一般不会超过几千道尔顿。诸如溶菌酶（lysozyme）等复杂蛋白质分子，虽然也有抗菌活性，但由于它们的分子质量远远超过几千道尔顿，因此习惯上它们并不归入抗生素这一大类。此外，只有微生物的天然代谢产物才能被称为抗生素，经由化学修饰所得的只能被称为半合成抗生素，而根据天然抗生素结构完全由化学合成所得的则被称为全合成抗生素。而定义中所提及的抑制其他微生物生长是指抑制细胞的再生繁殖，这种抑制作用一般是永久性的，针对的是微生物群体而非个别细胞。定义中最为重要的限制条件则是低浓度，因为在高浓度条件下，即使是正常的细胞组分也会对某些微生物生长起到抑制作用。典型的抗生素具有非常高的抑菌活性，仅微摩尔甚至纳摩尔浓度就能显现出超强的抑菌活性。

抗生素的抑菌活性可以用最小抑制浓度（minimal inhibitory concentration，MIC）反映，单位为 μg/mL。MIC 可在固体平板或者液体试管上测量，测量方法如下：在一系列含有培养基以及待测微生物的平板或试管中分别加入浓度按梯度稀释减少的抗生素，能够有效抑制微生物生长的最低抗生素浓度即为待测微生物对应的 MIC 值。值得注意的是，即使是同一微生物的不同菌株，也可能具有不同的 MIC 值。

抗生素对各种微生物的抗菌活性被称为抗生素的抗菌谱。抗生素的抑菌作用机理专一性决定了抗菌谱的宽窄。一些抗生素仅对革兰氏阴性微生物或者革兰氏阳性微生物有效，抗菌谱很窄；而另一些被称为广谱抗生素，不但能抑制细菌生长，还能抑制霉菌生长。此外还有一类抗肿瘤抗生素，具有抑制肿瘤活性的能力。

目前已被证实的抗生素抑菌机理包括抑制细胞壁合成、抑制蛋白质合成、抑制 DNA 转录或复制以及破坏细胞膜的正常功能等。理想抗生素应只与微生物细胞中的某一目标分子作用，且最好在哺乳动物细胞中不存在该目标分子，这样这种抗生素就不会对高等生物产生毒性，不会产生副作用。另外从不同方面分析，也可将抗生素分为不同类型。按其化学结构，抗生素可以分为：β- 内酰胺类抗生素、大环内酯类抗生素、氨基糖苷类抗生素等。按照其用途，抗生素可以分为抗细菌抗生素、抗真菌抗生素、抗肿瘤抗生素、抗病毒抗生素等。

3.1.1.2 β- 内酰胺（β-lactam）类抗生素产生菌

β- 内酰胺类抗生素包括青霉素及其衍生物、头孢菌素、单酰胺环类、碳青霉烯类和青霉烯类酶抑制剂等，系指化学结构中具有 β- 内酰胺环的一大类抗生素，基本上所有在其分子结构中包括 β- 内酰胺核的抗生素均属于 β- 内酰胺类抗生素。其抑菌功能主要是通过抑制细菌细胞壁的主要成分（肽聚糖）合成，是现有的抗生素中使用最广泛的一类，包括临床最常用的青霉素与头孢菌素，以及新发展的头霉素类、硫霉素类、单环 β- 内酰胺类等其他非典型 β- 内酰胺类抗生素。此类抗生素具有杀菌活性强、毒性低、适应证广及临床疗效好的优点。这类抗生素的化学结构特别是侧链的改变能够形成许多不同抗菌谱、抗菌作用以及各种临床药理学特性的半合成抗生素。

（1）青霉素产生菌

青霉素（penicillin）是指分子中含有青霉烷、能破坏细菌的细胞壁并在细菌细胞的繁殖期起杀菌作用的一类抗生素，母核为 6- 氨基青霉烷酸（6-amino penicillanic acid，6-APA），由一个四元 β- 内酰胺环和一个五元二氢噻唑环组成，可将其看成由半胱氨酸和缬氨酸结合而成的环状结构（图 3-3）。

目前国内青霉素产生菌按其在深层培养中菌丝的形态分为丝状菌和球状菌两种。根据丝状菌产生孢子的颜色又分为黄孢子丝状菌和绿孢子丝状菌两种。最常见的菌种是绿孢子丝状菌，如产黄青霉菌（*Penicillium chrysogenum*）。

产黄青霉菌的个体形态是：青霉穗形似毛笔，从气生菌丝中形成大梗和小梗，于小梗上着生分生孢子。分生孢子呈链状排列，孢子呈黄绿色、绿色或蓝绿色，成熟后变为黄棕色或红棕色。产黄青霉菌的菌落形态为圆形，边缘整齐或呈现锯齿状，外观或平坦或皱褶。

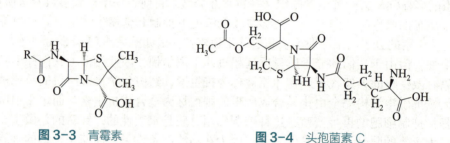

图 3-3　青霉素　　　　　图 3-4　头孢菌素 C

（2）头孢菌素 C 产生菌

头孢菌素 C（cephalosporin C）的化学结构与青霉素相似，也具有 β- 内酰胺环。头孢菌素 C 的母核为 7- 氨基头孢霉烷酸（7-ACA），与青霉素母核的区别在于，头孢菌素 C 的母核由二氢噻唑五元环扩大成为了二氢噻嗪六元环，侧链变为 D-α- 氨基己二酸，内含乙酰氧基取代基（图 3-4）。

头孢菌素 C 基本由丝状真菌顶头孢霉菌（*Acremonium chrysogenum*）产生。顶头孢霉菌的菌落呈灰色絮状，菌苔湿润，背面微黄。大量菌丝成束，有头状着生小孢子，呈卵圆形。

（3）头霉素 C 产生菌

头霉素（cephamycin）和头孢菌素类具有相同的母核，主要区别在于其 7α- 位上有一个甲氧基，故又称为 7- 甲氧基头孢菌素类。

头霉素类（cephamycins）抗生素由链霉菌产生的头霉素 C 经半合成改造制得。链霉菌是最高等的放线菌，基内菌丝不断裂，气生菌丝通常发育良好，形成较长孢子丝。孢子不能运动，外鞘上常有疣、刺或毛发等状饰物，分 6 属。其中链霉菌属的基内菌丝多分枝，常产生各种水溶性或脂溶性色素。

值得注意的是，头霉素 A 和 B 的产生菌为灰色链霉菌（*Streptomyces griseus*），而头霉素 C 的产生菌主要是内酰胺诺卡氏菌（*Nocardia lactamdurans*）与克拉维链霉菌（*Streptomyces clavuligerus*）。

3.1.1.3　氨基糖苷类抗生素产生菌

氨基糖苷类（aminoglycosides）抗生素（图 3-5）是由氨基糖与氨基环醇通过氧桥连接而成的苷类抗生素，有来自链霉菌的链霉素、来自小单孢菌的庆大霉素等天然氨基糖苷类抗生素以及阿米卡星等半合成氨基糖苷类抗生素。它的作用机理主要是通过抑制核糖体实现的（对革兰氏阴性菌和部分阳性菌有效）。虽然大多数抑制微生物蛋白质合成的抗生素为抑菌药，但氨基糖苷类抗生素却能够起到杀菌作用，属于静止期杀菌药。

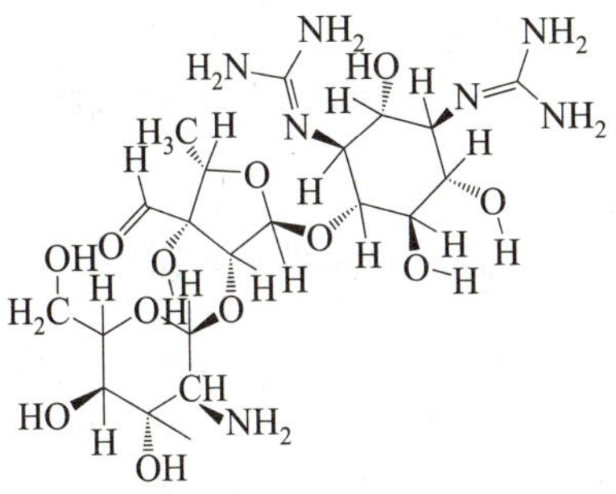

（1）链霉素产生菌

链霉素（streptomycin）是由链霉胍、链霉糖以及 N- 甲基 -L- 葡萄糖胺三部分组成的假三糖化合物，分子中含有两个强碱性胍基和一个弱碱性甲氨基，因此链霉素亦属于有机碱。

灰色链霉菌（*Streptomyces grisus*）是链霉素的主要产生菌，属于土壤习居菌，具有典型的链霉菌特征，孢子丝直而短，不成螺旋状，分生孢子由断裂生成。灰色链霉菌本身是研究链霉菌的次生代谢调控的材料，链霉菌阿 A 因子的研究主要就是集中在灰色链霉菌中。

图 3-5 氨基糖苷类抗生素

此外，比基尼链霉菌（*Streptomyces bikiniensis*）和灰肉链霉菌（*Streptomyces griseocarneus*）也是链霉素的产生菌。

（2）庆大霉素产生菌

庆大霉素（gentamycin）是由 2- 脱氧链霉胺、绛红糖胺以及庆大糖胺组成的多组分氨基糖苷类抗生素。庆大霉素是为数不多的热稳定性的广谱抗生素，被广泛应用于培养基配制。庆大霉素的产生菌主要是绛红小单孢菌（*Micromonospora purpurea*）和棘状小单孢菌（*Micromonospora echinospora*），后者的孢子表面带钝刺。

（3）新霉素产生菌

新霉素（neomycin）是由 2- 脱氧链霉胺、新霉糖胺 B、新霉糖胺以及核糖四个亚单位组成的抗生素，对革兰氏阳性菌和革兰氏阴性菌皆有效。新霉素的主要产生菌为弗氏链霉菌（*Streptomyces fradiae*），其特征为含有黄橙色的营养菌丝以及白或粉色的气生菌丝，孢子丝直、有钩，分生孢子呈杆状至卵圆。

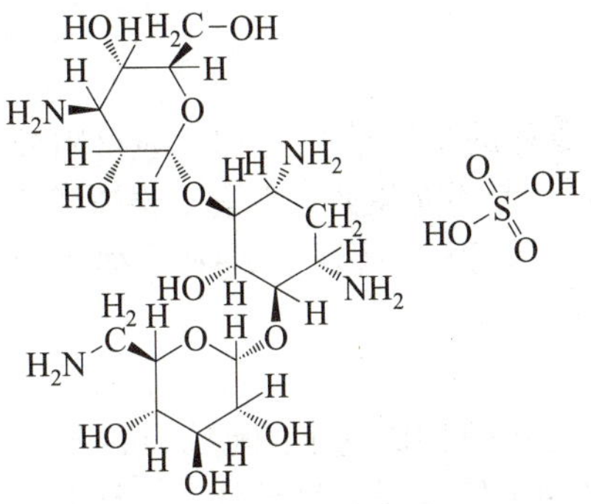

（4）卡那霉素产生菌

卡那霉素（kanamycin）（图 3-6）是由 2- 脱氧链霉胺、6- 氨基葡萄糖以及卡那糖胺三个亚单位组成的广谱抗生素，是一种蛋白质生物合成抑制剂，通过与 30S 核糖体结合从而使 mRNA 密码误读。卡那霉素的抗菌谱与庆大霉素相似，但活性仅为后者的 10%～20%。主要产生菌为卡那链霉菌（*Streptomyces kanamyceticus*）。卡那链霉菌的营养菌丝呈黄或秸秆色，气生菌丝呈白、黄或微绿色，孢子丝直而柔软。

图 3-6 硫酸卡那霉素

3.1.1.4 四环素类抗生素产生菌

四环素（tetracyclines）类抗生素是由放线菌产生的一类广谱抗生素，包括金霉素（chlotetracycline）、土霉素（oxytetracycline）、四环素（tetracycline）及半合成衍生物甲烯土霉素、强力霉素、二甲氨基四环素等，其结构均含并四苯基本骨架。广泛用于多种细菌及立克次氏体、衣原体、支原体等所致之感染，可在核糖体水平抑制蛋白质合成。四环素为抑菌性广谱抗生素，除革兰氏阳性、阴性细菌外，对立克次氏体、衣原体、支原体、螺旋体均有作用。

金霉素和四环素的主要产生菌都是金色链霉菌（*Streptomyces aureofaciens*），它的特征是营养菌丝能够分泌金黄色色素，气生菌丝无色，而孢子则有白、棕灰以及灰黑多种颜色，孢子呈链状、圆形或椭圆形。此外，生绿链霉菌（*Streptomyces viridifaciens*）和佐山链霉菌（*Streptomyces sayamaensis*）也是四环素的产生菌。

土霉素的产生菌则是龟裂链霉菌（*Streptomyces rimosus*），其特征是菌落呈灰白色，后期生皱褶，呈龟裂状，白色菌丝则呈树枝状分枝，孢子为灰白色柱形。此外，褐黄链霉菌（*Streptomyces gilvus*）也是土霉素的产生菌。

3.1.1.5 蒽环类抗生素产生菌

蒽环（anthracyclines）类抗生素（图3-7）是一类来源于波赛链霉菌青灰变种的化疗药物，可直接作用于 DNA 水平，治疗的癌症包括白血病、淋巴瘤、乳腺癌、子宫癌、卵巢癌和肺癌等。第一个被发现的蒽环类抗生素是道诺红霉素（daunomycin），由放线菌门的波赛链霉菌（*Streptomyces peucetius*）自然产生。波赛链霉菌的特征在于孢子呈球形，孢子丝末端为钩状或环状，表面带疣。而后科学家又研制出了阿霉素（adriamycin），阿霉素的主要产生菌为波赛链霉菌青灰变种（*Streptomyces peucetius* var. *caesius*）。

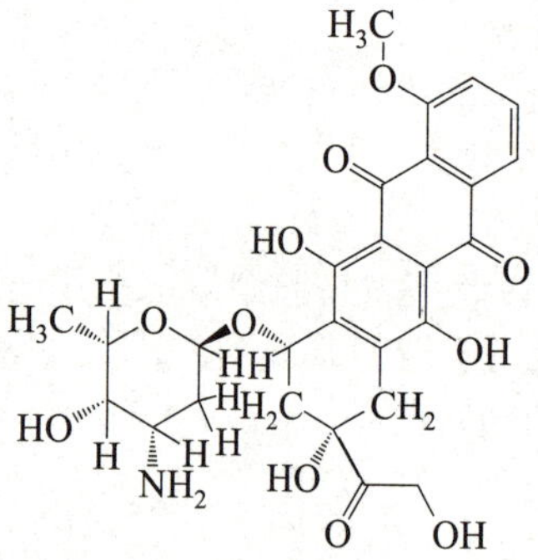

图 3-7　蒽环类抗生素 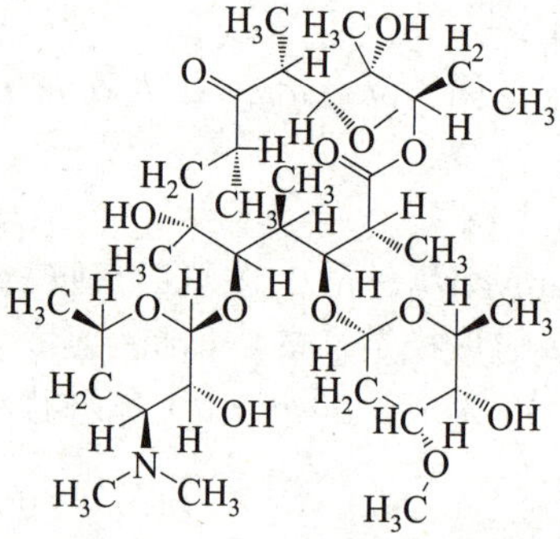　　　　图 3-8　大环内酯类抗生素

3.1.1.6 大环内酯类抗生素产生菌

大环内酯类抗生素（图3-8）是一类分子结构中具有 12～16 碳内酯环的抗菌药物总称，通过阻断 50S 核糖体中肽酰转移酶的活性来抑制细菌蛋白质合成，属于快速抑菌剂。大环内酯类抗生素主要被用于治疗需氧革兰氏阳性球菌和阴性球菌、某些厌氧菌以及军团菌、支原体、衣原体等感染，但亦有研究表明大环内酯类抗生素除了抗菌作用外，还具有其他广泛的药理作用。

（1）红霉素产生菌

红霉素（erythromycin）是由红霉内酯环、红霉糖以及红霉糖胺三个亚单位构成的十四元大环内酯抗生素，主要产生菌为红色链霉菌（*Streptomyces erythreus*）。红色链霉菌的主要特征是：生长延展，具有不规则边缘，菌丝深入培养基内部，初始呈白色，后续逐渐微黄，菌落周围则呈白色乳状，气生菌丝细而有分枝。此外，灰平链霉菌（*Streptomyces griseoplanus*）也是红霉素的产生菌。

（2）两性霉素 B 产生菌

两性霉素 B 为聚烯类抗生素，分子结构中有很大一个内酯环，环上有一系列共轭双键，通过干扰真核细胞膜中甾醇的合成达到抑菌效果。两性霉素 B 的主要产生菌为结节链霉菌（*Streptomyces nodosus*），其特征为孢子丝短，平切断裂，表面光滑或粗糙，含有一至三圈紧密螺旋。

（3）柱晶白霉素产生菌

柱晶白霉素（leucomycin）是一种有机化合物，分子式为 $C_{40}H_{67}NO_{14}$，是由北里链霉菌（*Streptomyces kitasatoensis*）产生的一种十六元环内酯类抗生素。

（4）麦迪霉素产生菌

麦迪霉素（mydemcin）是作用于核糖体 50S 亚基，阻碍细菌蛋白质合成以发挥抑菌作用的十六元环内酯类抗生素，主要由生米加链霉菌（*Streptomyces myarofaciens*）产生。生米加链霉菌的主要特征为：孢子呈卵圆形或椭圆形，孢子丝为紧密长螺旋，在大部分培养基内无可溶色素。

（5）螺旋霉素产生菌

螺旋霉素（spiramycin）是一种很强的抑菌剂，仅在很高的浓度时才呈杀菌作用，主要由生二素链霉菌（*Streptomyces ambofaciens*）产生。生二素链霉菌的主要特征为：基色为黄棕色，孢子呈球形或卵圆形，孢子丝呈三至五圈螺旋。

3.1.1.7 安沙霉素类抗生素产生菌

安沙霉素（ansamycin）类抗生素又称利福霉素抗生素，是由一类在化学结构上类似，以一个脂肪链连接一个芳香族的两个不相邻碳原子组成的"安莎桥"为结构特征的抗生素。根据化学结构中组成芳香核的不同又可分为苯安沙霉素（芳香核为苯环）和萘安沙霉素（芳香核为萘环）。安沙霉素类抗生素通过抑制 RNA 聚合酶的活性来干扰细菌 DNA 的正常转录，从而达到抑菌目的。安沙霉素类抗生素在逆转肿瘤细胞抗性方面起着十分重要的作用。

（1）利福霉素产生菌

利福霉素（rifamycin）（图 3-9）是由地中海链霉菌（*Streptomyces mediterranei*）产生的一类抗生素。对革兰氏阳性球菌、结核杆菌有很强的抗菌作用，对耐药的金黄色葡萄球菌的作用也强，但对革兰氏阴性菌的作用则较弱。利福霉素直接作用于细菌的 RNA 多聚酶，与其他类抗生素或抗结核药未发现交叉耐药性。地中海链霉菌有发育良好的分枝菌丝，菌丝无横隔，可分化为营养菌丝、气生菌丝、孢子丝，主要分布于土壤中。

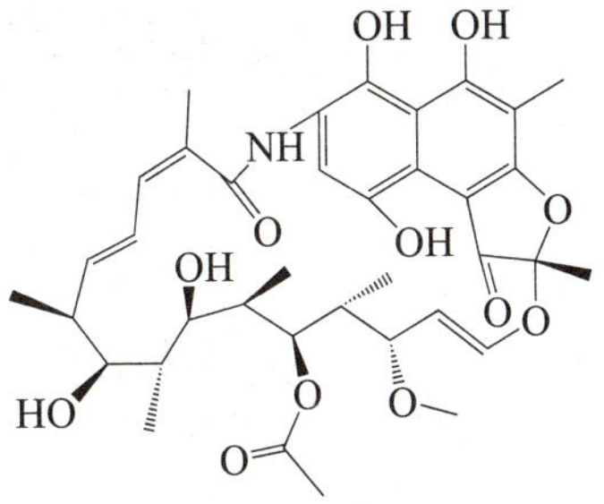

图 3-9 利福霉素

（2）格尔德霉素产生菌

格尔德霉素（GM，GDM）是一种潮湿链霉菌（*Streptomyces hygroscopicus*）分泌的含苯醌结构的化合物，体外实验表明 GDM 对多种肿瘤细胞的生长有良好的抑制活性，具有广谱抗增殖和抗肿瘤作用。潮湿链霉菌的孢子呈卵圆形，孢子丝初旋至螺旋形，表面光滑。

（3）链伐立星产生菌

链伐立星，又称曲张链丝菌素（streptovaricins），能够抗包括革兰氏阳性菌、革兰氏阴性菌以及分枝杆菌在内的细菌，此外还能抗病毒，抑制逆转录酶。链伐立星的主要产生菌为壮观链霉菌（*Streptomyces spectabilis*）。壮观链霉菌特点：孢子丝或直或曲，有时假轮生，含 10～50 个孢子，孢子呈椭圆形，表面光滑。

3.1.2 针对不同用途的药物产生菌

3.1.2.1 抗细菌药物产生菌

（1）氯霉素产生菌

氯霉素（chloramphenicol）（图 3-10）别名左霉素、左旋霉素、氯胺苯醇、氯丝霉素，是一种常见的广谱抗细菌药物，能够抑制蛋白质合成，主要用于伤寒、副伤寒和其他沙门氏菌、脆弱拟杆菌感染。作为一种具有旋光活性的酰胺醇类药物，氯霉素因其价格便宜、抗菌作用好，尤其是对革兰氏阴性菌和革兰氏阳性菌具有很好的抗菌作用，因此被广泛应用于畜禽动物的疾病治疗。

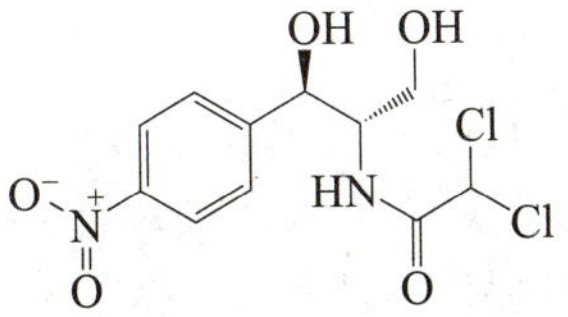

氯霉素的主要产生菌是委内瑞拉链霉菌（*Streptomyces venezuelae*）。委内瑞拉链霉菌特点：孢子丝长而直，孢子卵圆形至长圆形，表面光滑。Uchida 和 Zahner 等人曾报道：委内瑞拉链霉菌能够产生核酸霉素（rinamycin），抑制 RNA

图 3-10 氯霉素

的合成，因此可以抗丝状真菌、酵母、革兰氏阳性细菌和一些阴性细菌；此外，委内瑞拉链霉菌还产生去氧核酸霉素（derinamycin），抑制 RNA 和 DNA 的合成。Majer 等人曾报道委内瑞拉链霉菌 ATCC15068 能够产生双氢苦霉素（dihydropicromycin），抑制枯草杆菌及其耐红霉素菌株；还能产生抑制革兰氏阳性和阴性细菌、真菌的莱马杀菌素（lemacidin）。

由委内瑞拉链霉菌产生的大环内酯类物质能够用于研制一种名为 pikromycin 的抗生素，它在结构上与通常用于呼吸道感染的阿奇霉素（azithromycin）相似，对大肠杆菌、金黄色葡萄球菌和枯草杆菌有抑制活性。此外，在一些非常规条件下，如乙醇刺激、热激、噬菌体感染等，委内瑞拉链霉菌还能够产生一类非典型的角蒽环类抗生素杰多霉素（jadomycin）。杰多霉素及其衍生物对革兰氏阳性菌和革兰氏阴性菌有抗菌活性，并具有抑制或杀灭肿瘤细胞的作用。

原生质体诱变及高通量选育链霉素高产菌株见图 3-11。

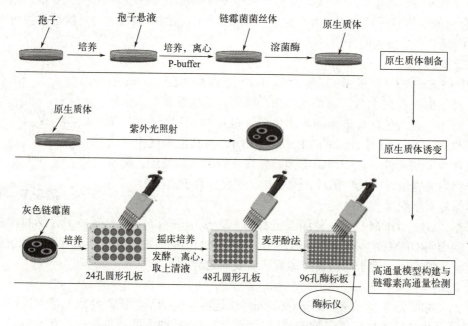

图 3-11 原生质体诱变及高通量选育链霉素高产菌株

（2）磷霉素产生菌

磷霉素（forfomycin）（图 3-12）能与一种细菌细胞壁合成酶相结合，阻碍细菌利用有关物质合成细胞壁的第一步反应，从而起杀菌作用。对于葡萄球菌、肺炎链球菌、大肠杆菌、淋球菌、奇异变形杆菌、伤寒杆菌、沙雷杆菌、大多数的绿脓杆菌、化脓性链球菌、粪链球菌、部分吲哚阳性变形杆菌和某些克雷伯氏杆菌、肠杆菌属细菌等有抗菌作用。主要用于敏感的革兰氏阴性菌引起的尿路、皮肤及软组织、肠道等部位感染。对肺部、脑膜感染和败血症也可考虑应用。与其他抗生素间不存在交叉耐药性。

磷霉素的主要产生菌是弗拉迪链霉菌（*Streptomyces fradiae*），其特点：气生菌丝呈淡粉色或粉色，基丝无色或微黄色，在大部分培养基内无可溶色素，孢子呈椭圆形，孢子丝直或柔曲，表面光滑。用弗拉迪链霉菌可以将磷霉素合成的中间体顺丙烯磷酸直接环氧化为磷霉素，为立体选择性反应，不存在化学拆分，污染性小，条件温和。在农业上弗拉迪链霉菌可以制备安全高效的微生物菌剂，是一种优良的杀菌剂。

此外，弗拉迪链霉菌还可用于生产硫酸新霉素（neomycin sulfate，NMS；新霉素的硫酸盐形式）（图 3-13）。NM 是在弗拉迪链霉菌发酵过程中发现的第一种含 2-脱氧链霉胺的氨基糖苷类抗生素，被广泛用作广谱水溶性抗生素，可抑制革兰氏阴性和革兰氏阳性细菌，被用于治疗肝性脑病和肝细胞癌、人类免疫缺陷病毒、人类遗传性疾病、导管相关泌尿系疾病以及肠道感染。

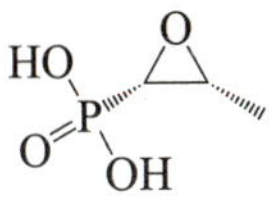

图 3-12 磷霉素 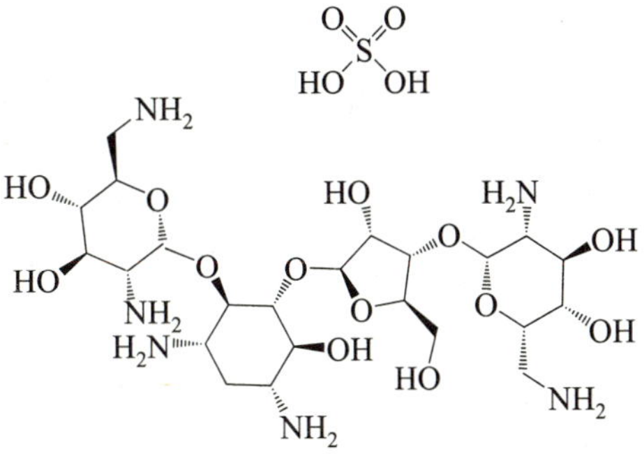　　图 3-13 硫酸新霉素 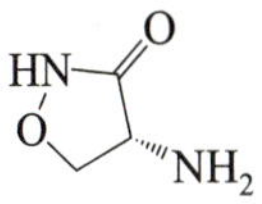　　图 3-14 环丝氨酸

（3）环丝氨酸产生菌

环丝氨酸（cycloserine，右旋-4-氨基-3-四氢异噁唑酮）（图3-14），能够抑制细菌细胞壁生成，对革兰氏阳性菌、革兰氏阴性菌以及分枝杆菌均有抑菌活性。此外作为第二代抗结核药物，环丝氨酸能够通过抗干扰结核杆菌的合成以提高抗结核效果，从而治疗耐多药肺结核。

环丝氨酸的主要产生菌为赖氏放线菌（Actinomyceslaven dulae），此外兰花链霉菌（Streptomyces orchidaceus）和长崎链霉菌（Streptomyces nagasakiensis）也能产生环丝氨酸。

3.1.2.2 其他抗真菌药物产生菌

（1）藤霉素产生菌

藤霉素（fujimycin，他克莫司，FK506）（图3-15）是筑波链霉菌（Streptomyces tsukubaensis）产生的23元环的大环内酯类抗生素，作为一种强力的新型免疫抑制剂，他克莫司（FK506-FKBP12）复合物通过抑制钙调蛋白依赖的蛋白磷酸酶，抑制活化T细胞核因子（NF-AT）活性，从而降低白细胞介素2（IL-2）的转录水平，抑制T细胞活化而发挥免疫抑制作用（图3-16）。

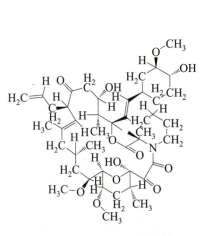

图 3-15　他克莫司结构式

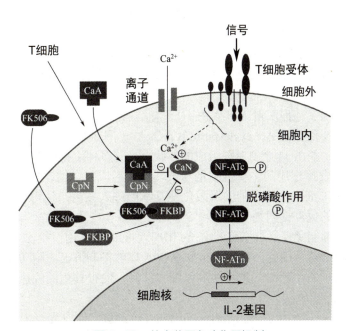

图 3-16　他克莫司免疫作用机制

藤霉素特点：在抑制细胞增殖的浓度下不改变单核吞噬细胞的功能，对肝脏的毒性较小，且有刺激肝切除术后肝细胞的再生功能，对缺血性肝脏、肾脏再灌注有保护作用，对一些淋巴细胞和非淋巴细胞也有一定的抑制作用。应用藤霉素能够明显延长和提高啮齿动物、灵长目以及人类的器官或皮肤移植物的存活率与成功率。

筑波链霉菌及其次级代谢产物他克莫司于1984年在藤泽制药公司（自2005年并入山之内制药公司组建安斯泰来制药公司）进行的筛选过程中被发现。从筑波地区（日本）的土壤样品中分离出筑波链霉菌，并在其培养液中鉴定出他克莫司，成为第一个发现的具有大环内酯结构的免疫抑制剂。该菌株的专利号为 S. tsukubaensis No. 9993，目前称为 S. tsukubaensis NRRL 18488，是大多数用于他克莫司工业生产的菌株的亲本菌株。

（2）雷帕霉素产生菌

雷帕霉素（rapamycin）又名西罗莫司，是新型大环内酯的抗排斥药物，于1975年首次从智利复活节岛的土壤中发现，是一种由土壤链霉菌分泌的次生代谢物，其化学结构属于"三烯大环内酯类"化合物。作为目前世界上常用的一种疗效好、低毒、无肾毒性的新型免疫抑制剂，临床上常用于器官移植的抗排斥反应和自身免疫性疾病的治疗，现在经常作为维持移植器官免疫能力的药物（特别是肾移植），以减缓器官移植手术后的免疫排斥反应。其抑菌作用可能是通过阻断 IL-2 启动的 T 细胞增殖而选择性抑制 T 细胞实现的。

吸水链霉菌（Streptomyces hygroscopicus）是雷帕霉素的主要产生菌，其特点：孢子丝呈二至五圈略松敞螺旋形，孢子呈卵圆形，表面光滑；气生菌丝呈白色毛状细丝，表面有黄色液体小滴；菌落为黄色，色素透入培养基内。

（3）琥珀菌素产生菌

琥珀菌素（ambruticin）是一种抗真菌药物，具有强大的抗真菌活性。琥珀菌素（例如 ambruticin S）是黏菌多酮酸衍生的天然产物的一个有趣的家族，它们含有二氢吡喃（DHP）和四氢吡喃（THP）这两种氧杂环，而这两种氧杂环正是生物活性天然产物和 FDA 批准的小分子药物的共同结构特征。ambruticin S 对多种真菌病原体（包括球孢子菌免疫炎、荚膜组织胞浆菌和皮芽生菌）均具有有效的抗真菌活性。其抗真菌活性源于与高渗透压甘油（HOG）蛋白激酶信号通路的相互作用，并且在给予 ambruticin S 的小鼠中未观察到毒性。由于这种有前途的抗真菌活性和迷人的结构，ambruticin S 已成为几种全合成的靶标。

琥珀菌素的主要产生菌为纤维素堆囊菌（Streptomyces cellulosum）。纤维素堆囊菌的特点：子实体呈球形，显黄褐色，表面干燥，很少粘连成团块状；菌体呈短杆状，单个排列或成群，为革兰氏阴性菌。

（4）环孢菌素 A 产生菌

环孢菌素 A（cyclosporin A，CyA）（图 3-17）是一种从丝状真菌（Tolypocladium inflatum）培养液中分离出的由 11 个氨基酸组成的环肽，具有多种生物活性，包括免疫抑制、抗炎、抗真菌和抗寄生虫特性。CyA 发挥作用的主要机制是与亲环素形成复合物，再与依赖钙/钙结合蛋白的钙调磷酸酶作用，抑制活化 T 细胞核因子的去磷酸化使其不能进入核内，使得 T 淋巴细胞的生成受到抑制。在引入 CyA 之前，使用的免疫抑制剂是甲氨蝶呤、硫唑嘌呤和皮质类固醇。贝弗里奇报道称它们非特异性地阻止细胞分裂，并且抑制免疫活性细胞的增殖归因于它们的副作用。相比之下，CyA 不会引起骨髓毒性和/或损害造血细胞的增殖干细胞。Thomson 报道 CyA 能够抑制淋巴细胞功能而不损害吞噬活性和迁移能力。CyA 的发现引领了一个新时代选择性淋巴细胞抑制，使得移植的临床、技术和免疫生物学方面的专业知识得以投入实践。

除了丝状真菌（Tolypocladium inflatum）外，光泽柱孢菌（Cylindrocarpon lucidum）、雪白白僵菌（Beauveria bassiana）以及腐皮镰刀菌（Fusarium solani）也能产生 CyA。

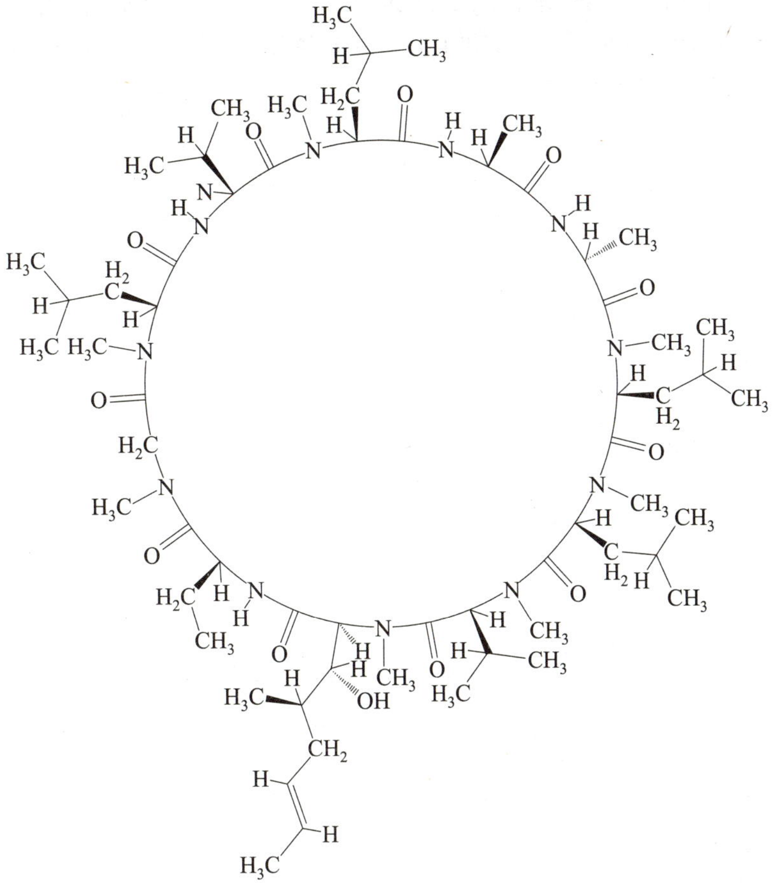

图 3-17　环孢菌素 A

3.1.2.3　其他抗肿瘤药物产生菌

（1）博来霉素产生菌

博来霉素（bleomycin，BLM）是一种碱性糖肽类抗癌抗生素，轮枝链霉菌是其主要产生菌。博来霉素主要抑制胸腺嘧啶核苷掺入 DNA，与 DNA 结合使之破坏分解，作用于增殖细胞周期的 S 期。博来霉素能与铁的复合物嵌入 DNA，引起 DNA 单链和双链断裂而不引起 RNA 链断裂，临床主要用于治疗肺癌、宫颈癌、阴道癌、食道癌、头颈部及皮肤鳞状癌。

尽管博来霉素具有抗瘤作用强、抗瘤谱广、给药途径多的优点，通常不会造成患者的白细胞减少和抑制免疫功能。但是文献报道博来霉素诱发约 46% 患者发生肺炎样症状及肺纤维化症状，其中 3% 的患者会发生死亡。虽然博来霉素的化学结构已经明确，其金属结合区、连接区、联噻唑端基区在抗肿瘤方面发挥不同作用，但上述显著副作用和新出现的耐药性已经极大地限制了 BLM 的临床应用。因此，在过去的几十年里，包括同源物分离、化学合成和生物合成在内的大量努力已被用于产生新的 BLM 类似物，以寻找具有更好临床疗效和更低毒性的潜在药物先导物。结构中二糖部分的生物活性是目前的研究热点。

（2）平阳霉素产生菌

平阳霉素（pingyangmycin，PYM，博来霉素 A5）是由平阳链霉菌（*Streptomyces pingyangensisn*）产生的碱性糖肽类抗肿瘤抗生素，属于博来霉素类抗肿瘤抗生素，于 1969 年浙江省平阳县土壤分离中发现其产生菌，属于我国学者自主研制并投入临床的抗肿瘤药物。它能抑制癌细胞 DNA 的合成和切断 DNA 链，影响癌细胞代谢功能，促进癌细胞变性坏死。PYM 的化学结构与 BLM 相似，但末端胺部分不同（图 3-18）。

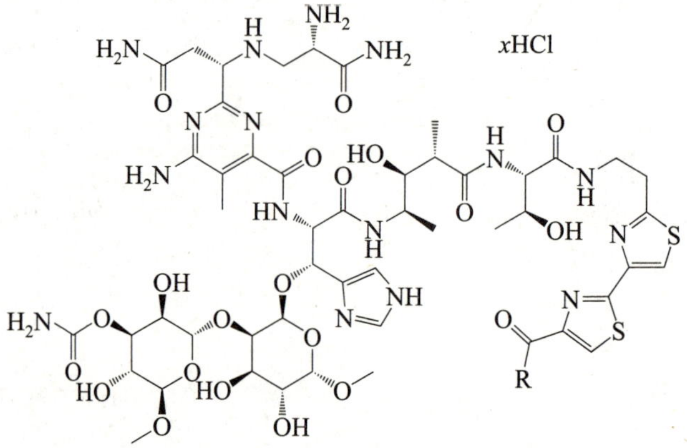

图 3-18 平阳霉素化学结构式

近年研究表明，平阳霉素能够抑制胸腺嘧啶核苷参入 DNA，与 DNA 结合使之破坏分解，作用于增殖细胞周期的 S 期，抑制成纤维细胞增生，干扰纤维胶原合成，并降低 Ⅰ/Ⅲ 型胶原纤维比例，从而达到治疗增生性瘢痕的目的。此外，平阳霉素能使血管内皮细胞崩解坏死，直接抑制细胞 DNA 及细胞周期，从而抑制血管生成和中断血管连续性，以此减少瘢痕内血管的生成。

（3）色霉素 A 产生菌

色霉素 A（chromomycin A）是由橄榄产色链霉菌（*Streptomyces olivochromogenes*）产生的抗肿瘤物质，其作用机制是阻抑 RNA 聚合酶，在抗菌物质与模板 DNA 的鸟苷基结合方面是同放线菌素一样的。目前已鉴定了色霉素 SA、色霉素 A_2、色霉素 A_3、色霉素 02-3G 以及阿布拉霉素。色霉素类似物见图 3-19。

截短的色霉素类似物的生物合成建议见图 3-20。

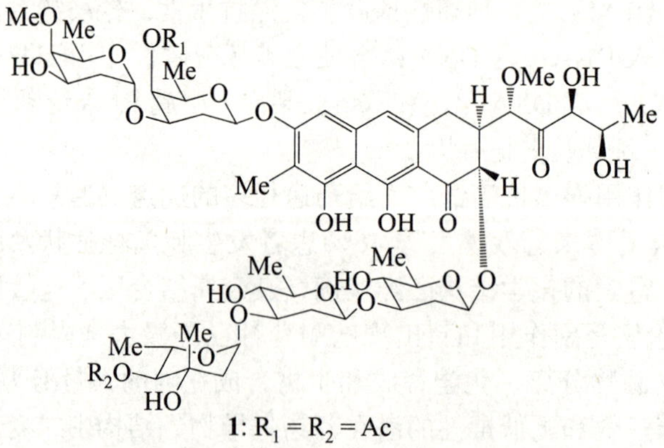

1: $R_1 = R_2 = Ac$
4: $R_1 = Ac$ $R_2 = H$
6: $R_1 = R_2 = H$
7: $R_1 = H, R_2 = (CH_3)_2CHCO$
8: $R_1 = Ac, R_2 = (CH_3)_2CHCO$

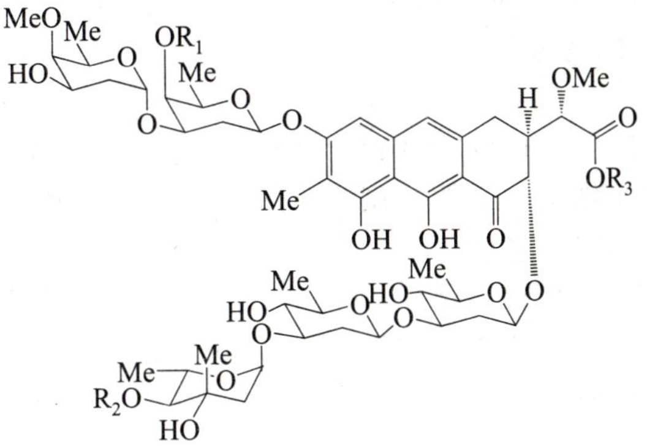

2: $R_1 = Ac, R_2 = H, R_3 = H$
2a: $R_1 = Ac, R_2 = H, R_3 = CH_3$
3: $R_1 = Ac, R_2 = (CH_3)_2CHCO, R_3 = H$
3a: $R_1 = Ac, R_2 = (CH_3)_2CHCO, R_3 = CH_3$
5: $R_1 = R_2 = Ac, R_3 = H$

图 3-19 色霉素类似物

1—色霉素 A; 2—色霉素 SA_3; 2a—色霉素 SA_3 甲酯; 3—色霉素 SA_2; 3a—色霉素 SA_2 甲酯;
4—色霉素 A_3; 5—色霉素 SA; 6—色霉素 02-3G; 7—阿布拉霉素（aburamycin）; 8—色霉素 A_2

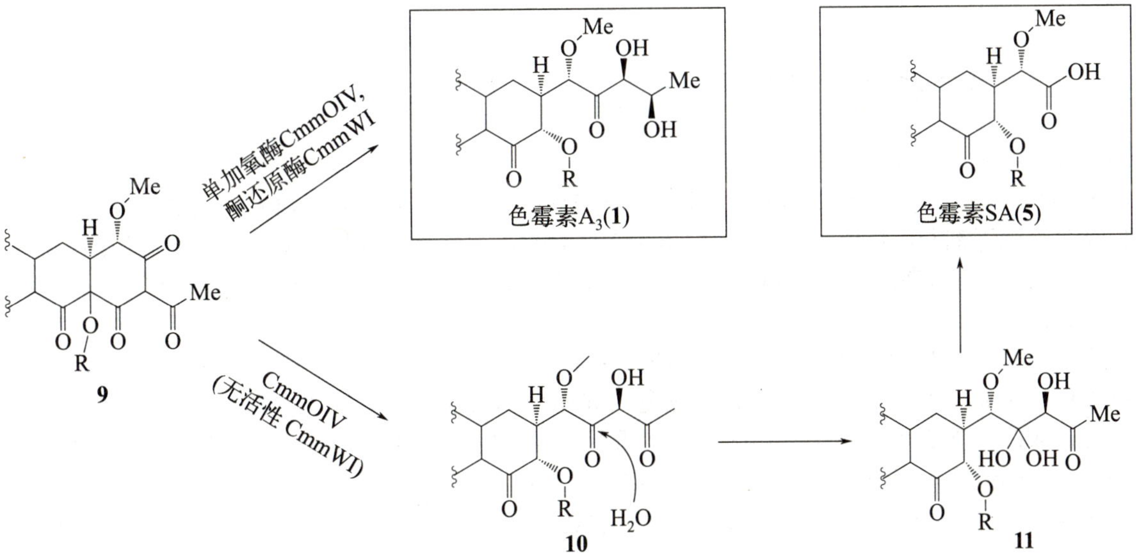

图 3-20 截短的色霉素类似物的生物合成建议

9—premithramycin B; 10—β-diketone; 11—中间体

色霉素 A_2 与色霉素 A_3 都属于蒽环类抗生素，后者在 20 世纪 70 年代已作为抗肿瘤的临床用药，用于缓解胃、肺、卵巢等恶性肿瘤。其抗癌机制是抑制依赖 DNA 的 RNA 聚合酶，抑制 mRNA 合成。色霉素 A_3 在肿瘤的临床治疗方面，因其胃肠毒性和机体耐药性而受到限制，故基于细胞凋亡机制的抗肿瘤药物的筛选是发现新型抗肿瘤药物的重要策略。色霉素 A_2 是从海洋放线菌 WBF16（链霉菌属假浅灰链霉菌新变种）代谢产物中分离得到的主要特征代谢产物，能够明显抑制人肝癌 HepG2 细胞的增殖，并且诱导细胞凋亡。其可能的机制涉及线粒体凋亡途径的激活与活性氧引起的细胞损伤，但是色霉素 A_2 是否还激活其他一些信号转导通路引起细胞凋亡，仍有待进一步研究。

此外色霉素可以通过抑制 Tau 磷酸化而对 MPP+ 诱导凋亡的多巴胺能神经元发挥保护作用，可用于临床防治帕金森病等神经退行性疾病。

（4）丝裂霉素 C 产生菌

丝裂霉素 C（mitomycin C，MMC）（图 3-21）是从头状链霉菌（*Streptomyces caespitoseus*）培养液中分离提取的一种兼具抗肿瘤和抑制增殖双重作用的广谱抗生素，作为抗增殖抗生素最先应用于眼科领域，局部辅助应用 MMC 可改善顽固性食管狭窄。

丝裂霉素 C 对多种癌症均有显著抗癌作用，例如丝裂霉素 C 能够致敏 Rocaglamide 抗性的结直肠癌细胞使其恢复对药物的敏感性，显著促进结直肠癌细胞凋亡。其作用原理可使细胞的 DNA 解聚，同时阻碍 DNA 的复制，从而抑制肿瘤细胞分裂。

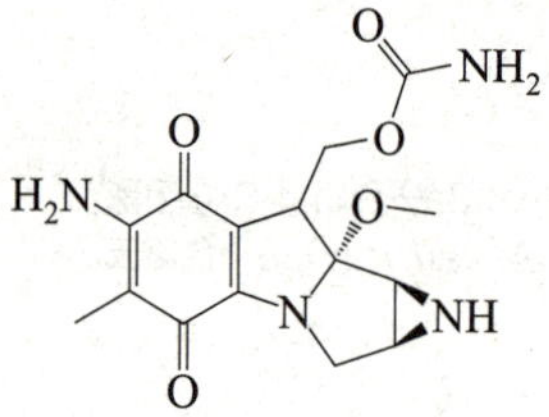

图 3-21 丝裂霉素 C

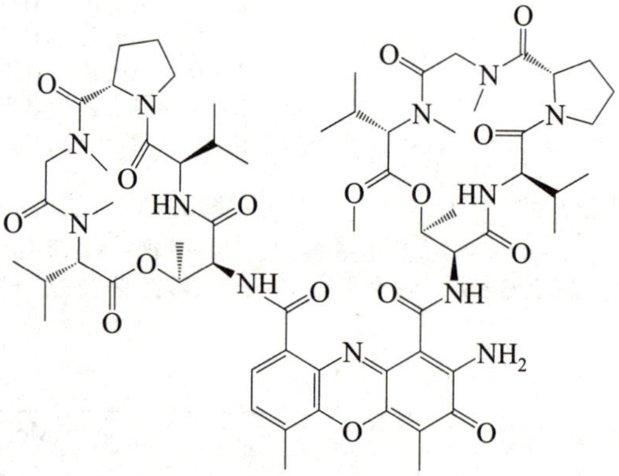

图 3-22 放线菌素 D 结构式

（5）放线菌素产生菌

放线菌素（dactinommycin，DACT）是一种具有较强的抗细菌、真菌以及病毒作用的抗肿瘤药物，是一种高效细胞毒剂和免疫原性细胞死亡（ICD）诱导剂，可在体内介导免疫依赖性抗癌作用，通常用作 DNA 到 RNA 转录的抑制剂。放线菌素的主要产生菌是抗生素链霉菌（*Streptomyces antibiotics*）以及小小链霉菌（*Streptomyces parvullus*）。

放线菌素是一类从微生物中分离出来的色素肽内酯类天然抗生素。其中，放线菌素 D（图 3-22）率先被批准作为抗癌药物用于临床治疗，尤其是对儿童肾母细胞瘤有理想的疗效，总体治愈率高达 80%。不足的是，放线菌素 D 在临床治疗中表现出严重肝毒性，极大程度上限制了其使用。放线菌素 V 是放线菌素 D 的结构类似物，由 L-4-酮脯氨酸替代 L-4-脯氨酸。有研究表明，放线菌素 V 对多种肿瘤细胞的抑制作用均优于放线菌素 D，能够通过诱导 p53 表达并触发 p53 依赖性细胞应答（包括细胞凋亡和周期阻滞）来抑制 A549 细胞的增殖，具有较好的抗肿瘤活性。

3.1.3　不同类型药物的产生菌

（1）免疫增强剂类药物产生菌

乌苯美司（bestatin）（图 3-23）是一种免疫增强剂，是从链霉素菌株培养液中分离出来的二肽化合物，能够增强 T 细胞的功能，也能使 NK 细胞的杀伤活力增强，并且可以使集落刺激因子合成增加，刺激骨髓细胞的再生和分化，从而具有增强免疫力的功效，另外对多种肿瘤也具有免疫治疗作用。

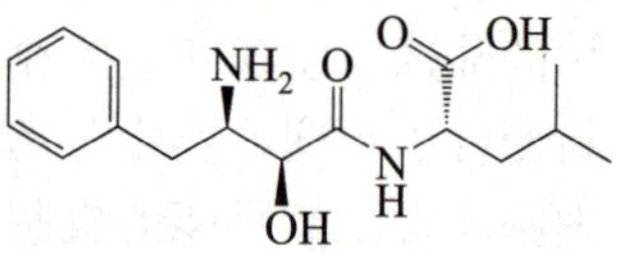

乌苯美司能够竞争性抑制肿瘤细胞表面氨肽酶 APN 及 P-gp 和 MRP1 等

图 3-23 乌苯美司结构式

膜转运蛋白的表达，可诱导肿瘤细胞凋亡，增加细胞内药物的积累。还通过抑制自噬的 Akt 信号通路，使对抗癌药物产生抗性的癌细胞重获敏感性，增强化疗药对肿瘤的细胞毒性作用。除此之外还可靶向作用于肿瘤干细胞，促进宿主免疫调节，增强机体的免疫功能。还有不少靶向治疗氨肽酶的偶联药物也在临床试验中取得较好的疗效评价。因此，乌苯美司有着多重抗癌作用。细胞毒类药物毒性大，耐受性较差，但杀死肿瘤细胞作用明显。由于毒副作用较强，其应用受到了一定的限制。将乌苯美司与多种细胞毒类药物联合用药发现可增强抗肿瘤作用，减少不良反应的发生。因此在未来的临床治疗中，乌苯美司在联合用药方面有着巨大的潜力。

（2）免疫抑制剂类药物产生菌

脱氧精胍菌素（deoxyspergualin，DSG）（图 3-24）是由侧孢芽孢杆菌（*Bacillus laterosporus*）发酵产生的免疫抑制剂，是一种结构独特的免疫抑制剂，在动物器官移植模型及临床移植试验中均显示出强大的活性。研究结果表明，DSG 对于有丝分裂原引起的 T 淋巴细胞或 B 淋巴细胞增生均无抑制作用，但在混合淋巴细胞反应中却以 50%～70% 抑制 T 淋巴细胞的增生。

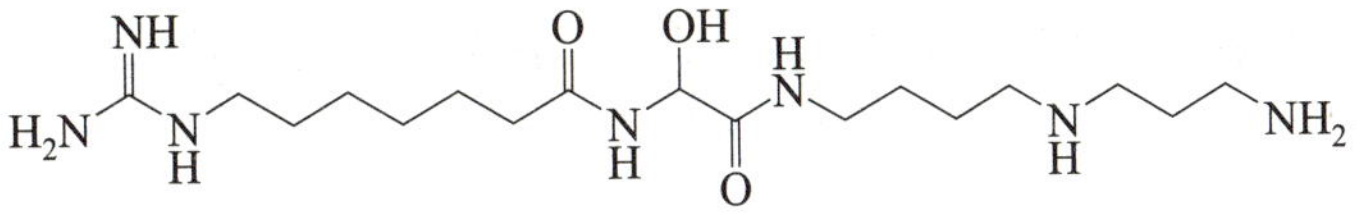

图 3-24 脱氧精胍菌素结构式

侧孢芽孢杆菌属于芽孢杆菌属，革兰氏染色阳性，可变为阴性，芽孢为椭圆形，侧生、中生或近中生，孢囊膨大，游离芽孢一边比另一边厚（独木舟形），其从 4℃ 开始就能生长，15～30℃ 高速生长繁殖，具有很强的抵抗力，适应 pH3.0～9.8，在高污染环境中保持特性不变。

（3）酶抑制剂类药物产生菌

β-内酰胺酶抑制剂（β-lactamaseinhibitors）是一类新的 β-内酰胺类药物。质粒传递产生的 β-内酰胺酶致使一些药物因 β-内酰胺环水解而失活，这是病原菌对一些常见的 β-内酰胺类抗生素（如青霉素类、头孢菌素类）耐药的主要方式。而 β-内酰胺酶抑制剂能够起到杀灭耐药菌的效果，通常与抗生素药物联合使用，例如克拉维酸（clavulanic acid）（图 3-25）。

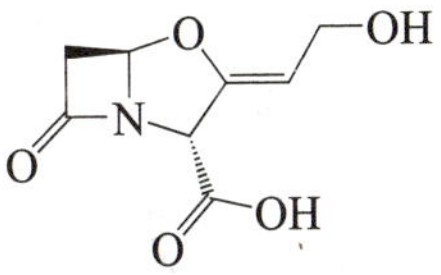

图 3-25 克拉维酸

克拉维酸是由棒状链霉菌产生的。棒状链霉菌气生菌丝短枝相连成网状，呈白色-灰绿色，在短侧枝上产生 1～4 个孢子，孢子柄偶尔成孢子链，孢子卵圆形至柱形，表面光滑，基丝呈灰黄-黄绿色。

（4）受体拮抗剂类药物产生菌

受体拮抗剂类药物通过与受体结合来对抗某些作用，即阻断受体并使其失效，例如内皮素受体拮抗剂。内皮素（ET）是迄今所知作用最强、持续最久的收缩血管的活性多肽。研究发现：皮肤角朊细胞也能够释放内皮素，而且皮肤被紫外线照射后角朊细胞释放内皮素的量也增加。继而发现，黑色素细胞上有特殊受体能与内皮素结合，内皮素被黑色素细胞膜上的受体接受后，刺激黑色素细胞的分化、增殖并激活酪氨酸酶的活性，从而使黑色素急剧增加。因此通过利用内皮素受体拮抗剂抑制内皮素对黑色素细胞增殖的调控可以达到美白祛斑的效果。

常见的内皮素受体拮抗剂如大黄素（haloemodins）（图 3-26），它是由水生镰刀菌（*Fusarium aquaeductum*）发酵生产得到的。

安塞拉辛（aselacins）（图 3-27）也是一种内皮素受体拮抗剂，是由支顶孢属（*Acremonium*）菌产生的。支顶孢属菌是一种霉菌，可见于聚氯乙烯塑料壁纸、瓷砖接缝、砂浆、橡胶等内。营养菌丝匍匐生长，分枝，无色，具隔膜。分生孢子梗简单，直立，无色，不分隔或基部分隔。产孢细胞细长，圆柱形，无色，内壁芽生瓶梗式产孢。分生孢子单个地循序产生，椭圆形、短棒形，无色，单胞。

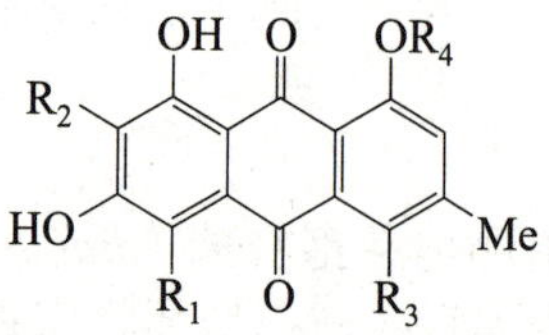

图 3-26　大黄素结构式 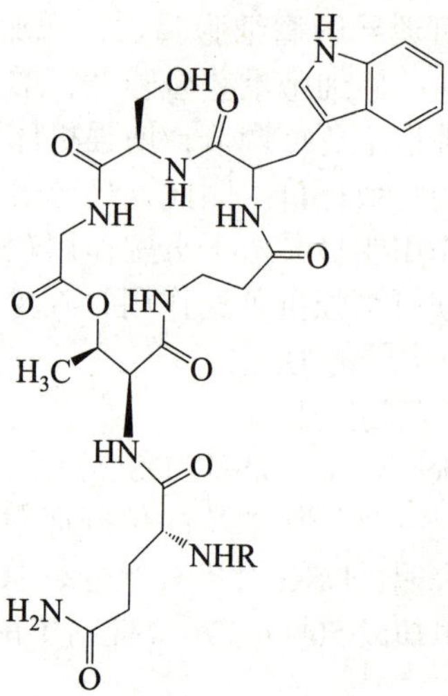　　　图 3-27　安塞拉辛结构式

3.2　菌种的分离

自然界中微生物的分布极为广泛，微生物资源极其丰富，水中、高山、海底、荒漠、极地、空气等到处都生存着形形色色的微生物。保守估计，地球上可能有超过 870 万种真核生物，上万亿种细菌和古菌，数万亿种病毒。从微生物的营养类型和代谢产物及其能在各种极端环境条件（高热、高压、低温、强碱、强酸及高渗透压等）下生存的角度分析，微生物种类应大大超过所有动植物之和。随着微生物学研究工作的不断深入，微生物菌种资源开发和利用的前景十分广阔。

新的微生物菌种需要从自然生态环境中混杂的微生物群中挑选出来，因此必须要有快速而准确的新种分离的方法。以下将从土壤微生物的分离、海洋微生物的分离以及极端微生物的分离三个方面来阐述微生物从不同环境中分离的方法。

3.2.1　土壤微生物的分离

3.2.1.1　土壤是微生物的大本营

自然界中，土壤是微生物生活最适宜的环境，它具有微生物所需要的一切营养物质和微生物进行生长和繁殖及生命活动的各种条件。土壤中微生物的组成与分布主要受到土壤营养、水分、氧气、温度和土壤酸碱度等因素的影响。

土壤中营养物质的可获得性是影响微生物生长的主要因素。大多数微生物不能进行光合作用，需要靠有机物来生活，生物群落的定殖与生命活动丰富了土壤的有机营养，促进了土壤的形成。动、植物的代谢分泌物及其尸体的腐败为微生物提供了丰富的有机营养，这些有机物为微生物提供了良好的碳源、氮源和能源。绝大多数土壤的成分是无机的地质材料，蕴涵着丰富的矿质元素，土壤中的矿质元素的含量浓度也很适于微生物的生长。土壤中的水分虽然变化较大，但基本上可以满足微生物生长的需要。土壤的酸碱度接近中性，不同类型土壤的 pH 多数在 5.5～8.5，缓冲性较强，适合大多数微生物生长。在极端酸、碱的环境中也有嗜酸、嗜碱的微生物存在。土壤的渗透压大都不超过微生物的渗透压。土壤空隙中充满着空气和水分,为好氧和厌氧微生物的生长提供了好的环境。此外,土壤的保温性能好,与空气相比,昼夜温差和季节温差变化不大,一般是 10~25℃,大多数土壤中的微生物是嗜温型,适应 20~50℃的环境温度。在表土几毫米以下,微生物便可免于被阳光直射致死。这些都为微生物生长繁殖提供了有利的条件。所以土壤有"微生物天然培养基"之称,这里的微生物数量最大,类型最多,是人类最丰富的"菌种资源库"。

3.2.1.2 土壤微生物分离方法

目前人们普遍认为微生物是具有潜在治疗效用的新结构化合物的无穷源泉,这是因为微生物具有分布广、种类多、易变异的特点以及微生物的次级代谢产物的多样性和新颖性。微生物药物产生菌的研究集中在放线菌、细菌和真菌,其中放线菌研究最多,放线菌中又以链霉菌属研究得较多。以下主要介绍土壤中放线菌(图 3-28)的分离方法。

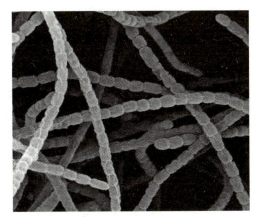

图 3-28 放线菌

(1)土样采集

土壤是微生物的重要栖息地。一般在有机质较多的肥沃土壤中,微生物的数量最多,中性偏碱的土壤以细菌和放线菌为主,酸性红土壤及森林土壤中霉菌较多,果园、菜园和野果生长区等富含碳水化合物的土壤和沼泽地中酵母和霉菌较多。选择一定的土壤环境采集土样,通常采表土层(5cm 以下),将采集到的土样盛入清洁的聚乙烯袋、牛皮袋或玻璃瓶中,进行编号,注明采集地、采集时间和采集人以便日后查找。样品以未开垦过的土壤为佳,要尽可能选择各种不同地理和生态环境的土壤,不同植被和不同质的土壤都对放线菌的种类和数量有影响,一般认为南方地区土壤中的放线菌种类比北方多。采土季节以春秋两季为宜。

(2)放线菌分离

① 样品的处理 为了富集所需要的各种放线菌,利用它们孢子和细菌营养细胞及不同属间放线菌孢子间的耐性差异,用物理或化学的方法除去细菌及目的外放线菌,或者用花粉作为"诱饵",增加某些特定放线菌的分出率。

a. 温度处理。根据各种微生物耐热程度的不同,用高温处理样品,可能分离到不同种类的放线菌。处理温度在 40~55℃,处理时间在 2h~10d 不等时可以分离得到链霉菌、小单孢菌、红球菌、嗜酸放线菌、嗜碱放线菌、高温放线菌等放线菌。处理温度在 100~120℃,处理条件为干热,处理时间在 15~60min 不等时可以分离得到马杜拉放线菌、小双孢菌、小四孢菌、孢囊链霉菌等放线菌。

b. 物理化学法处理。主要是 SDS-酵母浸膏处理法,SDS 对放线菌孢子基本无害,酵母浸膏以及温和的热休克可以促进放线菌孢子的出芽。用 SDS-酵母浸膏处理法,可使细菌数明显减少,平板上出现的 55%~95% 的菌落都是放线菌。风干的土壤与碳酸钙混合后在 26℃培养 7~9d,然后分离放线菌,放线菌的数量增加 100 倍,而细菌和真菌的数量则大大减少,这是由于风干的土壤中减少了细菌的数量,碳酸钙的加入有利于放线菌的生长而不利于绝大多数真菌的生长。

物理方法处理最主要的是离心分离法,由于微生物的菌体大小有别,经离心处理后可以选择性地分离一部分微生物,如 1600g 离心 20 min,上清液中主要为放线菌孢子,沉淀中含有细菌和真菌孢子。用差速离心法可分离到链霉菌和弗兰克菌。部分放线菌还可以通过膜过滤法进行分离。

c. 诱饵法。将某些固体物质,如石蜡、花粉、蛇皮、毛发等目的放线菌生长所需的特殊物质加入待分离的土壤或水中做成诱饵富集目的菌,达到分离的目的。

② 分离培养基 分离放线菌的要求就是尽可能让放线菌长出来,而其他微生物例如细菌、真菌不长,

最终达到一个分离的效果。放线菌的分离主要采用合成培养基，主要有高氏一号琼脂培养基、黄豆粉琼脂培养基、秸秆腐解物琼脂培养基、泥炭浸汁琼脂培养基、土壤浸汁琼脂培养基、燕麦片琼脂培养基、腐殖酸琼脂培养基、小麦粉琼脂培养基等。

不存在一种能够分离各种微生物的"万能培养基"，只有根据各种微生物的不同需求，同时使用多种培养基，才能更好地分离得到更多种类的微生物。

③ 抑制剂的使用　加入选择性的药物，在分离培养基中加入抗生素，通常是为了抑制生长迅速的放线菌、细菌和真菌的生长。分离放线菌时，加入抗真菌试剂（例如制霉菌素、两性霉素B、放线菌酮等）和抗细菌抗生素（如青霉素和链霉素等）抑制真菌和细菌的生长，增加放线菌的分出率。同时培养基中加入某些抗生素也可抑制部分放线菌，有利于分离到一定种类的放线菌。

④ 分离方法　可以采用稀释法、干土喷射法、滤膜法或孢子飞扬法等将预处理后的样品中的微生物接种到适当的分离培养基上。

a. 稀释法。又称水悬浮稀释法。稀释法是最常用的分离土壤微生物的方法。具体方法是：取风干并破碎的土样1g，加无菌水9mL，剧烈振荡1min，然后静置1min，使粗砂粒沉淀，吸取上面的悬浮液1mL。用无菌水进行系列梯度稀释，取适当浓度的稀释液0.1～0.2mL涂布于分离平板上培养（图3-29）。

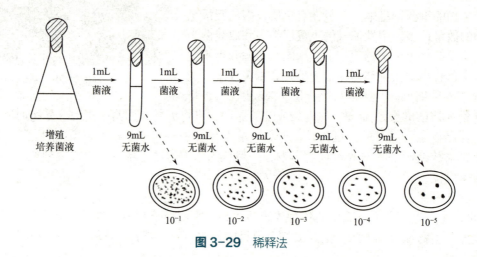

图3-29　稀释法

b. 干土喷射法。又称干法分离。该法是用一种特制的喷土器将研碎的干土样品直接喷射到分离平板上，根据上样的多少、喷射距离的远近以及喷射角度来调节每个平板的喷射量。

c. 孢子飞扬法。是将土样置于一种瓶口刚好能倒扣一个分离平板的特制瓶中，剧烈振荡使孢子飞扬，撞在分离平板上，进行分离培养。该法可分离许多放线菌。

⑤ 培养条件　按照以上的方法制备分离平板后，用适当的条件（适合于目的放线菌pH及温度）进行培养。分离放线菌的培养温度一般为25～30℃，也可以在32～37℃培养7～14d，生长慢的放线菌可延长培养到一个月。分离高温放线菌用45～50℃培养1～2d，从海水中分离放线菌用20℃培养6周左右。

（3）其他微生物分离

① 真菌的分离　分离腐生丝状真菌常用马铃薯葡萄糖琼脂培养基、Martin琼脂培养基、察氏蔗糖（或葡萄糖）琼脂培养基，pH通常偏酸性。为了抑制细菌的生长一般在分离培养基中加入β-内酰胺类和氨基糖苷类等抗生素。

② 细菌的分离　分离细菌常用有机培养基，如牛肉膏蛋白胨琼脂培养基、营养琼脂培养基、营养琼脂加氨基酸维生素的培养基等，pH偏碱性。分离细菌时常在分离培养基中加入一定量的抗真菌抗生素如制霉菌素、两性霉素、放线菌酮等，以抑制真菌生长，有利于细菌的分离。加入多黏菌素可以大大减少革兰氏阴性细菌的生长，使革兰氏阳性细菌得以富集。

(4）选留菌种及保存

分离得到的微生物一般通过传统的形态和生理特征来加以区分，现在也尝试使用 DNA-DNA 杂交、代谢产物的 HPLC 分析、脉冲场凝胶电泳的低频限制性酶切片段分析和 RAPD（随机扩增多态 DNA）的方法。菌种保存的方法很多，但共同的目的就是将菌株的优良特性保存下来，并且使得微生物在经过较长的时间后，还保持着活力。实验室一般采用的保存方法有低温保藏法、传代培养保藏法（亦称为定期移植保藏法）、液体石蜡保藏法（亦称为矿物油保藏法）、沙土保藏法、冷冻干燥保藏法等。

3.2.2 海洋微生物的分离

3.2.2.1 海水体系中的微生物

海水含有相当高的盐分，一般为 3.2%～4%，含盐量越高，则渗透压越大。海洋微生物多为嗜盐菌，并能耐受高渗透压，如盐生盐杆菌。真正的海洋细菌在缺少 NaCl 的情况下是不能生长的。海水的温度一般恒为 2～3℃，除了在热带海水表面生长的微生物外，在其他海水中发现的微生物多为嗜冷微生物。此外，在深海中的微生物还能耐受低温和很高的静水压，少数微生物可以在 60.795MPa 下生长，如水活微球菌和浮游植物弧菌。大多数海洋细菌为革兰氏阴性菌，并具有运动能力。

水体中有机物含量越丰富，则含菌量越高。在接近海岸和海底淤泥表层的海水中和淤泥上，菌数较多；离海岸越远，菌数越少。一般在河口、海湾的海水中，细菌数约有 10^5 个 /mL；而远洋的海水中，只有 10～250 个 /mL。许多海洋细菌能发光，称为发光细菌。这些菌在有氧存在时发光，对一些化学药剂与毒物较敏感，故可用于监测环境污染物。

海水中常见的细菌主要有假单胞菌属、枝动菌属（*Mycoplana*）、弧菌属（*Vibrio*）、螺菌属（*Spirillum*）、梭菌属、变形菌属（*Proteus*）、硫细菌、硝化细菌和蓝细菌中的一些种。

3.2.2.2 海洋微生物分离方法

随着生物医学的发展，人们对海洋微生物的关注更密切了。一些已被发现的较新的化学药品就是微观藻类的代谢物。最新发现的 didemnin B 就是由栖息在软体动物中的原绿球藻（*Prochloron*）的成员产生的强效抗病毒和抗肿瘤药。许多生物学家认为，海洋微生物可提供具有特殊生物活性的化合物，其中就包括抗癌的海洋毒素，这种具有特殊化学结构的物质在陆地微生物中尚未发现。为了现代生物医学的发展，人们正在努力了解海洋微生物群落的更多特性，人们还从海洋微生物中发现了一些有活性的新抗生素。*Streptomyces tenjimariensis* 是从日本 Tenjin 岛的近海区泥样中分离到的一株放线菌，这个菌株已被鉴定为链霉菌的一个新种，在含海水的液体培养基里振荡培养时，有抗菌活性。活性产物 istamycin 是一种氨基糖苷类抗生素，对革兰氏阳性和革兰氏阴性细菌有很强的抑制作用，有望开发成一种临床抗感染药物。

分离海洋微生物时应考虑微生物在海洋中的生长发育环境条件，依据采集样品的地区（如近海、深海）、样品的种类（如海水、海底沉积物、海洋生物尸体、海洋生物的肠道等）来设计分离方法、分离培养基和培养条件等。还应考虑海洋微生物的嗜盐、耐盐、嗜压、耐压的特性，设计培养基和培养条件，如分离深海微生物，应用特殊的加压装置等。

分离海洋放线菌可采用以下两种培养基。① SC 培养基：其成分为可溶性淀粉 10g，酪蛋白 1g，人造海水 500mL，蒸馏水 500mL，琼脂 1.7%，pH7.4。② Z 培养基：其成分为蛋白胨 5g，磷酸铁 0.1g，酵母膏 1g，人造海水 1000mL，琼脂 1.7%，pH7.6。或是将普通的放线菌培养基适当稀释，再加入人造海水（通常含 3% NaCl）来分离海洋微生物。

从海洋中分离出放线菌的情况为：海深 100m 内分离出链霉菌，1000 m 左右分离到的菌株大多数为小单孢菌，3000～5000m 范围内未分离出放线菌。从浅部到深部的样品中都能分离到细菌。从多样性的观点来看，海洋生物的种类要比陆地生物多得多。由于海洋微生物的多种多样，其代谢产物也必然是多种多样的，因此相信海洋微生物必将成为抗生素等生理活性物质的新源泉。

3.2.3 极端微生物的分离

极端微生物是最适合生活在极端环境中的微生物的总称。科学家们相信，极端微生物是这个星球留给人类独特的生物资源和极其珍贵的科研素材。极端微生物的类型包括嗜热、嗜冷、嗜酸、嗜碱、嗜压、嗜金、抗辐射、耐干燥和极端厌氧等多种类型。

在分离极端微生物的过程中，要考虑它们生长繁殖所需的特殊条件，来设计分离与培养条件。如分离嗜热微生物时，有些菌株的最适生长温度可高达 80℃，pH 在 1～6；分离嗜盐微生物时培养基中盐的浓度可高达 2.5mol/L。目前极端嗜盐古菌的分离方法主要有：特殊选择培养基筛选法如 Gibbons 培养基和 CM 培养基、分级稀释平板涂布法等。

3.3 微生物药物与菌种的筛选

所有微生物药物的研究工作都离不开原始产药菌株的筛选，尤其是在诱变育种工作中，菌株筛选是最困难也是最重要的一步。经诱变处理后，突变细胞基本只占存活细胞的百分之几，而在这百分之几的存活细胞当中，能够使生产状况提高的细胞亦是少数。要在大量细胞中寻找真正需要的细胞，简洁高效的筛选方法无疑是工作成功的关键。

本节主要讨论诱变育种的筛选方法，这些方法也为其他育种的筛选方法提供了借鉴。

3.3.1 菌种筛选流程

为了提高筛选效率，在实际工作中往往将筛选工作分为初筛和复筛两步。初筛的目的是删去明确不符合要求的大部分菌株，把生产性状类似的菌株尽量保留至复筛阶段。因此初筛工作以量为主，手段应尽量简单快捷，测定的精确性还在其次。而到了复筛阶段，为确定符合生产要求的菌株，复筛工作应以质为主，基本要求是精准测定每个菌株的生产指标。

初筛和复筛工作可进行多轮，直至获得较好菌株。采取这种筛选方案，不仅能以较少的工作量获得良好效果，而且还不至于错过有发展前途的优良菌株，也有利于后续考察这些优良菌株对于工艺条件、原料等的适应性以及遗传稳定性。

3.3.2 菌种的常规筛选方法

3.3.2.1 一般变异菌的筛选方法

筛选手段必须配合不同筛选阶段的要求。对于初筛应力求快速简便；对于复筛应力求精准，要能反映未来工业生产的水平。

（1）从菌体形态变异分析

某些情况下，菌株形态的变异与产量变异存在一定关联。尽管大多数突变菌株并不一定存在这种关联，但在筛选工作中也应尽可能捕捉并利用这种形态特征性变化。当然，这种方法只能在初筛阶段尝试鉴别，复筛阶段并不可取。

（2）平皿快速检测法

平皿快速检测法（图3-30）是利用菌体在特定固体培养基平板上的生理生化反应将肉眼观察不到的产量性状转化成肉眼可见的形态变化的检测方法。具体来说分为纸片培养显色法、变色圈法、透明圈法、生长圈法以及抑制圈法等，可以大大提高筛选的效率。值得注意的是，平皿快速检测法在操作时应尽量将培养菌体充分分散形成单菌落，以此避免多菌落混杂导致检测偏差。这些检测方法的共同点是都较为粗放，一般只能用于定性或半定量检测，且只用于初筛。平皿快速检测法的缺点是由于培养平皿上的种种条件与摇瓶培养尤其是发酵罐深层液体培养时的条件有较大差别，有时会造成两者结果不一致。

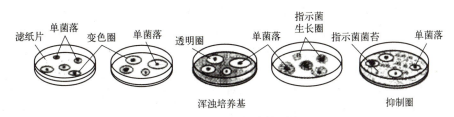

图 3-30　平皿快速检测法
从左往右依次为纸片培养显色法、变色圈法、透明圈法、生长圈法以及抑制圈法

纸片培养显色法：将浸满某种指示剂的固体培养基的滤纸片放置在用牛津杯架空的培养皿中，下放小团浸有3%甘油的脱脂棉保湿。将待筛选的菌液稀释后接种至滤纸，恒温培养至形成单菌落，能明显看到菌落周围的对应颜色变化。从指示剂变色圈与菌落直径之比可对比了解菌株的相对产量性状。指示剂可以是酸碱指示剂也可以是能与特定产物发生变色反应的化合物。

变色圈法：将指示剂掺入固体培养基后进行待筛选菌液的单菌落培养，或者喷洒在已培养成单菌落的固体培养基表面，可观察到菌落周围形成变色圈。变色圈越大，说明菌落产酶的能力越强。

透明圈法：在固体培养基中掺入溶解性差、可被特定菌利用的营养成分，造成浑浊的培养基背景。在此浑浊培养基上进行待筛选菌液的单菌落培养，在待筛选菌落周围能够形成透明圈，透明圈大小反映菌落利用此物质的能力。

生长圈法：利用一些有特别营养要求的微生物作为工具菌，若待筛选的菌在缺乏上述营养物质的条件下依旧能合成该营养物质，或能分泌酶将该营养物质的前体物转化为营养物，则在这些菌周围就会有工具菌生长，形成环绕菌落生长的生长圈，以此作为筛选菌落的依据。该法常用于选育氨基酸、核苷酸以及维生素的生产菌，工具菌往往是对应的营养缺陷型突变株。

抑制圈法：若待筛选菌株能够分泌产生某些能够抑制工具菌生长的物质，或者能够分泌某种能将无毒物质水解成对工具菌有毒性作用的物质的酶，那么在该菌落周围就会形成工具菌无法生长的抑菌圈，抑菌圈的大小反映了积累抑制物的高低。该法常用于筛选抗生素的产生菌，对应工具菌往往是抗生素敏感菌。

（3）摇瓶培养法

摇瓶培养法是将待测菌株的单菌落分别接种到三角瓶培养液中振荡培养，再对培养液进行分析测定的方法。由于摇瓶与发酵罐的条件较为接近，所以通过摇瓶培养法测得的数据就更有实际意义。由于摇瓶培养法需要较多设备、劳力以及时间成本，故而常用于复筛。但若某些菌株的突变性状无法用简便的形态观察或平皿快速检测法等方法检测时，摇瓶培养法也可用于初筛。

初筛摇瓶培养的一般过程是：一个菌株仅做一次发酵测定，从大量菌株中选出10%～20%较好的菌株，淘汰余下80%～90%菌株。而复筛摇瓶培养的一般过程是：一个菌株培养3瓶，选出3～5个较好菌株，在此基础上进一步做比较选出最佳菌株。

3.3.2.2 特殊变异菌的筛选方法

虽然平皿快速检测法作为初筛手段可以大大减少工作量,但稀释分离的工作仍然繁重,且有些高产变异的频率很低,在几百个单细胞中并不一定能筛选到,因此建立特殊变异菌的筛选方法是十分有必要的。

(1) 营养缺陷型突变株的筛选

营养缺陷型突变株的筛选一般包括浓缩、进一步检出和鉴别营养缺陷型这三个步骤。

首先是浓缩营养缺陷型菌株。诱变后的细胞群体中大部分存活菌都是野生型,营养缺陷型菌株占的比例相当小。因此十分有必要淘汰大量野生型达到浓缩营养缺陷型菌株的目的。常用的浓缩方法有抗生素法、菌丝过滤法、差别杀菌法以及饥饿法等。

菌丝过滤法适用于淘汰丝状菌的野生型。诱变后的孢子悬浮培养在液体基本培养基中,只有野生型才能生长。振荡培养若干小时后,很容易用过滤器除去这些菌丝,从而浓缩营养缺陷型菌株。值得注意的是,使用这种方法时,振荡培养和过滤都应重复几次,每次培养时间不宜过长,这样才能得到充分浓缩的结果。如果出发菌株不是野生型而是缺陷型或其他性状的菌株,淘汰野生型也可用菌丝过滤法,但应在基本培养基中补加使出发菌株生长的物质。差别杀菌法适用于细菌芽孢远比营养体耐热的情况。使经诱变剂处理的细菌形成芽孢,把芽孢在基本培养液中培养一段时间,然后加热杀死营养体。野生型芽孢因能够萌发而被杀死,营养缺陷型芽孢因不能萌发得以存活并被浓缩。饥饿法适用于菌株发生两种营养缺陷型突变的情况。一些营养缺陷型在某些培养条件下会自行死亡,如果该细胞又发生另一营养缺陷型突变,反而能够避免死亡从而浓缩。

而后是进一步检出所需营养缺陷型菌株。浓缩后的菌液中占较大比例的是营养缺陷型菌株,但并非全部都是。并且营养缺陷型中也有不同的类型,需要进一步检出所需要的营养缺陷型。这样就需要采用逐个检出法、夹层培养法或限量补给法等进一步检出所需营养缺陷型菌株。

逐个检出法(图3-31)是指先将菌液稀释涂布于完全培养基上,等培养至长出单菌落后再将其分别定位点种在完全培养基、补缺培养基以及基本培养基上,观察其生长情况。在基本培养基上能生长的是野生型;在补充培养基上生长而不在基本培养基上生长的是补充物的营养缺陷型;在基本培养基和补充培养基上都不生长而在完全培养基上生长的则是未确定的营养缺陷型,需进一步检测。影印培养法(图3-32)的基本原理和逐个检出法相同,利用影印培养法也可代替逐个检出法的定位点种,其优点在于操作更为简便。夹层培养法(图3-33)则是将基本培养基铺为底层,凝固后加入含有待分离菌液的基本培养基为中层,培养一段时间后可长出的菌落为野生型,做好标记后再铺一层完全培养基作为上层,再次培养一段时间,新长出来的即为营养缺陷型。限量补给法是指将处理后的菌液涂布于含微量(0.01%或更少)蛋白胨的基本培养基上培养,营养缺陷型长得较慢,呈小菌落;野生型长得较快,呈大菌落。

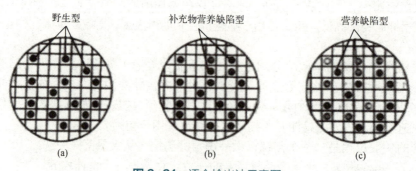

图3-31 逐个检出法示意图

(a) 基本培养基;(b) 补充培养基;(c) 完全培养基

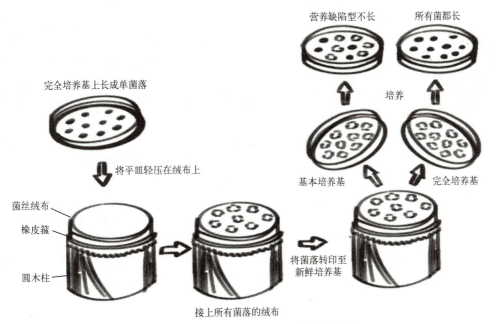

图 3-32 影印培养法检出营养缺陷型菌株

最后是鉴定营养缺陷型菌株。菌株较少时可以用生长谱法,菌株较多时可用组合补充培养基法。

生长谱法的步骤是:将待测菌接到斜面扩增培养,经离心洗涤去除细胞外吸附的营养物质,再涂布于基本培养基平板中,每块平板涂布 10^5 个以上细胞;也可将待测菌和熔化的固体基本培养基混合均匀后倒入培养皿,待培养皿凝固后在平板上分区域放置少量不同的营养物或蘸有不同营养物的无菌滤纸片并保温培养。从每个营养物区域内该菌的生长情况判断其对营养的需求。

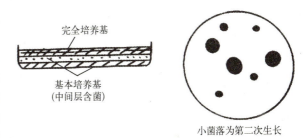

图 3-33 夹层培养法

组合补充培养基法则是在待测菌株较多时,将营养物质组合加入培养基中,形成若干组补充培养基,并将待测菌株点种在各种补充培养基中,逐个分析各菌的缺陷类型。

(2)抗性突变菌株的筛选

抗性突变菌株的筛选常用一次性筛选法和阶梯性筛选法。

一次性筛选法是指在对出发菌株完全致死的环境中,一次性筛选出少量抗性变异株。噬菌体抗性菌株常用此方法筛选。将对噬菌体敏感的出发菌株经变异处理后大量接种至含有噬菌体的培养液中,为了保证敏感菌不能存活,可使噬菌体数大于菌体细胞数。此时出发菌株全部死亡,只有变异产生的抗噬菌体突变株能在这样的环境中不被裂解而继续生长繁殖。通过平板分离即可得到纯的抗性变异株。

阶梯性筛选法是采取从低浓度到高浓度逐步筛选。这种方法常用于筛选药物抗性菌株,特别是暂时无法确定微生物可以接受的药物浓度情况下。因为药物抗性常受多位点基因控制,所以药物的抗性变异也是逐步发展的,时间上是渐进的,先是可以抗较低浓度的药物而对高浓度药物敏感,经诱变处理后可能成为抗较高浓度药物的突变株。阶梯性筛选法由梯度平板(图 3-34)或纸片扩散在培养皿的空间中造成药物的浓度梯度,可以筛选到耐药浓度不等的抗性变异菌株,使暂时耐药性不高,但有发展前途的菌株不至于被遗漏。但阶梯性筛选亦有其缺点,只有在抑制区域才能挑选抗性菌,而低浓度区域面积较大,优良的抗性突变菌株若被分散在低浓度区域或远离纸片区域,则有可能被漏检。

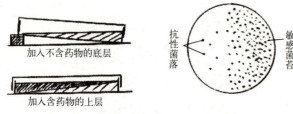

图 3-34 梯度平板法示意图

（3）组成酶变异株的筛选

许多水解酶都是诱导酶，只有在含有底物或底物类似物的培养环境中菌株才能合成这种酶。因此诱导酶的生产不仅需要诱导物，往往还会受诱导物种类、诱导物数量以及分解产物的影响。能够被迅速利用的碳源往往会引起酶合成的减少，诱导物往往又比较昂贵。如果能够控制这些酶合成调节基因发生变异，诱导酶就有可能转变为组成酶，不再需要诱导物存在。由诱导型出发菌株诱变筛选出组成型变异菌株对于水解酶的工业生产具有重要意义。具体的筛选方法有恒化器法、循环培养法以及诱导抑制剂法。

恒化器法常被用于微生物的驯化。在培养基中添加不能起诱导作用的低浓度底物，接入处理后的菌液进行培养。此时的出发菌株由于不能被诱导，无法合成有关的诱导酶而不能分解该底物，从而生长速率极慢。而少数组成型变异菌株则可合成有关的酶，分解利用该底物，生长速率较快。为了提高组成酶变异菌株的优势，可以应用恒化器培养技术。随着恒化器培养中不断加入新鲜基质从而逐渐增大组成酶变异菌株的优势，这样就能比较容易地做进一步纯化分离。

循环培养法则是利用不含诱导物的培养环境和含有诱导物的培养环境进行交替循环培养待分离的菌液，从而使得组成酶变异株富集。当接种到不含诱导物而含有其他可利用碳源的培养基中时，两种类型菌株同样能较好地生长，但在此环境中组成型突变菌株已能合成有关的水解酶，而诱导型菌株却不能合成。而后将它们转接至含有诱导物的培养基，变异菌株能够迅速利用诱导底物进行生长繁殖，而诱导型出发菌株还需经历一个诱导合成酶的阶段，两类菌株的生长便不再同步，随着循环交替培养的继续，组成酶变异菌株所占的比例将逐渐增大。

诱导抑制剂法是利用诱导抑制剂进行筛选的方法。有些化合物能够阻止某些诱导酶的合成，被称为诱导抑制剂。当诱导物和诱导抑制剂同时存在于培养环境中时，只有组成型变异菌株能够利用底物进行生长繁殖，由此可筛选分离出诱导型菌株和组成型变异菌株。

（4）高分子废物分解菌的筛选

随着石油化工和塑料工业的发展，各种高分子包装废物日益增多，这些"白色污染"在自然界很难被消化而进入物质循环。设法选育能分解利用这些高分子材料的微生物对于环境保护至关重要。这些高分子材料大多是不溶于水的，直接分离具有分解功能的微生物很困难。为此有人设计了阶段式筛选法，首先寻找能在与聚乙二醇结构相似的含两个醚键的三甘醇上生长的微生物，接着诱变筛选能分解聚乙二醇的变异株或者筛选能以乙二醇、丙二醇为碳源的菌株，继而诱变筛选出能利用聚乙二醇等物质的变异株。这种由简单的聚合物单体入手逐级筛选高分子废物分解菌也许是一条有效的筛选思路。

（5）基因调控菌的筛选

酿酒酵母是第一个被全基因组测序的真核生物，但其需要经过一定改造才能产出特定产物或忍耐严酷的工业条件。为了筛选得到相关菌株，可以使用基因组重排系统进行筛选。而所谓基因组重排系统（SCRaMbLE 系统，图 3-35），旨在通过重排合成染色体上的基因，形成大量的遗传多样性。具体操作是在设计合成染色体的时候，在每一个非必需基因的后面都掺入一个 LoxPsym 位点，LoxPsym 位点能被 Cre 重组酶识别。LoxPsym 位点就相当于是特殊的标签，Cre 重组酶进去之后抓出 2 个 LoxPsym 位点就能对它们进行重组。之后人们可以根据期望的目标，如改进产物合成，来筛选所得的菌株。

3.3.3 微生物药物的筛选

本节微生物药物的筛选主要围绕抗生素药物的筛选技术展开。

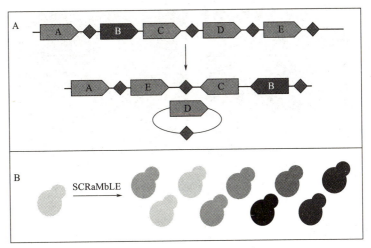

图 3-35　SCRaMbLE 系统

最常用的抗生素筛选方法如下：首先将土壤样品加水后充分搅拌或振荡；而后离心，取上清液并稀释，涂布于事先准备好的琼脂平板上；继而在平板上挑选一些菌落，将之接种于液体培养基中；最后，吸取培养液检验其抗菌或其他生物活性。

在早期的抗生素筛选工作中，一般并不会考虑抗原生动物的活性。后续抗原生动物的抗生素引起人们的重视，研究人员逐渐开始采用以能够降低试验原生动物的运动性作为判断标准进行筛选的方法。抗昆虫活性的抗生素也可用类似方法筛选得到。近年来提出了采用生化试验方法进行筛选的新方法，筛选的原理是基于昆虫的几丁质含量很高，可以根据抗生素对几丁质合成酶和几丁质酶的抑制能力进行筛选。而作为除草剂的抗生素则可根据其对谷氨酰胺合成酶的抑制作用进行筛选，另外还可以根据是否能抑制纤维素生物合成进行筛选。

总之随着筛选技术的发展，新抗生素的筛选速度已经大大提高。由于生物化学的研究进展及人类基因组计划的完成，人们对疾病起因的认识已经提高到酶水平和基因水平。可以预料，选定更为科学的筛选基准，提高筛选效率、抗生素类药物的治疗效果以及更低的副作用将不再是无稽之谈。

3.3.3.1　抗细菌剂的筛选

抗细菌剂的筛选可以采用两种策略：一种是以获得新化合物为目标，应用与传统概念不同的方法进行试验。传统筛选方法往往根据是否能够杀死或抑制金黄色葡萄球菌（S.aureus）和枯草芽孢杆菌（B. subtilis）（图 3-36）的生长来检验抗生素的抗性。另一种策略是以寻找已知抗生素的类似物为目标。一种比较简单的方法是将两种同基因菌株的发酵液活性进行比较，其中一个菌株是对所筛选的抗生素具有抗性的突变株，另一菌株则是对该类抗生素十分敏感而对其他抗生素不敏感的菌株。还有一个更为先进且有效的方法是根据事先确定的目标去筛选新的抗生素，也可利用细菌代谢途径中任意一个必需酶的抑制剂作为筛选目标，或者利用生物活性物质是否能与细菌中的特定受体形成复合物的方法进行筛选。

3.3.3.2　抗霉菌剂的筛选

抗霉菌活性物质的筛选比较困难，主要原因在于霉菌是真核生物，与哺乳动物细胞的性质比较接近，许多具有杀霉菌功能的抗生素对人体也具有毒性。因此必须根据霉菌的特点进行筛选。例如，霉菌细胞壁含有大量的几丁质，而哺乳动物细胞则不含几丁质。虽然直接筛选霉菌细胞壁合成抑制剂的工作没有取得成功，但是在无细胞体系中对几丁质合成酶的抑制剂进行筛选，却成功地筛选到了多氧菌素（polyoxin）和三国霉素（nikkomvcip）这两种抗生素。

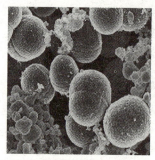
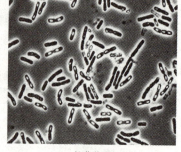

金黄色葡萄球菌　　　　　　　　　枯草芽孢杆菌

图 3-36 金黄色葡萄球菌和枯草芽孢杆菌

3.3.3.3 抗病毒抗生素的筛选

抗病毒抗生素的经典筛选方法基于是否能够抑制受病毒粒子感染的细胞单层上形成裂解噬菌斑进行的。具体方法如下：将受新城病（new castle）病毒感染的鸡胚胎成纤维细胞悬浮液涂在琼脂平板上，上面覆盖一张浸满实验样品的滤纸，将平板进行培养并用中性红染色，如果细胞被染色，说明具有抗病毒活性。抗微生物病毒的抗生素也用类似方法筛选，只是用细菌、DNA 或 RNA 噬菌体作为试验体系。随着病毒酶的发现，现已开始应用目标更明确的筛选方法。研究人员利用 poly（dT）poly（A）的共聚物作为模板，测定被鼠白血病病毒蛋白催化的 DNA 合成，最终筛选得到了逆转录酶的抑制剂（制逆转录酶素，revistin）。

值得注意的是，在进行这类筛选工作时必须避免体系中存在蛋白酶，否则会得到错误结果。因此在实验开始前需要将实验样品加热至 100℃ 使蛋白酶失活。重组 DNA 技术的发展为将病毒蛋白克隆到细菌细胞并大量表达提供了便利，为抗病毒抗生素的筛选创造了有利条件。

3.3.3.4 抗肿瘤抗生素的筛选

最常用的抗肿瘤抗生素筛选方法是基于对肿瘤细胞的细胞毒性直接进行评价，通过直接观察抗生素对肿瘤细胞的生长抑制和死亡率的影响以确定其抗肿瘤效果。抗肿瘤抗生素可以通过微生物评价的方法筛选，这些方法基本上都基于原噬菌体诱导方法以评价抗生素与 DNA 键合或干扰 DNA 合成的能力。通过观察在敏感细菌培养平板上裂解噬菌斑的形成，或者基于受到原噬菌体启动子控制的细菌酶的诱导进行生化方法测量，评价其抗肿瘤活性。另一类抗肿瘤抗生素属于辅酶或氨基酸拮抗物，因此需要设计能够检测抗代谢物活性的方法。染色法、放射化学法等有助于大量样品的快速筛选。

3.3.3.5 其他抗生素的筛选

其他具有临床应用价值的次级代谢产物筛选必须根据筛选的目标确定筛选的方法和程序。近年来，在筛选引起代谢紊乱的酶抑制剂、各种不同类型的配体和受体及细胞间相互关系的调节剂等方面的研究进展很快，每年都有几十种新药面市，在心血管疾病、糖尿病及某些癌症的治疗中正在起着越来越大的作用。

3.3.4 微生物药物筛选新技术

微生物药物筛选是指通过对微生物（如细菌、真菌、藻类等）进行筛选，发现具有生物活性和药用潜力的化合物或产物。近年来，一些新技术在微生物药物筛选领域得到了广泛应用。

① 基因组学和转录组学：基因组学和转录组学技术可以通过对微生物基因组的测序和分析，以及对基因表达的研究，发现潜在的生物活性基因和代谢途径。这些技术可以帮助识别具有潜在药用价值的微生物，同时还可以揭示微生物代谢产物的合成途径和调控机制。

② 单细胞分析：传统的微生物筛选方法通常是基于群体水平的研究，忽略了个体微生物之间的差异。而单细胞分析技术可以对单个微生物细胞进行高通量的分析，揭示微生物个体之间的异质性和功能多样性。这有助于筛选出具有特定生物活性的微生物个体或亚群，并深入了解其代谢和生物学特性。

③ 代谢组学：代谢组学技术可以对微生物代谢产物进行全面的分析和定量，帮助鉴定微生物代谢产物的种类和含量。通过比较不同样品之间的代谢谱图，可以发现具有生物活性和药用潜力的代谢产物。代谢组学还可以提供对微生物代谢途径的理解，从而指导药物筛选的设计和优化。

④ 高通量筛选平台：高通量筛选平台结合自动化和微流控技术，可以实现对大量微生物样品进行高效的筛选。这些平台可以集成微生物培养、代谢产物分析和生物活性评估等功能，实现全流程的高通量筛选。同时，利用机器学习和人工智能等技术，还可以对筛选结果进行数据挖掘和分析，辅助发现潜在的有用微生物药物。

这些新技术在微生物药物筛选中的应用，提供了更全面、高效和准确的方法，可以加速微生物药物的发现和开发过程，促进微生物资源的充分利用。

3.3.4.1 快速筛选

传统微生物快速筛选的方法有很多，通过对琼脂平板筛选法和微孔板筛选法的介绍，方便大家对快速筛选法有更好的了解。

① 琼脂平板筛选法。琼脂平板筛选法可以分为表型活性筛选和表型生长选择。表型活性筛选利用菌落周围产生的水解圈、颜色圈或荧光产物等进行菌种特征性酶活或特征性目标代谢产物筛选；表型生长选择根据细胞对抗生素或其他有害物质的抗性或营养缺陷型互补，在选择培养基中依据生长情况进行筛选。琼脂平板筛选法基于透明圈、颜色圈的琼脂平板活性筛选或基于营养缺陷型或抗性的琼脂平板生长选择可作为简单易行的初筛方法，用于排除大量无活性和极低活性的突变体。但并不是所有的改造目标都能建立琼脂平板筛选法。琼脂平板筛选法是一种简单直接的筛选方法，已用于多种水解酶（如脂肪酶、酯酶、蛋白酶）和氧化还原酶（如漆酶）等突变库的初步筛选中。琼脂平板筛选法对突变体间差异可视化较弱，仅适用于突变库的初步筛选，筛选后的突变体仍需要其他检测方法如微孔板筛选法进行准确定量。数字影像分光光度计在琼脂平板筛选法中的应用使琼脂平板筛选法的灵敏度提高且通量达到 10^5 克隆/d，若可根据目标酶或代谢产物的特性建立琼脂平板筛选法，则无需使用依赖复杂仪器设备的超高通量筛选法。

② 微孔板筛选法。通过检测微孔板中底物或目标产物所引起的吸光度或荧光变化对其进行定量分析，可以保证筛选的精确性和灵敏度，是目前最常用的筛选方法。根据荧光或吸光度精确检测目标产物的微孔板（microtiter plate，MTP）筛选方法应运而生，并已广泛应用于酶和细胞工厂的定向改造中。但微孔板筛选法存在通量低、操作耗时等缺点。

3.3.4.2 高通量筛选

下面对高通量筛选举例，方便读者对高通量筛选有更清晰的认知。

荧光激活细胞分选（fluorescence-activated cell sorting，FACS）法，是一种可对单细胞进行高效分选的荧光激活细胞分选技术。FACS 方法首先必须建立酶活性表型与其编码基因的偶联，即将酶活性转化为可检测的荧光信号，并与酶所在的细胞构建物理联系，保持表型与基因型的一致性。根据荧光产物与酶及其编码基因偶联形式的不同，现有的 FACS 酶活性筛选体系可分为细胞膜表面展示、胞内荧光产物富集、荧光蛋白表达活性报告等类型。例如在构建岩藻糖基转移酶的高通量筛选方法时，就通过"胞内荧光产物富集"的原理，构建了其 FACS 快速筛选方法。其基本原理是荧光底物可以自由穿透细胞膜，在酶的催化作用下转化成产物。该荧光产物由于与底物分子结构和大小存在差异不能被细胞膜所识别而富集在细胞内，使得细胞产生荧光，且荧光信号强度的大小与酶活性的高低成正比，所以可通过流式细胞仪进行单细胞超高通量筛选。该方法在唾液酸转移酶等酶制剂高通量筛选中应用。FACS 技术可以和诱变选育相结合使用，FACS 可以识别分离活细胞，从而和微孔板结合提高筛选效果，例如，在筛选高产吡咯喹啉醌菌株时就使用该技术。当检测目标为胞外分泌酶或代谢产物时，可将细胞包埋在水/油/水双液滴或水凝胶中从而保证基因型和表型的关联。液滴包埋拓宽了 FACS 的应用范围。

Ali Camara 团队将荧光偏振技术应用到高通量筛选中，利用 ATP 模拟荧光团——Fl-ATP 的荧光偏振，开发并优化了一种高效、稳定的检测方法，该方法可监测结构域蛋白腺苷酸转移酶（HYPE）自动扩增。用来自不同库的化合物验证试点筛选，分别获得了激活剂和抑制剂。此外，进行剂量依赖性评估，并通过正交生化试验进行验证。随后他们团队提出了一种高质量的高通量筛选（high throughput screening，HTS）分析方法，适用于追踪 HYPE 的酶活性，以及由此产生的第一个 HYPE 促进的自动甲基化的小分子操纵子。

3.3.4.3 微流控筛选

微流控筛选（microfluidic screening）技术是一种高吞吐量的技术，用于筛选和分析单个微生物细胞，以发现具有药用潜力的次级代谢产物。这种技术通过在微尺度流体通道中控制液体流动，能够实现对细胞进行精确操控和分析。微流控筛选在微生物药物的研发过程中特别有用，因为它允许科学家在单细胞水平上研究微生物的代谢产物，从而发现新的抗生素或其他药物分子。以下是微流控在药物筛选中的几个基本步骤：

① 样本准备：首先，将要筛选的微生物悬浮液准备好，可能是通过土壤样本培养或已知菌株的培养得到。

② 封装单细胞：使用微流控设备，将单个微生物细胞封装到微滴中。每个微滴作为一个微型反应器，可以包含一个微生物细胞和必要的培养基。

③ 培养和筛选：微滴在控制的环境中流动，允许微生物细胞生长和产生代谢产物。通过特定的检测方法（如荧光标记或质谱分析），可以筛选出产生所需化合物的微生物细胞。

④ 分离和收集：一旦识别出产生有潜力的药用化合物的微生物微滴，就可以从流体系统中分离出来进行进一步的培养和分析。

⑤ 化合物的提取和鉴定：从筛选出的微生物中提取化合物，并使用各种化学和生物学方法进行结构和活性的鉴定。

微流控筛选同时也具有很多优势，它能够同时处理和分析成千上万个微生物样本，显著加快发现过程；由于在微尺度上操作，只需很少量的样本和试剂，能够减少样本和试剂消耗；还可以提供对单个微生物细胞产生的次级代谢产物的独特见解，有助于发现其他方法可能忽视的化合物；最后能够精准控制，精细的流体操纵能力允许精确控制培养条件，优化细胞生长和代谢产物的产生。

微流控筛选技术为微生物药物的发现和开发提供了一个强大的平台，尤其是在寻找新型抗生素和抗癌药物等关键医药化合物方面。通过这种技术，科学家能够更有效地利用自然界中的微生物多样性，为临床应用开发新的治疗策略。

液滴微流控分选（droplet microfluidic separation，DMFS）法：通过在芯片上持续高频（>10kHz）地将单个细胞包埋在液滴中实现基因型与表型的偶联，并通过检测液滴内的物质信号进行定量分析与分选，其筛选通量高达 10^5 g/h。油包水液滴提供的纳升至皮升级反应区室，使此筛选方法不仅适用于细胞内酶或代谢产物的筛选，也适用于胞外分泌酶或代谢产物的筛选。此方法的反应体系不足常规毫升级反应体系的百万分之一，对试剂的需求量大大降低，在用到昂贵底物或试剂时具有明显优势。此外，单层液滴包埋后仍可进行分析试剂的注入、液滴融合、分裂等，大大提高了操作的灵活性。DMFS 结合了精密的液滴操作和快速分选系统，已经成为定向改造胞外酶和代谢物突变库筛选的有力工具。自 2010 年 Agresti 等首次利用液滴微流控成功地改造辣根过氧化物酶后，DMFS 已广泛地应用到其他酶和细胞工厂的定向改造中。

3.3.5 药物发现与筛选技术进展

3.3.5.1 药物发现

虽然药物发现的过程是连续且各不相同的，但是依据关键的节点和清晰的目标，把项目划分为不同阶段，分阶段完成任务，仍然是行之有效的。通常来说，可将药物发现分为靶标选择、靶标验证、苗头化合物的发现、先导化合物的发现、先导化合物的优化以及候选化合物的发现六个阶段。

靶标选择是指调研潜在靶标存在于人体内或寄生生物内，并确证与相关疾病的联系。建立基于此靶标的活性评价体系，评估筛选的可行性。靶标通常是蛋白质、蛋白质复合物或者 RNA 分子。

靶标验证是为了证明靶标的功能变化能引发预期的生物效应，并与临床疾病的治疗相关。可采取的措施有导致疾病发生的突变基因的鉴定（如 CCR5 突变和 HIV），小鼠内的基因敲除或 siRNA 实验（如 siRNA 和神经性疼痛）等。在这个阶段可能会发现一些有相关活性但成药性欠佳的分子，也可能发现影响研发的潜在阻碍和导致脱靶效应的关键因素，这些需要引起注意。另外，生物活性的筛选不仅要针对靶标进行体外筛选，也要进行细胞水平的功能性筛选。

苗头化合物（hit）的发现决定了整个药物发现过程的起点。苗头化合物可能是天然配体，也可能是从文献中选取的分子。通常是经过大规模的筛选，如高通量筛选、基于片段的筛选或虚拟筛选等发现这个分子。虽然通过筛选会发现很多潜在的苗头化合物，但关键在于怎么进一步确证苗头化合物的活性，这很大程度取决于筛选方法的有效性（如基于片段的筛选可能与生物功能联系较弱）。

先导化合物（lead）的发现则可以评价一个或一组先导化合物是否具有优化成候选化合物的潜力。需要测试先导化合物亲和力、生物活性、选择性，研究系列化合物的构效关系、合成可行性、专利情况，评价 ADME（吸收、分布、代谢和排泄）性质，预测体内实验给药剂量和给药方式。

先导化合物的优化则是将一个或一系列先导化合物优化成为临床候选药物。需要关注的点有：药效，选择性，ADME 性质，PK/PD 性质（PK 指 pharmacokinetics，即药物代谢动力学，指体内药物浓度与时间的关系；PD 指 pharmacodynamics，即药物效应动力学），代谢途径，合成路径（克数量级的生产），适于临床研究的生物标记物等。

候选化合物（candidate）的发现需要综合考评药物的药效、药代、毒性、稳定性等各方面性质。在候选化合物投入临床实验之前，必须考虑包含临床前疗效模型活性、口服和静脉内给药后在两种物种中完成药代动力学参数、剂量/配方/给药途径、口服和静脉内给予放射性标记化合物后实验动物的排泄和质量平衡途径、化合物在实验动物中的代谢途径、化合物的体外代谢定义、化合物对 CYP 酶（细胞色素氧化酶 P450）和转运蛋白的完全抑制曲线、化合物生成反应性中间体的倾向、药物相互作用研究、实验动物中化合物的血浆蛋白结合和血液/血浆比例、模拟血浆谱与功效和脱靶活性/毒性的关系、AMES 测试（污染物致突变性检测）、HERG（编码心脏钾离子通道的基因）结合、分子的药物特性等在内的参数确认。

3.3.5.2 筛选技术新进展

药物筛选是指对可能作为药物使用的各种物质，包括化学合成的化合物、蛋白多肽、天然产物、海洋产物等，应用适当的筛选方法和筛选技术，检测其可能存在的药理活性，为开发新药提供实验依据的方法，是连接药物从实验室研究到临床应用的重要纽带，也是提高研发效率、缩短周期、减少成本、降低风险、使新药研发能够持续进行的关键。药物筛选的历史悠久，所采用的技术、方法也在不断进步，新技术的应用，促进了药物筛选的发展和进步。应用新的药物筛选技术也成为医药科学研究的重要内容。接下来将近年来新发展的药物筛选技术并结合现有的药物筛选技术进行简要叙述，主要包括高通量筛选技术、高内涵筛选技术、表面等离子体共振技术以及微流控芯片药物筛选技术。

高通量筛选（high throughput screening，HTS）技术，首先需要配备快速处理样品的全自动工作站、灵敏快速的检测仪器和强大的计算机控制系统等硬件设备，以分子水平或细胞水平的实验方法为基础，以微孔板作为实验工具载体，通过程序控制，同一时间对数以千万的样品进行检测，并以相应的数据库系统支持整体运转的技术体系。HTS技术大多是以光学检测为基础而建立的分子水平或细胞水平的分析检测方法，包括光吸收检测、荧光检测、化学发光检测等。由于HTS在创新先导物的发现过程中具有快速、高效、微量等特点，虽然其出现只有几十年时间，却已在全世界新药研究机构、大型医药公司的创新药物发现过程中广泛应用。HTS模型以分子水平居多，筛选的靶点包括离子通道、酶和受体等。HTS通常以单一的筛选模型对大量样品的活性进行评价，从中发现针对某一靶点具有活性的样品。靶标库和化合物库的建立，不仅为创新药物的发现提供了机遇，也对HTS效率提出了新的要求，使HTS朝着日筛选规模越来越大、速度越来越快的方向发展。目前已形成了可日筛选10万样次的超高通量筛选技术（ultra high throughput screening，uHTS）。

随着筛选技术的发展，HTS技术单指标的筛选方法，已经不能满足药物发现的需要，而且也不利于对化合物活性的综合评价。因此，以多指标多靶点为主要特点的高内涵筛选（high content screening，HCS）技术应运而生。HCS一般由白色连续光源、多通道滤光片（适于常用的荧光染料）、显微镜模块和高速高分辨率的CCD照相机进行图像获取，同时还可以配备细胞培养和自动加样模块进行长时间全自动的实验分析。基于激光的硬件聚焦系统使得自动对焦在200 ms以内，再结合软件聚焦，完善了对拍摄对象的快速定位和图像获取。除了图像获取部分外，图像采集、图像分析和数据储存也是高内涵筛选设备的主要组成部分。相对于HTS结果单一，HCS是筛选结果多样化的一种筛选技术手段。HCS模型主要建立在细胞水平，通过观察样品对固定或动态细胞的形态、生长、分化、迁移、凋亡、代谢及信号转导等多个功能的作用，涉及的靶点包括细胞的膜受体、胞内成分、细胞器等，从多个角度分析样品的作用，最终确定样品的活性和可能的毒性。HCS技术克服了以往细胞研究领域的"串行"研究方法效率低、速度慢的弱点，在同一实验中，可完成各种对于细胞生理现象本质的研究。这不仅大大提高研究效率，降低研究成本，避免大量的重复劳动，同时获得了比之前成倍甚至成百倍的海量数据，为各项研究提供了第一手实践材料。

HTS和HCS的共同点和差异性比较见图3-37。

表面等离子体共振（surface plasmon resonance，SPR）是指当一束平面单色偏振光以一定角度入射到镀在玻璃表面的薄层金属膜上发生全反射时，若入射光的波向量与金属膜内表面电子的振荡频率一致，光线即被耦合入金属膜引发电子共振。由于共振的产生，会使反射光的强度在某一特定的角度大大减弱，反射光消失的角度称为共振角。共振角的大小随金属表面折射率的变化而变化，而折射率的变化又与金属表面结合物的分子质量有关。由此，在20世纪90年代发展了应用SPR检测生物传感芯片（biosensor chip）上的配体与分析物作用的新技术。在该技术中，待测生物分子被固定在生物传感芯片上，另一种被测分子的溶液流过表面，若二者发生相互作用，会使芯片表面的折射率发生变化，从而导致共振角的改变。而通过检测共振角的变化，可实时监测分子间相互作用的动力学信息。虽然SPR筛选通量不及HTS和HCS，但其不需任何标记，能在更接近生理溶液的环境中直接研究靶标和分析物的相互作用，使之在药物研究中占据重要的一席之地。随着商品化SPR生物传感器仪器技术的逐步成熟，仪器的管路系统、进样方式及检测速度等也发生了巨大变化，从最初的单点单通道分析到多通道阵列式分析，在分析通量和数据质量方面有了很大改进，近年来在药物筛选领域得到了广泛应用。

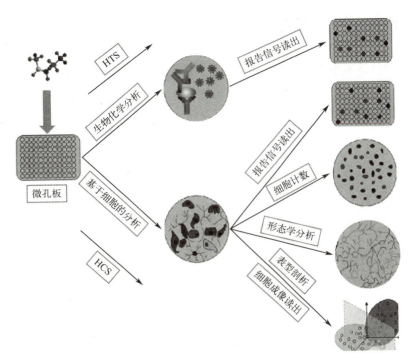

图 3-37 HTS 和 HCS 的共同点和差异性比较

在毛细管电泳发展的基础上，20 世纪 90 年代 Manz 等提出了微全分析系统，即微流控芯片（microfluidic chip）或芯片实验室（lab on a chip），它是将化学和生物等领域中所涉及的样品制备、反应、分离、检测及细胞培养、分选、裂解等基本操作单元集成或基本集成到一块几平方厘米（甚至更小）的芯片上，由微通道形成网络，以可控流体贯穿整个系统，用以取代常规化学或生物实验室的各种功能的一种技术平台。经过几十年的飞速发展，微流控芯片系统的芯片制作、检测器研制、加样操作等相关技术已日趋成熟并规模化，其应用范围覆盖了医学、药学、生命科学、环境科学等诸多领域，在药物筛选方面也得到了非常广泛的应用，并凭借其样品及试剂消耗少、分析速度快、效率高、操作模式灵活多变，以及可在生理环境或接近生理环境下运行等优点，为大规模高通量药物筛选提供了绝佳的实验和检测技术平台。微流控芯片是最有可能满足高通量筛选要求的新兴技术平台之一。

3.4　微生物新药的研发

微生物是地球上最庞大的物种资源和基因资源库，微生物在其生命活动过程中产生的生理活性物质及其衍生物形成的代谢产物库在医疗健康领域发挥着巨大的作用。人类利用微生物及其代谢产物治疗疾病已有数千年历史。1929 年青霉素的发现是微生物药物发现的历史性突破，伴随着青霉素的商业化开启了天然产物发现的黄金期，也极大地改变了天然产物的研究方向。因其巨大的生物多样性、独特的结构及其可变性、相应的生物活性和可用性，微生物来源的商用药物数量远超过植物等其他来源。近一半的畅销药物是天然产品或其衍生物，充分证明了微生物药物在治疗疾病、开发药物等方面的重要性。

然而近年来日益严重的病原生物耐药性、新型疾病的发生、节能减排、高产需求等，都迫切地呼唤新药物、新机理、新菌株、新工艺等药物创新和高效制造。20 世纪 90 年代以来，合成生物学、组学等学科技术的飞速发展推动微生物药物产业进入崭新阶段。

3.4.1 微生物新药的研究开发流程

微生物药物的筛选过程见图3-38。

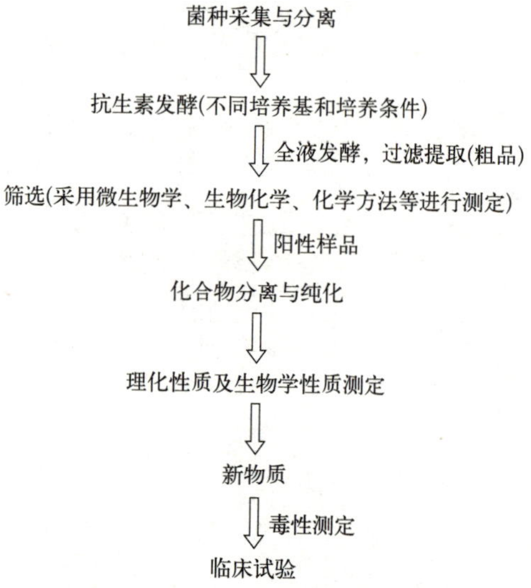

3.4.2 微生物新药的发现方法

微生物新药的发现是一个复杂的过程，涉及多个步骤和方法。

（1）筛选自然来源的微生物

筛选自然来源的微生物是一项复杂而关键的工作，具体但不完全包括：

① 样本采集：从自然环境中收集样本，可能包括土壤、水体、植物表面等。选择样本的地点和条件对寻找特定微生物至关重要。

② 微生物分离：将采集的样本分离为单一的微生物群体，以便更容易进行单一微生物的研究和筛选。

```
菌种采集与分离
    ↓
抗生素发酵(不同培养基和培养条件)
    ↓ 全液发酵，过滤提取(粗品)
筛选(采用微生物学、生物化学、化学方法等进行测定)
    ↓ 阳性样品
化合物分离与纯化
    ↓
理化性质及生物学性质测定
    ↓
新物质
    ↓ 毒性测定
临床试验
```

图 3-38 微生物药物的筛选过程

③ 培养：在适当的培养基上培养微生物。这可能包括不同的富集培养基，以促使特定类型的微生物生长。

④ 筛选方法：使用各种筛选方法来确定微生物是否具有特定的性质。例如，如果在寻找产生抗生素的微生物，则可以使用抗生素敏感性测试。其他筛选方法可能涉及生化特性、代谢产物、耐受性等。

⑤ 分子生物学分析：使用分子生物学技术对目标微生物进行进一步的分析，例如16S rRNA序列分析。这有助于确定微生物的分类和了解其基因组。

⑥ 性能测试：对最有希望的微生物进行更深入的性能测试，以确认其在实际应用中的可行性。这可能包括在实验室条件下模拟的特定应用场景。

⑦ 大规模培养和提取：一旦确定了有潜力的微生物，可以进行大规模培养并从中提取所需的产物或化合物。

（2）基因组挖掘

基因组挖掘是指通过对已知或未知生物的基因组数据进行系统性分析，以发现新的基因、代谢途径、蛋白质等信息。这种方法也可以用作新药的发现。具体包括：

① 基因组测序：首先，需要对目标生物进行基因组测序。这可以是全基因组测序（whole genome sequencing，WGS）或部分基因组测序，具体取决于研究目的和可用技术。

② 基因预测：通过生物信息学工具，对基因组序列进行基因预测。这包括寻找开放阅读框（open reading frames，ORFs）和其他可能的功能元件。

③ 基因注释：对预测的基因进行注释，即确定基因的功能、结构和可能的生物学作用。这可以通过比对已知蛋白质、核酸序列数据库，以及进行功能注释数据库的分析来完成。

④ 同源分析：通过同源分析，比较目标基因组与已知基因组之间的相似性。这有助于找到与其他生物类似的基因，进而了解可能的功能。

⑤ 代谢途径分析：识别基因组中涉及代谢途径的基因，通过对这些基因的研究了解生物的代谢能力和潜在的应用。

⑥ 基因调控元件分析：识别和分析基因组中的调控元件，如启动子、转录因子结合位点等，以了解基因的调控机制。

⑦ 蛋白质结构和功能预测：对基因预测出的蛋白质进行结构和功能的预测，这有助于理解生物的分

子机制和可能的应用。

⑧ 基因组比较：将目标基因组与其他相关物种的基因组进行比较，以了解共有和特有的基因，进一步揭示生物的演化关系和适应性。

全基因组分析见图 3-39。

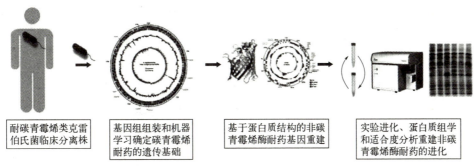

图 3-39 对从败血症患者身上分离出的耐碳青霉烯类克雷伯氏菌属进行全基因组分析

（3）合成生物学重构

在微生物中引入人工合成的基因或基因组，以产生新的或改良的药物分子，创造具有特定药用属性的定制微生物。

（4）药物再利用

药物再利用（drug repurposing）是指将已经被批准用于治疗某种疾病的药物，重新应用于治疗另一种疾病或症状。这种方法通常是为了缩短新药物开发周期、减少开发成本，并且对已有的药物进行更广泛的应用。

如图 3-40 和图 3-41 是对呋塞米的进一步修饰，呋塞米是 FDA 批准的利尿剂，是一种非抗生素，但是它具有抗菌磺胺部分，因此被用来进行药物再利用，研究其抗菌活性。

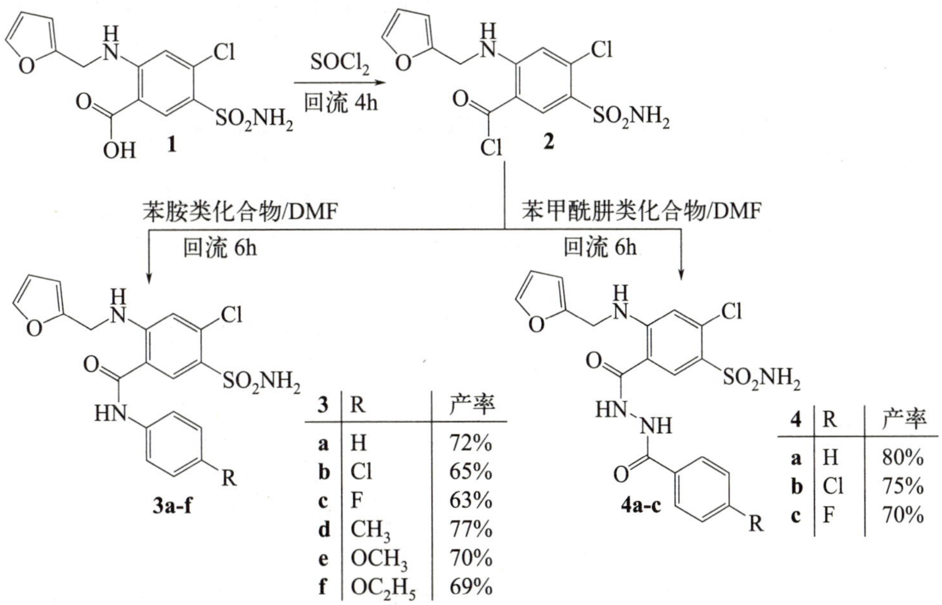

3	R	产率
a	H	72%
b	Cl	65%
c	F	63%
d	CH_3	77%
e	OCH_3	70%
f	OC_2H_5	69%

4	R	产率
a	H	80%
b	Cl	75%
c	F	70%

图 3-40 对呋塞米的进一步修饰（一）

DMF—N,N-二甲基甲酰胺

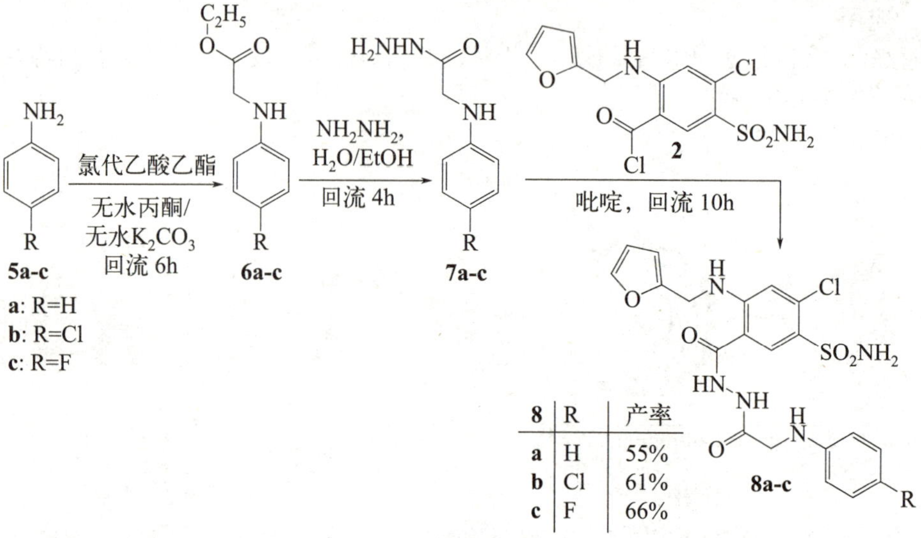

图 3-41 对呋塞米的进一步修饰（二）

药物再利用的关键方面有：

① 发现新适应证：已有的药物可能对其他疾病有治疗效果，这可能是因为这些药物在生物学上对多种目标具有影响。

② 重新定位药物作用机制：药物再利用的过程中，研究人员可能会重新评估药物的作用机制，并探索其对新疾病的适应性。

③ 减少开发时间和成本：相对于新药物的研发，药物再利用通常可以更快地进行临床试验，因为这些药物已经经过严格的安全性和药代动力学测试。

④ 降低风险：已有药物的安全性和毒性特性通常已经在先前的研究中得到验证，这有助于降低再利用药物的开发风险。

⑤ 多种适应证：一些药物可能对多种疾病有益，通过药物再利用，可以最大程度地发挥其潜在疗效。

⑥ 数据驱动的方法：药物再利用的过程中，大量的生物信息学和医疗数据得以应用，加速了对药物在不同疾病中效果的理解。

⑦ 治疗策略的创新：通过将药物重新应用于新的适应证，可以创造出新的治疗策略和疾病管理方案。

（5）互作网络分析

在新药发现中，互作网络分析是一种重要的方法，用于理解分子间的相互作用、识别潜在的药物靶点、探索疾病的分子机制，以及评估候选药物的作用机制。以下是互作网络分析在新药发现中的一些关键方面。

① 蛋白质-蛋白质相互作用网络：构建和分析蛋白质-蛋白质相互作用网络，有助于揭示细胞内蛋白质的相互作用模式。这些网络可以帮助识别潜在的药物靶点，尤其是在了解蛋白质网络中的关键节点和子网络时。

② 基因-基因相互作用网络：分析基因-基因相互作用网络有助于识别与疾病相关的基因集群，从而为新药靶点的发现提供线索。这些网络可以通过整合基因表达数据、遗传信息和其他生物学数据来构建。

③ 药物-蛋白质相互作用网络：构建药物与蛋白质的相互作用网络，有助于理解药物的多重作用机制，发现新的治疗途径，并评估药物的多样性。

④ 疾病网络：构建与疾病相关的分子网络，有助于理解疾病的发病机制。通过分析这些网络，可以发现潜在的药物靶点和候选药物。

⑤ 系统药理学：将药物、基因、蛋白质等多种数据整合到一个综合的网络中，进行系统性分析。这

有助于揭示药物的全面作用机制，包括药物的直接和间接影响。

⑥ 网络中心性分析：通过分析网络中的节点中心性，可以识别在网络中具有重要影响力的分子，这些分子可能是潜在的药物靶点。

⑦ 副作用和药物安全性：分析药物与生物体内其他分子的相互作用，有助于理解药物的副作用和安全性。这对于早期筛选和设计药物时至关重要。

互作网络分析为新药发现提供了系统性和综合性的视角，能够加速新药的开发过程，减少失败的概率，并提高候选药物的疗效。这种方法的成功依赖于多源数据的整合和先进的生物信息学分析技术。

（6）结构生物学

利用X射线晶体学、核磁共振（NMR）等技术，研究微生物产生的生物分子的三维结构。基于分子结构设计或筛选潜在的药物分子。

（7）高通量筛选

使用自动化技术快速测试大量化合物或微生物文库，以寻找具有药用活性的样品。

使用人工智能的药物发现过程见图3-42。

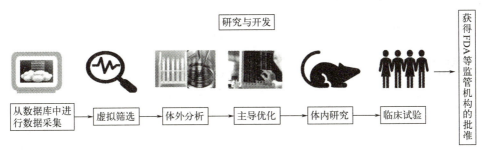

图3-42　使用人工智能（AI）的药物发现过程

使用人工智能发现抗生素、抗生素替代品和抗生物膜剂见图3-43。

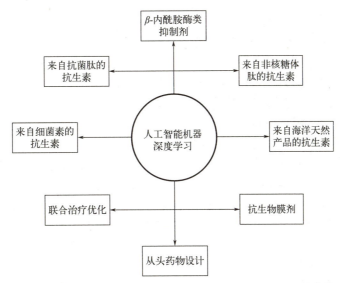

图3-43　使用人工智能（AI）发现抗生素、抗生素替代品和抗生物膜剂

（8）生物信息学和数据挖掘

在过去，传统的药物发现策略已经成功地用于开发新药，但从先导化合物鉴定到临床试验的过程需要超过12年，平均花费约18亿美元。计算机模拟方法已经引起了研究者相当大的兴趣，因为它们在时

间、劳动力和成本方面有可能加速药物发现。例如计算机辅助药物设计（CADD）方法正吸引越来越多的关注，因为它们可以帮助减轻传统实验方法所面临的规模、时间和成本问题。CADD 包括潜在药物靶点的计算识别、有效候选药物的大型化学库的虚拟筛选、候选化合物的进一步优化以及其潜在毒性的计算机评估。在进行这些过程之后，候选化合物进行体外/体内实验以进行确认。因此，CADD 方法可以减少必须进行实验评估的化合物的数量，同时通过从考虑中去除低效和有毒的化合物来提高成功率。迄今为止，CADD 已成功用于将新的药物化合物推向市场，用于治疗各种疾病。已经开发了几种 CADD 方法，并将其与机器学习技术相结合，以提高 CADD 方法的准确性和效率。基于结构的计算机辅助药物设计（SB-CADD）和基于配体的计算机辅助药物设计（LB-CADD）是 CADD 中采用的两种不同方法（图 3-44）。合适的 CADD 方法的选择依赖于靶蛋白结构信息的可用性。

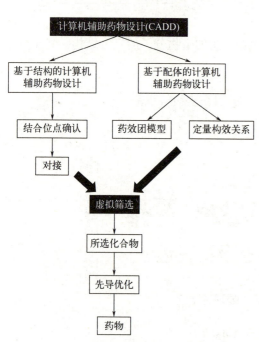

图 3-44　计算机辅助药物设计流程图

例如大鼠肉瘤（RAS）家族（NRAS、HRAS 和 KRAS）被赋予 GT3 活性以调节普遍存在的动物细胞中的各种信号传导途径。作为原癌基因，RAS 突变可以维持激活，导致异常细胞的生长和增殖以及多种人类癌症的发展。RAS 靶向药物的发现对于肿瘤的治疗具有重要意义。一方面，RAS 蛋白的结构特性使得很难找到特异性针对它的抑制剂；另一方面，针对 RAS 信号通路中的其他分子，由于缺乏疾病特异性，往往会导致严重的组织毒性。而计算机辅助药物设计（CADD）可以帮助解决上述问题。CADD 对于发现针对 RAS 及其上游或下游信号通路的新抑制剂越来越重要。SB-CADD 基于 RAS 及其上游和下游蛋白质的高分辨率 3D apo 或复杂结构，是成功发现抑制剂的最佳策略，特别是结合分子对接和分子动力学（MD）模拟的 vHTS。

此外，LB-CADD 也是抑制剂发现的重要策略，包括 QSAR 和药效团建模。其中 QSAR 是一种通过量化化合物结构特征与其生物活性之间关系的方法，用于预测未知化合物的活性。这种方法建立一个数学模型，描述化合物的一种或多种结构属性（如电子性、空间性、水合作用能等）与其生物活性的定量关系。QSAR 模型能够帮助研究人员理解决定化合物生物活性的关键结构因素，从而高效筛选和设计新的药物候选分子。阿尔茨海默病（AD）是一种快速增长的痴呆症，影响全球数百万人，对患者及其家庭造成毁灭性后果。淀粉样蛋白级联假说解释了淀粉样蛋白-β 聚集病理学，是过去 25 年来用于开发 AD 药物的主要分子途径。β-分泌酶和 γ-分泌酶依次切割淀粉样前体蛋白（APP）以产生淀粉样蛋白-β。淀粉样蛋白-β（amyloid-β，Aβ）是由 40 或 42 个氨基酸组成的疏水性多肽，数量水平增加会聚集成淀粉样蛋白原纤维，导致细胞死亡和神经变性。因此，为减少淀粉样蛋白-β 的产生，β-分泌酶（BACE1）和 γ-分泌酶已成为开发 AD 治疗的有吸引力的分子靶点。QSAR 技术成功地开发了蛋白质结构-活性关系模型，该模型可用于预测潜在 β-分泌酶抑制剂的结合亲和力。先是利用分子对接、分子力学广义玻恩表面积（MM-GBSA）计算、虚拟筛选和药效团建模的组合发现作为 β-分泌酶抑制剂的天然化合物，再使用 QSAR 模型筛选抗淀粉样蛋白生成活性，利用虚拟筛选、分子动力学（MD）和 3D-QSAR 技术，开发了天然低分子量寡糖潜在地抑制 β-分泌酶活性。结合 2D-QSAR 和分子对接的多靶点筛选成功地鉴定了橙皮苷（一种常见于柑橘类食品中的黄烷酮糖苷，具有较强的 β-分泌酶抑制作用、较高的淀粉样蛋白-β 聚集抑制作用和中等的抗氧化活性）。此外，计算药物设计也被用于开发抗淀粉样蛋白-β 聚集抑制剂以及开发抗 Tau 抑制剂。

3.4.3 菌种采集与分离

3.2节中提到了菌种从自然界中采集和土壤微生物的分离、海洋微生物的分离以及极端微生物的分离的方法。利用这些技术初步得到纯种的微生物菌种。

3.4.3.1 初筛发酵

初筛发酵是产生抗生素的关键，需要选择适合的发酵培养基和培养条件，以利于抗生素的合成。培养基主要是供给微生物生长和合成抗生素的材料。

（1）培养基的成分

碳源是组成培养基的主要成分之一，其主要作用是供给微生物生命活动所需要的能量以及构成菌体细胞成分和代谢产物。发酵中常用的碳源有糖类、脂肪、某些有机酸、醇或碳氢化合物。由于各种微生物的生理特征不同，每种微生物所需要的碳源品种也各异。

氮源是供给微生物生长所需的氮元素，构成菌体原生质。常用的有机氮源如蛋白胨、黄豆饼粉、花生饼粉、玉米浆、肉膏、酒泥等，无机氮源如硫酸铵、氨水、硝酸盐等。通常碳与氮的比例应 $\geqslant 10$。无机盐及微量元素在微生物的生长、繁殖和生物合成产物过程中也是必需的。某些无机盐类如磷、镁、钾、钠等和微量元素如铁、铜、锌、锰、钴、钼等，可以作为生理活性物质的组成或生理活性作用的调节物。无机磷酸盐量一般应 $\leqslant$ 10mmol/L。

（2）初筛发酵方式

初筛发酵一般采用固体培养或液体振荡培养。

① 固体平板发酵　将放线菌接种在固体发酵培养基上，在一定温度下培养7d左右，然后用打孔器在平板上打成许多小圆块，并将琼脂块转到活性测定平皿中测定抗菌活性。此法便于大量筛选抗菌物质时采用。

② 液体振荡培养　放线菌大都为好氧菌，增加溶解氧有利于放线菌生长和抗生素的合成。通常采用试管或三角瓶（或平底烧瓶）振荡培养发酵。初筛时一般链霉菌采用一级发酵，稀有放线菌采用二级发酵。

发酵温度一般放线菌为28℃，有些采用32～34℃，嗜热放线菌为40℃，pH一般为7.0～7.4（即中性或略偏碱），放线菌都采用通气培养，初筛时用摇床进行振荡培养。发酵过程中定期取样测定抗菌活性。

固体发酵较液体发酵简便，适于大量筛选，而且不受设备的限制。但液体发酵时，可利用发酵液进行更多的试验，如测定抗菌谱或其他生物活性，进行纸色谱、电泳、初提等试验。固体发酵与液体发酵有时有一定差别，有些放线菌固体发酵时有抗菌活性，而液体发酵时无抗菌活性。

3.4.3.2 复筛

（1）常规筛选方法

利用多种微生物作为检定菌的琼脂扩散法是一种经典式筛选方法，从Waksman到现在一直为大家所采用。此方法具有直观、快速等优点。筛选有抗菌活性的物质，一般初筛都以非致病菌为对象进行筛选。目前主要筛选抗条件致病菌、耐药细菌和厌氧菌的抗生素；也有用某种特殊菌为试验菌，筛选只抗这种菌的抗生素。

随着抗生素分离纯化技术的迅速发展，高效液相色谱的利用和分析仪器的发展，如能很好配合运用及早识别并排除已知抗生素，用这种方法也可能找到一些有效的新抗生素。

① 抗生素耐药突变株和超敏菌株的使用　在临床领域出现了各种各样的对抗生素耐药的致病菌后，人们加速了寻找抗这些耐药菌的新型抗菌药物的研究。在筛选过程中也使用这些耐药突变株作为试

验菌。

微生物发酵液中存在着大量有抗菌活性的化合物，含量多的用常规方法就能测出，且大多数已经进行过研究；但发酵液中也存在着许多含量少的活性物质，用常规方法不能测出它们。因此提高测定方法的敏感度是新抗生素筛选研究的另一个重要方面。为了能通过传统的琼脂扩散法直接检测到发酵液中所存在的少量抗生素，可使用常规试验菌的超敏突变株，包括对多个药物敏感的突变株或特异对某一种药物超敏感的菌株（对某种或某类抗生素的敏感性提高了几十倍甚至几百倍的超敏菌株），将它们用于筛选时，可发现发酵液中含量极少的活性物质，从中获得新化合物的可能性较大。在实验过程中，还使用较大的纸片以及薄层的琼脂培养基平板。

② 利用厌氧菌作为试验菌　一些厌氧微生物可引起条件致病菌的感染，具有很高的死亡率，是临床上常见的问题。为了寻找新型抗厌氧菌的抗生素，常使用拟杆菌属、梭菌属、梭杆菌属、消化球菌属和其他的厌氧菌作为试验菌。其中艰难梭菌是假膜性结肠炎的主要致病菌，它的生长必须是在严格的厌氧条件下，因此用这些厌氧细菌作为常规试验菌进行筛选是非常困难的。

Masuma 等人报道了一种简便通用的、适合于艰难梭菌作为试验菌的固体培养基，在待测样品进行实验前的数小时内，它可在空气中操作，然后在厌氧罐中进行培养。制备双层琼脂平板，在底层琼脂层中接种，而上层是作为氧隔离层和营养的储备层。使用这种实验方法分离到硫丁霉素、鲁米霉素、辉霉素，梭菌霉素 A、B_1、B_2、C 和 D。

③ 协同活性的检测　在临床上，联合使用两种或多种抗微生物药物对治疗严重的细菌感染是非常有效的，这种方法的理论基础是这些药物在体内具有协同作用。使用对细菌细胞膜有影响的抗生素可以增强作用于蛋白质或细胞壁合成的抗生素的抗菌谱或抗菌活性。

Ichimura 等人尝试筛选能与螺旋霉素一起表现出对大肠杆菌具有抗菌活性的新抗生素，因为螺旋霉素本身对革兰氏阴性细菌没有活性。结果发现了 CV-1，尽管它的抗菌活性很低，但它显示出与螺旋霉素的协同作用，可有效地作用于大肠杆菌。CV-1 似乎抑制了脂多糖的合成，而外膜中的脂多糖在转运中发挥屏障的重要作用。

（2）定靶筛选

从成千上万个微生物代谢产物中挑选所需的抗菌药物是非常艰难的一个过程。目前开发新的有用的微生物药物，虽然仍有很大的潜力，但研究工作的难度越来越大，耗时越来越长，需要的资金也越来越多。因此，简单、快速、特异的筛选是关键。为摆脱筛选的盲目性，提高效率，有必要进行定靶筛选。

① 以作用机理为依据的筛选方法　研究抗生素作用机制的目的是在分子水平上认识抗生素的作用原理和选择性毒性作用，为抗生素的临床应用提供理论依据，并推动新抗生素的研究，从随机筛选转向理性筛选新抗生素。至今发现抗细菌作用的抗生素有数千种，其中仅少数能用于临床并研究了它们的作用机制。这些抗生素对细菌都有很好的"选择性毒性作用"，对人体无毒性作用或毒副作用甚微。"选择性毒性"给予了人们很多的启示。

② 以耐药机制为依据的筛选方法　抗生素的广泛使用和一些不合理的滥用，引起细菌耐药性的增加，而细菌耐药机制的研究进展又使耐药性的解决成为可能。细菌的耐药机制主要有如下 4 种：

一是细菌产生一种或多种水解酶或钝化酶来水解或修饰进入细菌细胞内的抗生素，使之失去生物活性（图 3-45）。

二是抗生素的作用靶点由于发生突变或被细菌的某种酶修饰而使抗菌药物无法发挥作用，以及抗生素作用的靶酶的结构发生改变使之与抗生素的亲和力下降。

三是由于细菌细胞膜渗透性的改变或其他有关特性的改变。

四是细菌具有一种依赖于能量的主动转运机制，即它能够把进入胞内的药物泵至胞外（图 3-46）。

如图 3-47 所示，A、B、C、D 和 E 是五种抗生素，ABP 是抗生素的结合蛋白，由于其改变致使 A 类抗生素无法发挥作用，B 类抗生素由于被加上化学基团而失活，C 类抗生素被外排系统排出，D 类抗生素被作用而失活，E 类抗生素则不能穿透外膜。

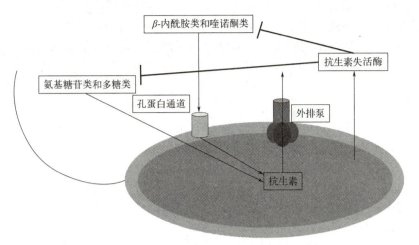

图 3-45 铜绿假单胞菌体内的耐药性机制

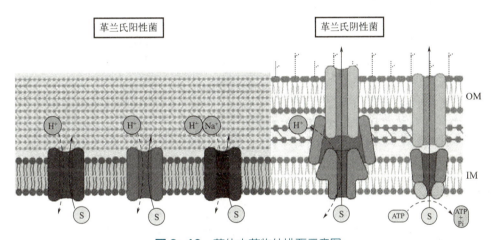

图 3-46 菌体内药物外排泵示意图

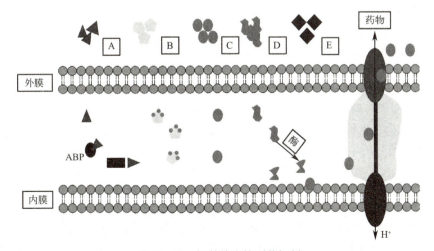

图 3-47 细菌体内的耐药机制

第一种和第二种耐药机制具有很强的专一性,即仅对某一种或某一类抗菌药物产生耐药性;而第三种和第四种耐药机制没有专一性,对不同结构类别或不同作用机制的抗菌药物都能产生抗性。通过对抗菌药物进行结构修饰、各种酶抑制剂的联合使用以及不同作用机制的抗菌药物的联合使用,已经能够成功地控制具有第一种和第二种耐药机制的细菌所引起的感染。

3.4.3.3 毒性试验

自然界的一些微生物是在一定条件下产毒的,将其作为生产菌种应当十分当心,尤其与食品工业有关的菌种,更应慎重。据有的国家规定,微生物中除啤酒酵母、脆壁酵母、黑曲霉、米曲霉和枯草杆菌作为食用无须做毒性试验外,其他微生物作为食用,均需通过两年以上的毒性试验。

概述某一种新药或一个新的制剂,于临床使用前,必须经过这个步骤。虽然药物对人的作用,不完全能在动物身上表现出来,但对一个新药来说仍是一个很有用的参考数据。因此,为保证患者的用药安全,新药在临床应用前一定要进行毒性试验。

毒性试验的类型可根据药物的性质及使用途径、方法和时间等加以选择。如有的药物服用后则产生中毒症状,有的药物长期服用才有毒性等。因此,药物的毒性试验,应根据该药物的特点来决定。

新药完成主要药效学和急性毒性试验,确认有进一步研究价值后,应对该药物进行重复给药毒性试验(长期毒性试验)。重复给药毒性试验可以观察连续反复给药时实验动物出现的毒性反应,判断剂量毒性效应的关系、主要靶器官、毒性反应的性质和程度、毒性反应的可逆性、动物的耐受量、无毒反应剂量、毒性反应剂量以及安全范围等,还可以了解产生毒性反应的时间、达峰时间以及持续时间,明确是否有迟发性毒性反应,是否有蓄积毒性,是否有耐受性等。

重复给药毒性试验是药物安全评价的主要内容之一,是能否过渡到临床试用的主要依据。如果该药能够用于临床,则重复给药毒性试验能为临床安全用药的剂量设计提供参考依据,同时为临床毒性反应的监护以及生理生化指标的监测提供依据。

3.4.4 菌种资源库的构建与应用

微生物菌种资源是指可培养的有一定科学意义或实用价值的细菌、真菌、病毒、细胞株及其相关信息。它是国家战略性生物资源之一,是农业、林业、工业、医学、医药、兽医微生物学研究、生物技术研究以及微生物产业持续发展的重要物质基础,是支撑微生物科技进步与创新的重要科技基础条件,与国民食品、健康、生存环境及国家安全密切相关。

菌种资源库的构建主要有:

① 整合本单位现在保存的菌种资源,建立稳定高效的菌种保藏和管理机制。利用近年发展建立的分离培养新技术和鉴定技术,对特定地区中的微生物进行分离培养,使本单位分离保藏的菌株达到特定株以上,并完成菌株鉴定和生物活性分析,提供菌株身份信息。

② 建立微生物资源中心网站系统,以便更好地服务社会,实现资源的社会共享。

③ 建立微生物鉴定技术平台,对外开展相关技术服务,包括各类微生物的系统鉴定,特殊项目鉴定(例如细菌全细胞脂肪酸分析、细菌基因组 DNA G+C 含量测定、细菌碳源谱分析等),更好发挥服务社会功能;建立微生物病害的诊断与控制技术平台,为特定地区提供技术支撑和直接服务。

④ 开展药源微生物的筛选、化合物分离及功能评价工作。发掘具有药用潜力的微生物种质资源,为活性成分研究提供候选对象及材料;运用活性筛选模型和化学排重技术对发酵粗提物或馏分成分进行生理活性评价,发现包含新颖结构次生代谢产物的主要活性组分;运用现代天然产物化学技术,分析测定具有生理活性或生态学效应的次生代谢产物的化学结构;利用抗肿瘤等细胞或分子筛选模型,在细胞和分子水平上对具有生态学效应的次生代谢产物进行抗肿瘤、抗炎和抗菌等活性评价;发现生理活性先导

化合物，并对某些具有显著生理活性的分子进行作用靶点和作用机制的探索，从而探讨微生物次生代谢产物的生理活性机制。

⑤ 开展微生物培养方法学研究，探索提高未培养细菌可培养性的方法，发现未知细菌；进行细菌活性物质功能基因筛选及活性化合物的分离与效果评价，开展特殊微生物的功能基因组学研究；发展微生物研究的新技术、新方法，将平台建设成为国内外有影响力的微生物系统学研究的基地。

⑥ 在微生物资源开发方面开展前期工作，形成专利技术。联合相关企业，开发微生物产品。最终实现微生物菌种资源的收集、整理、保藏、利用与科学化管理，确保微生物菌种资源库的规范化、标准化运行。

2019年科技部会同财政部依托中国农业科学院农业资源与农业区划研究所牵头组建了国家菌种资源库，围绕科技创新、经济社会发展重大需求，开展菌种资源的收集、整理、保藏及共享利用等工作，并建立了符合资源特点的标准规范、质量控制体系和资源整合模式。目前，国家菌种资源库收集的菌种资源覆盖农业、医学、工业等九大应用领域。

以肠道微生物菌种资源库为例，肠道微生物菌株资源对于推动肠道微生物组从数据分析描述型研究向因果机理型和应用开发型研究的过渡与深入发展，是必不可少的。

首先，肠道微生物的分离培养与鉴定工作极大地推动了肠道高通量测序研究的发展。一直以来，肠道菌群的高通量测序研究，无论是宏基因组数据还是扩增子数据，在进行物种分析时，通常需要通过与已知物种信息的基因组或者标志基因的数据库进行比对与分析，实现物种注释。然而在实际操作中，研究人员发现，由于肠道中大量物种处于未培养和未鉴定状态，数据库中缺乏这些微生物对应的物种信息、特征基因和基因组的数据，结果就是在对高通量测序数据进行分析注释时，这些未培养的物种无法被准确注释出来，因而这些未培养物种中的潜在功能，也就不得而知了。解决这一问题的最直接方法是把这些未培养的微生物变成可以培养、获得更多可培养的新物种，包括其对应的物种分类信息、标志基因序列和基因组数据等。

第二，获得更多肠道微生物菌株资源促进了宿主-肠道菌群功能的验证与因果机理的阐明。香港大学于君团队开展了大量基于可培养菌株的因果关系与作用机理研究工作，通过小鼠灌胃模型和细胞模型实验研究，发现厌氧消化链球菌（*Peptostreptococcus anaerobius*）表面蛋白PCWBR2与CRC细胞表面的整合素$α2/β1$结合，激活下游的PI3K-Akt-NF-κB信号通路，从而导致结直肠癌发生。

第三，菌株资源库的构建有利于更多功能益生菌的开发。目前肠道益生菌在物种水平上种类相对较少，想要从现有框架内发现更多全新功能的益生菌存在一定难度和局限。菌株资源库的构建使得肠道来源的菌株得到了极大丰富，更多的物种多样性决定了肠道微生物具有更高的功能多样性，研究人员就可以从这些菌株资源库中通过对多组学数据进行分析发掘，进一步发现和鉴定新的功能菌作为益生菌的开发对象。

第四，肠道微生物菌株资源库的构建为粪菌移植过程中进行人工设计与个性化人工菌群的构建、更多疾病的肠道干预靶点的验证与发现、肠道菌功能代谢产物的发掘与应用以及未知功能基因的研究等，提供了可能性和资源基础。

3.4.5 微生物产物库的构建

微生物产物库（microbial natural product libraries）是一种包含微生物产生的天然产物的化合物库。微生物产物库是通过从微生物（如细菌、真菌、藻类等）中分离和提取具有生物活性的化合物而建立的。微生物产物库包含了大量具有多样性结构和生物活性的化合物，其中许多化合物具有潜在的药用价值。这些化合物可以是微生物自身代谢产物，也可以是微生物与环境中的其他生物或物质相互作用而产生的代谢产物。国家微生物科学数据中心见图3-48。

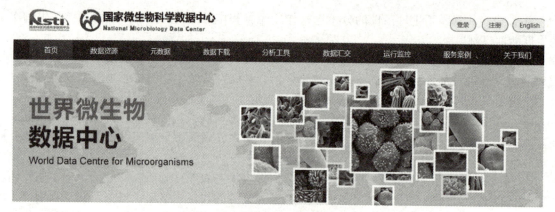

图 3-48　国家微生物科学数据中心

3.4.5.1　微生物产物库的发展现状

微生物产物库的发展现状显示出以下几个重要趋势和进展：

① 大规模筛选和高通量技术：随着高通量筛选技术的发展，微生物产物库的规模和筛选速度不断提高。高通量筛选技术使得数以千计的微生物产物可以被快速筛选和评估，加速了药物发现和开发的进程。

② 基因组学和元基因组学的应用：通过基因组学和元基因组学的方法，可以更好地理解微生物的多样性和代谢潜能。这些技术帮助鉴定微生物中的潜在生物活性基因和代谢途径，指导对微生物产物库的开发和利用。

③ 新型筛选策略和技术：为了发现更多的生物活性化合物，研究人员不断开发新的筛选策略和技术。例如，基于化学和功能互补的筛选方法，结合化学多样性和生物多样性的评估，从而提高发现具有多样化结构和生物活性化合物的机会。

④ 合成生物学和合成微生物群体：合成生物学的发展使得研究人员能够通过改造微生物基因组和代谢途径来合成新的化合物。通过合成生物学技术，可以改造微生物产物库中的微生物，增加其代谢多样性和生物活性产物的合成能力。

⑤ 数据库和大数据分析：随着产物库的不断扩大和化合物信息的增加，建立和维护数据库成为必要。数据库的建立和信息共享可以促进产物库的利用和化合物的发现。同时，利用大数据分析和机器学习等方法，可以从产物库中挖掘潜在的生物活性化合物，并加速药物发现的过程。

总体而言，微生物产物库的发展不断推动着药物发现和生物技术的创新。通过充分利用微生物资源、应用新技术和策略，我们可以期待微生物产物库的进一步发展，为药物研发和创新提供更多潜在的候选化合物和药物资源。

3.4.5.2　微生物产物库构建及作用

微生物产物库收集数据，主要包括以下几个方面：①微生物天然产物的名称、分子式、分子量、结构类型、CAS 登记号、颜色、晶型、熔点、旋光度、溶解性、紫外和红外特征吸收峰等重要理化性质；②已确定结构的微生物天然产物的二维化学结构式及利用分子力学方法优化得到的三维结构式；③微生物产物的产生菌、制备方法及生物活性；④原始参考文献及专利信息。

微生物产物库可以为从事天然产物、药物化学、微生物学、生物化学、药理学、新药筛选、药物设计、组合化学、化学信息学等领域的科研人员提供极大的帮助，例如，①微生物天然产物的检索、查新和排重，对每项内容均可进行精确或模糊查询，可利用数据库中任意组合字段构建联合查询，提供独特的二维和三维分子结构或子结构查询功能；②微生物天然产物的主要来源、化学结构类型、各种生物活性种类的总结性检索；③了解微生物天然产物的提取分离方法；④与药物设计软件和计算化学软件结合，利用微生物天然产物的三维结构库进行药物分子设计和虚拟筛选研究,为发现先导化合物提供重要信息;⑤对微生物天然产物的结构及生物活性信息进行定量或定性的分析研究,以发现某类产物的结构与活性间的关系,为新药研究提供系统和有价值的信息;⑥由于微生物天然产物的结构多样性,可为组合化学和组合生物学提供有价值的起始结构,以及作为组合生物合成关键酶和生物合成基因簇载体的微生物产生菌信息。

微生物天然产物数据库以其独特而丰富的信息资源,强大的检索功能,易于使用的界面,必将成为广大医药领域科研工作者开展药物研发和相关工作的有力工具。

3.4.6 近几年发现的微生物药物新药

(1) Selumetinib (Koselugotm): 司美替尼

司美替尼(图 3-49)是一种丝裂原活化蛋白激酶 1 和 2 (MEK 1/2)抑制剂,由阿斯利康开发,用于治疗与神经纤维瘤和各种癌症相关的肿瘤,且主要用于儿科患者。

图 3-49 司美替尼化学结构 图 3-50 福斯特沙韦化学结构 图 3-51 德拉沙星化学结构

(2) Fostemsavir (Rukobia): 福斯特沙韦

福斯特沙韦(图 3-50)是 HIV-1 附着抑制剂 temsavir 的前药,它可以防止病毒和细胞 CD4 受体在人体内的附着,是 ViiV Healthcare 开发的 HIV 感染的一流治疗药物。

(3) Delafloxacin (Baxdela): 德拉沙星

德拉沙星是一种广谱氟喹诺酮类抗生素,由 Melinta Therapeutics 公司开发,具有广泛的药用活性,对耐药性的金黄色葡萄球菌、肺炎链球菌和肺炎克雷伯氏菌都有效。用于由敏感菌导致的急性细菌性皮肤及皮肤组织感染(ABSSSI)成人患者的治疗。

(4) Lefamulin (BC-3781): 来法木林

Lefamulin(图 3-52)由 Nabriva Therapeutics 开发,通过与 50S 细菌核糖体的肽基转移酶中心结合来抑制蛋白质合成,具有抗炎活性,可靶向引起社区获得性细菌性肺炎(CABP)的细菌,使其失去复制能力。

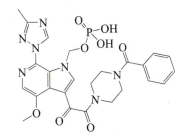
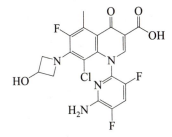

图 3-52 来法木林化学结构   图 3-53 瑞来巴坦化学结构

(5) Relebactam (MK-7655): 瑞来巴坦

瑞来巴坦(图 3-53)由默沙东开发,这是一种二氮杂双环辛烷抑制剂,具有广谱抗 β-内酰胺酶活性,具有抗细菌活性，针对亚胺培南（imipenem）耐药的革兰氏阴性菌株，在联合应用瑞来巴坦时将会变得对亚胺培南更加敏感。

总结

- 存在于自然界的微生物种类繁多，海洋微生物、土壤微生物甚至极端微生物都可以作为药物生产菌株，从不同种类微生物之间以及同种微生物不同个体之间选择具有高产性能的微生物是整个药物生产链极其重要的一环，微生物药物的研究工作都离不开原始产药菌株的分离筛选。
- 为了提高筛选效率，菌株筛选一般都会进行初筛和复筛两步，初筛的目的是删去明确不符合要求的大部分菌株，把生产性状类似的菌株尽量保留至复筛阶段，以量为主；而复筛阶段主要以质为主，基本要求是精准测定每个菌株的生产指标。
- 在选择筛选方式时，具体方法应按实际情况进行选择：有些菌株通过菌落形态就可以筛选出来；有些菌株具有特异性物质诸如氨苄青霉素、四环素或者卡那霉素在内的抗生素抗性，可以通过含抗生素的培养基进行筛选；可以根据微生物本身的生长特性进行筛选，如对极端微生物进行筛选时，可以从耐高温、耐酸、耐碱以及耐渗透性等方面进行筛选。

工程/思维训练

- 科学家们相信，极端微生物是这个星球留给人类独特的生物资源和极其珍贵的科研素材。现有一种放线菌 HR-4，它是从阿尔及利亚撒哈拉盐湖土壤样品中分离到的一株在 NaCl 浓度为 10g/100mL 的环境中仍能稳定生长的耐盐放线菌，经过基因组分析得知它属于诺卡菌属（*Nocardiopsis*），其气生菌丝呈现灰褐色，基生菌丝呈深棕色，它的形态、生理和系统发育特征的比较显示与亲缘关系最近的菌种有显著差异，这些数据有力地表明菌株 HR-4 是新菌种。该类菌株的生长温度为 30～40℃，生长 pH 为 5～9。菌株 HR-4 生成 7-脱氧-8-*O*-甲基四万霉素，这是一种氨谷环酮类物质，该菌株首次实现了利用诺卡菌属类微生物生产氨谷环酮类物质（angucyclinones）。其不仅对革兰氏阳性菌（金黄色葡萄球菌）具有抑菌活性，而且对真菌（白色念珠菌）也具有抑菌活性。另外，HR-4 对庆大霉素（gentamycin）和两性霉素 B（amphotericin B）都具有抗性。

能力训练：
1. 请简单设计实验从阿尔及利亚撒哈拉盐湖土壤样品中分离出放线菌 HR-4。
2. 在筛选出的放线菌 HR-4 中筛选出具有强抑菌活性的菌株。

课后练习

1. 描述微生物药物产生菌的筛选过程，并说明为什么这一步骤在新药开发中至关重要。
2. 以环孢菌素 A 为例，解释其如何从微生物中被发现并最终用于临床。
3. 讨论微生物筛选对于抗生素抗性的影响及其在现代医学中的重要性。
4. 分析微生物药物在慢性疾病和癌症治疗中的应用，并给出具体药物的例子。

5. 解释分子生物学技术如何促进了微生物药物的研发。
6. 讨论环境样本在微生物筛选中的作用,并解释不同环境(如土壤、海洋)为何是微生物筛选的重要来源。
7. 通过微生物药物的例子,解释次级代谢产物的概念及其在药物研发中的作用。
8. 描述基因编辑技术如何在微生物药物的研发中被应用。
9. 讨论在微生物药物研发中,从筛选到临床试验的流程。
10. 分析文中提到的技术进展对未来微生物药物研发的潜在影响。

第四章　微生物药物产生菌的选育

　　本章涉及微生物制药领域中的关键步骤，对于提高微生物药物产量、质量和经济效益至关重要。微生物药物的生产通常依赖于某种微生物菌株，而未选育的出发菌株对目标产物的产量较低且质量波动较大。通过遗传工程的手段，可以调控菌株代谢途径、增加产物的产量和稳定性，甚至提高产物的生物活性，最终构建适合连续化工业生产的工业菌株，确保其能够保持高产、高效、高质的状态。

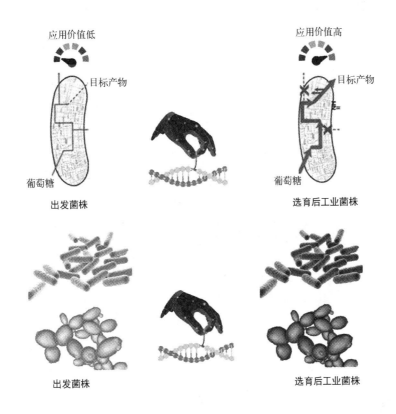

知识导图

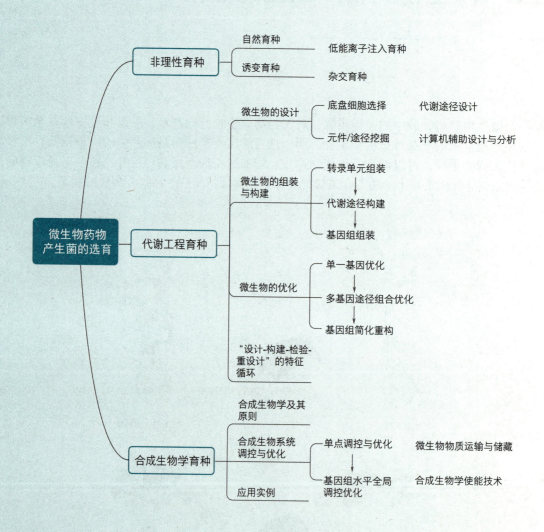

为什么要进行微生物药物产生菌的选育？

微生物药物产生菌的选育是为了实现微生物制药工艺的高效、可控和可持续生产，从而满足药物市场对高质量、安全性和可持续性的需求。通过选育合适的微生物菌株，可以优化目标产物的性能，包括提高产量、提高产品纯度以及改善产物的稳定性。选择适应性强、生长迅速、代谢活跃的菌株有助于提高微生物药物的整体生产效率。选育菌株可以帮助控制产物的特异性，减少副产物的生成，从而提高产品的质量和纯度。这对于微生物制药工艺的可靠性和一致性至关重要。在工业生产中，选用对环境变化和生产工艺条件具有较强抗性的菌株，有助于保持生产的稳定性，降低生产过程中的不确定性，并减少生产中的风险。

通过对微生物菌株的选育，可以降低外源微生物的污染风险，并减少不需要的代谢产物的生成，确保最终产品的纯度和安全性。选育适应不同生产条件的菌株有助于提高生产的可持续性，适应性强的菌株可以在不同规模和类型的发酵过程中表现出色，确保生产的稳定性和经济性。

学习目标

- 了解非理性育种的分类和基本原理。
- 如何通过非定向的遗传变异来改良微生物菌株。
- 熟悉理性育种的分类和基本原理。
- 如何通过改变微生物的代谢途径，优化产物合成，提高产量和质量。
- 掌握合成生物学的基本方法和使能工具。
- 如何将合成生物学工具应用于微生物工程，创造新的代谢途径和生物合成路线。

4.1 非理性育种

4.1.1 概述

微生物药物产生菌的选育主要有两种手段：理性育种和非理性育种。本节主要介绍非理性育种的选育技术，包括自然育种、诱变育种、低能离子注入育种、杂交育种等非理性育种方法。通过掌握这些技术和方法，我们可以更好地进行微生物药物的生产和研发，同时为设计生物合成平台和拓展微生物生产的能力铺平道路。

4.1.2 自然育种

自然选育指根据菌种自发突变而进行的筛选过程，又叫自然分离。在自然分离过程中往往伴随着自发突变（指某些微生物在没有人工参与下所发生的那些突变）。自发突变又分为负突变和正突变。一种是我们生产上所不希望看到的，表现为菌株的衰退和生产质量的下降，这种突变称为负突变。另一种是生产上希望看到的，对生产有利，这种突变称为正突变。

自然选育的主要作用是对菌种纯化以获得遗传背景较为均一的细胞群体。一般认为引起自然突变有两个原因：多因素低剂量的诱变效应和互变异构效应。多因素低剂量的诱变效应指由一些原因不详的低浓度诱变因素引起的长期综合效应。互变异构效应（图 4-1）指四种碱基的第六位上的酮基和氨基，胸腺嘧啶（T）和鸟嘌呤（G）可以酮式或烯醇式出现，胞嘧啶（C）和腺嘌呤（A）可以氨基式或亚氨基式出现。

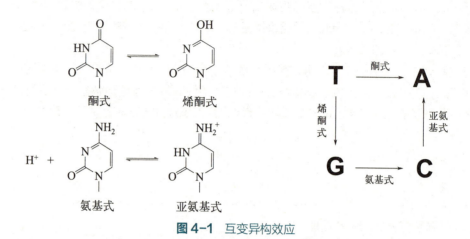

图 4-1 互变异构效应

自然选育的步骤主要是：采样，增长培养，培养分离和筛选等。

采样：筛选的菌种采集的对象以土壤为主，也可以是植物、腐败物品和某些水域等。

增长培养：由于采集样品中各种微生物数量有很大差异，若估计到要分离的菌种数量不多时，就要人为增加分离的概率，增加该菌种的数量，又称为富集培养。

纯种培养：尽管通过增长培养的效果很好，但是得到的微生物还是处于混杂状态，因为样品中本身含有许多种类的微生物。

平板分离法由接种环以无菌操作沾取少许待分离的材料，在无菌平板表面进行平行划线、扇形划线或其他形式的连续划线，微生物细胞数量将随着划线次数的增加而减少，并逐步分散开来。

如果划线适宜的话，微生物能一一分散，经培养后，可在平板表面得到单菌落。

分离方法有三种，即划线分离法、稀释法和组织分离法。

洛伐他汀（lovastatin）是一种被广泛应用于治疗高血脂和心血管疾病的药物，最早是由食用木霉（*Aspergillus terreus*）产生的。虽然利奥莫司汀是通过基因工程和化学合成进一步改进和生产的，但初步的发现仍然是通过自然选择和传统培育而来。木霉在自然界中被发现具有产生能够抑制胆固醇合成的特定化合物的能力，这为后续的工程和改进提供了起点。

4.1.3 诱变育种

诱变育种是以诱变源处理微生物，诱发基因发生遗传变化，最终形成微生物新菌种。该方法是人为用化学、物理诱变剂去处理微生物而引起的突变，与自发突变在效应上无显著差异，但其突变速度快、时间短、突变频率高。用人工诱变方法诱发微生物基因突变，通过随机筛选，从多种多样的突变体中筛选出产量高、性能优良的突变体，并找出突变体的最佳培养基和培养条件，使突变体在最适环境条件下大量合成目的产物。

4.1.3.1 诱变育种的原理

（1）基因突变

基因突变是在 DNA 的复制过程中发生错误使 DNA 上碱基序列发生改变。自发突变是自然发生的，突变率大约为百万分之一到十亿分之一，引起自发突变的原因可能与在环境中自然存在的低剂量诱变剂有关。

突变可以发生在染色体水平或基因水平。发生在染色体水平的突变称为染色体畸变，发生在基因水平的突变称为基因突变。基因突变可以由于碱基对的置换或者一个或多个碱基的增加或减少而引起。在 DNA 复制时一个核苷酸被另一个核苷酸代替，称为碱基置换。碱基置换包括碱基转换和碱基颠换。在 DNA 复制过程中缺失或增加一个核苷酸则被称为移码突变。染色体畸变又称为染色体突变，包括染色体结构和数目的改变。染色体结构的改变多数是染色体或染色单体遭到巨大损伤，使其断裂。各种生物含有其生存所必需的最低限度基因群的一组染色体称为染色体组。有的生物细胞中含有两整套染色体组，称为二倍体，这样的生物称为二倍体生物。有的生物含有三整套以上染色体组，称为多倍体。

（2）突变的表型效应

突变引起遗传性状改变。错义突变、无义突变、移码突变，能改变蛋白质的氨基酸序列，使控制表型性状的蛋白质结构发生变化，从而引起遗传性状发生变化。错义突变是一个密码子发生错误而翻译成一个错误的氨基酸。无义突变是造成蛋白质合成的终止。移码突变是 DNA 双链中的某一个碱基转变成另一碱基，致使碱基序列改变形成终止密码子或无义密码子。遗传密码是一个三联体密码，即 3 个连续的核苷酸编码一个特定的氨基酸。这使得阅读框架移位，造成突变点以后所有的密码子和编码生成的氨基酸往往都是错误的；而错误的密码子之一常常会是终止密码子或无义密码子，蛋白质的合成也就在此处中断。

还有些突变不改变遗传性状。同义突变与沉默突变不改变微生物的遗传性状，没有表型效应。如同义突变碱基置换后产生的新的密码子仍然编码形成相同的氨基酸。除了蛋氨酸和色氨酸之外的所有氨基酸都有一个以上的密码子，因此碱基置换后产生的新的密码子可能编码形成相同的氨基酸。沉默突变碱基置换造成多肽链中一个氨基酸发生改变，但该氨基酸不影响多肽链的正常功能，因此不改变微生物的遗传性状。

显性突变和隐性突变的表型效应突变引起遗传性状改变是表型效应的基础。在二倍体细胞中，突变发生在显性基因或隐性基因，其表型效应不同。携带突变的生物个体或群体或株系叫突变体。所谓野生型是指有机体的正性状，如分解某种底物的能力或合成某种物质的能力，而突变体一般缺乏这种能力或者能力较差。表型是基因型和环境综合作用的结果。

（3）突变体的形成与表型延迟

突变是可逆转的，如紫外线诱变产生的突变可通过光复活作用恢复。因此，突变的发生并不意味着突变体的产生及性状的改变，从突变到突变体的形成要经历一个复杂的生物学过程。诱变剂处理微生物时，首先和细胞充分接触，通过扩散作用，诱变剂穿过细胞壁、细胞膜及细胞质，最后到达细胞核，与 DNA 接触。诱变剂和 DNA 接触后能否发生基因突变，与 DNA 是否处于复制状态有密切的关系，DNA 复制的活跃程度与某些营养条件及细胞生理状态有关。

表型延迟现象是指微生物通过自发突变或诱发突变而产生的新基因型的遗传特性不能在当代出现，必须经过两代以上的繁殖复制才能出现。产生这种现象主要有以下原因：①与诱变剂性质和细胞壁结构有关。有些诱变剂进入细胞的速度很慢，它们必须穿过细胞壁、细胞膜、细胞质，并进行一系列反应后，才能使 DNA 分子结构发生变化，所以诱变使 DNA 发生变化有可能延迟到一代以后，因此表型不能在当代出现。②当突变发生在多核细胞中的某一个核时，该细胞就成为杂核细胞。若突变是隐性的，则必须经过几代繁殖后,才能出现纯核突变细胞,这时才有表型效应。③原有基因产物的影响。某个基因突变后,失去了合成原有基因产物的能力,但原有基因产物仍然存在于细胞内,仍然起着支配野生型的作用。

(4)突变的修复

生物的性状特性具有相对的稳定性。但生物细胞在 DNA 复制过程中的错误以及所处环境中某些因素的影响,尤其是人为使用诱变剂处理,都有可能使 DNA 的分子结构发生改变。

① 光修复　DNA 经紫外线照射后形成嘧啶二聚体,光复活酶和二聚体结合形成一复合物。当复合物暴露在可见光下时,酶即活化并将二聚体分解成单体,酶被释放,使 DNA 链的缺口修复而恢复正常的 DNA 双链结构。

② 复制前修复　复制前修复又称切补修复。首先由核酸内切酶切开二聚体的 5′ 末端,形成 3′-OH 和 5′-P 的单链缺口;然后,核酸外切酶从 5′-P 到 3′-OH 方向切除二聚体,并扩大缺口;接着,DNA 聚合酶以另一条互补链为模板,从原有链上暴露的 3′-OH 端起合成缺失片段;最后,由连接酶将新合成链的 3′-OH 与原链的 5′-P 相连接。整个过程不需要可见光,在黑暗下就可以修补,因此又称暗修复。

③ 复制后修复　复制后修复是指损伤的 DNA 经过复制后完成修复过程,它是在 DNA 复制过程中通过类似于重组作用,在不切除二聚体的情况下完成的,因此,又称重组修复。

4.1.3.2　诱变剂

凡能诱发生物突变,并且突变率远远超过自发突变率的物理因子或化学因子,称为诱变剂。诱变剂的作用主要使 DNA 分子结构中的碱基发生改变,或者使染色体发生变化,通过 DNA 复制,形成一个具有新的碱基序列的突变体。

(1)物理诱变剂

① 辐射。当辐射处理生物细胞时,细胞首先接受辐射能量,穿过细胞壁、细胞膜,与 DNA 接触,产生一系列的化学反应,从而使 DNA 发生变化。辐射可以分为电离辐射和非电离辐射。

电离辐射:电离辐射如 X 射线和 γ 射线比紫外线含有更多的能量和穿透力,它可以使水或其他一些分子电离而产生含有未配对电子的分子碎片,这些碎片能打断 DNA 双链并改变嘌呤和嘧啶碱基。

非电离辐射:紫外线是一种使用最早、沿用最久、应用广泛、效果明显的诱变剂,其诱变频率高,且不易回复突变。能诱发微生物突变的紫外线的有效光谱是 200～300nm,最有效的是 253.7nm,其原因是 DNA 强烈吸收 260nm 光谱而引起突变。

② 激光。激光可以通过闪、热、压力和电磁场效应的综合作用,直接或间接地影响生物体。

③ 离子注入。所谓离子注入,就是利用离子注入生物体引起遗传物质的改变,导致性状的变异,从而达到育种的目的。如 He-Ne 离子注入是 20 世纪 80 年代初兴起的一种材料表面处理的高新技术,主要用于金属材料表面的改性。常压室温等离子体技术是一种通过产生大气室温等离子体,引发微生物基因的随机变异,从而实现微生物群体的快速进化和筛选的技术。该技术利用非热等离子体在室温和大气压下产生的条件,通过高速气流、电场和其他作用力,对微生物进行物理性的改造。可能导致多种表型效应,即微生物群体在性状和生理特性上的改变。

④ 辅助电场:一些实验中,研究人员可能会引入额外的电场来增强等离子体对微生物细胞的作用,从而增加 DNA 的突变率。

(2)化学诱变剂

化学诱变剂是一类对 DNA 起作用,改变其结构并引起遗传变异的化学物质。化学诱变剂的作用机理主要有三种。一些化学诱变剂如亚硝酸和亚硝基胍可以对嘌呤和嘧啶碱基进行化学修饰,从而改变它们的氢键特性。另一些化学诱变剂是作为碱基类似物而起作用的。碱基类似物是化学结构与核苷酸碱基相似的化合物，在 DNA 复制时可以代替自然碱基掺入 DNA 分子中，引起诱变效应。还有一些诱变剂作为插入因子而起作用。这些插入因子是和碱基对大小相似的平面三环分子。在 DNA 的复制过程中，这些化合物可以插入相邻的两个碱基对之间，增加碱基对之间的距离而使得在复制过程中一个额外的核苷酸常常加入到生长链中，导致移码突变。

① 碱基类似物。碱基类似物是一类和 DNA 的四种碱基化学结构相似的物质，如 5-溴尿嘧啶（5-BU）、5-氟尿嘧啶（5-FU）、8-氨鸟嘌呤（8-NG）和 2-氨基嘌呤（2-AP）等。在 DNA 复制时，它们可以被错误地掺入 DNA，引起诱变效应。碱基类似物的诱变机制是通过互变异构体现象实现的。以 5-溴尿嘧啶为例，5-BU 存在酮式和烯醇式两种形式的异构体。酮式 5-BU 结构与胸腺嘧啶相似，与腺嘌呤配对；烯醇式 5-BU 结构与胞嘧啶相似，与鸟嘌呤配对。2-AP 是腺嘌呤的结构类似物，能与胸腺嘧啶配对，但当其质子化后，会与胞嘧啶错误配对，通过这种方式导致基因突变。因为碱基类似物引入新碱基的过程需经过三轮 DNA 复制，所以，碱基类似物引起的突变必须经过两代以上繁殖才能表现出来。

② 烷化剂。烷化剂具有一个或多个活性烷基，容易取代 DNA 分子中的活泼氢原子，直接与一个或多个碱基起烷化反应，从而改变 DNA 分子结构，引起变异。常用的烷化剂有 1-甲基-3-硝基-1-亚硝基胍（简称亚硝基胍，NTG）、甲基磺酸乙酯（又称乙基硫酸甲烷，EMS）、硫酸二乙酯（DES）、乙烯亚胺、氮芥等。烷化剂的作用机制：通过烷化基团使 DNA 分子上的碱基或磷酸部分发生烷化作用，在 DNA 复制时导致碱基配对错误而引起突变。碱基中的鸟嘌呤最易受烷化剂作用，形成 6-烷基鸟嘌呤，并与胸腺嘧啶错误配对，造成碱基转换。胸腺嘧啶被烷基化后，可与鸟嘌呤错误配对，引起 DNA 分子中磷酸和糖之间的共价键发生断裂，使两个鸟嘌呤 N7 位点形成共价键。一般双功能烷化剂易引起 DNA 双链间的交联，形成变异或死亡。可能造成染色体畸变。

③ 脱氨剂。亚硝酸是一种脱氨基，其诱变机制主要是使碱基氧化脱氨基，如使腺嘌呤（A）、胞嘧啶（C）和鸟嘌呤（G）分别脱氨基成为次黄嘌呤（H）、尿嘧啶（U）和黄嘌呤（X）。复制时，次黄嘌呤、尿嘧啶和黄嘌呤分别与胞嘧啶（C）、腺嘌呤（A）和胞嘧啶（C）配对。前两者能引起碱基转换，而第三种并没有发生转换。

④ 移码诱变剂。移码诱变剂包括吖啶类染料（原黄素、吖啶黄、吖啶橙及 α-氨基吖啶等）和一系列称为 ICR 类的化合物。移码诱变剂对噬菌体有较强的诱变作用。吖啶类化合物的诱变机制并不是很清楚。有人认为，由于吖啶类化合物是一种平面型的三环分子，与嘌呤-嘧啶碱基对的结构十分相似，故能嵌入两个相邻的 DNA 碱基对之间，使 DNA 拉长，两碱基之间距离拉宽，导致碱基插入或缺失，在 DNA 复制时造成突变点以后的所有碱基往后或往前移动，引起全体三联体密码转录、翻译错误而引起突变，即移码突变。

⑤ 羟化剂。羟胺是一种羟化剂，是具有特异诱变效应的诱变剂，能专一性地诱发 G：C 到 A：T 的转换。羟胺和 DNA 分子上碱基的作用主要是羟化胞嘧啶氨基。

⑥ 金属盐类。用于诱变育种的这类化合物有氯化铝、硫酸镁等。其中氯化铝较常用，通常与其他诱变剂复合处理，效果较好。

（3）其他诱变剂

① 秋水仙碱。秋水仙碱是细胞多倍体的诱导剂，最先用于诱导植物细胞形成多倍体，后来作为微生物诱变处理的辅助剂。秋水仙碱的主要作用是破坏细胞有丝分裂过程中纺锤体的形成，使细胞不能产生两个子细胞，从而使细胞核内已复制的两套染色体都包含在一个细胞内，导致多倍体的形成。

② 抗生素。作为诱变剂的抗生素有链黑霉素、争光霉素、丝裂霉素、放线菌素、正定霉素、光辉霉素和阿霉素等，它们都是抗癌药物，在诱变育种中虽有一些应用，但效果不如烷化剂等诱变剂显著。一般不单独使用，常常与其他诱变剂一起进行复合处理。例如链霉菌属产生的抗生素青霉素也是通过诱变育种的方法进行改良，虽然青霉素的最初发现是通过自然选择，但后来的研究中引入了诱变育种的方法以改进产量。

4.1.4 低能离子注入育种

4.1.4.1 原理与定义

低能离子注入育种是一种生物技术方法,通过将离子引入微生物,以诱发基因突变和遗传变异,从而创造新性状并通过选择性育种传递到后代的生物技术方法。这个方法被应用于改良菌种以及提高产量、抗性和适应性等方面。它是一种基因改良的手段,与传统育种方法相结合,有助于加速新菌种的培育。

4.1.4.2 诱变的机理

如果将微生物视为一种靶,当能量在几十至几百千电子伏特范围内的离子接近它时,它们会与靶中的分子和原子发生一系列碰撞。在离子能量较高时,主要发生非弹性碰撞,导致生物分子电离或激发,从而造成电离损伤。随着离子能量逐渐降低,弹性碰撞变得主要,导致原子移位并产生空位和断键。随着离子能量的进一步降低,能量损失达到顶峰,同时慢化的原初离子以高斯分布形式沉积下来。若注入的是活性离子,则它们在沉积过程中会不断地与生物分子发生键合、置换或填充空位。此外,在单次碰撞中,入射离子会直接传递动量给表面粒子,并发射能量较高的二次离子,其中一小部分能量会引起生物细胞表面的次级粒子发射,即溅射(图 4-2)。总之,低能离子与生物体相互作用的原始过程涉及能量沉积、动量传递、离子注入和电荷交换等四个方面,这些过程几乎是在 $10^{-19} \sim 10^{-16}$ s 同时完成。

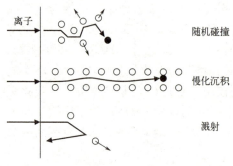

图 4-2 离子注入的示意图

4.1.5 杂交育种

4.1.5.1 杂交育种的原理

(1)杂交育种的定义

杂交育种是指利用同一物种内具有不同遗传性的品种相互杂交,形成不同的遗传多样性,然后对杂交出来的后代进行筛选,最终获得具有父本和母本优良性状,而又不包含父本和母本不良性状的优良个体。

一般是指人为利用真核微生物的有性生殖或准性生殖,或原核微生物的接合、F 因子转导、转化等过程,促使两个具不同遗传性状的菌株发生基因重组,以获得性能优良的生产菌株。

(2)杂交育种的原理

① 基因重组,将父本和母本的优良性状综合到一起。
② 基因互作,产生新的性状。
③ 基因累加,将控制同一性状的不同微效的基因积累起来,产生超亲性状。

(3)微生物杂交的基本程序

选择原始亲本→诱变筛选直接亲本→直接亲本之间亲和力鉴定→杂交→分离到基本培养基或选择性培养基培养→筛选重组体→重组体分析鉴定。

4.1.5.2 原生质体融合

(1)原生质体融合定义

一种通过人为的方法,使遗传性状不同的细胞的原生质体发生融合,并发生遗传重组以产生同时具有双亲性状的、遗传性状稳定的融合子的过程。真核细胞和原核细胞都可以进行原生质体融合。原生质体融合可以在不同种、属、科，甚至更远缘的微生物之间进行；打破了微生物的种界界限，可实现远缘菌株的基因重组；可使遗传物质传递更为完整、获得更多基因重组的机会。

（2）原生质体融合技术原理

两个具有不同基因型的细胞，采用适宜的水解酶剥离细胞壁后，在融合剂（聚乙二醇）作用下，两原生质体接触，融合成为异核体，经过繁殖复制进一步核融合，形成杂合二倍体，再经过染色体交换产生重组体，达到基因重组的目的，最后对重组体进行生产性能、生理生化和遗传特性分析。

（3）原生质体融合亲本选育

原生质体融合是一随机过程，原生质体间无亲和选择性，当两种原生质体 A 和 B 混合到一起时，发生融合的可能性有 A-A、A-B、B-B，其中只有 A-B 的融合是有效融合，概率为 33.33%。当然还会有多个原生质体融合到一起的可能。此外还存在没参与融合的原生质体仍保留原来性状。要从这个混合体中筛选出 A-B 型融合子，往往采取相应措施，如亲本菌株的遗传标记。在早期微生物原生质体融合时，多采用原生质体营养缺陷型标记，两者互补恢复野生型的筛选策略，还可以选育抗性菌株等遗传标记。原生质体融合的亲本需要携带遗传标记，以便于重组体的检出。常用营养缺陷型和抗性作为标记，也可以采用热致死、孢子颜色、菌落形态作为标记。

（4）原生质体的制备

不同种类的细胞，由于各自细胞壁的组成、结构和性质不同，原生质体的制备方法也不一样。原生质体的制备过程是首先将对数生长期的细胞收集起来，悬浮在含有渗透压稳定剂的高渗缓冲液中，然后加入适宜的细胞壁水解酶，在一定的条件下作用一段时间，使细胞壁破裂；分离除去细胞壁碎片、未作用的细胞以及细胞壁水解酶，从而得到原生质体。应选择对数生长期的细胞制备原生质体，以获得较高的原生质体形成率。所加进的细胞壁溶解酶的种类和浓度、酶作用温度、pH 以及作用时间等对原生质体的制备都有明显影响，必须经过试验确定其最佳条件。反应完成后，通过离心分离除去未被作用的细胞以及细胞碎片等，获得球状原生质体。

（5）融合子检出策略

亲本的遗传标记：在选择性培养基上选出再生子，使只有 A-B 型融合子才可能再生出来，而同一种的融合子或未能融合的原生质体无法再生。

原生质体灭活：诱变形的遗传标记往往也会使一些有良性状被丧失，对以选育生产性状为目标的育种不能实现。可以采用灭活原生质体的方法作为检出标记，如采用碘代乙酰胺灭活处理真菌原生质体使处理后的原生质体失去再生能力，而又对真菌遗传特性无损伤，当两种采用不同灭活剂处理的原生质体融合后，可以完成代谢互补，使融合子恢复再生能力。

荧光染色：在获得原生质体后，分别用不同的荧光素染色亲本原生质体，随后融合，融合后于紫外光显微镜下挑取融合子（融合子发出两种亲本具有的颜色）。

（6）原生质体融合

两亲株原生质体混合于高渗稳定液中，在 PBG 的诱导下，两个或两个以上凝聚成团，相邻原生质体紧密接触的质膜面扩大，相互接触的质膜消失，细胞质融合，形成一个异核体细胞，异核体细胞在繁殖过程中发生核的融合，形成杂合二倍体，通过染色体交换，产生各种融合子。

例如，雷帕霉素在野生型吸湿链球菌中的生产率较低，将原生质体融合、诱变育种技术和高通量筛选方法联用，利用庆大霉素和亚硝基胍进行诱变，从 FC1 突变体的原生质体中获得了滴度提高 60% 的突变体，产孢量提高 904%。

4.2 代谢工程育种

本节聚焦理性育种中的代谢工程育种技术，其中代谢工程利用现代遗传学、生物化学和微生物基因组学等技术，通过改变微生物代谢通路的方式来提高微生物产生药物的效率。代谢工程育种的工作是通过合成和设计更有效的微生物代谢途径以获得想要的生产效果，通过生物设计和优化等方法开发可定制的微生物菌株。代谢工程技术已经广泛应用于微生物药物、化学品以及食品等领域，例如利用大肠杆菌和酵母菌等微生物代谢工程生产西格列汀、重组人胰岛素、阿司匹林、抗癌药等具有临床应用意义的药物。又如对酵母进行了工程改造，实现了用工程改造的酵母细胞来生产静脉营养液，取代了使用人血清制品的传统方法，更安全、更具普及性。本节所涉及的技术和方法对于提高微生物药物生产效率和产物质量具有非常重要的作用。

4.2.1　代谢工程育种原理

代谢工程育种旨在提高微生物产物的产量和质量，需了解微生物的代谢途径和生理特性。这包括能量代谢和物质代谢，前者涉及能量的生成和利用，后者涉及外源物质的利用。基因改造和代谢调控是实现这一目标的关键手段，可通过改变微生物的基因组或调节基因表达水平来优化代谢途径。同时，代谢途径分析和优化帮助识别并解决代谢途径中的瓶颈。最终，生产工艺优化确保产物的高效大规模生产。代谢工程育种结合基因工程和代谢途径调控，为微生物产物的提升提供了有力支持，推动了生物制药和工业生产的发展。

4.2.2　微生物的设计

代谢工程育种中微生物的设计与组装是指通过基因工程技术将外源基因或自身基因导入微生物中，改变微生物的基因组和表达情况，以实现代谢途径的优化和改良。

4.2.2.1　底盘细胞的选择

底盘细胞是指在代谢工程育种中作为产物合成平台的微生物细胞。选择合适的底盘细胞可以提高代谢工程育种的成功率，同时也可以影响产物的产量和纯度。在选择底盘细胞时，需要考虑以下因素：

（1）可操作性

底盘细胞应该具有良好的生长特性、易于培养和操作，这有助于代谢工程育种的实施。例如，底盘细胞应该具有较短的生长周期、较高的生长速率和耐受较高的产物浓度等特点。

（2）代谢能力

底盘细胞应该具有较高的代谢能力和适应性，能够承载目标代谢途径的负载，从而实现目标产物的合成。此外，底盘细胞的代谢途径和代谢产物应该与目标产物合成途径兼容，避免代谢产物与目标产物的竞争或相互抑制。

（3）遗传背景

底盘细胞的遗传背景应该尽可能清晰明了，具有较少的基因改变和突变。这有助于实现代谢途径的精准控制和优化。此外，底盘细胞应该具有可扩展性和可重复性，可以进行长期的培养和稳定的产物合成。

（4）安全性

底盘细胞应该是安全的，不存在生物危害性或对环境产生不利影响。例如，底盘细胞应该不会导致疾病的传播或生态系统的破坏等问题。

（5）经济性

底盘细胞应该具有较低的成本和易于大规模生产。这有助于实现代谢工程育种的商业化应用和产业化生产。

4.2.2.2 基因元件和途径挖掘

（1）基因元件挖掘

基因元件是调控基因表达的关键组成部分，包括启动子、终止子、调控序列等。在生物的设计中，需要挖掘和筛选适合的启动子和终止子来控制目标基因的表达水平。这可以通过基因组学和转录组学的技术手段，如测序和生物信息学分析，来鉴定和筛选潜在的启动子和终止子。此外，还可以利用高通量筛选技术，如基于荧光报告基因的启动子库筛选，来获得具有不同表达水平的基因元件。

（2）途径挖掘

途径挖掘是指寻找和开发适用于目标产物合成的代谢途径。这可以通过生物信息学和代谢组学等技术手段来实现。首先，通过分析相关物种的基因组和代谢组数据，可以识别潜在的途径和候选基因。然后，通过基因表达分析和功能验证实验，可以确定适合的代谢途径和关键基因。此外，还可以利用代谢工程中的途径优化技术，如底物工程和通量平衡等策略，来改善和优化已有的代谢途径。

4.2.2.3 代谢途径的设计

代谢途径的设计是针对特定的产物合成过程进行的。这包括识别和优化代谢途径中的瓶颈反应、调控途径中的关键酶以及增加产物合成的通路。通过引入新的酶或代谢途径，调整代谢途径中的反应平衡和底物通量，可以增加目标产物的产量。此外，通过优化底物和产物的转运、调控细胞内底物浓度和调整酶的表达水平，也可以实现代谢途径的成功设计。微生物设计的思路见图 4-3。

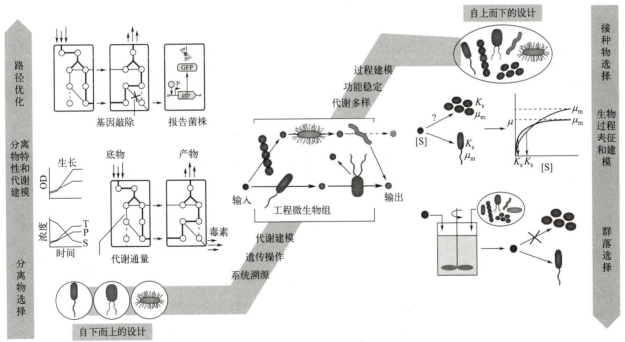

图 4-3 微生物设计的思路

（1）目标设定和分析

首先，明确需要优化或改进的代谢产物，并分析相关的代谢途径。确定目标产物的代谢途径及其相关基因、酶和底物，以及可能存在的限制因素和调控机制。

（2）基因选择和调控优化

优化基因表达水平和调控机制是代谢工程中实现对代谢途径精确控制的关键步骤。这些措施旨在增强目标基因的表达，并确保代谢途径中的关键酶在适当条件下进行调控，从而实现产物产量和纯度的优化。

（3）系统分析和优化

通过系统生物学和计算生物学的方法，对重构后的代谢途径进行分析和优化。这涉及代谢网络模型的建立、通量分析、通路优化算法的应用等，以实现对代谢途径的全面优化和预测。

聚酮是重要的次级代谢物，作为乙酸盐衍生物在微生物药物合成方面十分重要，在细菌、真菌和植物有着不同的生物合成途径，通常受到复杂的多功能酶系统的控制，因此以聚酮合酶（PKS）系统作为范例进行简单介绍。PKS 主要位于原核生物和丝状真菌中，被分为 3 种类型，PKS Ⅰ、PKS Ⅱ 和 PKS Ⅲ，其中 PKS Ⅲ 主要来自植物而非微生物，故不在此详细介绍。

Ⅰ型聚酮合酶是包含线性排列和共价融合结构域的多功能蛋白质。这个复杂的系统重新组合了一系列含有不同活性位点的酶，专门用于聚酮碳链组装和修饰阶段的催化反应。Ⅰ型 PKS 进一步分为迭代型Ⅰ型 PKS（iPKSs）和模块型Ⅰ型 PKS（mPKSs）。iPKSs 主要存在于真菌中，不包含硫酰基酶或环化酶结构域，这些结构域在其他 PKS 中用于释放共价连接的聚酮链，并重复使用以催化多轮延伸。mPKSs 主要存在于细菌中，具有大型的多功能蛋白质合成大环内酯或聚醚聚酮。mPKSs 内模块相互连接，包括酰基转移酶（AT）、酰基载体蛋白（ACP）、β-酮酰基合酶（β-KS）和硫酰基酶（TE）等模块（图 4-4）。通过在酰基载体蛋白（ACP）的活性位点上加载辅酶 A（CoA）来启动 PKS，该过程由 AT 结构域催化。KS 结构域负责脱羧缩合，在缩合过程中，乙酰辅酶 A 持续与丙酮酰辅酶 A 结合，留下酸基。产生的 β-酮链

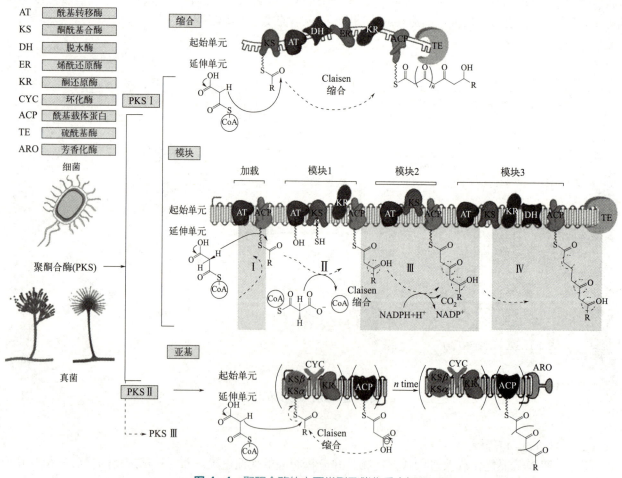

图 4-4　聚酮合酶的主要类型及催化反应机理

将通过酮还原酶（KR）、脱水酶（DH）和烯酰还原酶（ER）的修饰生成不同的聚酮结构。链末端的 TE 结构域对 ACP 结构域的完整聚酮链进行水解或环化以完成延伸。

Ⅱ型聚酮合酶是一种由亚基单功能蛋白聚集而成的多酶复合物，负责在细菌中生产链长为 C_{10} 至 C_{30} 的各种芳香聚酮。通常使用乙酸作为起始单元，这种酶复合物通过迭代的 Claisen 缩合产生芳香聚酮。首先，将乙酸加载到 ACP 上形成酰-ACP，再通过酮还原反应进行迭代链延长，在此步骤中，酰-ACP 转移到 KS 亚单位并与丙酮酰辅酶 A 迭代延长，形成聚酮 β-链。在芳香化酶（ARO）和氧化酶的催化下，聚酮 β-链上发生环化和/或芳香化转化，生成芳香聚酮核心。Ⅱ型芳香聚酮的生物合成是迭代进行的，该系统可以通过控制 Claisen 缩合数量来确定芳香聚酮的碳链长度的酮酰基合酶 KSα-CLF 因子，以及具有环化酶和 KS 单元的链长因子（或酮酰基合酶 KSβ-CLF）和 ACP 亚单位。KSα 和 KSβ 成分的序列相似，但在 KSα 的活性位点中含有半胱氨酸，参与了芳香聚酮的组装。源自Ⅱ型 PKS 的细菌 PK 含有多样化的化学基团，由于使用不同的起始单元（例如丙酰辅酶 A、乙酰辅酶 A、甲基丙酰辅酶 A），可以提供额外的结构多样性产品。例如，激霉素（kinamycin）含有一种重要的二氮化物基团，是通过将 1 个乙酰辅酶 A 和 9 个丙酮酰辅酶 A 分子缩合生成。非典型角环素 lomaiviticin 是一类主要含有二氮化物基团的芳香聚酮，具有抗生素和抗肿瘤活性，先由甲基丙酰辅酶 A 转化为丙酰辅酶 A 作为起始分子，再通过酰基转移和脱羧反应后合成。此外，盐土放线菌 PKS Ⅱ酶簇通过氨基转移酶 OxyD 和硫酰基酶 OxyP 将甲基丙酰辅酶 A 转化为丙二酸甲酰作为起始分子，合成氧四环素。

4.2.2.4 生物的计算机辅助设计与分析

生物的设计中，计算机辅助设计与分析起到了重要的作用。它通过利用计算机技术和生物信息学工具，对生物系统进行建模、模拟、设计和分析，从而指导和优化代谢工程育种的过程。计算机辅助设计与分析在微生物药物制造中可以用于很多方面，包括：

（1）生物系统建模和仿真

计算机辅助设计可以利用数学模型和仿真工具对微生物系统进行建模和仿真。通过模拟生物反应、代谢途径和基因调控的动态过程，可以预测和优化生物系统的行为。这有助于了解微生物药物制造代谢途径的调控机制、优化基因表达和代谢通路，并指导实验设计和数据解读。

（2）基因设计和合成优化

计算机辅助设计可以用于基因的设计和合成优化。通过生物信息学工具和算法，可以进行基因序列设计、调整基因组组成和优化基因的表达水平。这有助于提高目标药物或中间体的基因表达水平、改善蛋白质稳定性和调控特定代谢途径的功能。

（3）代谢途径设计和优化

计算机辅助设计可以帮助设计和优化代谢途径。通过分析代谢网络和代谢物流动，可以预测代谢途径的瓶颈和优化方向。计算机模拟可以帮助找到最佳的代谢途径重构策略，以提高目标药物或中间体合成的效率和产量。

（4）大数据分析和机器学习

计算机辅助设计可以利用大数据分析和机器学习方法，从大量的生物学数据中提取有价值的信息。通过整合和分析基因组学、转录组学、蛋白质组学和代谢组学数据，可以发现关键基因和代谢途径，预测基因和代谢物之间的相互作用，并指导代谢工程育种的优化策略。

（5）实验设计和优化

计算机辅助设计可以辅助实验设计和优化。通过建立实验设计模型和优化算法，可以在实验过程中提供指导和优化方案。这有助于节省实验时间和资源，并提高实验结果的可靠性和重复性。

例如，由于抗生素开发进展缓慢且昂贵，耐药病原体的扩散推动了对加快候选药物的研究。近年来，人工智能（AI）的进步推动了其在计算机辅助药物设计中的多维应用，通过整合计算工具来加速药物开发，在设计有效的生物活性化合物方面取得了关键进展。借助蛋白质结构预测和建模的进步，我们现在能够可靠地以原子细节描述小分子抗生素的靶标。通过探测蛋白质结构中的结合位点，我们可以在虚拟筛选的过程中使用大型化合物库进行自动化大规模对接和结合亲和力研究。在虚拟筛选中，评估结合位点的亲和力促使了机器学习工具的发展，这些工具的性能明显优于传统的预测方法。随着技术的发展，深度学习已成功用于绕过对接和亲和力估计，从而鉴定出一种对多种细菌病原体具有活性的小分子抗生素。这种创新的方法为药物开发领域带来了新的可能性，提高了各类微生物药物发现的效率和准确性。

计算机辅助设计与分析在生物的设计中起到了关键的作用。它可以加速生物系统的理解和优化，指导代谢工程育种的实施，并提高产物的产量和质量。计算机辅助设计与分析的应用将继续推动生物设计领域的发展和创新。

4.2.3 微生物的组装与构建

4.2.3.1 转录单元的组装

在组装与构建中，转录单元的组装是指将转录相关的基因元件组装成一个功能完整的转录单元，用于控制目标基因的转录和表达。转录单元通常由启动子、转录因子结合位点、基因编码序列和终止子等组成。

（1）启动子选择

启动子是转录过程的起点，能够与转录因子结合并启动基因的转录。在转录单元的组装中，选择适当的启动子对于实现目标基因的精确调控非常重要。启动子的选择可根据宿主生物体的特性、表达需求以及目标基因的表达水平进行考虑。一些常用的启动子包括强启动子（如T7启动子）、可调控的天然启动子和合成启动子等。

（2）转录因子结合位点

转录因子结合位点是指位于启动子上的特定序列，可以与转录因子相互作用，调控基因的表达。在转录单元的组装中，需要确保启动子中存在适当的转录因子结合位点，以实现对目标基因的精确调控。通过生物信息学分析和实验验证，可以确定和优化转录因子结合位点的序列和位置。

（3）基因编码序列

基因编码序列是转录单元中用于编码目标蛋白质的序列。在转录单元的组装中，需要将目标基因的编码序列嵌入转录单元中，并确保其与启动子和转录因子结合位点的相互配合。此外，可以对基因编码序列进行优化，如通过合成生物学的方法进行基因重编码，以提高目标基因的表达水平和蛋白质稳定性。

（4）终止子选择

终止子是指转录过程的终点，能够指示RNA聚合酶停止转录。在转录单元的组装中，选择适当的终止子对于确保目标基因的转录终止非常重要。终止子的选择可根据宿主生物体的特性和转录终止的需求进行考虑。常见的终止子包括细菌的rho因子依赖性终止子和转录因子独立的终止子等。

在转录单元的组装过程中，还需要考虑基因元件之间的相互作用、序列的相容性以及组装的可重复性等因素。通过合理的设计和优化，可以实现转录单元的高效、精确和可调控的转录和表达，为代谢工程和生物设计提供强大的工具和平台。

4.2.3.2 多基因代谢途径的构建

在生物的组装与构建中，多基因代谢途径的构建是将多个基因以特定的顺序和调控关系组装到宿主生物体中，以实现复杂的代谢途径。多基因代谢途径的构建涉及基因选择、基因调控和基因组整合等方面。

（1）基因选择

在构建多基因代谢途径时，需要选择合适的基因来实现目标代谢途径中每个步骤的催化反应。基因的选择可以基于已有的文献和数据库，考虑其催化活性、底物特异性和稳定性等因素。此外，还需要考虑基因之间的协同作用和互补性，以确保代谢途径的高效运行。

(2)基因调控

多基因代谢途径的构建需要精确调控每个基因的表达水平,以实现代谢途径的平衡和优化。在基因调控方面,可以利用天然的转录因子、调控元件或人工合成的调控系统来实现基因的调控。通过设计合适的启动子、转录因子结合位点和调控序列,可以实现基因的精确调控和调控途径的动态平衡。

(3)基因组整合

多基因代谢途径的构建需要将选定的基因以正确的顺序组装到宿主生物体的基因组中。这可以通过基因组编辑技术,如 CRISPR-Cas9 系统,实现基因的插入、敲除或改变顺序等操作。基因组整合时需要考虑目标基因的定位、整合位点的选择和宿主生物体的适应性等因素,以确保代谢途径的稳定和高效运行。

(4)底物供应和代谢平衡

在多基因代谢途径的构建中,需要考虑底物的供应和代谢途径的平衡。底物的供应可以通过调控底物转运系统或增加底物供应的途径来实现。同时,需要对代谢途径中的酶的表达水平和调控进行优化,以实现代谢途径的平衡和最大化目标产物的产量。

(5)监测和优化

构建多基因代谢途径后,需要进行监测和优化来评估代谢途径的效果和性能。通过监测代谢物的产量、底物的消耗和中间产物的积累等指标,可以评估代谢途径的效率和稳定性。根据监测结果,可以通过基因表达调控、代谢通路重构或优化底物供应等策略,进一步优化和改进多基因代谢途径的性能。

4.2.3.3 染色体和基因组的组装

染色体和基因组的组装是将基因组中的 DNA 序列按照正确的顺序和空间配置组合在一起的过程。这一过程涉及基因组测序、序列比对、基因组装和注释等步骤。

(1)基因组测序

基因组测序是确定染色体和基因组中的 DNA 序列的过程。目前常用的测序技术包括第一代测序技术(如 Sanger 测序)和第二代测序技术(如高通量测序技术,如 Illumina 和 Ion Torrent)。通过测序技术,可以获得大量的短序列读取,覆盖整个基因组。

(2)序列比对

序列比对是将测序得到的短序列读取与参考基因组的序列进行比对,以确定每个短序列读取在基因组中的位置。这涉及使用比对算法,如 BLAST、Bowtie、BWA 等,对短序列读取进行比对分析,找到最佳匹配的位置。

(3)基因组装

基因组装是将比对得到的短序列读取按照正确的顺序组合成连续的 DNA 序列。这是一个复杂的问题,特别是对于大型基因组来说。在基因组装中,使用不同的算法和策略,如重叠图法、De Bruijn 图法和引导汇聚法等,将短序列读取进行组装,重建原始 DNA 序列。

(4)注释

基因组注释是对组装得到的 DNA 序列进行功能分析和标记。这包括识别基因区域、编码蛋白质的开放阅读框、鉴定基因间非编码区域、识别启动子和转录因子结合位点及其他调控元件等。注释可以通过比对已知基因组和蛋白质数据库,利用计算方法和实验验证等手段进行。

(5)结构和空间组装

在染色体和基因组组装的过程中,还涉及染色体和基因组的结构和空间组装。这包括将组装得到的 DNA 序列定位到染色体上的特定位置,建立染色体的线性顺序和物理距离,以及研究染色体的三维结构和空间组织。

通过基因组组装的过程,可以获得高质量的染色体和基因组序列,为后续的基因组分析、基因功能研究和生物应用奠定基础。这对于理解生物系统、研究基因与表型关联以及开展基因工程和合成生物学等领域的研究具有重要意义。

4.2.4 微生物的优化

在代谢工程中,微生物的优化是指通过一系列策略和技术手段,对构建进行改进和调整,以提高代谢途径的效率、稳定性和产物产量。

4.2.4.1 单一基因的优化

单一基因的优化是指对单个基因进行改进和调整,以提高其功能和表达水平。

(1) 基因序列优化

基因序列优化是通过改变基因的 DNA 序列来优化其表达和功能。这包括调整密码子使用偏好性、优化启动子和终止子序列、避免结构性 RNA 元件等。通过优化基因序列,可以提高转录和翻译效率,增加蛋白质产量,并降低不正常表达和抑制效应。

(2) 信号序列优化

信号序列是指位于蛋白质 N 端的一段氨基酸序列,用于目标蛋白质的正确定位和定向分泌。优化信号序列可以提高目标蛋白质的转运效率和稳定性,从而增加目标产物的产量和纯度。常用的策略包括调整信号肽长度、改变靶向细胞器和亚细胞定位等。

(3) 降解元件抑制

在代谢工程中,一些代谢产物可能会被细胞内的降解酶迅速降解,从而降低产物的积累和稳定性。为了避免这种情况,可以通过优化基因的结构和序列,或引入降解元件抑制因子,阻断降解酶的作用,提高产物的稳定性和积累。

(4) 转录调控元件优化

转录调控元件包括启动子、增强子和转录因子结合位点等,用于调控基因的表达水平和调控性。通过优化转录调控元件,如调整启动子强度、优化转录因子结合位点、增加增强子的数量和效力等,可以提高目标基因的表达水平,增加产物的产量和稳定性。

(5) 蛋白质稳定性优化

某些蛋白质可能会在细胞内受到蛋白酶的降解,或受到热、酸碱等环境条件的影响而失去活性。为了提高蛋白质的稳定性,可以通过引入特定的突变、蛋白质工程或结构优化等手段,增强蛋白质的抗降解性和稳定性。

(6) 进化策略

利用进化策略,如随机突变和筛选、DNA 重组等,可以通过自然选择或人工筛选获得功能更强或特定性质的变异体。通过连续的进化和选择过程,可以获得具有更高催化活性、产物选择性或稳定性的优化基因。

通过以上的单一基因优化策略,可以提高基因的表达水平、功能和稳定性,进一步优化代谢通路和提高目标产物的产量和纯度。这些策略可以根据具体的基因和应用需求进行灵活组合和调整,以实现最佳的基因优化效果。

4.2.4.2 多基因途径的组合优化

多基因途径的组合优化是指在代谢工程中,对多个基因途径进行组合和调整,以实现更高效、稳定和产物产量更高的代谢过程。

(1) 代谢通路重构

代谢通路重构是将多个基因途径组合成一个完整的代谢通路,并进行调整和优化。这涉及选择适当的基因途径,调节基因表达水平和代谢通路的平衡,以实现更高效的底物转化和产物合成。通过重构代谢通路,可以避免底物流失、代谢通路之间的竞争和抑制效应,提高整体代谢系统的效率。

代谢途径的静态调控见图 4-5。

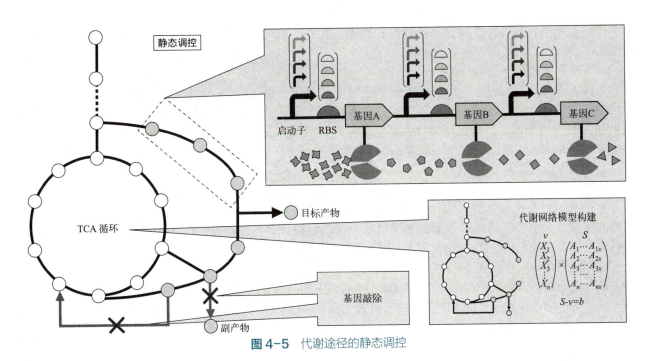

图 4-5 代谢途径的静态调控

（2）通路分割和模块化

多基因途径的组合优化中，通常会将复杂的代谢通路分割为不同的模块，以便更好地进行调控和优化。模块化的好处在于可以针对每个模块进行独立的优化和调整，而不会对整个系统产生过大的影响。通过模块化的设计，可以更好地控制代谢通路的流量、平衡和调节。

（3）协同表达和调控

在多基因途径的组合优化中，不同基因之间的协同表达和调控非常重要。这涉及选择合适的启动子、调节序列和转录因子结合位点，以确保各个基因在适当的时间和水平上被表达。通过协同表达和调控，可以实现代谢通路中各个步骤的平衡和协调，提高整体代谢系统的效率和产物产量。

（4）底物供应和代谢通路配平

在多基因途径的组合优化中，底物供应和代谢通路之间的配平也是非常重要的。底物供应需要与代谢通路的需求相匹配，以确保代谢通路能够充分利用底物，并最大限度地合成目标产物。这可以通过调整底物供应途径、提高底物转运和调节代谢通路中各个酶的表达水平来实现。

（5）进化策略和高通量筛选

多基因途径的组合优化中，可以采用进化策略和高通量筛选来改进代谢通路的效率和产物产量。通过引入随机或有针对性的突变，或者通过引入多样性的基因库，可以获得具有改进功能的变异体。然后通过高通量筛选技术，如高通量测序、高通量代谢分析等，可以快速鉴定和筛选出具有优良性状的基因组合。

通过以上的多基因途径组合优化策略，可以实现代谢通路的高效、稳定和产物产量的增加。这需要综合考虑基因的表达和调控、底物供应、代谢通路的配平和进化策略等因素，并根据具体的代谢需求进行灵活组合和调整，以实现最佳的代谢系统优化效果。

4.2.4.3 基因组简化和重构

基因组简化和重构是代谢工程领域中常用的策略之一，旨在通过去除非必要的基因和重构基因组结构，实现生物的简化和优化。

（1）基因组简化

基因组简化是通过去除生物体中多余、冗余或无功能的基因，减少基因组的复杂性和冗余性。这可以通过基因敲除、基因突变、基因静默等方法来实现。简化基因组可以减少细胞代谢的复杂性，降低基因调控的复杂度，从而使生物更易于理解和操作。此外，基因组简化还可以提高细胞的代谢能力和资源利用效率，从而提高代谢产物的产量。

（2）基因组重构

基因组重构是指通过重新排列和重组基因组中的基因，重新组织代谢途径和调控网络，以实现对生物代谢的优化和改进。基因组重构可以通过引入新的代谢途径、调整代谢通路的顺序和连接方式，以及优化基因的表达和调控，来实现对代谢系统的重构和优化。通过基因组重构，可以增加新的功能模块、优化代谢途径的效率和稳定性，从而提高产物合成的产量和纯度。

（3）基因组设计和合成

基因组设计和合成是指利用合成生物学技术和基因合成技术，设计和构建全新的基因组或基因组片段。通过基因组设计和合成，可以实现对生物基因组的定制和改造，以满足特定的代谢需求。这包括合成基因片段、合成全基因组、重编程基因组等。基因组设计和合成可以为代谢工程提供更大的灵活性和控制性，使得生物的代谢能力和合成潜力得到进一步拓展。

（4）基因组编辑和修饰

基因组编辑和修饰是指利用 CRISPR-Cas9 等基因编辑技术，对生物基因组进行精确编辑和修改。通过引入点突变、插入或删除基因等方式，可以精确地调整基因组的结构和功能，实现对代谢途径的定向改造和优化。基因组编辑和修饰技术可以快速、高效地实现基因组的改造，为代谢工程提供了强大的工具。

通过基因组简化和重构，可以实现生物代谢系统的精简和优化，提高代谢通路的效率和稳定性，增加产物的产量和纯度。这为定向设计和改造生物代谢系统提供了重要的理论和实践基础，推动了代谢工程领域的发展和应用。

4.2.5 "设计－构建－检验－重设计"的特征循环

"设计-构建-检验-重设计"是代谢工程中常用的循环过程，用于优化生物代谢通路和提高目标产物的产量。

4.2.5.1 设计

设计阶段是代谢工程的起点，目标是通过理论分析和计算模拟，制定一个合适的代谢工程方案。在设计阶段，需要明确代谢通路的目标产物，分析代谢途径中的瓶颈和限制因素，并提出改进策略。这包括选择适当的基因和调控元件、确定适当的底物供应途径、调整代谢通路的平衡等。设计阶段通常借助计算机辅助设计工具和模型进行分析和预测，以指导后续的构建和优化过程。

4.2.5.2 构建

构建阶段是将设计好的代谢工程方案转化为实际的生物体系的过程。在构建阶段，需要进行基因克隆、合成和组装，将所需的基因和调控元件组装到目标细胞或细胞工厂中。这涉及基因的插入、替换或删除，构建复杂的代谢通路和调控网络。构建阶段需要借助基因工程技术、合成生物学技术和生物合成技术等手段，以实现代谢工程方案的实际实施。

4.2.5.3 检验

检验阶段是对构建好的代谢工程系统进行验证和评估的过程。在检验阶段，需要对代谢通路和目标产物进行分析和检测，评估其产量、选择性、稳定性和活性等指标。这可以通过代谢产物的分析、酶活性测定、代谢通路的动力学研究等实验手段来实现。检验阶段的结果可以帮助评估代谢工程方案的有效性和可行性，并为后续的重设计提供指导和依据。

4.2.5.4 重设计

重设计阶段是根据检验阶段的结果,对代谢工程系统进行优化和改进的过程。通过分析和评估检验阶段的数据,可以发现代谢通路中的问题和瓶颈,并针对性地进行重设计。这可能涉及调整基因表达水平、优化调控元件、改变底物供应途径、重新组合代谢通路结构等。重设计阶段通常借助计算模型和模拟工具进行策略的优化和方案的评估。通过多次的设计-构建-检验-重设计循环,可以逐步优化代谢工程系统,最终达到预期的目标。

设计-构建-检验-重设计的特征循环是一种迭代的过程,不断地优化和改进代谢工程方案。通过不断地循环执行这一过程,可以逐步提高代谢通路的效率和产物的产量,解决代谢工程中的问题和挑战,最终实现理想的生物合成目标。

"设计-构建-学习-测试"的特征循环见图4-6。

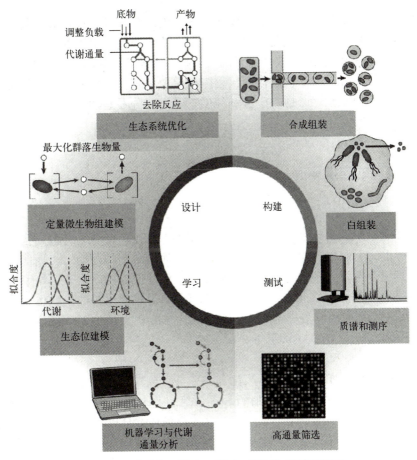

图4-6 "设计-构建-学习-测试"的特征循环

功能模块与底盘适配性分析与评价是在代谢工程中用于评估和选择功能模块与生物底盘之间的相容性和相互作用程度的过程。

(1) 功能模块

功能模块是指代谢工程中的基因、调控元件、酶等组成的功能单元,用于实现特定的代谢功能或调控功能。功能模块可以来自不同的生物体,具有不同的特性和功能。在功能模块的选择和设计中,需要考虑其与目标代谢通路的兼容性、表达水平、催化活性、稳定性等因素。功能模块的选择和设计应基于代谢需求和系统优化的目标。

（2）底盘适配性分析

底盘适配性分析是评估功能模块与生物底盘之间相容性和相互作用程度的过程。底盘是指代谢工程中的宿主生物体，通常是微生物，如大肠杆菌、酵母等。底盘的选择对于功能模块的表达和代谢效率具有重要影响。底盘适配性分析包括以下几个方面：

① 基因表达调控：功能模块在底盘中的表达受到基因调控的影响。底盘适配性分析需要考虑功能模块的调控元件与底盘中的调控网络之间的相容性和互补性。这包括转录因子、启动子、终止子等的匹配和相互作用。适配性分析可以通过文献调研、基因表达数据分析和实验验证等方法进行。

② 代谢通路互补性：功能模块与底盘的代谢通路之间应具有互补性，以实现目标代谢产物的合成。底盘适配性分析需要考虑功能模块所需的底物供应途径、酶催化反应、代谢产物转运等方面与底盘的相容性。这可以通过代谢通路分析、代谢产物分析、代谢网络模拟等方法进行评估。

（3）评价和优化

基于底盘适配性分析的结果，可以对功能模块与底盘的适配性进行评价和优化。评价可以包括表达水平的测量、代谢通路产物的检测、代谢通路的动力学分析等。优化可以通过基因工程策略、代谢调控策略等方式进行，例如调整调控元件、改变底盘的代谢特性、设计新的功能模块等。

功能模块与底盘适配性分析与评价是代谢工程中的重要环节，它可以帮助选择最佳的功能模块和底盘组合，提高代谢通路的稳定性、产物的产量和纯度。通过充分考虑功能模块与底盘的适配性，可以实现更高效的代谢工程设计和优化。

4.2.6 代谢工程育种的典型案例

（1）洛伐他汀

1985 年，首次报道了从西班牙马德里土壤中分离出的一种生产洛伐他汀的特雷氏曲霉。洛伐他汀是一种由真菌土曲霉产生的天然化合物，是治疗高胆固醇血症最常用的药物。洛伐他汀是以乙酸盐和丙二酰辅酶 A 为底物，通过双链反应合成的。通过研究发现，洛伐他汀的产生分别与编码 LNKS 和 LDKS 的 *lovB* 和 *lovF* 基因的表达水平相关。此外，由于洛伐他汀不具有抗氧化特性，ROS 是洛伐他汀生产所必需的，且在转录水平上也可正向调节洛伐他汀的生物合成，在沉默了 *lovE* 基因的启动子区域的转录因子后加强 ROS 积累，洛伐他汀产量增加 70% 至 140%。

（2）雷帕霉素

雷帕霉素是一种由吸水链霉菌产生的天然化合物，具有抗真菌、强免疫抑制活性、抗肿瘤、神经保护和抗衰老活性。在 20 世纪 90 年代初期，麻省理工学院的 Demain 小组证明雷帕霉素是通过聚酮途径形成的。雷帕霉素的核心大内酯环由聚酮合酶（PKS）/非核糖体肽合成酶系统合成，线性聚酮链与 2-哌啶甲酸缩合，然后环化形成大环内酯环。雷帕霉素线性聚酮生物合成的酶域由三种多酶组成，包括 RapA、RapB 及 RapC，共包含了 14 个模块。这三个多酶中，RapA 完成前 4 个聚酮合成链延伸，后 6 个位于 RapB，最后 4 个位于 RapC。然后，线性聚酮合成由 RapP 修饰，于聚酮合成终端增加 L-六氢吡啶羧酸。最后，分子环化，生成前体产物——前雷帕霉素。最后经后 PKS 修饰，生成雷帕霉素（图 4-7）。

为了提高雷帕霉素的产量并优化其性能，研究人员采用了代谢工程技术——一种通过修改微生物宿主以优化代谢途径并增加所需化合物产量的技术。*rapH* 和 *rapG* 是雷帕霉素生物合成中的重要调节基因。通过调控其启动子，分别过表达 RapH 和 RapG，减少了其他内源性调控基因的潜在自我调节干扰，使雷帕霉素的产量增加了 55% 和 32%。此外，通过引入额外的 *rapH* 和 *rapG* 拷贝，雷帕霉素的平均产量增加了 40%。

雷帕霉素的生物合成基因簇见图 4-8。

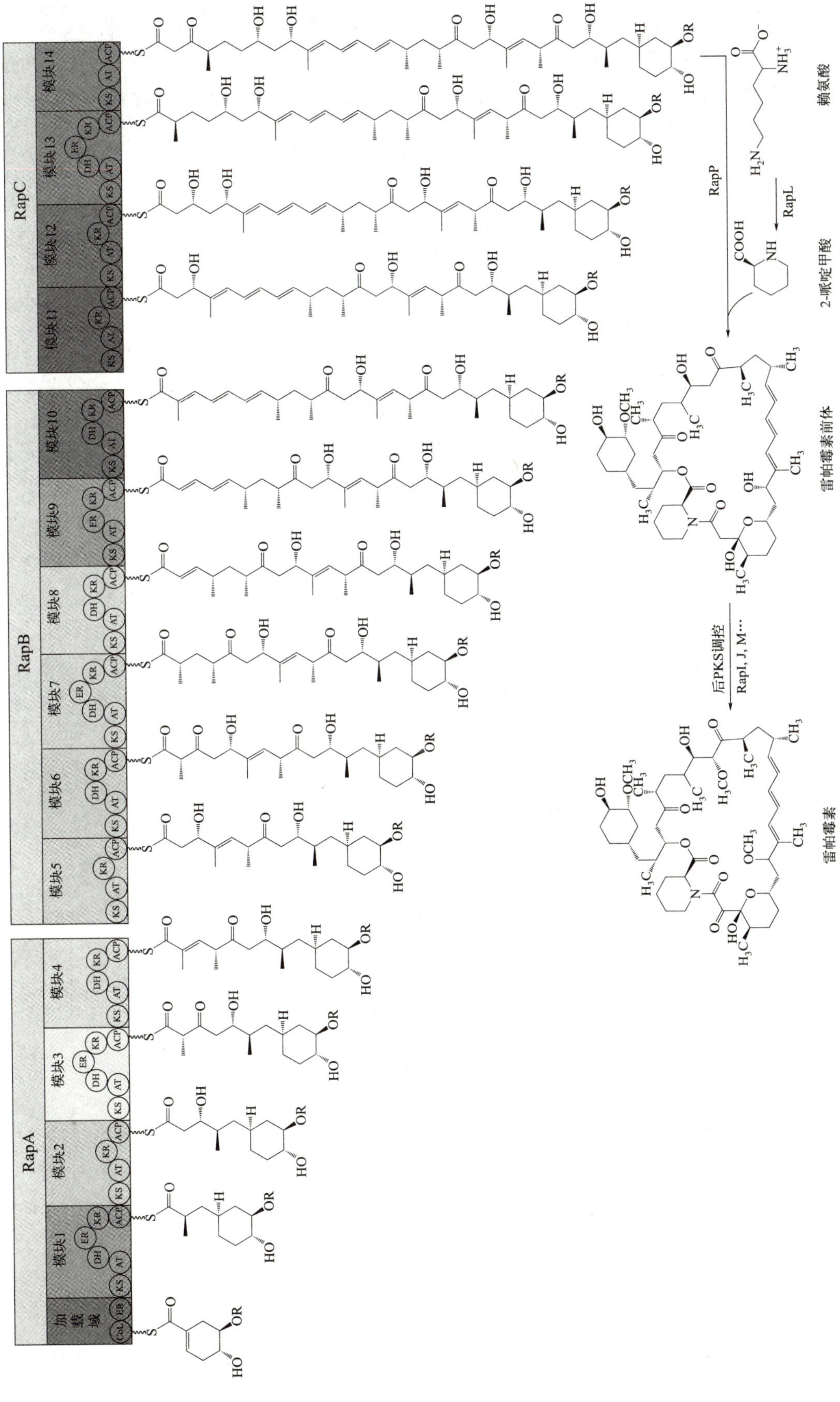

图 4-7 雷帕霉素生物合成途径

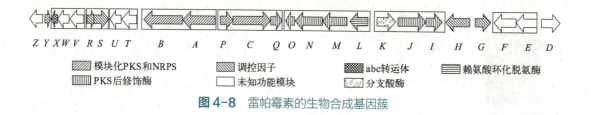

图 4-8 雷帕霉素的生物合成基因簇

4.3 合成生物学育种

本节介绍合成生物学育种，该方法的目标是设计和构建嵌入在细胞内的分子通路，包括代谢反应和信号传递进程等，以实现人工控制和优化微生物生产药物的功能。合成生物学育种方法依靠微生物细胞内的基因组信息，以现代工业化方法进行建设和定义预期的结果。与代谢工程育种不同的是，合成生物学育种可以在细胞水平进行全局优化生产。例如，目前广泛应用的阿司匹林生产中，则应用了工程大肠杆菌，而大肠杆菌在其代谢通路中的产物能够为阿司匹林的生产提供所需的生物合成前体。作为一个新生的领域，合成生物学技术目前在微生物药物生产领域的应用还较为有限，但其应用前景十分广阔。

4.3.1 合成生物学及其原则

合成生物学（图 4-9）是一门新兴的学科领域，它将工程学的原则和生物学的基础知识相结合，旨在设计和构建具有新功能的生物系统。合成生物学的发展为我们开辟了一条创造生命的新途径，对于生物科学和工程技术的发展具有重要的意义。

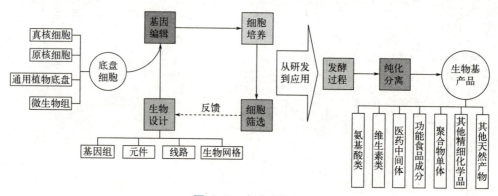

图 4-9 合成生物学

合成生物学的核心原则是基因调控网络的工程化。基因调控网络是生物体内的一系列基因与调控因子之间相互作用的复杂网络。通过合成生物学的方法，研究人员可以重新设计和优化基因调控网络，使其产生特定的功能。这种工程化的方法可以用于改变生物体内的代谢途径、合成有用的化合物、构建新型生物传感器等。

合成生物学的实践依赖于三个基本组成部分：DNA 合成、基因调控元件和宿主生物系统。DNA 合成是指合成生物学研究者根据设计的 DNA 序列，通过化学合成方法合成具有特定功能的 DNA 片段。基因调控元件是指一系列调控基因表达的元件，包括启动子、转录因子结合位点和降解信号等。宿主生物系统是指合成生物学研究者选择的用于构建和测试新功能的生物体，如细菌、酵母等。其应用领域广泛，通过合成生物学的方法，研究者可以改变细菌或酵母等微生物的代谢途径，使其能够高效地合成药物、生物燃料和化学品等。

4.3.2 合成生物系统的调控与优化

4.3.2.1 合成生物系统的单点调控与优化

生物的单点调控与优化是合成生物学领域中的重要概念，其核心思想是通过改变生物系统中的关键因素，调整整个系统的行为。其中，关键节点可以是基因、调控因子、酶或代谢产物等。通过对这些关键节点的调控，可以改变生物系统中的代谢通路、信号传递和基因表达等过程，从而实现特定功能的设计和优化，完成对生物系统的精确操控，使其具备更高的效率、稳定性和可控性。

在实践中，生物的单点调控与优化通常涉及基因工程和基因调控的技术。例如，研究者可以通过基因编辑技术如 CRISPR-Cas9 来精确改变生物体内的基因序列，进而改变特定基因的表达水平或功能。此外，基因调控元件的优化和设计也是生物的单点调控与优化的重要手段。通过设计合适的启动子、转录因子结合位点和调控序列等，可以实现对基因表达的精确调控。生物系统是复杂的，调控一个关键节点可能会对整个系统产生非线性的影响，需要深入理解生物系统的特性和相互作用。

（1）DNA 水平的调控与优化

生物在 DNA 水平的调控与优化是指通过改变 DNA 序列，调整生物体内的基因表达水平和功能，从而实现特定功能的设计和优化。基因编辑技术如 CRISPR-Cas9 使研究人员能够准确编辑基因组，实现对生物体遗传信息的精确操作。通过插入、删除、修饰或替换特定基因序列，从而调控生物体的表型和功能。此外，基因调控元件的设计和优化也是实现基因表达调控的重要手段。例如，通过合理设计启动子、转录因子结合位点等元件，可以实现对基因表达水平的精确控制，进而优化生物系统的功能。

（2）RNA 水平的调控与优化

RNA 水平的调控与优化涉及 RNA 的转录、剪接、修饰和降解等过程。利用 RNA 干扰技术或 CRISPRi 技术，引入特定设计的 RNA 分子使其与目标基因的 mRNA 特异性结合，来抑制目标基因的转录活性，从而降低目标基因的表达水平，实现对基因表达的调控。还可以利用 RNA 修饰酶对 RNA 序列进行特定的修饰，从而影响其功能和稳定性，进而调控生物体的表型。RNA 也可以作为调控元件，用于控制基因表达。一种常见的 RNA 调控元件是 RNA 开关，它是一种可以响应环境信号的 RNA 分子，通过结构转变可以影响靶向基因的表达水平，以应用于生物系统的精确操控和自适应调节。

（3）蛋白质水平的调控与优化

蛋白质水平的调控与优化涉及蛋白质的翻译、后翻译修饰和蛋白质的定位等过程。通过调控转录后修饰过程，如蛋白质的翻译后修饰和蛋白质的定位，实现对蛋白质功能和稳定性的调控。此外，还可以利用蛋白质工程技术来设计和构建具有特定功能和性能的蛋白质，以满足不同应用的需求。蛋白质工程可以通过改变氨基酸序列、重构蛋白质结构等，设计出具有更高活性、更高稳定性、更高工业适应性的蛋白质。

（4）XNA 以及 XNAzymes 的调控与优化

XNA（xeno nucleic acid）是一种人工合成核酸类似物，"X" 代表陌生人或外星人，其骨架与天然存在的 RNA 和 DNA 核酸中的核糖和脱氧核糖不同，天然 DNA 聚合酶无法识别和复制 XNA。XNA 具有一些自然核酸所不具备的优点，例如较高的化学稳定性和可编程性等，可以作为基因编辑和调控的重要工具。利用化学合成技术，可以构建出各种具有不同序列和性质的 XNA 分子。XNA 分子可以与 DNA 和 RNA 互补配对，实现基因调控和编辑。利用 XNA 可以构建出病毒难以识别的抗病毒基因编辑系统、细胞外基因调控系统等应用。XNA 还可以作为药物分子，用于治疗各种疾病。

XNAzymes 是一类由 XNA 而非氨基酸构成的酶，它可以驱动简单的反应，比如切割或拼接小块的 RNA。利用 XNAzymes，可以构建出具有高灵敏度和高特异性的生物传感器、生物催化剂等。同时也说明生命可能始于 RNA 或 DNA 以外的其他东西的可能性。

4.3.2.2 微生物的物质运输与储藏

生物的物质运输与储藏涉及微生物、细胞和生物体内的物质转运、储存和释放机制。常见的物质运输与储藏机制是通过细胞内的液泡系统实现的。液泡是细胞内膜包裹的小囊泡，可以在细胞内部运输和储存物质。通过合成生物学的方法，可以对液泡系统进行优化和工程，以实现对特定物质的定向运输和储存。例如，可以通过调控液泡膜上的蛋白质和脂质组成，实现对药物的包裹和释放，从而实现靶向药物递送和控释。另一种常见的物质运输与储藏机制是通过细胞内的颗粒体实现的。颗粒体是一种细胞内的小颗粒结构，可以用于储存和释放特定的物质。通过合成生物学的方法，可以对颗粒体进行优化和工程，以实现对特定物质的定向储存和释放。通过优化细胞内液泡系统和颗粒体的功能，可以实现对特定化合物的高效储存和积累，从而提高生物合成的产率和质量。

4.3.2.3 微生物在基因组水平的全局调控与优化

全局调控与优化是通过系统生物学的方法对整个生物系统进行综合性分析和优化。这包括对生物体内部各种生物分子的相互作用、信号传导网络、代谢途径等进行深入研究，以揭示生物体内部复杂的调控机制。主要采用基因组的重构和优化及基因调控元件的设计和应用等策略，结合系统生物学的方法，发现并优化生物系统中的关键调控节点，实现对生物体整体性能的调控和优化。

基因组水平的全局调控和优化主要通过基因组工程技术实现，其核心是对生物基因组进行精细的编辑和调控。基因组重构和优化的研究方法和工具主要包括基因合成、基因组编辑和高通量筛选技术。基因合成技术使得科研人员能够根据设计的需要合成全新的基因或基因片段，从而实现对基因组的重构和优化。基因调控元件是指参与基因表达调控的 DNA 序列片段，包括启动子、增强子、转录因子结合位点和终止子等。基因调控元件的设计和构建通常基于两个主要策略：模块化和迭代优化。模块化的方法将调控元件分为独立的功能模块，通过组合不同的模块来构建调控系统。这种方法具有灵活性和可扩展性，可以根据需要设计出多样化的调控系统。迭代优化的方法则通过多轮的实验和优化过程，逐步改进和调整调控元件的性能和特性，以获得更好的调控效果。

4.3.2.4 合成生物学使能技术

使能技术是指一项或一系列的、应用面广、具有多学科特性、为完成任务，而实现目标的技术。

（1）传统的基因打靶技术

传统的基因打靶技术是指利用 DNA 序列的互补性，通过配对碱基的方式实现对特定基因的识别和切割。这种技术通常使用一种叫做"锚定"的引物来引导切割酶对目标基因进行切割，从而实现基因的敲除、插入或修饰。传统的基因打靶技术的优点是简单易行、技术成熟，且对于一些单一基因的敲除和修饰效果较好。然而，该技术也存在一些限制和局限性，如：

① 靶基因的选择受到限制：传统的基因打靶技术通常需要在目标基因的编码区域中选择一个合适的靶位点进行切割，因此对于非编码区域或者不易被靶向的基因，其效果会受到限制。

② 可能导致非特异性的切割：传统的基因打靶技术在寻找合适的靶位点时可能会出现误切现象，导致对非目标基因的不必要切割。

③ 基因打靶技术的效率较低：传统的基因打靶技术往往需要进行多轮实验，以获得最佳的敲除、插入或修饰效果，且对于复杂的基因组操作来说，效率往往较低。

为了克服传统的基因打靶技术的一些局限性，近年来出现了一些新的基因编辑技术，如 CRISPR/Cas9 系统、TALEN 等。这些技术能够在特定基因序列中识别和切割非常精确的靶位点，从而实现高效、精准的基因编辑。

（2）生物基因组编辑技术

锌指核酸酶（ZFN）是由Fok Ⅰ核酸酶结构域和多个锌指蛋白结构域组成的人工核酸酶，锌指蛋白结构域能够与DNA序列的特定位点结合，并引导Fok Ⅰ核酸酶切割DNA链。ZFN的设计和构建需要耗费大量时间和精力，因为需要确定合适的锌指蛋白结构域序列来与目标基因的DNA序列相匹配，而且由于不同基因的DNA序列差异很大，因此ZFN的设计和构建也是非常复杂的。虽然ZFN在基因编辑领域被广泛应用，但其在实践中的应用受到了许多限制，如设计难度、活性低下、不可避免的非特异性识别和高昂的成本等。

转录活化样效应核酸酶（TALEN）是由特定的转录激活因子结构域和Fok Ⅰ核酸酶结构域组成的人工核酸酶，与ZFN类似，TALEN也需要特定的序列结构来与目标DNA序列结合。与ZFN相比，TALEN具有更大的特异性和更高的活性，并且在构建时可以采用模块化的方法，使其更容易操作。由于其优越的特异性和更好的可操作性，TALEN已成为目前基因编辑领域中应用最广泛的工具之一。

CRISPR-Cas9技术是目前最受关注的基因编辑技术之一，其优点在于具有高效、精准和经济的特点。CRISPR（clustered regularly interspaced short palindromic repeats）是一种天然存在于细菌和古细菌中的免疫系统，可以识别、切割并摧毁入侵细菌的外源DNA分子。Cas9是CRISPR系统中的核酸酶，能够引导CRISPR识别和切割特定的DNA序列。

在基因组编辑中，CRISPR-Cas9技术主要通过两个关键因素实现：第一个因素是CRISPR RNA（crRNA），它具有与目标DNA序列互补的序列，可以指导Cas9定位和切割目标DNA。第二个因素是tracrRNA（trans-activating crRNA），它可以与crRNA结合形成复合物，并激活Cas9的核酸酶活性。

CRISPR-Cas9技术可以通过不同的方式应用于基因组编辑。最常见的方法是利用合成的crRNA和tracrRNA构建sgRNA（single guide RNA，单引导RNA），这种sgRNA可以同时识别目标DNA序列，并指导Cas9进行切割。此外，CRISPR-Cas9技术还可以通过调节Cas9和sgRNA的表达水平，实现对基因的调控和修改。例如，可以通过在目标细胞中引入负责Cas9表达的质粒和特定的sgRNA，实现基因敲除、点突变、插入或替换等功能。

在合成生物学中，CRISPR-Cas9是一种强大的基因编辑技术，已经引起了广泛的关注和应用。CRISPR-Cas9利用细菌天然的免疫系统中的CRISPR序列和Cas9（CRISPR-associated protein 9）酶，实现对基因组的定点编辑和修饰。结合Fok Ⅰ酶的引入，可以进一步提高CRISPR-Cas9技术的精准性和效率。

CRISPR-Cas9的基本原理是利用CRISPR序列导向Cas9酶靶向特定的DNA序列。CRISPR序列是由一系列重复的DNA序列和介于其间的间隔序列组成。这些间隔序列来自细菌对病毒和外源DNA的免疫记忆。CRISPR序列与Cas9酶结合后，可以通过引导RNA（gRNA）的配对，将Cas9酶定向到特定的基因组位置。一旦Cas9酶与目标DNA序列结合，它会引导Fok Ⅰ酶的引入，从而促使DNA双链断裂，并触发细胞的修复机制。

引入Fok Ⅰ酶的CRISPR-Cas9系统具有更高的特异性和精准性。Fok Ⅰ酶是一种受限内切酶，它需要在目标位点上形成双链切割才能发挥作用。因此，引入Fok Ⅰ酶可以避免Cas9酶在非特定位点上的非特异性切割。通过设计合适的gRNA和引入Fok Ⅰ酶，可以将CRISPR-Cas9系统的编辑效率和特异性进一步提高。

结合Fok Ⅰ的CRISPR-Cas9技术在基因组编辑领域具有广泛的应用潜力。它可以用于基因的敲除、点突变的引入、基因的修饰和调控等多种应用。例如，在医学研究中，结合Fok Ⅰ的CRISPR-Cas9技术可以用于研究与疾病相关的基因突变，揭示其功能和疾病机制。此外，该技术还可以用于生物农业领域，例如改良作物品质、提高抗病性和适应性等。

然而，结合Fok Ⅰ的CRISPR-Cas9技术也存在一些挑战和限制。其中一个挑战是确保编辑的准确性和特异性。引入Fok Ⅰ酶的同时增加了技术的复杂性，并可能引起非特异性切割。此外，对于某些基因组位置，由于其特定的结构或环境，Fok Ⅰ酶的引入可能不够有效。

综上所述，结合Fok Ⅰ的CRISPR-Cas9基因编辑技术是合成生物学中一种强大的工具，可以实现高效、特异性和精准的基因组编辑。通过引入 Fok Ⅰ酶，可以提高编辑技术的特异性和准确性。尽管面临一些挑战和限制，这一技术在医学、农业和生物工程等领域具有广泛的应用潜力，并有望推动基因编辑技术的进一步发展和应用。

CRISPR-Cas9 技术见图 4-10。

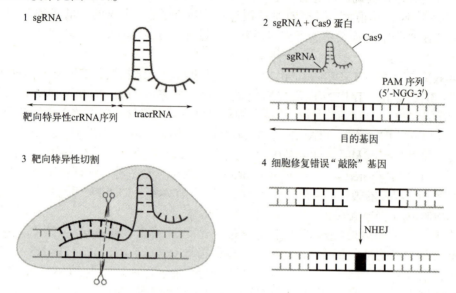

图 4-10　CRISPR-Cas9 技术

与其他基因编辑技术相比，CRISPR-Cas9 技术具有很多优点。首先，它可以精确、高效地实现基因组编辑，具有较低的离靶效应。其次，它的实验设计和执行相对简单，不需要高度复杂的技术操作和设备，因此更易于在各种生物系统中应用。此外，由于 CRISPR-Cas9 技术可以实现对多个基因的同时编辑，因此它可以用于基因组广泛的研究和应用场景，包括基因功能分析、基因治疗、农业改良等领域。

然而，CRISPR-Cas9 技术仍然存在一些挑战和限制。例如，由于 Cas9 蛋白的大分子量和特定结构，它很难通过细胞膜进入细胞内部，因此需要使用转染、病毒感染或直接微注射等方法实现外源 Cas9 和 sgRNA 的输送。此外，CRISPR-Cas9 技术也面临着一些道德和伦理问题，例如是否应该使用基因编辑技术来修改人类胚胎和生殖细胞等问题。

总的来说，CRISPR-Cas9 技术是一种非常有前景和潜力的基因编辑技术，具有高效、精准和经济等优点，可以用于各种生物系统的基因组研究和应用。随着技术的不断改进和完善，相信 CRISPR-Cas9 技术将在未来发挥更为重要的作用，并为生物医学、生物工程和农业等领域的发展做出重要贡献。

（3）基因组大片段的插入、删除和剪切-粘贴

插入：插入是合成生物学中常用的基因组编辑技术，用于在目标基因组中引入外源 DNA 片段。这项技术通常利用 CRISPR-Cas9 系统实现。首先，设计合适的引导 RNA（gRNA），使其能够与目标基因组中的特定位点配对。然后，将 Cas9 核酸内切酶与 gRNA 共转染到细胞中，Cas9 将会与 gRNA 结合并识别目标位点，随后在该位点引发 DNA 双链断裂。接着，外源 DNA 片段会通过同源重组或非同源末端连接等方式被精确地插入到目标位点上。这样，就实现了对基因组的精准编辑，引入了新的基因信息。

删除：删除是指从基因组中移除特定 DNA 片段的过程。这一操作同样依赖于 CRISPR-Cas9 系统。首先，设计合适的 gRNA，使其能够在目标 DNA 片段上形成 RNA-DNA 双链杂交，引导 Cas9 在目标位点引发双链断裂。随后，细胞会利用非同源末端连接或同源重组等 DNA 修复机制，将断裂的 DNA 片段删除掉。通过这种方式，可以实现对基因组的精确修剪，删除特定的基因或 DNA 区域。

剪切-粘贴：首先，在指定的 DNA 序列上引入一个双链切口，然后，通过设计另一组 RNA 序列和外来 DNA 序列，在切口处引入新的 DNA 序列，并通过 DNA 修复过程将新的 DNA 序列插入到基因组中。这

种技术的优势是它可以在不破坏基因组结构的情况下实现基因组序列的修改和插入。这一过程通常需要利用核酸内切酶或 CRISPR-Cas9 系统来实现剪切，然后通过 DNA 修复机制将外源 DNA 片段粘贴到剪切位置。

（4）宏基因组学和比较基因组学

宏基因组学和比较基因组学是合成生物学中的两个重要分支。它们通过研究生物体内所有基因组的 DNA 序列和功能，帮助我们更好地理解生物体的结构和功能，揭示生物体的进化历程，以及探索生命的本质和奥秘。

宏基因组学是研究微生物群落基因组组成和功能的学科。它主要关注微生物群落的基因组结构和功能，以及微生物群落与生物地球化学循环的关系。微生物群落是由多种微生物组成的生态系统，包括细菌、古菌、真菌、原生动物和病毒等。它们生活在各种环境中，如土壤、水体、海洋和人体等。宏基因组学通过对微生物群落中的所有微生物的基因组进行研究，揭示了微生物群落的多样性和功能，并提供了一些新的应用，如发现新的抗生素、生物燃料、生物降解剂等。

比较基因组学是研究不同物种基因组之间的相似性和差异性的学科。它通过对不同物种的基因组进行比较和分析，揭示了不同物种之间的进化关系和演化历史。比较基因组学的研究内容包括基因组大小、基因家族、基因表达、蛋白质结构和功能等。它对于理解物种之间的相似性和差异性，以及生命的进化历程有着重要的作用。比较基因组学的应用包括分子进化研究、系统发育分类学、遗传疾病诊断等。

宏基因组学和比较基因组学的发展离不开高通量测序技术和生物信息学的发展。高通量测序技术可以快速、高效地获得大量的 DNA 序列数据，而生物信息学可以帮助我们对这些数据进行分析和解读。随着这些技术的不断发展，宏基因组学和比较基因组学在生命科学研究和应用中的作用将会越来越重要。

但由于宏基因组学和比较基因组学涉及的数据量非常大，数据复杂性也很高，因此需要先进的生物信息学分析技术和工具来处理和解读这些数据。尽管我们已经可以快速地获得大量的基因组数据，但是仍然存在许多基因和基因功能未知或不确定的情况，因此需要进一步的实验和验证。

此外，宏基因组学和比较基因组学的应用也存在一些限制。比如，宏基因组学的研究对象主要是微生物群落，而这些微生物的生态系统和代谢途径非常复杂，因此需要进一步研究和探索。另外，比较基因组学的应用也受到物种选择和数据质量的限制，有些物种的基因组序列还没有得到完整和准确的测序，这给比较基因组学的研究带来了挑战。

4.3.3　合成生物学育种在微生物药物合成中的应用实例

合成生物学的出现和发展，为复杂天然产物的绿色高效合成提供了新的思路。大自然是伟大的化学家，它通过基因编码生物合成酶来催化合成天然产物。"师法自然"的合成生物学育种已经在全合成领域获得了诸多应用。

（1）抗生素万古霉素

万古霉素来自土壤细菌东方拟无枝酸菌（*Amycolatopsis orientalis*），是一种糖肽类抗生素药物，用于治疗多种细菌感染。细胞色素 P450 OxyD 参与修饰氨基酸 β-R-羟基酪氨酸的生物合成，它是万古霉素型苷配元生物合成的必需前体。此外，基因簇中 *mbtH* 基因是万古霉素生物合成所必需的。通过过表达同源和非同源的 *oxyD* 和 *mbtH* 基因，万古霉素产量增加了 80%。

（2）链激酶

链激酶于 1933 年从 β-溶血性链球菌中发现，是一种溶栓药物，通过非酶机制激活纤溶酶原。用于心肌梗死（心脏病发作）、肺栓塞和动脉血栓栓塞情况下的血栓分解。参与链激酶合成的关键基因包括编码链激酶的 *ska* 基因，精确构建的 *fasX* 等位基因。FasX 是一种真正的 sRNA，可在转录后调节 *ska* 的产生，在增强 *ska* 转录稳定性后，*ska* 活性增加 10 倍。

（3）红霉素

红霉素于 1952 年首次从细菌中分离出来，是一种抗生素，用于治疗多菌感染，包括呼吸道感染、皮肤感染、衣原体感染、盆腔炎和梅毒。通过与红霉素生物合成基因 *eryAI* 和抗性基因 *ermE* 的低亲和力启动子区域相互作用来激活其转录，在上调 *eryAI* 和 *ermE* 的转录表达后，产量提高了约 322%。此外通过引入外源 S- 腺苷甲硫氨酸合成酶，抑制了孢子形成，红霉素的滴度增加 132%。

 拓展阅读

访生物化工专家
沈寅初先生

 总结

- 非理性育种
  - 自然育种是通过对天然菌株进行筛选和培育，利用其自身遗传变异的优势来获得具有所需性状的菌株。
  - 诱变育种则是通过物理或化学手段诱发微生物的突变，以期获得目标特性。
  - DNA 损伤的修复方式包括：错配修复、直接修复、切除修复、重组修复、应急反应。
  - 低能离子注入育种和杂交育种则是在育种过程中引入外源性基因或进行不同菌株间的杂交，以改良菌株性状。
- 代谢工程育种
  - 代谢工程育种通过调控微生物的代谢通路、合成途径以及基因表达水平来改良微生物的代谢性能，从而增强产物的合成效率和产量。
  - 特征循环则是代谢工程育种中一个重要的策略，通过不断地设计、构建、检验和重设计微生物菌株，实现对其性状的精确调控。
  - 影响生物底盘细胞在代谢工程中的主要因素：基因组大小和复杂性、代谢通路和功能基因的存在、细胞生长和代谢特性、合成物质的纯度和分离。
  - 基因的调控方法包括：转录水平的调控、翻译水平的调控以及后转录水平的调控。
  - 影响代谢途径的主要因素包括：底盘细胞、基因表达水平、酶活性、营养物质的不足、代谢产物的积累。
- 合成生物学育种
  - 合成生物学通过设计和构建新的生物系统，实现对微生物代谢通路和产物合成途径的精确调控，从而提高微生物药物的生产效率和产物质量。
  - 蛋白质水平的调控与优化的应用包括：蛋白质表达优化、蛋白质工程、蛋白质功能研究。
  - 微生物的物质运输与储藏包括：细胞外囊泡、分泌系统、存储颗粒。基因调控元件的设计原理包括：启动子工程、增强子工程、抑制子工程。

 工程 / 思维训练

雷帕霉素（rapamycin），药品通用名西罗莫司，是一种含氮三烯 32 环的大环内酯类化合物，具有抗真菌、抗肿瘤、强免疫抑制活性，现主要运用于肾移植的抗排异治疗。雷帕霉素通过抑制白细胞介素 -2 从而阻碍激活 T 细胞及 B 细胞来抑制免疫。雷帕霉素首次发现于复活节岛土壤样品内吸水链霉菌产物中，雷帕霉素即得名于复活节岛在波利尼西亚语中的名字雷帕岛（Rapa Nui）。合成生物学和代谢工程技术的发展为该类微生物药物的生产提供了新的思路。

负责雷帕霉素生物合成的基因已被确定,其中 PKS 具有三个巨型的开放阅读框分别编码巨型复合酶 RapA、RapB 和 RapC,该部分在 4.2.6 中已做介绍。DHCHC 是由 RapK 水解分支酸生物合成的。*rapL* 基因编码 L- 赖氨酸环化脱氨酶,其可将 L- 赖氨酸转化为聚酮合成末端所需的 L- 六氢吡啶羧酸。*rapP* 基因嵌于 PKS 基因之间,并与 *rapC* 翻译耦合,共同负责结合 L- 六氢吡啶羧酸、链末端终止及前雷帕霉素的环化。在后 PKS 修饰中,核心大环首先由 RapI、腺苷甲硫氨酸依赖型氧甲基化酶修饰,C39 甲氧基化。第二步由 RapJ、细胞色素 P450 修饰,C9 加羧基。第三步,另一个甲基化酶、RapM 甲氧基化 C16。第四步,另一个 P450 酶、RapN 在 C27 加羟基,并紧接着由不同的甲基化酶、RapQ 将 C27 甲氧基化,最终形成雷帕霉素。最后,*rapG* 和 *rapH* 已被确定为编码通过控制 PKS 基因的表达来积极调节雷帕霉素合成的酶(图 4-11)。

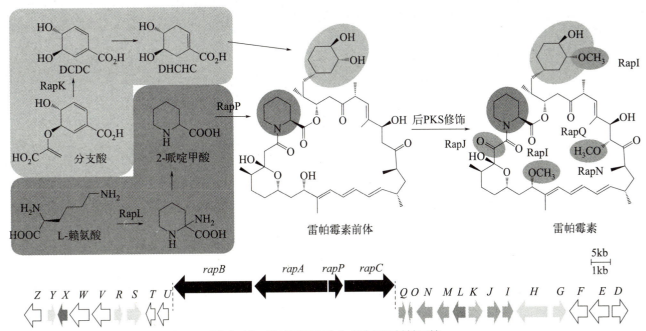

图 4-11 雷帕霉素生物合成途径及其基因簇

假设你正在研究吸水链霉菌表达系统,目标是增加雷帕霉素的产量。但该表达系统存在中间产物积累、侧链修饰效率不均匀等问题。此外,对雷帕霉素合成途径关键细胞色素 P450 酶,一般需要额外的辅因子(NADPH、甲基化供体等)协助完成反应。

能力训练:
(1)选择哪种调控方法来增加关键酶的表达量?
(2)提高雷帕霉素产量的策略。

课后练习

1. 工业微生物菌种自然选育的步骤有哪些?
2. 诱变育种中出发菌种的选择应该遵循哪些原则?
3. 为什么不同类型的生物底盘细胞在代谢工程中具有不同的适用性?
4. 请解释产物在代谢循环中的位置是什么意思,并列举确定其位置的方法。
5. 请解释生物在蛋白质水平进行调控的机制,并举例其在合成生物学中的应用。
6. 请说明基因调控元件的设计原理是什么,其在合成生物中有哪些应用?

第五章　微生物药物的发酵生产

现代发酵工程在传统发酵工业的基础上，结合现代生物科学与生物过程控制技术的巨大进步，使现代发酵工业的生产水平大大提高，工业发酵技术已成为解决人类面临的能源、资源和环境等持续性发展课题的关键技术，显示出强大的生命力。发酵生产是微生物药物制造的重要组成部分，是利用微生物为大规模工业生产微生物药物服务的一门工程技术，是微生物药物产业化的核心环节，在微生物药物产业的发展中起举足轻重的作用。本章以典型微生物药物发酵生产过程为主线，以过程优化放大为重点，内容包括培养基的设计与优化、发酵过程控制与优化、发酵放大等。涵盖了从实验室小规模发酵、中试规模发酵到大规模工业发酵等过程。本章以高强度、高转化率、低成本、低污染为目标，系统讲授微生物药物发酵的基本原理与技术及其应用。

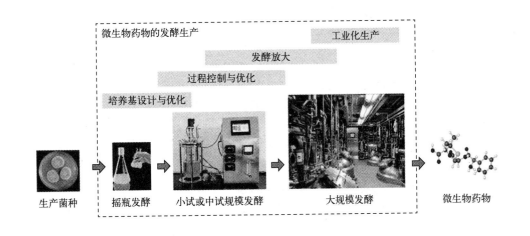

知识导图

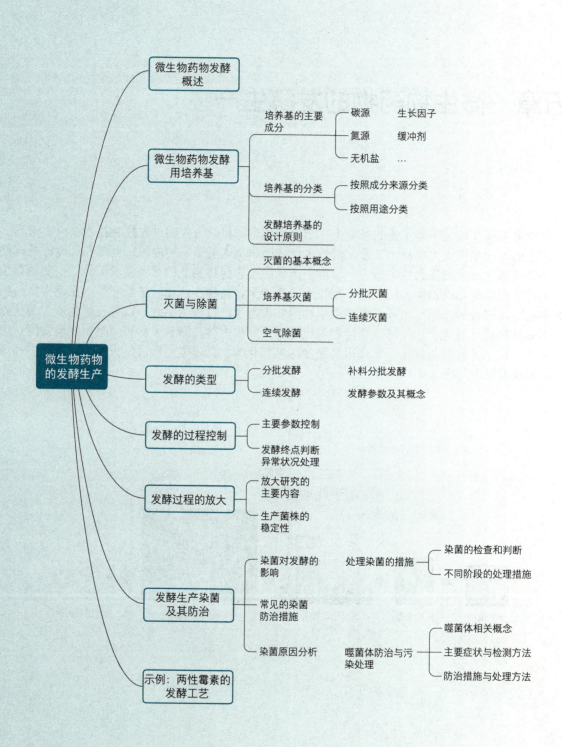

为什么学习微生物药物的发酵生产？

微生物药物发酵生产从菌株构建到最终走向市场一般要经过实验室小试、中试等，各环节的发酵过程对于产量和质量控制至关重要。首先，培养基的配方直接关系到微生物的生长和代谢产物的合成，不恰当的营养成分会影响药物产量和质量。其次，选择合适的灭菌方法是为了防止有害微生物污染。在补料发酵的过程中，如何控制营养物质的添加和环境条件，如温度和pH，会直接影响微生物的生理状态及药物分子的形成。最后，将实验室级别的发酵过程放大到工业生产规模时，必须精确复制小规模发酵的条件，确保药物的稳定性和活性。任何放大过程中的偏差都可能带来不可预见的质量变异。因此，为了生产出质量一致、符合标准的微生物药物，对这些步骤的精确控制是不可或缺的。另外，噬菌体是一种特殊类型的病毒，它们专门感染细菌，可以迅速扩散并破坏整个微生物培养体系。一旦噬菌体污染发生，不仅会导致微生物的大量死亡，减少有效产物的生成，还会影响药物的纯度和安全性。

因此，在微生物药物生产中，掌握精确的发酵操作对于确保高品质最终产品至关重要，是本章需要掌握的内容。

学习目标

- 掌握微生物发酵生产的概念。
- 掌握培养基及发酵过程设计。
- 掌握各种灭菌方式并做出正确选择。
- 了解发酵条件的监测、调控及对产物合成的影响。
- 掌握各种补料分批发酵的优缺点。
- 了解发酵动力学以帮助优化发酵条件，提高产量和效率。
- 了解发酵过程放大中的影响因素。
- 掌握如何避免噬菌体侵染及染菌处理措施。

5.1　微生物药物发酵生产概述

微生物药物是通过微生物的生物催化活性产生的活性成分或制品。微生物可以是天然存在的菌株，也可以是经过基因工程和代谢工程改造的菌株。微生物药物的生产依赖于微生物菌株的生物催化能力，即利用微生物菌株的代谢活性和酶系统来合成药物的活性成分。微生物药物具有多样性，可以包括多种不同类型的活性成分，如抗生素、多肽、蛋白质、疫苗等，它们的结构和功能通常比较复杂。微生物药物在医疗领域有广泛的应用，用于治疗感染性疾病、癌症、自身免疫疾病等多种疾病。此外，微生物药物还用于农业领域，如植物保护和生物农药等。

微生物药物的发酵生产是利用微生物菌株在合适的培养条件下进行大规模生长和代谢产物生产的过程。研究内容包括菌种扩大培养、发酵罐或生物反应器的准备、发酵培养基的准备、菌种接种、发酵过程控制、发酵过程监测与调控及发酵结束和产物提取。发酵生产是微生物药物制造过程中的关键步骤，需要密切监测和控制，以确保产物的质量、产量和一致性。同时，良好的工艺设计和操作实践对于提高微生物药物的生产效率和经济性也非常重要。

5.1.1 微生物药物发酵生产的发展历程

（1）传统微生物药物发酵

传统微生物药物发酵阶段，大约从20世纪初至20世纪中期，微生物药物的生产主要集中在自然分离的微生物菌株，其中青霉素是一个典型的代表。

青霉素是一种由苏格兰生物学家亚历山大·弗莱明（Alexander Fleming）于1928年首次发现的抗生素，对多种细菌具有抑制作用，尤其是革兰氏阳性细菌。弗莱明的实验室研究主要集中在溶菌酶（一种能够分解细菌细胞壁的酶）的领域。在1928年9月3日，弗莱明在伦敦圣玛丽医院的实验室进行细菌研究时，他注意到在培养皿上的细菌周围有一些青绿色的霉菌，而在这些霉菌附近的细菌却不再生长。弗莱明开始详细观察这一现象，并确定是由霉菌分泌的物质导致了对细菌的抑制。

青霉素的发现被认为是医学历史上的重大突破，因为它为治疗许多感染病症提供了有效的方法。这一发现被认为是现代抗生素时代的开端，对医学和药物治疗产生了深远的影响。青霉素的发现开创了抗生素时代，推动了许多其他抗生素的发现和开发。

初期的青霉素生产过程相对简单。通过培养基中的养分供给，培养皿中的青霉菌产生青霉素。发酵过程相对基础，主要依赖于微生物的自然生长条件。埃尔斯·伊夫里和露西·韦瑟利·莱斯利等人在青霉素生产工艺的改进中发挥了重要作用。伊夫里在改进青霉素生产方面的工作主要集中在提高发酵工艺和提纯技术上，使得青霉素的产量大幅提高，从而使其更广泛地用于医疗。伊夫里与霍华德·弗洛里及亚历山大·弗莱明一起获得了1945年的诺贝尔生理学或医学奖，以表彰他们在抗生素研究方面的卓越贡献。露西·韦瑟利·莱斯利是一位英国的营养学家，她的工作主要集中在孕妇贫血的研究上。在20世纪40年代，莱斯利进行了一项关于孕妇贫血的研究，她发现一种能够改善贫血症状的物质。后来证实，这种物质是由一种特殊的B族维生素构成，后来被称为莱斯利因素（Leslie factor）或B9因子。莱斯利因素的发现在青霉素生产中发挥了关键作用，因为它被用于改进青霉素发酵过程中的培养基，从而提高了青霉素的产量。通过改进发酵技术和培养基，科学家们逐渐实现了青霉素的大规模生产，以满足日益增长的医疗需求。埃尔斯·伊夫里和露西·韦瑟利·莱斯利等人的工作对青霉素的大规模制造和应用做出了巨大贡献，使得这一抗生素能够在临床上广泛使用，挽救了无数生命。

传统微生物药物发酵在过去几十年中为生产各种抗生素、抗真菌药物、激素和其他生物制品提供了可靠的方法。然而，随着生物技术的发展，现代生物制造方法也得到了广泛应用，其中包括利用基因工程技术改良微生物以生产药物。这些现代方法通常更具精准性和效率，但传统的微生物药物发酵仍然在某些情况下保持着重要性。

尽管传统微生物药物发酵在制备一些重要的生物制品中取得了成功，但它也存在一些局限性。传统发酵过程可能会受到微生物天然合成能力的限制，导致目标产物的产量相对较低。某些微生物菌株可能不适合生产特定类型的药物。在传统发酵中，选择性的基因工程修改受到限制，无法像现代生物技术方法那样精确地调控代谢途径。传统微生物药物发酵通常需要较长的时间，因为微生物的生长和代谢是一个相对慢的过程。这使得生产周期较长，不适合应对急迫的医疗需求。传统发酵过程中，微生物的生长受到多种因素的影响，如培养基成分、环境条件等，这可能导致产品的一致性和质量难以稳定。传统发酵过程中产生的大量废水和废料可能带来环境问题。处理这些废物可能需要复杂的处理步骤，增加了生产的成本。传统发酵生产线的改变和调整通常较为复杂，且成本较高。这使得难以快速适应新的制造技术或生产需求。

（2）近代微生物药物发酵

近代微生物药物发酵的发展可以追溯到 20 世纪后半叶至 21 世纪初。这一时期涌现了许多关键的科学突破和技术创新，推动了微生物药物制造的现代化。1953 年，世界卫生组织（WHO）推动了青霉素的全球生产，使其成为世界上第一个大规模生产的抗生素。20 世纪 60 年代，青霉素的大规模工业生产成为常规，开启了广泛应用于医疗领域的抗生素时代。1982 年，重组人胰岛素首次由大肠杆菌成功表达和生产，标志着生物技术在微生物药物发酵中的应用。1987 年，世界上第一种获得批准的基因工程药物——赫赛汀（hepatitis B vaccine），开始由酿酒酵母生产。近代微生物药物发酵利用基因工程技术，通过改良微生物的遗传信息，实现对特定药物的精准合成。这种方法提高了产量、质量和生产的可控性。

（3）现代微生物药物发酵

现代微生物药物发酵是指在 20 世纪末至 21 世纪初，随着基因工程、生物技术和合成生物学的迅猛发展，微生物药物发酵领域取得一系列重大进展。2006 年，第一种由大肠杆菌生产的抗体药物艾美仙（Erbitux）获得批准上市。2012 年，利用大肠杆菌成功生产口服疫苗 Rotarix，用于预防轮状病毒感染。CRISPR-Cas9 基因编辑等技术的出现使现代微生物药物发酵不仅限于基因表达，还包括对微生物菌株基因组的精准编辑，推动微生物菌株的优化，提高产量和药物质量。微生物药物的生产系统逐渐变得更加多样化，包括大肠杆菌、酵母菌、真菌等。生产过程中注重工艺的数字化和智能化，提高生产效率和可控性。利用最新的基因编辑和合成生物学技术，现代微生物药物发酵更具灵活性和定制性，可以实现更复杂的生物制品的高效生产。

当代微生物药物发酵涵盖了 21 世纪初至今的发展阶段，其中科学技术的进步推动了微生物药物制造的现代化。CRISPR-Cas9 技术在微生物药物发酵中的广泛应用，通过基因编辑，实现微生物菌株的精准调控，提高药物产量和质量。利用合成生物学的原理，设计和构建微生物菌株，以实现对生产过程的精准控制。利用微生物发酵生产新型疫苗，应对全球传染病的挑战。当代微生物药物发酵在技术手段和生产理念上都取得了显著的进展，为更高效、可持续、创新性的微生物药物制造提供了坚实基础。这些发展不仅推动了传统微生物药物制造的现代化，也为新型治疗药物的研发提供了更广阔的可能性。

（4）中国微生物药物发酵工业

我国微生物发酵制药技术起步较晚，20 世纪 50～70 年代，中国开始建立和发展微生物药物发酵生产技术。这一时期，主要生产抗生素类药物，如青霉素、头孢菌素等。发酵生产设备和工艺逐步完善，生产规模逐渐扩大。

20 世纪 80 年代，随着基因工程技术的兴起，中国开始引进和应用基因重组技术在微生物药物的发酵生产中。首批基因重组蛋白质药物如重组人胰岛素和重组人生长激素在中国获得生产批准，并取得了较好的市场表现。20 世纪 90 年代，中国开始加大对微生物药物发酵生产的研发和投入。多个国内制药企业建立了研发中心和生产基地，致力于开发新的微生物药物，优化发酵工艺，提高产品质量和效益。

21 世纪初至今，中国在微生物药物发酵生产领域取得了长足的发展。国家政策对生物制药产业的支持力度加大，促进了技术创新和产业升级。许多重要的微生物药物如重组抗体药物、疫苗、干扰素等在中国得到了大规模的生产。我国在微生物菌株改良、发酵工艺优化、培养基研发等方面积极开展技术创新，不断提升发酵生产的效率和质量。同时，也与国际合作伙伴展开交流与合作，加强技术引进和转化，提高国际竞争力。

目前，我国在微生物药物发酵生产领域取得了显著的发展，并成为全球重要的制药生产基地之一。我国是世界上最大的抗生素生产国之一。抗生素生产能力在过去几十年不断增强，并形成了完整的产业链，涵盖了青霉素、头孢菌素、氨基糖苷类、大环内酯类等多个抗生素品种。抗生素产品远销全球，为国内外市场提供了大量的抗生素药物。在生物制剂领域，多个重要的生物制剂，如重组蛋白质药物、疫苗、干扰素等在国内得到了大规模的生产。生物制剂生产企业在技术水平、生产能力和市场份额方面均具竞争优势,并积极开展创新研究,提升产品质量和疗效。另外,我国在微生物药物发酵生产技术创新和研发方面加大了投入。许多高水平的研究机构和制药企业在微生物菌株改良、发酵工艺优化、新型培养基研发等方面取得了重要突破。同时,政府也鼓励创新药物的研发和推广,为微生物药物的发酵生产提供了政策支持和资金支持。我国在微生物药物发酵生产中加强了质量管控和国际合作。制药企业积极引进国际先进的质量管理体系和标准,加强 GMP 认证,并不断提升产品质量和安全性。同时,中国的制药企业也与国际合作伙伴展开合作,在技术交流、共同研发和市场拓展等方面取得了良好的成果。

当前,微生物药物的发酵生产已经成为一项成熟的技术,涵盖了广泛的应用领域,包括抗生素、疫苗、生物制剂等。未来,随着基因编辑和合成生物学等技术的发展,微生物药物的发酵生产将进一步优化和创新,以满足不断增长的医疗需求。

5.1.2 微生物药物发酵生产流程及类型

5.1.2.1 微生物药物发酵生产的一般流程

微生物药物发酵生产是指利用微生物(如细菌、真菌、酵母等)进行发酵生产药物的工业过程。利用微生物菌种通过发酵过程产生目标药物,如抗生素、蛋白质药物、疫苗等。微生物药物发酵生产的一般流程如图 5-1。

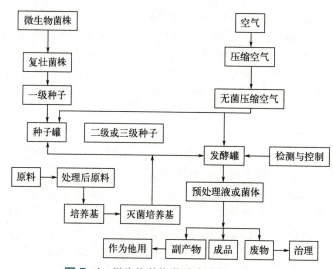

图 5-1 微生物药物发酵生产的一般流程

(1)微生物菌种的筛选与培养

从自然界中或已有菌库中筛选出具有所需药物产生能力的菌株。然后,通过体外培养和菌株优化,培养出高产菌株。

(2)发酵过程

在合适的培养基和培养条件下,将优化的菌株接种到发酵罐中进行培养。发酵罐提供了适宜的温度、pH 值、氧气供应和搅拌等条件,以促进菌株生长和药物产生。

(3)发酵液处理

发酵过程中产生的发酵液中含有目标药物和其他代谢产物。发酵液经过采样和分析,检测药物产量和质量,然后进行后续处理。

(4)分离和纯化

将发酵液进行分离,通过物理、化学或生物方法去除杂质和固体颗粒,获得目标药物的纯净溶液。

(5)精制和制剂

根据目标药物的性质和应用要求,进行进一步的精制处理,如结晶、过滤、洗涤等。最终,药物被制成适合临床应用的药剂形式,如注射剂、口服药物、外用制剂等。

在微生物药物发酵工业中,关键因素包括菌株的优化选育、培养基的优化设计、发酵工艺的控制和监测、分离纯化技术的发展等。同时,工业化生产也需要符合严格的质量控制和规范要求,确保药物的质量、安全性和一致性。微生物药物发酵工业在医药领域具有重要地位,为世界范围内的药物供应做出了重要贡献。随着科学技术的不断进步,微生物药物发酵工业也在不断发展。

5.1.2.2 微生物药物发酵生产的类型

微生物药物发酵生产可以根据生产的药物类型和应用领域进行分类。

(1)抗生素制造工业

抗生素制造是微生物药物发酵的一个重要领域,抗生素是一类由微生物合成的化合物,对其他微生物具有抑制或杀灭作用,广泛应用于医疗领域,包括临床、外科、牙科等。在畜牧业和养殖业中,抗生素用于预防和治疗动物感染,提高养殖业的生产效益。抗生素被用于植物病害的防治,以及农业生产中的其他微生物控制。在食品加工中,抗生素可以用于控制和预防食品中的微生物污染。

发酵生产方式主要有两种:静态液体发酵,在液体培养基中进行的发酵过程,通过搅拌或通气来维持微生物的生长和产生抗生素的环境;固体发酵,微生物生长在固体基质上,如谷物、豆饼等,通常用于生产一些较难溶于水的抗生素。

常见的发酵菌种主要包含青霉菌和链霉菌。青霉菌是最早被发现和利用的抗生素生产菌株,如青霉素的生产就是通过青霉菌属真菌进行的。链霉菌是一类革兰氏阳性细菌,具有许多抗生素的生产潜力,如链霉素、土霉素等。其他真菌和细菌也能够产生抗生素,包括放线菌等。抗生素制造工业是微生物药物发酵的重要应用领域,通过优化发酵工艺和提高抗生素产量,不断满足医疗和农业领域对抗生素的需求。

(2)疫苗制造工业

疫苗制造是生物制剂工业中的一个重要领域,其主要目的是生产用于预防疾病的疫苗。疫苗通过激发人体免疫系统的反应,提高对病原体的防御能力。疫苗广泛应用于传染病的预防,如麻疹、风疹、流感、乙肝等。针对新兴传染病的疫苗研发,如新型冠状病毒(SARS-CoV-2)疫苗。动物疫病防控中,用于预防动物传染病,提高畜禽养殖业的生产效益。其主要使用的发酵方式包括细胞培养发酵和鸡胚培养发酵。利用细胞培养技术,通过在细胞培养基中培养哺乳动物细胞(如Vero细胞)或其他宿主细胞,表达并生产目标疫苗蛋白。使用鸡胚作为宿主,将病毒接种到鸡胚中,繁殖并收集病毒,用于疫苗的制备。Vero细胞,哺乳动物细胞系,常用于生产病毒性疫苗,如腮腺炎、水痘等疫苗。鸡胚细胞,用于生产鸡胚疫苗,例如麻疹、流感等疫苗。CHO细胞,哺乳动物细胞系,常用于生产重组蛋白质疫苗,如乙肝疫苗。对于病毒性疫苗,需要通过合适的细胞系或宿主(如鸡胚)培养病毒,以获取足够的病毒量。对病毒进行灭活或减毒处理,以确保疫苗安全性。对于重组蛋白质疫苗,需要通过细胞培养等方式表达并纯化目标蛋白。将病毒或蛋白质与适当的辅料和携带体配方,形成疫苗制剂。将制备好的疫苗进行灌装和包装,以便分发和使用。

疫苗制造工业的发展使得防控传染病的手段更为先进、安全,同时也为动物疫病和新兴传染病提供了更加有效的预防策略。

(3)酶制剂工业

酶制剂是一类通过发酵过程生产的生物制剂,它们主要是由微生物(细菌、真菌等)合成的酶。这些酶可以应用于多个领域,包括工业、医药、食品、农业等。纺织、制浆造纸、皮革加工、清洁剂生产等，如淀粉酶、蛋白酶、纤维素酶等。制备药物、生物技术制剂等，如蛋白酶在制备生物类似药物中的应用。食品加工，例如制作面包、啤酒、乳制品等，常见的食品酶包括淀粉酶、蛋白酶、产酸菌等。动植物饲料的添加，以促进营养物质的释放和吸收，如植物纤维酶、脂肪酶等。

在液体培养基中进行的发酵过程，通常通过搅拌或通气维持微生物的生长和产生目标酶的环境。微生物也可在固体基质上生长，通常用于一些产物较难溶于水的情况，如制浆造纸中的纤维素酶。将液体和固体组分结合在一起的发酵方式，结合了液体发酵和固体发酵的特点。常见的菌种包括：真菌，如 *Aspergillus* 属；细菌，如 *Bacillus* 属；酵母菌，如 *Saccharomyces cerevisiae*；产酸菌，如 *Lactobacillus* 属。酶制剂在现代生产和工业过程中具有广泛的应用，通过选择适当的菌种和发酵方式，可以实现高效、可控的酶生产，提高生产过程的效率和产品质量。

（4）微生物代谢产物工业

微生物代谢产物是指微生物在发酵过程中产生的有机化合物，包括酸、醇、氨基酸、抗生素等，这些代谢产物在工业中有广泛的应用。酸类代谢产物，包括乳酸、醋酸、丙酮酸等，广泛应用于食品工业、化学工业和制药工业。乙醇是最常见的醇类代谢产物，用于燃料、饮料和化学品的生产。微生物产生的氨基酸，如谷氨酸、赖氨酸等，广泛用于食品添加剂、饲料和医药制造。由微生物生产的抗生素，如青霉素、链霉素等，用于抗菌治疗。

常见的菌种，乳酸菌通常用于生产乳酸，广泛应用于食品工业，如酸奶的发酵。酵母菌常用于生产乙醇，是酒精发酵的主要菌种。大肠杆菌通常用于合成氨基酸和其他蛋白质类代谢产物的生产。青霉菌和链霉菌常用于抗生素的生产，如青霉素和链霉素。

微生物代谢产物的工业应用为生产各种有机化合物提供了可持续的方法，同时也促进了食品、医药和化工等领域的发展。通过优化发酵工艺和选择适当的微生物菌种，可以实现对代谢产物的高效生产。

5.1.3 微生物药物发酵的特点

（1）微生物药物发酵的优势

微生物发酵制药可以利用多种不同的微生物菌种来生产不同类型的药物，包括抗生素、蛋白质药物、疫苗、酶制剂等。同时，通过基因工程技术和代谢工程的应用，还可以开发新型的药物和生物产品，满足不同疾病治疗和健康需求。这种多样性使得微生物发酵制药在药物领域具有广泛的应用和潜力。

微生物具有快速繁殖和高代谢活性的特点，可以在相对短的时间内产生大量的目标药物。发酵过程可以通过调节培养条件和菌株优化来提高产量和产物纯度，从而实现高效的药物生产。

发酵过程中，培养条件（如温度、pH 值、氧气供应等）可以被精确控制，以满足微生物生长和代谢产物的需要。这种可控性使得微生物发酵制药可以精确调节药物的质量和纯度，确保产品的一致性和稳定性。

与化学合成药物相比，微生物发酵制药具有相对较低的生产成本。微生物菌种的培养和发酵过程相对简单，原料成本也较低。此外，微生物发酵制药通常可以利用廉价的培养基和废物进行生产，进一步降低生产成本。

微生物发酵制药利用天然的生物转化过程，通过优化发酵工艺、资源的合理利用和废物的处理，减少对环境的负面影响，降低能源和原料消耗，实现资源的可持续利用和循环利用，符合现代制药工业的可持续发展方向。

现代微生物发酵制药可以通过菌株改良和基因工程技术来调整微生物的代谢途径和产物产量，实现对目标药物的定制化生产。这种可定制性使得微生物发酵制药能够满足特定药物需求和个体化治疗的需求，改善其产药性能、提高药物产量或调整代谢途径，从而实现更高效的药物生产。

现代微生物发酵制药注重过程的优化和自动化控制。利用先进的生物反应器、在线监测设备和自动控制系统，可以实时监测和调控发酵过程中的关键参数，如温度、pH值、氧气供应和营养物质的浓度等，以提高产量和质量的一致性。

现代微生物发酵制药注重质量控制的精准性和一致性。通过严格的质量控制流程和分析方法，确保药物产品的质量、纯度和稳定性。高效的分离纯化技术和分析仪器的应用，能够对目标产物进行高效、准确的分离和鉴定，确保药物产品符合质量标准。

现代微生物发酵制药注重自主创新和产业发展。在菌株筛选、工艺优化、设备研发和质量控制等方面进行持续创新，不断提高生产效率、质量和竞争力，推动微生物发酵制药产业的发展。

（2）微生物药物发酵的不足

微生物菌株在长时间培养过程中可能发生基因变异或丢失，导致产物稳定性下降或产量下降。这可能需要定期进行菌株的更新或重新筛选，增加了生产的复杂性和成本。

微生物发酵过程容易受到污染的影响。微生物菌株可能受到其他微生物的污染，导致产品质量下降或产量下降。此外，培养基和发酵设备也可能受到细菌、真菌或病毒的污染，进一步影响产品质量和安全性。

微生物发酵制药通常适用于中小规模生产，而不适用于大规模生产。在大规模生产中，需要大量的发酵设备和庞大的生产场所，增加了生产成本和复杂性。

微生物发酵过程中，各种因子（如温度、pH值、氧气供应、营养物质等）之间存在复杂的相互作用关系。调节这些因子的平衡并优化发酵过程可能需要大量的试验和优化，增加了研发周期和成本。

微生物发酵产生的药物通常与其他代谢产物和细胞组分混合在一起，提取和纯化过程可能非常复杂。这对于一些高纯度要求的药物来说，可能需要更多的步骤和技术，增加了生产成本和工艺复杂性。

微生物发酵制药涉及许多法规要求，如GMP(Good Manufacturing Practice)和药物注册要求等。同时，基因工程菌株的开发和应用可能涉及知识产权的问题，需要处理相关的专利和法律事务。

这些弊端需要在微生物发酵制药过程中得到克服和解决。随着科学技术的不断进步，尤其是基因工程和生物工程技术的发展，这些弊端可以逐步克服，提高微生物发酵制药的效率、稳定性和可持续性。

5.1.4 微生物药物发酵的发展趋势

微生物药物发酵的发展一直在不断演进，受到科技进步、生物技术的发展以及制造过程优化的推动。

（1）基因工程与合成生物学的应用

基因工程和合成生物学的不断发展为微生物发酵制药带来了新的机遇。通过基因编辑、基因组重构和合成代谢工程等技术，可以优化微生物菌株的产药性能和代谢途径，提高药物产量和纯度。这将进一步推动微生物发酵制药领域的创新和产品多样化。

（2）高通量筛选技术的应用

高通量筛选技术的发展为微生物菌株的筛选和优化提供了更高效和精确的手段。利用自动化设备和高通量分析平台，可以加快菌株筛选的速度和效率，从大量菌株中筛选出具有良好产药性能的菌株，进一步提高发酵生产的效率和成功率。

（3）深度学习与人工智能的应用

深度学习和人工智能技术在微生物发酵制药中的应用越来越广泛。通过建立模型和算法，可以分析和预测微生物发酵过程中的关键参数和影响因素，优化发酵条件，提高产量和质量的一致性。此外，人工智能还可以辅助药物设计和研发，加速新药发现和开发过程。

（4）可持续发展和绿色制造

可持续发展和绿色制造是微生物发酵制药领域的重要趋势。注重资源的合理利用、废物处理和能源消耗的降低，推动微生物发酵制药向更环保、可持续的方向发展。这包括使用可再生能源、开发绿色培养基和废物利用等方面的创新。

（5）协同合作与产业转型

微生物发酵制药领域的发展趋势是加强协同合作和产业转型。在全球范围内，学术界、产业界和政府部门之间的合作将得到加强，共同推动微生物发酵制药的技术创新、产品研发和市场推广。同时，微生物发酵制药行业将逐渐实现由传统制药向生物医药和生物制造的转型，提高产品的附加值和市场竞争力。

5.2 微生物药物发酵用培养基

5.2.1 培养基的主要成分

微生物培养基作为支持微生物生长和代谢活动的基础，对微生物的生长、代谢和产物的产生具有直接影响。其配方的选择通常基于微生物的营养需求和所需生产的代谢产物。微生物药物发酵用的培养基的主要成分包括碳源、氮源、无机盐、生长因子和调节剂等。另外，大规模发酵生产中，培养基成分的来源和价格同样是需要考虑的因素。

（1）碳源

碳是微生物发酵过程中的主要营养物质，提供微生物生长和代谢所需的碳元素，是微生物合成细胞生物量和能量的重要来源。在发酵过程中，微生物通过分解和代谢碳源中的化学键释放能量，用于微生物的生长、细胞分裂和代谢活动。另外，微生物利用碳源提供的碳原子合成生物大分子，如蛋白质、核酸、脂质和多糖等以维持细胞结构和功能。微生物菌株可能具有多条代谢途径，不同的碳源可以引导微生物代谢途径的选择和调节从而刺激或抑制不同的途径，影响产物的生成和微生物的生长特性。菌株对不同碳源的利用效率也有所差异，可将其分为速效碳源和迟效碳源。

速效碳源是指在微生物发酵过程中能够迅速提供能量和碳源的化合物。它们一般具有良好的溶解性，能够快速溶解在培养基中，使微生物能够迅速吸收和利用；能被微生物迅速代谢，释放出丰富的能量，促进微生物的生长和繁殖；含有较高的能量密度，能够提供大量的能量供微生物代谢使用；通常在微生物代谢过程中产生较少的副产物，使得发酵过程更为纯净；可以对微生物代谢途径进行调控，从而影响产物的合成和积累。常见的速效碳源包括葡萄糖、果糖、蔗糖、麦芽糖、淀粉酶解产物（如麦芽糊精和糊精等）。速效碳源在工业发酵中发挥着重要的作用，能够提供快速的能量和碳源供微生物利用，促进微生物的生长和产物的合成。它们被广泛应用于食品工业、制药工业、酿酒工业等领域，有助于提高发酵过程的效率和产量。

迟效碳源是指在微生物发酵过程中释放能量和提供碳源较慢的化合物。与速效碳源相比，迟效碳源需要在微生物代谢过程中经历一系列的反应和转化，才能释放出能量供微生物利用；能够提供较长时间的持久碳源供应，因为其代谢速率较低，微生物可以持续利用它们进行生长和代谢；由于迟效碳源的代谢速率较慢，微生物在代谢过程中可能积累较多的中间产物，从而影响产物的合成和积累；可以影响微生物代谢途径的选择和调节，从而调控产物的生成和微生物的生长特性。常见的迟效碳源包括淀粉、纤维素、脂肪酸等。迟效碳源在长时间的发酵过程中能够提供持久的碳源供应。它们常用于制备某些特定的产物，如酸类、溶菌酶等。迟效碳源的选择和使用需要根据微生物菌株和产物需求进行合理调控，以实现高效的发酵生产。

工业上常用的碳源及其来源见表 5-1。

表 5-1 工业上常用的碳源及其来源

碳源	主要来源
葡萄糖	植物、谷物、果实、蜂蜜和甘蔗等生物质中提取，以及通过淀粉的酶解或纤维素的水解等工艺产生
淀粉	多种植物源获得，如玉米、小麦、马铃薯等
玉米糖浆	玉米淀粉的水解
甘油	乙醇、丙酮和某些生物化学品等
醇类	含有碳水化合物的原料中发酵获得
脂肪酸	油脂的提取和加工
乳糖	纯乳糖、乳清粉

（2）氮源

在微生物药物发酵用培养基中，氮源是提供微生物生长所需的氮元素和氮化合物的物质，在微生物代谢中起着关键的作用，是构建蛋白质和其他生物分子的基本组成部分和关键成分。氮源的可用性和类型可以影响微生物的代谢途径选择。比如微生物在代谢途径上的偏好性变化，从而影响微生物的生长速率、代谢产物的合成和细胞代谢状态。另外，其可以影响微生物内部酶的活性，可以激活或抑制特定酶的活性，从而调节代谢途径中的关键酶反应。这种调节作用可以影响微生物的产物产量和合成途径。微生物的生长速率和细胞增殖也受到氮源供应的影响。不同氮源可能导致微生物合成不同类型的代谢产物，如抗生素、酶、蛋白质等。因此，优化氮源的选择可以调控微生物产物的产量和质量。在微生物药物发酵过程中，选择合适的氮源并进行优化对于提高产物产量、改善代谢途径和控制微生物生长状态非常重要。

工业上常用的氮源及其含量见表 5-2。

表 5-2 工业上常用的氮源及其含量

氮源	含量/%	氮源	含量/%
氨基酸和蛋白质	10～20	氨水	5～10
硝酸盐	10～15	酵母粉	5～8
铵盐	10～20		

（3）无机盐

无机盐是微生物生长和代谢所必需的微量元素和无机化合物，这些无机盐是维持微生物正常生长和代谢所必需的。它们参与细胞膜的稳定性、细胞壁的形成和维持细胞内外环境的平衡，确保微生物细胞的正常结构和功能。另外，其可以调节微生物内部酶的活性，激活或抑制酶的催化活性。这种调节作用可以影响微生物代谢途径中关键酶的活性，从而影响产物合成和代谢产物的质量。并且无机盐中的离子参与微生物的代谢过程。例如，磷酸盐参与核酸和能量代谢，钠和钾离子参与细胞内外的离子平衡调节，铁离子参与呼吸链和细胞色素的合成等。

工业上常用的无机盐及其功能见表 5-3。

表 5-3 工业上常用的无机盐及其功能

无机盐	来源	功能
磷酸盐	磷酸二氢盐、磷酸氢二钠、磷酸氢二铵	合成核酸、脂质和能量物质所必需，调节pH值，提供磷元素
硫酸盐	硫酸钠、硫酸镁	调节细胞内外离子平衡和微生物的生长和代谢
氯化物	氯化钠、氯化钾	维持培养基的渗透压和离子平衡

续表

无机盐	来源	功能
镁盐	硫酸镁、氯化镁	维持微生物细胞的结构和功能
钙盐	氯化钙、硝酸钙	调节pH值、维持细胞壁的稳定性和酶的活性
微量元素	铁、锰、锌、铜、钼、镍、硼、钴等	参与呼吸、能量代谢和DNA合成； 参与氧化还原反应和酶的催化作用； 参与氧化还原反应和电子传递； 参与细胞壁的合成和维持细胞膜的完整性； 辅助因子

（4）生长因子

微生物药物发酵用培养基中的生长因子是指对微生物生长和代谢起着重要促进作用的特定化合物或分子，促进细胞的生长和增殖。另外，其可以影响微生物产物的合成和代谢产物的质量，增强微生物的细胞适应性和抗逆性，提供抗氧化剂、解毒剂或增强细胞膜稳定性等功能，使微生物能够在恶劣环境条件下更好地存活和生长。生长因子的种类和作用因微生物菌株和产物而异。在微生物药物发酵过程中，选择合适的生长因子并进行优化，可以提高微生物的生长速率、增加产物产量和改善产物质量。

维生素是微生物所需的有机化合物，通常以微量添加到培养基中。不同微生物对不同种类的维生素有不同的需求，如B族维生素、维生素C、维生素E等。一些微生物对特定的有机化合物有特殊的生长要求。例如，微生物需要特定的糖类、脂肪酸、醇类或其他有机溶剂作为生长因子。微生物需要多种生长因子的组合才能实现最佳生长和代谢。另外，微生物合成和代谢过程中需要多种辅酶和酶的辅助因子参与。例如，NAD^+、FAD、ATP等可以作为生长因子提供，促进微生物的代谢反应。生长因子的种类和用量会因具体的微生物菌株和所要生产的药物而有所不同。在微生物药物发酵过程中，需要根据目标微生物和产物的特性来选择和优化合适的生长因子组合。

（5）缓冲剂

在微生物药物发酵用培养基中，缓冲剂是用于调节培养基pH值的化合物。它们的作用是稳定培养基的酸碱度，维持适宜的生长环境，以促进微生物的生长和产物合成。缓冲剂可以防止培养基的pH值随外界因素的变化而发生较大波动。它们能够吸收或释放氢离子（H^+）以稳定溶液的酸碱度，维持微生物生长环境的恒定pH值。磷酸盐缓冲剂是常用的微生物发酵用缓冲剂之一。例如，磷酸二氢盐和磷酸氢二钠可以组成磷酸盐缓冲体系，在不同pH范围内提供稳定的酸碱度。碳酸盐缓冲剂常用于中性pH范围。碳酸氢钠和碳酸钠可以组成碳酸盐缓冲体系，帮助维持培养基的稳定pH。酸碱缓冲剂由弱酸和其相应的盐或弱碱和其相应的盐组成，可以在特定pH范围内提供缓冲能力。常见的酸碱缓冲剂包括乙酸/醋酸钠、琼脂/琼脂酸钠等。一些氨基酸及其盐可以用作缓冲剂。例如，L-赖氨酸、L-组氨酸等可以在特定pH范围内提供缓冲能力。有机酸如柠檬酸、酒石酸等也可以作为微生物发酵用缓冲剂。选择合适的缓冲剂取决于所培养的微生物的pH适应范围、产物的稳定性和培养条件等因素。

5.2.2 不同类型和用途的培养基

5.2.2.1 按照成分的来源分类

微生物药物发酵中使用的培养基根据其成分的来源可以分为天然培养基、合成培养基和半合成培养基。

（1）天然培养基（natural media）

天然培养基使用天然来源的原料作为成分，例如天然提取物、动植物组织等。这些原料可以提供微生物所需的复杂和多样化的营养物质，包括碳源、氮源、无机盐和生长因子等。天然培养基常常用于初步的培养和筛选试验，适用于某些对培养条件要求较为宽松的微生物。

（2）合成培养基（synthetic media）

合成培养基使用经过精确配方的化学物质作为成分，不包含天然来源的原料。通过精确控制每个成分的浓度和配比，合成培养基可以提供稳定和可控的培养环境。这种培养基常用于研究和工业生产中，可以更好地控制微生物的生长和产物合成。

（3）半合成培养基（semi-synthetic media）

半合成培养基是天然培养基和合成培养基的结合，使用部分天然来源的原料和部分化学合成的成分。半合成培养基可以综合天然来源的复杂性和合成培养基的可控性，提供适当的营养物质和环境条件。这种培养基常用于微生物药物发酵中，结合了天然成分的丰富性和合成成分的可控性，满足微生物的生长和产物合成需求。

5.2.2.2 按照用途分类

培养基在微生物学、生物技术、医药工业等多个领域都具有重要作用，为微生物的生长、代谢和相关产物的生产提供了基础。根据其用途可以分为多种。

（1）发酵培养基

发酵培养基是用于支持微生物菌株在发酵过程中生长和产生目标产物的培养基。这种培养基需要提供适当的营养物质和环境条件，以满足微生物的生长需求和产物合成。发酵培养基的配方通常根据具体的微生物菌株和产物要求进行优化。发酵培养基的具体组成可以根据目标微生物的要求和产物合成的需要而有所不同，但通常包含碳源提供能量和碳骨架，促进微生物的生长和代谢活性。常见的碳源包括葡萄糖、麦芽糖、果糖等。氮源供给微生物合成蛋白质和其他生物大分子所需的氮元素。常见的氮源包括氨基酸、蛋白胨、酵母提取物等。磷源提供微生物合成核酸和磷脂所需的磷元素。常用的磷源包括磷酸盐、磷酸二氢钠等。硫源供给微生物合成蛋白质和其他生物大分子所需的硫元素。常见的硫源包括硫酸盐、硫酸氢钠等。微生物发酵过程中需要的少量元素，如铁、锌、铜、锰等，作为酶的辅助因子参与代谢反应。对某些微生物而言，特定的生长因子如维生素、氨基酸等是必需的，以促进其生长和代谢。缓冲剂：维持培养基的稳定pH值，保持适宜的酸碱环境，促进微生物的生长和产物合成。抗泡剂：控制发酵过程中的泡沫生成和积聚。

（2）表达培养基

表达培养基是用于表达外源蛋白质的培养基。在微生物药物发酵中，常使用重组工程技术将目标基因导入微生物菌株中，通过合适的培养基和条件，促进外源蛋白质的高效表达。表达培养基的配方需要考虑到蛋白质表达的需求，包括适当的碳源、氮源和表达辅助因子。

（3）选择性培养基

选择性培养基是用于筛选特定性状的微生物菌株的培养基。这种培养基中加入了特定的抗生素、抑制剂或化合物，以抑制非目标菌株的生长，只有具有特定基因或性状的菌株才能在培养基上生长。选择性培养基常用于筛选具有耐药性、特定代谢能力或基因表达的菌株。

选择性培养基的设计原则是基于不同微生物对特定环境条件的耐受性和敏感性差异。比如，MacConkey培养基，用于选择性培养肠道革兰氏阴性细菌，抑制革兰氏阳性细菌的生长。它包含胆盐和晶体紫，可以区分产酸和不产酸的细菌。霍乱培养基用于选择性培养霍乱弧菌，抑制其他细菌的生长。它包含盐类和高pH值，模拟霍乱弧菌生长所需的特殊条件。酸性柠檬酸培养基用于选择性培养酸耐受性微生物，抑制其他微生物的生长。其低pH值和柠檬酸含量限制了大多数微生物的生长，但对于酸耐受性微生物仍具有适宜的生长条件。Sabouraud培养基用于选择性培养真菌，抑制细菌的生长。它包含高浓度的葡萄糖和抗生素（如氯霉素或红霉素），有利于真菌的生长。霉菌选择性培养基用于选择性培养特定类型的霉菌，抑制其他微生物的生长。常见的霉菌选择性培养基包括马来酸葡萄糖琼脂培养基、青霉素琼脂培养基等。这些选择性培养基的设计可以根据目标微生物的特性和需求进行调整，以便有选择地促进目标微生物的生长和纯化，同时抑制其他微生物的污染。选择性培养基在微生物药物发酵过程中起着重要的作用，确保产物的纯度和质量。

（4）差异性培养基

差异性培养基是用于分离和鉴定不同微生物菌株的培养基。这种培养基通过利用不同微生物对某些化合物的代谢差异，使得不同菌株在培养基上呈现出不同的生长特征，如形态、颜色或代谢产物的变化。差异性培养基常用于微生物菌株的初步鉴定和分类。

（5）分级培养基

分级培养基是根据微生物发酵过程中的不同阶段和要求，设计不同配方的培养基。在微生物药物发酵中，常涉及菌种的预培养、发酵过程和产物回收等不同阶段，每个阶段都需要特定的培养基来满足微生物的需求。分级培养基根据不同阶段的要求进行配方和调整，以最大程度地促进微生物生长和产物合成。

5.2.3 发酵培养基的设计原则

发酵培养基的设计是微生物发酵过程中的关键步骤，它需要考虑微生物的营养需求、产物合成要求和经济可行性等因素。

（1）提供适当的碳源

选择合适的碳源是发酵培养基设计的重要方面。碳源应能满足微生物的能量需求和产物合成的碳源需求。

（2）提供适当的氮源

氮源是微生物合成蛋白质和其他含氮化合物的重要组成部分。常见的氮源包括氨基酸、蛋白胨、尿素等。根据微生物的特点和产物合成的需要，选择适当的氮源以满足微生物的生长和代谢要求。

（3）提供适当的微量元素

微生物发酵过程中需要微量元素作为辅助因子参与酶的活性和代谢途径的正常运作。常见的微量元素包括铁、锰、锌、钼等。在发酵培养基中添加适量的微量元素能够提高微生物的生长和产物合成能力。

（4）控制 pH 值和温度

适宜的 pH 值和温度是微生物生长和代谢的基本条件。根据微生物的要求和产物合成的最佳条件，调节发酵培养基的 pH 值和温度，以维持微生物在最适宜的环境下进行发酵。

（5）添加适当的辅助因子和生长因子

一些微生物需要特定的辅助因子和生长因子才能正常生长和合成产物。根据微生物的要求，添加适量的辅助因子和生长因子，以提高发酵效率和产物产量。

（6）考虑经济性和可持续性

发酵培养基的设计还需要考虑经济性和可持续性。选择价格合理、易获取的原料，并优化配方和工艺，以降低生产成本，提高发酵过程的经济效益。

发酵培养基的设计需要综合考虑微生物的生长需求、产物合成需求、经济性和可持续性等方面的因素。根据不同微生物的特点和具体的发酵过程要求，进行合理的配方设计和优化，以实现高效的发酵生产。

5.3 灭菌与除菌

5.3.1 灭菌

灭菌是指杀死或消灭所有微生物，包括细菌、真菌、病毒和孢子等，以使物品或环境无菌。灭菌通常是在高温、高压、辐射、化学消毒剂或其他物理或化学方法下实现的。常见的灭菌方法包括高压蒸汽灭菌、干热灭菌、紫外线灭菌、化学消毒等。

5.3.1.1 常用灭菌的方法

（1）高压蒸汽灭菌

高压蒸汽灭菌是一种常用的灭菌方法，主要应用于医疗器械、实验室用品、食品加工等领域。它通过将蒸汽在高压下引入灭菌容器中，在高温高压的条件下，以杀灭微生物和破坏其细胞结构。高压蒸汽灭菌过程中，蒸汽的温度通常达到121℃或更高。高温能够破坏微生物的细胞结构和代谢功能，导致其死亡。微生物的细胞膜、核酸、蛋白质等组分在高温下会发生变性和破坏。高压蒸汽灭菌中，蒸汽以高压形式进入灭菌容器。高压可以增加蒸汽的温度和渗透性，加快微生物细胞内的热传导速度，使细胞内部也能达到灭菌温度，从而杀灭微生物。高压蒸汽灭菌中，蒸汽通过与灭菌容器和被灭菌物品接触，将热量传递给它们。蒸汽的高温高压性质使其能够迅速传递热量，使整个容器内的物品均匀受热，确保微生物被彻底杀灭。高温高压的蒸汽能够引起微生物细胞内部水分的迅速汽化和膨胀，导致细胞结构的破坏。同时，蒸汽冷却后又会迅速凝固，形成微小的液滴，进一步破坏微生物细胞的完整性。高压蒸汽灭菌通过高温、高压和热量传导的综合作用，对微生物的细胞结构、代谢过程和功能进行破坏和杀灭，从而实现有效的灭菌效果。

（2）干热灭菌

干热灭菌是一种利用高温干热处理杀灭微生物的灭菌方法。与高压蒸汽灭菌不同，干热灭菌不使用水蒸气，而是通过直接加热物品或容器来实现微生物的灭活。其原理主要涉及高温干热能够引起微生物细胞内的氧化反应。在高温下，细胞内的代谢过程会加速，产生过多的活性氧物质，如超氧自由基和羟基自由基等，这些活性氧物质对微生物细胞结构和代谢功能造成损伤，导致细胞死亡。高温干热处理会使微生物细胞内的蛋白质发生变性。蛋白质是细胞内许多重要的功能分子，包括酶、结构蛋白和细胞膜蛋白等。高温下，蛋白质的空间结构会发生改变，导致其失去原有的功能，从而破坏细胞的正常生理过程。在高温干热条件下，物品或容器表面的水分会迅速蒸发。微生物对水分的依赖性很高，缺乏水分会导致细胞内部的化学反应受限，代谢活性下降，从而使微生物无法生存和繁殖。干热灭菌的过程一般包括三个步骤。

① 预热　将待灭菌的物品或容器放入干热灭菌设备中，开始进行预热，使温度逐渐升高。

② 高温处理　一旦达到所需的灭菌温度（通常在160℃至190℃之间），保持一定的时间，确保物品或容器的内部也达到灭菌温度，杀灭微生物。

③ 冷却　灭菌结束后，将设备冷却至安全温度，然后取出已灭菌的物品或容器。

干热灭菌适用于那些不适宜使用蒸汽灭菌的物品，如粉末、油脂、玻璃器皿等。它具有渗透力强、不产生化学残留物的优点，同时也能有效地灭活各类微生物。然而，干热灭菌需要较长的处理时间和较高的温度，对一些热敏感物品可能会造成破坏。

（3）紫外线灭菌

紫外线灭菌是利用紫外线辐射杀灭微生物的一种灭菌方法。紫外线属于电磁辐射的一部分，其波长范围在100 nm至400 nm之间，包括UVA(近紫外线)、UVB(中紫外线)和UVC(远紫外线)等不同波长。

紫外线的波长能够与微生物细胞内的DNA分子相互作用。特别是UVC波长（200nm至280nm），其能量最高，具有最强的杀菌效果。当紫外线照射到微生物细胞时，能够直接破坏细胞内的DNA结构，造成DNA链断裂和损伤，进而影响微生物的复制和遗传信息传递能力，导致细胞死亡。除了对DNA的损伤，紫外线还能够对微生物细胞内的RNA和蛋白质产生损伤作用。紫外线能够引发RNA和蛋白质的交联和氧化反应，导致它们的结构发生变化，从而破坏微生物的正常代谢和功能。紫外线照射还能够引起微生物细胞壁的破裂，使细胞内容物泄漏。微生物的细胞壁是维持细胞结构完整性的重要组成部分，紫外线的照射能够破坏细胞壁的完整性，导致细胞破裂和死亡。

在紫外线灭菌过程中，需要将待灭菌的物体或容器放置在紫外线灭菌设备中，使其暴露在紫外线照射下一定的时间。紫外线灭菌具有速度快、操作简便、不产生化学残留物等优点。然而，紫外线的杀菌效果受到照射时间、照射距离、紫外线波长和微生物种类等因素的影响。此外，紫外线无法穿透固体物体，因此对于一些凹凸面和隐蔽部位的灭菌可能不够彻底。因此，在使用紫外线灭菌时需要注意选择合适的灭菌剂量和灭菌条件，确保灭菌效果。

（4）辐射灭菌

辐射灭菌是一种采用辐射技术来杀灭微生物的方法。辐射能量在微生物细胞中引起DNA断裂、交联和其他损伤，从而阻止其生长和繁殖。这种方法不仅可以灭活细菌，还可以杀灭真菌、病毒等微生物。辐射灭菌被广泛应用于医疗、食品、药物、生物实验室等领域，以确保产品的无菌性。常使用γ射线和电子束。γ射线是电离辐射的一种，通常由放射性同位素（如钴60）产生。它能够穿透物体并在其中产生离子化，破坏微生物的遗传物质，从而达到灭菌的效果。电子束是由加速器产生的高能电子束。与γ射线类似，电子束能够穿透物体并对微生物产生杀灭效应。

辐射灭菌不需要添加任何化学物质，不会留下残留物质。它能够灭活各种微生物，包括芽孢。此外，它可以在不影响产品质量的情况下，灭活微生物。但是，辐射灭菌需要特殊的设备和控制条件，以确保辐射的剂量是适当的，以杀死微生物但不损害被处理物体的质量。此外，操作者需要接受辐射安全培训。

（5）化学消毒

化学消毒灭菌是利用化学物质对微生物进行杀灭的一种灭菌方法。通过使用具有杀菌活性的化学消毒剂，可以破坏微生物的细胞结构、代谢过程和功能，从而实现杀菌效果。一些化学消毒剂能够通过氧化作用杀灭微生物。这些消毒剂能够与微生物细胞内的重要分子（如蛋白质、核酸和脂质）发生氧化反应，破坏其结构和功能，从而导致微生物的死亡。另外，化学消毒剂能够与微生物细胞内的蛋白质发生反应，导致蛋白质的变性。蛋白质是微生物生命活动中的关键分子，参与细胞的结构和功能。当蛋白质发生变性时，其结构和功能丧失，导致微生物死亡。化学消毒剂能够与微生物细胞膜发生相互作用，破坏细胞膜的完整性。细胞膜是微生物细胞的保护屏障，维持细胞内外环境的平衡。当细胞膜受到破坏时，细胞的物质交换和代谢活动受到干扰，最终导致微生物死亡。化学消毒剂能够抑制微生物细胞内的关键酶活性，阻碍细胞正常的代谢和生命活动。化学消毒剂能够与酶结合，影响酶的构象和功能，使微生物无法维持正常的生理过程。

化学消毒剂的选择应根据具体的灭菌需求和目标微生物的特性进行。不同的消毒剂具有不同的杀菌机制和适用范围，因此需要根据实际情况进行合理选择和使用。在进行化学消毒灭菌时，需要严格遵守使用说明和安全操作规程，确保消毒剂的有效性和安全性。表5-4列出了常用的化学消毒试剂及其应用。

表5-4 常用的化学消毒试剂及其应用

类别	试剂	类别	试剂
氯化物	氯气、次氯酸钠（漂白粉）、高氯酸钠（含氯漂白剂）	醛类	福尔马林和戊二醛（凝固酸）
醇类	乙醇、异丙醇、正丙醇	过酸类	过硫酸氢钾
过氧化物类	过氧化氢（双氧水）和过氧乙酸		

5.3.1.2 对数残留定律

对数残留定律是一种描述消毒过程中微生物数量减少的数学模型。微生物受热死亡主要是由于微生物细胞内蛋白质受热凝固、变性失活所致。在一定温度下,微生物的受热死亡反应可描述为一级化学反应,遵循一级化学反应动力学,即微生物的热死亡速率与任一瞬时残存的活菌数成正比,称之为对数残留定律。

对数残留定律可以用以下公式表示:

$$-\frac{dN}{dt} = kN \quad (5-1)$$

式中　N——残存的活菌数,个;
　　　t——灭菌时间,min;
　　　k——灭菌速率常数,也称比死亡速率常数,此常数的大小与微生物的种类及加热温度有关,min^{-1};
　　　dN/dt——活菌数瞬时变化速率,即死亡速率。

上式通过积分可得:

$$-kt = \ln(N_t/N_0) \quad (5-2)$$

式中　N_0——开始灭菌时原有的活菌数,个;
　　　N_t——时间 t 后残存的活菌数,个;
　　　t——灭菌时间,s。

式(5-2)是计算灭菌的基本公式。从式中可知,灭菌时间取决于污染程度(N_0)、灭菌程度(残留菌数 N_t)和灭菌速率常数(k)。k 值是以存活率 N_t/N_0 的对数对时间 t 作图后,得到的直线斜率的绝对值,它是判断微生物受热死亡难易程度的基本依据。各种微生物在同样的温度下 k 值是不同的,k 值愈小,则此微生物愈耐热,细菌芽孢的 k 值比营养体小得多,即细菌芽孢耐热性比营养体大。同一微生物在不同的灭菌温度下,k 值是不同的,灭菌温度越低,k 值越小,温度越高,k 值越大。表5-5列举了一些细菌的比死亡速率常数。

根据对数残留定律,消毒过程中,每经过一个相同的时间单位,微生物数量将减少一个相同的数量级(对数)。例如,如果 $k = 2\text{min}^{-1}$,则每经过一个时间单位,微生物数量变为初始数量的13.53%,这意味着每经过一个时间单位,微生物数量减少约86.47%。

对数残留定律的应用可以用于评估消毒剂的效果和确定所需的消毒时间。通过测定初始微生物数量和消毒剂的灭菌速率常数,可以计算出所需的消毒时间,以达到所需的杀菌效果。对数残留定律假设消毒过程中灭菌速率常数 k 是恒定的,并且不考虑可能存在的微生物抵抗性、渗透性差异等因素。因此,在实际应用中,还需要结合具体的消毒剂、目标微生物和消毒条件等因素,综合考虑,确保消毒效果达到要求。

表5-5　一些细菌的比死亡速率常数

细菌	k值/min^{-1}	细菌	k值/min^{-1}
大肠杆菌	0.12~0.2	沙门氏菌	0.12~0.18
枯草杆菌	0.1~0.25	铜绿假单胞菌	0.15~0.25
金黄色葡萄球菌	0.15~0.25		

5.3.1.3　灭菌的影响因素

影响培养基灭菌的因素包括温度、时间、压力、湿度等。

(1)温度

温度对灭菌的影响实际上是微生物的生存和繁殖能力如何随着温度的变化而变化。温度是微生物活动的一个关键因素，因为它可以影响它们的代谢和生化过程。在灭菌过程中，高温通常被用来杀灭或抑制微生物的生长。这是因为在相对较高的温度下，微生物的蛋白质和核酸结构会受到破坏，从而导致它们失去生存能力。这就是为什么在医疗、食品工业等领域常常使用高温来进行灭菌的原因。然而，温度并非越高越好，因为过高的温度可能会导致产品质量的损失。而且，并非所有的微生物都对高温敏感，有些耐热的微生物可能需要更高的温度才能被有效地灭活。另一方面，低温也可以用于控制微生物的生长。在低温下，微生物的代谢减缓，繁殖速度降低，从而延缓它们对环境的影响。这就是为什么在食品保存中使用冷藏和冷冻的原因。总的来说，温度在灭菌过程中发挥着关键作用，通过合理控制温度，可以有效地控制微生物的生长和繁殖，确保产品的安全和质量。在常规实验室条件下，121℃、15～20分钟的高压蒸汽灭菌是常用的方法。

（2）时间

在灭菌过程中，时间是一个关键因素，直接影响微生物是否能够被有效地杀灭。不同的微生物在不同的温度下对时间有不同的敏感性。一般来说，较高的温度会加速微生物的代谢和生长过程，使其更容易受到灭菌条件的影响。因此，在高温下，相对较短的时间就可能足以有效地杀灭绝大多数微生物。然而，需要注意的是，过短的时间可能无法确保各层次的微生物都被充分灭活，因此在实际应用中需要仔细控制灭菌时间，以确保产品的安全性。

（3）压力

压力是另一个影响灭菌效果的重要因素，尤其在蒸汽灭菌过程中。在高压条件下，水的沸点升高，使得蒸汽的温度也相应升高。这种高温高压的环境有助于热量更有效地渗透微生物的细胞壁，加速其死亡过程。因此，通过调节压力，可以提高灭菌过程中的温度，进而增强灭菌效果。然而，过高的压力可能会对产品质量造成影响，因此在实践中需要平衡考虑压力、时间和温度，以确保达到最佳灭菌效果的同时维持产品的质量。

（4）湿度

微生物中细胞含水量对培养基灭菌的效果有一定影响。细胞含水量是指细胞内水分所占的比例，它可以影响细菌的生理状态、代谢活性和对灭菌条件的敏感性。较高的细胞含水量可以使细菌细胞处于较活跃的代谢状态，同时也增加了细菌对外界环境的敏感性。在高水分环境下，细菌细胞膜较为脆弱，容易受到灭菌条件（如高温、化学消毒剂等）的破坏。因此，相对较高的细胞含水量有利于培养基的灭菌效果。较低的细胞含水量可能使细菌对灭菌条件产生一定的耐受性。在干燥环境中，细菌细胞可以进入休眠状态，形成耐久孢子等抗逆结构，从而提高对灭菌条件的耐受能力。这种情况下，灭菌时可能需要更高的温度、更长的时间或更强的灭菌方法来确保有效杀灭细菌。因此，在培养基灭菌过程中，细胞含水量是需要考虑的一个因素。合适的细胞含水量可以使细菌处于较脆弱的状态，更容易受到灭菌条件的影响，从而实现有效灭菌。具体的细胞含水量与细菌种类、培养基成分、灭菌方法等因素密切相关，需要根据具体情况进行调整和优化。

（5）pH值

培养基的pH值对培养基灭菌的效果具有重要影响。不同的微生物对于酸碱环境的耐受性不同，因此培养基的pH值需要根据具体的微生物种类和培养条件进行调整，以实现有效的灭菌。一般而言，较酸或较碱的pH条件可以增强培养基的灭菌效果。高酸或高碱条件能够破坏细菌细胞膜的完整性，导致细菌细胞内外的离子平衡紊乱，从而杀灭细菌。在这种情况下，可以使用较低的灭菌温度或较短的灭菌时间来实现有效灭菌。然而，过于酸或过于碱的pH条件也可能对培养基的有效成分产生负面影响，如蛋白质的变性、酶活性的丧失等。因此，在选择培养基的pH值时，需要综合考虑细菌的生长特性、培养基成分的稳定性以及实验的需求。

对于不同的微生物种类，其最适宜的生长pH范围也会有所不同。一些微生物可以在较酸性环境下生长，而另一些则对碱性环境更适应。在培养某一特定微生物时，了解其生长pH范围并将培养基pH调整到合适的范围，可以促进微生物的生长并提高灭菌效果。因此，根据所使用的微生物种类和培养基成分，需要在适当的范围内调整培养基的 pH 值，以实现更好的灭菌效果。同时，在进行培养基灭菌之前，应定期检测和校准灭菌设备的温度和 pH，以确保灭菌的准确性和可靠性。

（6）培养基成分

培养基中的不同成分可能对灭菌效果有影响。一些有机物如蛋白质、糖类和脂类等可以提供细菌生长所需的营养物质，从而增加细菌的抵抗力和存活能力。因此，在培养基中含有较高浓度的有机物时，可能需要更高的灭菌条件或采用其他灭菌方法来确保有效灭菌。高盐浓度会导致细菌细胞内外的水分平衡紊乱，对细菌产生不利影响，从而可以增加培养基的灭菌效果。在一些含有高盐浓度的培养基中，可以使用较低的灭菌温度或较短的灭菌时间来实现有效灭菌。培养基中的添加剂和辅助物质如抗生素、防腐剂和抗氧化剂等具有抑制细菌生长的作用，因此可以增强培养基的灭菌效果。然而，一些抗生素可能对某些菌株具有抵抗力，因此在使用抗生素作为培养基添加剂时，应选择适当的浓度和类型。

（7）微生物种类和数量

不同种类和数量的微生物对灭菌方法的抵抗力不同。某些微生物可能对某些灭菌方法更具抵抗力，而对其他灭菌方法较为敏感。另外，培养基微生物数量越多，达到灭菌效果所需的时间越长，因此，在培养基制备时不宜采用严重霉腐的原料和腐败的水质。

（8）培养基容器和包装

培养基灭菌时，选择适当的容器和包装也很重要。密封良好的容器和包装可以防止微生物再次污染培养基。在进行培养基灭菌时，需要根据具体情况选择合适的灭菌方法和操作条件，综合考虑上述因素，以确保培养基的有效灭菌和无菌状态。

（9）泡沫

在培养基灭菌过程中，泡沫中所含的空气在泡沫和微生物间易形成隔热层，使热量难以传递，造成温度分布不均，难以渗透进微生物细胞内，不易达到微生物的致死温度，使灭菌不彻底，从而造成细菌或其他微生物的存活。可以使用适当的防泡剂或抗泡剂来减少培养基中泡沫的产生。防泡剂可以降低液体表面张力，从而减少泡沫的形成。

5.3.2 工业生产中常用的培养基灭菌方法

5.3.2.1 分批灭菌

分批灭菌也称实罐灭菌或实消，指将配制好的培养基全部输送至发酵反应器后，通入蒸汽直接加热，再冷却至接种温度的灭菌过程。此过程的加热、维持保温和冷却三个阶段均在发酵反应器中完成。实消多适用于小规模发酵以及易产生泡沫的培养基的灭菌。一般认为实消灭菌比较彻底，效果更为可靠。

（1）分批灭菌的一般步骤

分批灭菌是在如图 5-2 所示的发酵罐中进行的。

① 培养基的配制及输送　在配制罐中按照培养基配方配制培养基后，通过专用管道输入发酵罐中。

② 灭菌前的准备工作　首先将发酵罐的空气分过滤器进行灭菌、吹干，并用无菌空气保压，然后放掉夹套或蛇管中的冷却水，开启排气管阀门。

③ 加热　开启搅拌，首先在夹套或蛇管中通入蒸汽进行间接加热，当培养基温度上升至 90～95℃ 时，停止搅拌，关闭夹套或蛇管蒸汽阀门，然后通过空气管、取样管、放料管蒸汽旁通阀门向发酵罐中的培养基直接通入蒸汽进一步加热，当排气管冒出大量蒸汽后，可打开接种、补料、消泡剂、酸碱等管道阀门，并调节好各排气和进气阀门的开度，使培养基温度达到 120℃，罐压达 1×10^5 Pa（表压）时，维持在这个水平进行保温。

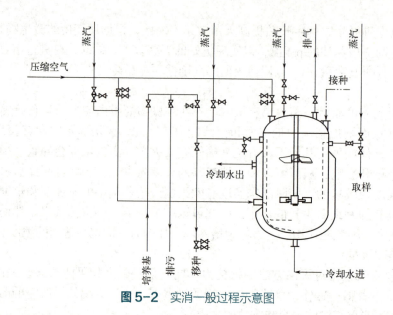

图 5-2 实消一般过程示意图

④ 保温　在培养基温度 120℃、罐压 1×10^5 Pa（表压）条件下，保温 30 min 左右。

⑤ 冷却　保温结束，先关闭发酵罐顶部各路进料管道上的阀门，然后依次关闭放料管路、通风管路、取样管路上的阀门。保持罐顶的排气阀排蒸汽，使压力降低至 0.05MPa 时，打开通风管路上各空气阀，进无菌空气保压，一般调节罐压在 0.1MPa 左右。保压操作结束，开启列管（或夹套）的冷却水阀进水降温。

（2）分批灭菌的注意事项

进行分批灭菌时应注意确保每个批次的规模适中，既不会导致灭菌效果不佳，也不会浪费资源。要根据材料的类型、尺寸和灭菌设备的容量等因素来确定合适的分批大小。

根据材料的特性和灭菌要求，选择适当的灭菌方法（如热灭菌、化学灭菌或辐射灭菌）。确保灭菌参数（如温度、压力、时间和浓度）适用于每个批次，并根据需要进行调整。对每个批次进行良好的记录和标识，包括批次号、灭菌日期、操作人员等信息。这有助于跟踪和管理每个批次的灭菌情况，并在需要时进行回溯。对每个批次的材料进行适当的包装和密封，以防止再次被污染。确保包装材料符合灭菌要求，并能有效地阻隔微生物。在灭菌设备中，要合理分布和排列每个批次的材料，以确保灭菌过程中的热传递、气体扩散或辐射均匀性。这可以提高灭菌效果，并减少批次间的差异。在进行分批灭菌时，要避免批次间的交叉污染。确保设备、工具和操作环境的清洁，并采取必要的防护措施，以防止微生物在批次之间传播。对灭菌后的材料进行妥善处理，防止再次受到污染。合理的包装和存储条件可以帮助保持材料的无菌状态，并确保其在使用前保持良好的灭菌效果。

（3）优点

分批灭菌允许将材料或设备分为多个批次进行处理，这在大规模生产或处理大量物品时非常有用。它提供了更大的灵活性，以适应不同规模和需求的灭菌过程。通过将材料分批次灭菌，可以更好地利用灭菌设备的容量和资源。这可以节约时间、能源和成本，并提高生产效率。分批灭菌有助于细化质量控制过程。每个批次可以单独进行记录、追踪和验证，从而提高灭菌过程的可追溯性和可管理性。如果发生问题或失败，可以更容易地识别和纠正，并限制影响范围。

（4）缺点

相对于一次性对所有材料进行灭菌，分批灭菌需要更多的时间和步骤。每个批次都需要独立进行灭菌处理，这可能会增加整个灭菌过程的时间和工作量。分批灭菌过程中存在交叉污染的风险。虽然有良好的清洁和防护措施，但批次之间的微生物传播仍然可能发生，从而导致批次间的污染。由于分批灭菌中不同批次的处理方式可能略有不同，因此在灭菌效果、温度、压力等方面可能存在一定的差异。这需要仔细监控和调整，以确保每个批次都达到所需的灭菌标准。

5.3.2.2 连续灭菌

连续灭菌也称连消，指将培养基在发酵反应器外，通过专门灭菌装置，连续在不同设备中分别进行加热、维持保温和冷却，然后进入发酵反应器的灭菌过程。

(1) 连续灭菌的一般步骤

① 装载物料　将待灭菌的物料装入连续灭菌设备中，这些物料可以是液体培养基、培养液、药物溶液、生物制品或其他有灭菌需求的物质。

② 热源预热　在连续灭菌设备中，通常会有一个热源，用于提供高温灭菌条件。在开始灭菌过程之前，需要对热源进行预热，确保设备内温度能够达到灭菌所需的水平。

③ 持续加热　将物料持续加热到灭菌所需的温度，这个温度通常在121℃，持续一定时间（通常为15~20min），以确保达到有效的杀菌效果。

④ 冷却　在灭菌完成后，将物料冷却到适当的温度。这可以通过在灭菌设备中提供冷却系统来实现。

⑤ 释放　确认灭菌过程的有效性后，可以将物料从连续灭菌设备中取出，通常需要在无菌条件下进行。

⑥ 监测和验证　对灭菌过程进行监测和验证，以确保灭菌达到预期的效果。这可能包括温度、压力和其他关键参数的记录，以及使用生物指示物检验灭菌效果。

⑦ 清洗和维护　在每次使用后，需要对连续灭菌设备进行清洗和维护，以确保下一次使用时的正常运行。这包括清除可能残留在设备中的微生物或其他物质。

⑧ 文档和记录　对连续灭菌过程的所有步骤进行详细的文档记录，包括温度、压力、时间等关键参数的监测记录。这是符合质量管理和合规要求的重要步骤。

连续灭菌通常能够在一个系统中完成多个步骤，确保在无菌条件下对物料进行连续且高效的处理。这种方法特别适用于大规模的生产过程，其中需要对大量物料进行连续灭菌。

(2) 连续灭菌的注意事项

为确保灭菌的有效性、安全性和质量，在进行连续灭菌之前，确保灭菌设备处于良好状态。检查设备的各项参数、传感器、阀门、加热元件等，确保一切正常运行。对设备进行预热是至关重要的。预热可以确保设备内部的温度迅速达到灭菌所需的水平，提高灭菌效果。仔细调整和验证灭菌参数，包括温度、时间、压力等。确保这些参数符合预定的灭菌标准和规范。控制物料的负荷，确保设备能够均匀地将热量传递到所有部位。过大的物料负荷可能导致灭菌不均匀，降低效果。进行灭菌过程中的实时监测和验证。记录关键参数，如温度、压力，以及生物指示物的测试结果。确保每个灭菌周期都符合规定的标准。控制物料的冷却速度，以防止过快或过慢的冷却可能引起的问题。合适的冷却速度有助于确保物料质量。在连续灭菌过程中，确保不同批次或不同产品之间不发生交叉污染。设备需要经过充分的清洗和消毒，确保无菌条件。

(3) 优点

连续灭菌可以在发酵过程中保持连续的生产，无需中断或停顿，从而提高生产效率。相比于分批灭菌，连续灭菌可以更好地满足大规模生产和持续生产的需求。由于连续灭菌是自动化和连续进行的，减少了人工操作的频率和风险。操作人员的介入较少，降低了操作中的人为错误和交叉污染的风险。相比于分批灭菌需要的多个灭菌设备和操作空间，连续灭菌通常只需要一个连续灭菌设备，从而减少了设备的占用空间和投资成本。连续灭菌可以实现对发酵液的持续稳定灭菌处理，确保无菌状态的持续维持。这有助于减少微生物污染的风险，并提高产品的质量稳定性和一致性。连续灭菌设备通常具有较好的操作和控制系统，可以根据不同的工艺需求进行调节和优化。温度、压力、流量等参数可以进行精确控制，以满足特定的灭菌要求。

（4）缺点

连续灭菌设备通常具有复杂的设计和较高的制造成本。这可能对初创或小规模企业来说是一个经济负担。连续灭菌设备需要经过专门的操作培训和技能，以确保正确操作和维护。这可能需要额外的人力资源和培训成本。连续灭菌系统的调试和优化可能相对复杂。由于涉及连续流动的过程，对于温度、压力、流速等参数的调节需要更精确的控制，可能需要较长时间的试验和调整。连续灭菌设备中的管道、阀门和其他零部件可能存在较为复杂的结构，难以完全清洁和消毒。这可能增加了清洁验证和维护的困难度。如果连续灭菌设备发生故障或需要维护，可能会影响整个生产线的连续运行。这可能导致停产时间增加和生产计划的延误。一些微生物可能对连续灭菌的条件敏感，可能无法在连续灭菌系统中存活或保持其活性。这可能限制了某些微生物的应用范围。

连续灭菌和分批灭菌的常见指标对比见表5-6。

表5-6　连续灭菌和分批灭菌的常见指标对比

指标	连续灭菌	分批灭菌
灭菌效果	好	好
温度	加热温度130~140℃，保温5~8min	加热温度121℃，保温20min
蒸汽压力	0.6MPa，压力要求稳定	0.3~0.4MPa
操作难易	通过自控可以稳定生产	较简单
培养基破坏	受热时间短、破坏少	破坏多、色级高
糖、氮培养基	可先后分开消毒	不能
蒸汽负荷	平均、低	高
冷却水负荷	平均、低	高
消毒设备投资	高	低
动力设备投资	低	高
总投资	低	高

5.3.2.3　四种形式的连续灭菌流程

（1）连消塔加热喷淋冷却连消工艺

连消塔加热喷淋冷却连消工艺的主要设备包括连消塔、维持罐和喷淋冷却器（冷却排管）。连消塔是培养基短时连续加热达到灭菌温度的设备，分为套管式和喷射式两类。连消塔加热喷淋冷却连消工艺设备较少，流程较短，操作简单，是较早工业应用的连消方式。但该法需使用大量的冷却水。

（2）喷射加热真空冷却连消工艺

喷射加热真空冷却连消工艺的设备包括喷射加热器、蛇形维持管和真空冷却器，培养基进入喷射加热器，与蒸汽相遇，瞬间升温至灭菌温度（一般为140℃），然后流入蛇形维持管，在灭菌温度下维持2~3min，通过膨胀阀门进入真空冷却器，迅速冷却至接种温度（图5-3）。喷射加热真空冷却连消工艺易实现"高温快速"灭菌的要求，但是该工艺对膨胀阀门、真空冷却器等设备的品质及操作要

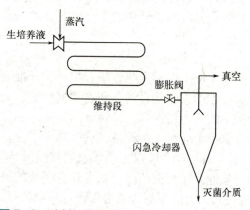

图5-3　喷射加热真空冷却连消工艺流程示意图

求较高。

(3) 板式换热器连消工艺

板式换热器连消工艺主要由三个板式换热器和一段蛇形维持管组成。三个换热器分别作为预热器、加热器和冷却器。冷的培养基进入预热器，与已经加热维持后的培养基进行热交换。预热后的料液进入加热器，与蒸汽换热，料液在20s左右的时间内升温至灭菌温度（一般为147℃），然后进入蛇形维持管，在灭菌温度下维持2～3min，维持后的料液再进入预热器，与待灭菌料液分别进行预冷却和预热，预冷却后的料液进入冷却器，用循环冷却水继续冷却（图5-4）。

换热器连消工艺也常用三个螺旋板换热器代替板式换热器。ALFA LAVAL公司推出一种连消方案，流程与上述工艺相同，只是换热器改用螺旋板换热器。

预热器的使用大大提高了连消工艺的节能意义和推广价值。板式和螺旋板换热器连消工艺中预热器的设置有效地利用了物料的余热，但物料不与蒸汽直接接触，需要更高的蒸汽温度和压力，还需增加蒸汽冷凝水回收设备，而且板式换热器也有潜在的因设备密封而引起染菌的问题。

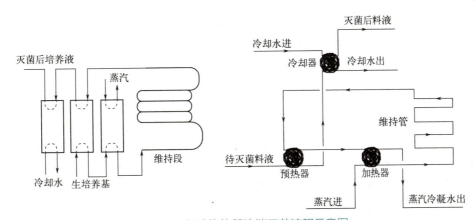

图5-4 板式换热器连消工艺流程示意图

汪国刚《膜式混合器在发酵连消过程中的应用》中提到了改进方案，解决了在连消过程中由于物料有大颗粒时产生的振动噪声和拆装的问题。其原理是在设备中部通入蒸汽，蒸汽与物料在喷嘴处混合，然后越过消音锤，进入维持罐。

(4) 连消塔加热螺旋板换热器冷却连消工艺

此工艺主要由连消塔、维持罐和两个螺旋板换热器组成。两个螺旋板换热器分别作为预热器和冷却器。此工艺在红霉素、维生素C等发酵生产中经常用到。

冷料液经过连消泵由配料罐打入预热器，与灭菌维持后的料液热交换，接着进入连消塔与蒸汽混合，快速升温至灭菌温度（一般在135℃），进入维持罐维持5～8min，再进入预热器与冷料热交换，预冷却后进入冷却器用循环水冷却降温至40～50℃，送入发酵罐后再冷却至培养温度（图5-5）。

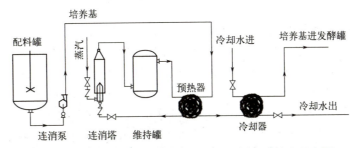

图5-5 连消塔加热螺旋板换热器冷却连消工艺流程示意图

连消塔加热螺旋板换热器冷却连消工艺综合了以上几种连消工艺的一些优点，物料与蒸汽混合灭菌效果更好，只要蒸汽温度控制得当，可以适当避免过热现象。预热器的使用降低了能耗，节约了蒸汽和冷却水用量，是节能型工艺。螺旋板换热器换热系数也较高，密封性也较好。

5.3.3 空气除菌

空气除菌是指对空气中的微生物进行灭菌或去除的过程。空气中存在着各种微生物，包括细菌、真菌和病毒等。这些微生物可能对生产过程和产品质量产生不利影响。空气导致的微生物污染，可能降低发酵产物的质量、减少产量，甚至导致发酵过程失败。另外，空气中可能存在一些外源酶，如蛋白酶和核酸酶，它们具有酶活性，可以降解发酵中所需的生物分子，干扰发酵过程，降低产量和产品纯度。空气中的较高含氧量可能导致氧气的过氧化反应，产生有害的氧自由基，损害微生物细胞和发酵产物。因此，保持发酵环境的无菌性和良好的空气质量是确保发酵过程稳定和产品质量的关键。采取适当的空气净化和除菌措施，如空气过滤、紫外线辐射、化学消毒等，能有效减少空气污染对发酵的危害。此外，定期检测和监测空气质量，采取必要的控制措施，也是重要的做法。

5.3.3.1 发酵用无菌空气的质量标准

发酵过程中使用的无菌空气需要满足一定的质量标准，以确保发酵过程的无菌性和产品的质量。发酵用无菌空气必须经过有效的灭菌处理，不含任何可生长的微生物。常见的无菌检测方法包括菌落计数法、膜过滤法等。无菌空气应具有适宜的温度和湿度，以满足微生物的生长和发酵过程的要求，通常在20～25℃的温度范围内，并保持相对湿度在40%～60%之间是较为理想的。无菌空气应以适当的压力和流速供应到发酵系统中，通常采用压力控制装置和流量计来确保无菌空气的稳定供应。无菌空气中的微生物污染物含量应尽可能低，常见的指标是单位体积空气中的微生物总数限制在一定范围内，例如每立方米空气中的微生物总数限制在10个以下。无菌空气中的颗粒物含量应控制在较低水平，以减少对发酵过程和产品质量的影响，常见的要求是限制大于或等于0.5μm的颗粒物数量。

这些标准可以根据具体的发酵工艺和产品要求进行调整和制定。为了确保无菌空气的质量，通常需要使用高效的过滤系统，如HEPA过滤器或ULPA过滤器，来去除空气中的微生物和颗粒物。同时，对无菌空气进行定期监测和验证，确保其符合要求，并采取必要的措施进行调整和改进。

5.3.3.2 空气除菌的常见方法

在工业上，发酵用空气除菌是确保发酵过程的无菌性和产品质量的重要步骤之一。

（1）热灭菌

通过高温处理灭菌空气。这可以通过使用高温热风或蒸汽进行灭菌，通常在高温下保持一定的时间，以确保空气中的微生物被完全灭活。

（2）介质过滤除菌

空气介质过滤除菌的原理是利用过滤介质的孔隙结构和吸附作用，将空气中的微生物颗粒捕集下来。常用的过滤介质包括高效过滤器、细菌滤膜、带电滤网等。这些过滤介质通常具有较小的孔径，可以阻隔大部分微生物颗粒的通过，从而有效地降低空气中的微生物污染。在空气介质过滤除菌的过程中，空气通过过滤介质时，微生物颗粒会被拦截在过滤介质的表面或内部，从而阻止它们进入发酵系统或工作环境。这种方法具有简单、有效、经济的特点，常用于工业上制备无菌空气。

绝对过滤和深层介质过滤是两种常见的空气过滤除菌方法，它们在过滤器结构和工作原理上有所不同。绝对过滤器更适用于需要极高无菌环境的场所，而深层介质过滤器更适用于对颗粒物截留容量和使用寿命要求较高的环境。

绝对过滤是指过滤器具有固定的颗粒物截留效率，能够有效地捕捉和去除指定尺寸以上的颗粒物和微生物。绝对过滤器通常采用高效颗粒空气（HEPA）过滤器或超高效颗粒空气（ULPA）过滤器。这些过滤器的结构非常细致，由纤维或薄膜组成，能够捕捉空气中直径大于 $0.3\mu m$ 的颗粒物，并具有高效的除菌效果。绝对过滤器广泛应用于需要高度无菌环境的场所，如制药、医疗、电子等行业。

深层介质过滤是一种基于多层纤维或颗粒介质的过滤方法。它通过多层介质的堆叠和交错排列，形成多个过滤层，可以有效地捕捉和去除不同尺寸的颗粒物和微生物。深层介质过滤器通常具有较高的颗粒物捕集效率和较大的颗粒物截留容量。这种过滤器适用于对颗粒物截留能力要求较高的场所，如空气处理系统、工业通风系统等。

深层介质过滤在除菌过程中对过滤介质有一些要求，以确保其有效性和可靠性。过滤介质应具有高捕集效率，能够有效地捕捉并留住微生物颗粒，如细菌、病毒和微生物孢子等。通常，捕集效率越高，过滤器的除菌效果越好。过滤介质应具有良好的通气性，以确保空气能够顺畅地通过过滤器。适当的通气性可以保持过滤系统的稳定性和有效性。过滤介质应具有足够的耐压性，能够承受过滤过程中的压力差。这可以确保过滤器在工作过程中不会破裂或变形。某些应用中，特别是在高温条件下，过滤介质需要具有良好的耐高温性，以防止其变形或损坏。过滤介质应具有一定的耐化学性，能够抵抗与处理空气相关的化学物质，如湿度、气体成分和其他污染物的影响。过滤介质需要定期清洗和更换。因此，过滤介质应具有一定的可清洗性和可重复使用性，以降低使用成本。

选择适当的过滤介质时，需要考虑以上要求，并根据具体的应用环境和需求进行选择。不同的应用可能需要不同类型的过滤介质，如玻璃纤维、合成纤维、活性炭等，以满足特定的除菌要求。

纤维素纤维是一种常见的过滤介质，具有良好的捕集效率和通气性。常见的纤维素纤维过滤介质包括纸滤芯和纤维素膜。玻璃纤维是一种耐高温、耐腐蚀的过滤介质，广泛应用于高温条件下的深层介质过滤。它具有较高的捕集效率和耐压性。合成纤维介质如聚丙烯、聚酯和聚醚等，具有良好的捕集效率、通气性和耐化学性。它们通常用于工业领域中的深层介质过滤。活性炭是一种吸附剂，常用于深层介质过滤中去除空气中的气体和化学污染物。活性炭介质通常与其他过滤介质结合使用，以提高过滤效果。陶瓷过滤介质具有微孔结构，能够有效捕捉微生物颗粒和固体颗粒。它们具有良好的耐高温性和耐化学性，常用于高温条件下的深层介质过滤。这些介质根据不同的应用需求和条件选择，可以单独使用或组合使用，以实现所需的除菌效果和空气净化效果。在选择介质时，需要考虑过滤效率、通气性、耐压性、耐化学性以及应用环境的特殊要求。

在气流通过过滤介质时，由于气流的惯性作用，大颗粒的微生物或颗粒物会因惯性而无法完全跟随气流弯曲路径而被捕获和滞留在过滤介质表面。这种滞留作用主要发生在高速气流通过介质时，对于大颗粒物质而言，其惯性力大于气流的阻力，导致其无法继续跟随气流而飞过过滤介质。

惯性冲击滞留作用在深层介质过滤中起到重要作用，能够有效捕获较大的微生物和颗粒物，提高过滤效率。当气流通过过滤介质时，颗粒物和微生物会与过滤介质表面发生碰撞，由于惯性的影响，它们会沿着气流的方向继续前进，但无法完全跟随气流的弯曲路径而穿过过滤介质，从而被滞留在过滤介质的表面。对于较小的微生物和颗粒物而言，其惯性力相对较小，可能会通过惯性冲击滞留作用而穿过过滤介质。因此，在设计深层介质过滤系统时，需要综合考虑介质的孔隙大小、气流速度和过滤时间等因素，以确保足够的惯性冲击滞留作用，有效捕获微生物和颗粒物，从而达到除菌和净化空气的目的。

在气体或液体中，微小颗粒或分子由于热运动而呈现无规则的扩散运动的现象被称为布朗扩散作用。它是由于液体或气体中分子的热运动引起的，这些微小颗粒或分子会随机地在不同的方向上进行碰撞和运动。在深层介质过滤中，由于布朗扩散作用，微小颗粒或分子会因为热运动而产生随机的运动，使其在过滤介质中不断与介质表面和其他颗粒发生碰撞。这种碰撞作用有助于微生物或颗粒物被捕获和滞留在过滤介质的孔隙或表面上，从而实现除菌和过滤。

布朗扩散作用受到颗粒或分子的大小、浓度、介质孔隙大小和温度等因素的影响。较小的微生物或颗粒物由于热运动更加剧烈，扩散速度更快，相对容易被捕获和滞留。而较大的微生物或颗粒物由于惯性的作用，可能在布朗扩散过程中表现出较弱的效果。

在深层介质过滤过程中，微生物或颗粒物因与过滤介质的表面或孔隙相互作用而被捕获和滞留的现象被称为拦截滞留作用。这种作用主要由介质表面的吸附和孔隙的屏障效应引起。在深层介质过滤过程中，过滤介质的表面通常具有一定的吸附能力，微生物或颗粒物在经过过滤介质时会与介质表面发生相互作用，如静电作用、化学吸附等。这些作用力会使微生物或颗粒物被吸附在过滤介质表面，从而被有效地拦截和捕获。此外，过滤介质的孔隙大小也会对微生物或颗粒物的滞留起到重要作用。当微生物或颗粒物的尺寸大于过滤介质孔隙的大小时，它们将无法通过孔隙，从而被拦截在介质表面或孔隙中。过滤介质的孔隙结构可以形成一种屏障效应，阻止微生物或颗粒物的通过，使其被滞留在过滤介质内部。拦截滞留作用是深层介质过滤过程中重要的机制，可以有效地去除微生物、颗粒物和其他杂质。通过合理选择过滤介质的材质和孔隙结构，控制介质表面的吸附性能，可以增强拦截滞留作用，提高过滤效率和除菌效果。

在液体或气体中，由于微生物或颗粒物的密度不同，受到重力作用而向下沉降的现象被称为重力沉降作用。根据斯托克斯定律，微生物或颗粒物在介质中的沉降速度与其半径大小、密度差异和介质黏度有关。在发酵工业中，重力沉降作用通常用于分离和清除悬浮在发酵液中的微生物细胞、固体颗粒或其他杂质。通过让发酵液在停止搅拌或搅拌速度减小的情况下静置一段时间，微生物或颗粒物会由于重力作用而向下沉降到底部形成沉淀，从而实现对其的分离和去除。重力沉降作用在一些发酵工艺中是一个重要的步骤，特别是在分离和收集微生物细胞、固体颗粒或沉淀物时。它是一种相对简单和经济的分离方法，不需要特殊的设备或能耗较高的操作。然而，重力沉降作用的效率受到微生物或颗粒物的密度差异、悬浮液中的浓度、黏度以及沉降时间的影响，因此在实际应用中需要根据具体情况进行操作和优化。

在空气过滤除菌过程中，静电吸附作用是其中一个重要的机制。空气过滤器通常采用电纺布或玻璃纤维等材料制成，这些材料具有电绝缘性能，表面带有静电荷。当空气中的微生物颗粒经过过滤器时，会受到过滤器表面的静电荷吸引而被捕获。静电吸附作用的机制是基于静电力的作用。过滤器材料表面带有静电荷，而微生物颗粒带有相反的电荷，因此它们之间会发生静电吸引作用。当微生物颗粒接近过滤器表面时，静电吸引力会使其被迅速吸附到过滤器上，从而实现除菌。静电吸附作用可以有效地捕获微生物颗粒，包括细菌、真菌、病毒等。通过合理选择过滤器材料和控制过滤器的静电荷性质，可以提高空气过滤除菌的效率和净化能力。

（3）紫外线辐射

使用紫外线辐射对空气中的微生物进行灭活。通过使用紫外线灯或紫外线辐射器，将紫外线照射到经过过滤的空气中，破坏微生物的 DNA 和 RNA，从而达到除菌的效果。

（4）化学消毒剂

使用化学消毒剂对空气中的微生物进行灭活。常见的化学消毒剂包括过氧化氢、臭氧和气态二氧化硫等。这些化学消毒剂可以通过喷洒、雾化或加入空气处理系统中，对空气中的微生物进行灭活。

（5）高效空气过滤系统

使用高效的空气过滤系统，如层流净化系统（laminar flow system）或生物安全柜（biological safety cabinet），以确保发酵过程中空气的无菌性。这些系统具有高效的过滤器和气流控制，可以有效地去除空气中的微生物。

5.3.3.3 提高空气过滤除菌效率的措施

要提高空气过滤除菌的效率，可以选择适当的过滤器类型，如高效颗粒空气（HEPA）过滤器或超高效颗粒空气（ULPA）过滤器。这些过滤器具有细致的结构，能够捕捉微小的颗粒物和微生物，提供高效的除菌效果。定期检查和更换过滤器，确保其完整性和正常工作。损坏或堵塞的过滤器会影响过滤效果，降低除菌效率。保持空气流通的畅通，避免阻塞或局部堵塞。确保空气能够充分接触过滤器，提高除菌效率。适当控制空气的流速，避免过快或过慢的流速对过滤效果的影响。根据具体需求，调整合适的流速以提高除菌效率。保持发酵区域的清洁和卫生，避免有害微生物的滋生和传播。定期清洁和消毒空气处理系统，清除可能存在的细菌和污染物。定期进行空气质量检测和微生物监测，确保过滤器的工作效果和除菌效率符合要求。根据监测结果采取必要的调整和措施。

提高空气过滤除菌的效率需要综合考虑过滤器选择、过滤器完整性、空气流通、流速控制、环境卫生维护以及定期监测等因素。通过科学合理地管理和维护空气处理系统，可以有效提高空气过滤除菌的效率，确保工业发酵过程中的无菌环境和产品质量。

5.3.3.4 影响空气除菌的因素

影响空气除菌效果的因素有多个，过滤器的截留效率和颗粒物捕集能力直接影响除菌效果。选择适当的过滤器类型，如高效颗粒空气（HEPA）过滤器或超高效颗粒空气（ULPA）过滤器，并确保其性能符合要求。空气流速过高或过低都会影响除菌效果。流速过高可能导致颗粒物绕过过滤器，流速过低则可能降低过滤效率。因此，需要根据具体应用场景和过滤器性能来调整合适的空气流速。空气湿度对微生物的生存和繁殖有一定影响。过高或过低的湿度都可能影响除菌效果。一般来说，适宜的湿度范围有助于微生物的捕集和杀灭。温度也会影响除菌效果。通常情况下，较高的温度有助于微生物的灭活，但过高的温度可能对过滤器和其他设备产生不良影响，因此需要控制合适的温度范围。空气中的颗粒物浓度越高，过滤器的处理负荷越大，除菌效果可能受到影响。因此，减少空气中的颗粒物浓度有助于提高除菌效果。良好的空气循环和混合可以确保所有空气经过过滤器进行除菌处理，避免死角和局部污染。定期维护和更换过滤器是保持除菌效果的关键。过滤器的堵塞、破损或过期使用都会影响除菌效果。因此在空气除菌过程中需要综合考虑各个因素，并采取相应的措施来优化除菌效果。

5.4 微生物药物发酵类型

5.4.1 分批发酵

5.4.1.1 基本概念

分批发酵是最常见的发酵类型之一。在批量发酵中，一定数量的培养基和微生物菌种一起放入发酵罐中，进行培养和生长。培养过程中，发酵罐中的条件（如温度、pH、氧气供应等）通常会随着时间的推移进行调整。当达到所需的终点时间或目标时，发酵过程结束，微生物菌体和产物收获并进行后续处理。

在分批发酵中，发酵过程被分成多个连续的批次，每个批次之间有一段停顿时间。每个批次中，一定数量的培养基和微生物菌种被加入发酵罐中，进行培养和生长。在每个批次结束后，发酵罐被清空，并进行必要的处理和准备工作。与连续发酵相比，分批发酵具有一些优势。首先，它可以更好地控制和监测发酵过程。由于每个批次之间有停顿时间，操作员可以对发酵罐进行维护、检查和调整，以确保最佳的生长条件和产物生成。其次，分批发酵可以适应不同的生物反应器和设备配置，使其更加灵活和可扩展。

然而，分批发酵也存在一些限制。由于每个批次之间存在停顿时间，整个发酵过程可能会较长。此外，转移和操作多个批次可能增加了工艺控制和操作的复杂性。分批发酵是一种在微生物药物生物制造中常用的发酵方式，它兼具批量发酵和连续发酵的一些优点，并能满足特定的生产需求和条件要求。

典型发酵罐系统见图 5-6。

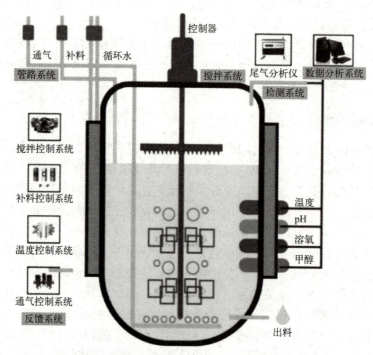

图 5-6 典型发酵罐系统示意图

5.4.1.2　分批发酵微生物不同生长阶段

在分批发酵中，微生物生长可以分为不同的时期（图 5-7）。

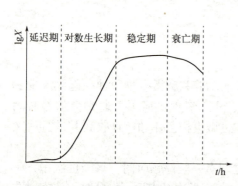

图 5-7 分批发酵中微生物生长曲线

（1）延迟期

在分批发酵的开始阶段，微生物菌种需要适应新的环境条件，合成和积累必要的酶和代谢产物。在延迟期内，细胞数量相对较少，生长速率较慢。这个阶段的长度取决于菌种和培养条件，通常会持续数小时到数十小时不等。

（2）对数生长期

在延迟期后，微生物进入对数生长期，也被称为指数生长期。在这个阶段，细胞开始迅速增殖，细胞数量呈指数增长。细胞代谢活跃，生长速率最快，产物的积累也较快。对数生长期的持续时间也因菌种和培养条件而异，通常为数小时到数天。

（3）稳定期

当培养基中的营养物质消耗殆尽或代谢产物积累到一定程度时，微生物进入稳定期。在这个阶段，细胞数量不再增加，细胞增殖和死亡处于平衡状态。生长速率趋于稳定，产物的积累速度减缓。稳定期的持续时间因菌种和培养条件而异，可能持续数小时到数天。

（4）衰亡期

随着时间的推移和资源的耗尽，微生物进入衰亡期。在这个阶段，细胞数量开始减少，细胞死亡速率大于增殖速率。细胞代谢活动逐渐减弱，产物的积累停止或减少。衰亡期的持续时间也因菌种和培养条件而异，通常为数小时到数天。

不同阶段的微生物生长特征和代谢活动对于发酵过程的控制和产物的生产具有重要的影响。合理地控制和调节培养条件，以及适时收获和终止发酵过程，可以最大程度地提高微生物生长和产物产量。

5.4.1.3 分批发酵的优缺点

分批发酵是一种常见的发酵方式，其可以根据实际需要进行调整和控制，可以根据不同的批次进行不同的操作和处理，适应不同的生产需求。每个批次的发酵过程可以单独控制和监测，对温度、pH值、营养物质等参数的调整更为方便，能够更精确地控制微生物生长和产物合成的过程。分批发酵中，每个批次之间相互独立，一旦某个批次出现问题，可以及时停止该批次的发酵，避免扩大风险。

分批发酵也存在一些缺点，比如分批发酵需要进行多次操作和控制，人力投入相对较大，工作量较大，人员管理和操作较为繁琐。每个批次的发酵都需要启动和停止设备，能耗相对较高，特别是对于大规模生产的情况下，能源消耗会比连续发酵更多。由于分批发酵需要逐批进行，每个批次的发酵周期较长，因此整个生产周期相对较长，不适合对生产周期要求较紧迫的情况。

5.4.2 连续发酵

5.4.2.1 基本概念

连续发酵是一种持续进行的发酵过程。在连续发酵中，培养基和微生物菌种持续地进入发酵罐，同时产物连续地从发酵罐中流出。这种发酵方式可以实现对生长速度和产物生成的精确控制，同时可以提高产量和效率。

连续发酵的主要特点包括培养基和微生物菌种持续地输入发酵系统中，通常通过进料流入反应器，确保微生物细胞的持续生长和代谢活性；产物持续地从发酵系统中收集，通过出料流出反应器。这样可以防止过高的产物积累，同时方便后续处理和纯化步骤。连续发酵过程中，操作条件（如温度、pH、氧气供应等）需要严密控制，以确保微生物的稳定生长和产物的稳定生成。连续发酵相对于批量发酵有一些优势。首先，连续发酵可以实现更高的产量和更高的生产效率，因为反应器可以持续运行并维持最佳生长条件。其次，连续发酵对于一些对生长条件敏感的微生物菌株更为适用，因为可以更好地控制生长环境的稳定性。此外，连续发酵还可以节省时间和资源，减少操作和处理步骤。然而，连续发酵也存在一些挑战。例如，操作条件的稳定性和控制要求较高，需要实时监测和调整。此外，连续发酵还可能面临污染和感染的风险，因为发酵系统处于持续运行状态。连续发酵是一种重要的发酵类型，在微生物药物的生物制造中具有广泛应用，可以实现高产量、高效率和稳定的生产过程。

5.4.2.2 连续发酵的优缺点

连续发酵是一种持续进行的发酵过程，相比于分批发酵，连续发酵可以实现连续供应微生物和营养物质，最大程度地利用发酵设备和培养基等资源，提高了生产效率。连续发酵过程中，微生物和培养基的流动稳定性较好，环境条件更加均一，有利于微生物的稳定生长和产物的稳定产生。连续发酵过程中可以实现自动化的控制和调节，通过对关键参数的监测和反馈控制，可以使发酵过程更加稳定和可控。相对于分批发酵，连续发酵的操作和监测工作相对简化，减少了人力投入和运营成本。连续发酵可以根据需要进行调整和优化，通过控制流速、营养物质浓度等参数，实现不同规模和产量的生产。连续发酵具有高效利用资源、稳定生产、自动化控制、节省人力成本和灵活性等优点，适用于大规模、连续生产的工业化需求。但是，与分批发酵相比，连续发酵需要更复杂的设备和系统，包括连续进料和排出产物的装置、连续控制参数的监测和调节等，增加了设备投资和维护成本。连续发酵对过程控制要求较高，需要精确控制流速、营养物质浓度、温度、pH值等参数，以确保微生物的稳定生长和产物的稳定产生。对于复杂的微生物菌株和产物，控制难度更大。在连续发酵中，如果出现微生物污染、设备故障或其他突发情况，可能会对整个发酵过程产生连锁反应，导致大量产物的损失。因此，连续发酵需要更加严密的监测和应急措施；连续发酵需要更大的起始投资，包括设备、系统和自动化控制等方面。这可能对初创企业或资源有限的生产者构成一定的经济压力。连续发酵通常适用于稳定的生产过程，对于需要频繁改变菌株或产物的情况，连续发酵的适应性较差。

分批发酵、连续发酵的比较见表 5-7。

表 5-7 分批发酵、连续发酵的比较

比较项目	连续发酵	分批发酵
发酵系统	开放式	密闭式
培养基供给	连续	一次性
发酵液取出	连续	一次性
比生长速率	恒定	改变
基质浓度	恒定	改变
细胞浓度	恒定	改变
产物浓度	恒定	改变
生产效率	高	低
设备利用率	高	低

5.4.3 补料分批发酵

5.4.3.1 基本概念

补料分批发酵结合了分批发酵和连续发酵的一些特点。在补料分批发酵中，最初的发酵过程类似于分批发酵，将一定数量的培养基和微生物菌种放入发酵罐中进行培养和生长。然而，随着时间的推移，额外的培养基或营养物质会逐渐添加到发酵罐中，以满足微生物的营养需求，促进产物的生成。补料的添加通常基于监测到的微生物生长状态、代谢产物水平或其他相关参数来进行控制。

5.4.3.2 补料分批发酵的优缺点

补料分批发酵通过逐渐添加补料，可以更好地控制培养基中的营养物质供应，从而优化微生物的生长和代谢过程。补料的添加可以促使产物在发酵过程中逐渐积累，从而提高产量。同时，由于补料的控制，可以避免过高的产物浓度对微生物的不利影响。补料分批发酵相对于连续发酵来说，更具操作灵活性和控制性。可以根据微生物的特性和生产需求，调整补料策略和添加时间，以获得最佳的发酵结果。补料分批发酵也有一些挑战。例如补料的控制需要精确监测和调节，以避免过度或不足的供应；补料的添加可能引入操作复杂性，增加发酵过程的工艺控制和操作难度。

5.4.3.3 不同的补料方式

（1）非反馈补料

非反馈补料是一种补料方式，在该方式下，补料的量和时间不受发酵过程的监测和反馈控制。相反，补料是根据预先设定的时间点或特定的策略进行的，无论发酵过程的状态如何。非反馈补料通常用于一些对补料量和时间不敏感的发酵过程，或者在发酵过程的早期阶段。这种补料方式可能会导致一些挑战和局限性，例如难以准确控制和调节营养物质的浓度、难以应对发酵过程中的变化以及可能导致过度供应或不足供应的问题。

尽管非反馈补料具有一定的局限性，但在某些情况下仍然可以使用。例如，在一些稳定的发酵过程中，可以通过预先确定的补料策略来满足微生物的营养需求，以维持良好的生长环境和产物积累。此外，在一些研究和实验性发酵中，非反馈补料也可以用于探索不同补料策略对发酵过程和产物的影响。对于一些对补料量和时间非常敏感的发酵过程，如高密度培养或高产量产物的生产，反馈补料可能更为适合。反馈补料根据发酵过程的监测数据和控制算法来调整补料量和时间，以实现更精确的控制和优化发酵过程。

① 间歇补料　补料是根据一定的时间间隔进行的，而不考虑发酵过程的实时状态。在每个补料周期内，一定量的营养物质被添加到发酵系统中。这种补料方式适用于一些发酵过程中的平稳阶段，其中发酵速率相对较稳定，不需要实时调节补料量。

② 恒速补料　补料是按照恒定的速率进行的。补料量是根据预先设定的速率和时间来计算的，以保持恒定的供料速率。这种补料方式适用于一些发酵过程中需要维持稳定的营养物质供应的情况，以确保微生物在整个发酵过程中获得均衡的营养。

③ 指数流加补料　指数流加补料的过程中，补料速率会根据时间的指数函数进行增加。最初的补料速率较低，随着时间的推移，速率会逐渐增加，直到达到所需的最大速率。这种补料方式与微生物生长的需求相匹配，可确保在发酵过程中提供适当的营养物质，避免过量或不足的情况发生。其原理基于微生物生长速率的变化规律。在发酵的早期阶段，微生物的生长速率相对较慢，因此补料速率较低，以避免营养物质的过量浪费。随着时间的推移，微生物进入快速生长阶段，生长速率加快，此时补料速率也逐渐增加，以满足微生物的营养需求。通过这种方式，可以提供适时和适量的营养物质，促进微生物的生长和代谢活动。

需要根据具体的微生物和发酵过程的要求来确定指数流加补料的参数，如初始补料速率、补料持续时间和最大补料速率等。这需要对微生物的生长特性和代谢需求有深入的了解，并进行实验验证和优化。

指数流加是通过调节限制性底物的流加速率使菌体的比生长速率维持在设定值。其原理如下：

$$\frac{\mathrm{d}(XV)}{XV} = \mu_{\mathrm{set}}\mathrm{d}t \tag{5-3}$$

$$XV = X_0 V_0 \exp[\mu_{\mathrm{set}}(t-t_0)] \tag{5-4}$$

$$M_\mathrm{s}(t) = F(t)S_\mathrm{F} = \left(\frac{\mu_{\mathrm{set}}}{Y_{\mathrm{X/S}}} + m\right) X(t)V(t) \tag{5-5}$$

$$F(t) = \frac{\left(\dfrac{\mu_{\mathrm{set}}}{Y_{\mathrm{X/S}}} + m\right) X_0 V_0 \exp[\mu_{\mathrm{set}}(t-t_0)]}{S_\mathrm{F}} \tag{5-6}$$

式中　X_0——t_0 时刻生物量浓度，g/L；

V_0——t_0 时刻发酵液体积，L；

μ_{set}——比生长速率，g^{-1}；
$M_s(t)$——t 时刻底物的流加速率，g/h；
$F(t)$——t 时刻补料速率，L/h；
S_F——补料培养基中限制性底物的浓度，g/L；
$Y_{X/S}$——表观得率系数；
m——维持系数；
t——实际补料时间，h。

t_0 为补料开始时间，设为 0。一般认为当比生长速率大于 $0.05h^{-1}$ 时，维持系数可以忽略。此外，由于流加液中底物浓度很高，以及发酵过程中定时取样的消耗，过程中发酵液体积基本不变。因此，指数流加的公式可以简化为：

$$F(t) = \frac{\mu_{set} X_0 V_0 \exp(\mu_{set} t)}{Y_{X/S} S_F} \tag{5-7}$$

（2）反馈补料

反馈补料是根据发酵过程的监测数据和反馈控制系统来调整补料的量和时间的补料方式。与非反馈补料相比，反馈补料更具动态性和实时性，可以根据发酵过程的需求进行精确调节和控制。

在反馈补料中，发酵过程中的关键参数如 pH 值、溶解氧、温度、生物量或产物浓度等会被实时监测。这些监测数据将被送回控制系统中进行分析和处理。根据设定的控制算法和目标，控制系统会计算出补料的量和时间，并将其送入发酵系统中。反馈补料可以根据不同的策略和控制算法来实现。

反馈补料的优点在于可以实时调节补料量，确保发酵过程中营养物质的供应与微生物的需求相匹配，提高发酵的稳定性和产量。它可以应对发酵过程中的变化，如代谢产物的积累、营养物质的消耗以及环境条件的变化，以保持发酵系统在最佳状态下运行。此外，反馈补料也可能受到一些限制，如传感器的精度、延迟和噪声，以及控制系统的稳定性和可靠性等方面的因素。

① 溶氧反馈补料 一种基于溶氧浓度的实时监测和反馈控制的补料方式。在发酵过程中，微生物需要足够的氧气来进行代谢和生长。溶氧浓度的控制对于发酵的顺利进行和产物的质量至关重要。

溶氧反馈补料的原理是通过实时监测发酵系统中的溶氧浓度，并根据预设的溶氧浓度范围进行调节和控制补料的速率和量。当溶氧浓度低于预设范围时，补料速率和量会增加，以提供更多的氧气供给微生物。相反，当溶氧浓度超过预设范围时，补料速率和量会减少，以避免过氧化现象和过度供氧。

溶氧反馈补料通常通过气体流量控制和补料泵控制来实现。利用溶氧传感器或溶氧探头对发酵系统中的溶氧浓度进行实时监测，并将监测到的数据与预设的目标范围进行比较。根据比较结果，自动调节气体流量和补料泵的速率和量，以实现溶氧浓度的控制和维持在合适的范围内。

溶氧反馈补料能够确保发酵过程中的氧气供应与微生物的需求相匹配，提供良好的生长环境和代谢条件。这种补料方式可以有效地提高发酵的产率和产物质量，并减少氧限制和产物不良的问题。同时，溶氧反馈补料也可以节约能源和资源，提高发酵过程的经济性和可持续性。

② pH 反馈补料 一种基于发酵过程中 pH 值的实时监测和反馈控制的补料方式。在发酵过程中，微生物的生长和代谢对于适宜的 pH 环境有一定的要求。pH 值的控制对于发酵的顺利进行和产物的质量至关重要。

pH 反馈补料的原理是通过实时监测发酵系统中的 pH 值，并根据预设的 pH 范围进行调节和控制补料的速率和量。当 pH 值偏离预设范围时，补料速率和量会相应地调整，以调整发酵液中的酸碱度，使其回到合适的范围内。通常通过 pH 电极或 pH 传感器对发酵系统中的 pH 值进行实时监测，并将监测到的数据与预设的目标范围进行比较。根据比较结果，自动调节酸碱溶液的加入速率和量，以控制发酵液的 pH 值。pH 反馈补料能够确保发酵过程中的 pH 值在合适的范围内，提供适宜的生长环境和代谢条件。这种补料方式可以有效地防止 pH 值偏离理想范围导致微生物生长受阻或产物不良的问题。同时，pH 反馈补料也可以提高发酵的稳定性和一致性，提高产量和产物质量的可控性。需要注意的是，pH 反馈补料需要准确的 pH 测量和可靠的控制系统，以确保补料操作的准确性和稳定性。同时，补料液的成分和浓度也需要根据发酵过程的需求进行合理设计和调整。

反馈补料是一种高级的补料方式，可用于精确控制发酵过程中的营养物质供应，提高发酵的效率和产量。它在工业发酵和研究领域中得到广泛应用，并为优化发酵过程提供了重要的工具和方法。

常见补料策略的比较见表 5-8。

表 5-8 常见补料策略的比较

补料策略		特点	优点	缺点
非反馈补料	恒速补料	营养物流加速率恒定	操作简单	比生长速率逐渐下降，细胞浓度增加速率递减
	间歇补料	间歇性流加，流加速率递增或递减	根据细胞生长周期的不同能量需求调节流加速率	以预设值调节，灵活性和动态及时调节力差；存在一定的盲目性
	指数流加策略	调节限制性底物的流加速度，控制比生长速率在设定值	操作简单，省时，易于控制乙酸积累	以预设值调节，灵活性和动态及时调节力差；存在一定的盲目性
反馈补料	糖浓度	在线检测培养基中糖浓度，调节流加速率	及时可靠，有效防止碳源过量和乙酸积累	设备要求高，需在线葡萄糖传感器等
	溶解氧浓度（DO）	碳源耗尽，DO 上升	操作方便；保证溶解氧浓度	需 DO 在线检测设备；存在一定的滞后性；对合成培养基灵敏度低
	pH 值	碳源耗尽，pH 上升；碳源过量，pH 下降	操作简单	需 pH 在线检测设备；存在一定的滞后性
	细胞密度	在线监测生物量，调节流加速率	及时；工业化应用潜力大	需在线生物量检测设备，如荧光传感器
	二氧化碳产量（CER）	CER 与碳源消耗成比例，尾气分析 CO_2 的浓度	操作简单，及时	需尾气在线分析设备

5.4.4 几个发酵参数的概念

（1）产物合成速率

在发酵过程中所生产的目标产物的速率，通常以质量或物质的量单位表示。它是发酵动力学中的关键参数之一，用于评估微生物的产物合成能力和发酵过程的产物产量。产物合成速率可以通过实验测量来获得，通过定期取样并分析发酵液中产物的浓度变化，然后计算产物的合成速率。该参数可以随着发酵时间的推移而变化，通常会呈现一个增长阶段和稳定阶段。产物合成速率的大小取决于多个因素，包括微生物菌株的特性、发酵条件的优化、底物浓度和供应方式、氧气和营养物质的供应等。

在发酵工艺的设计和优化中，产物合成速率是一个关键的指标，因为它直接影响到产物的产量和发酵过程的效率。通过调节发酵条件、优化培养基配方、改良菌株等方法，可以提高产物合成速率，从而实现更高的产量和更高的发酵效率。

（2）底物消耗速率

在发酵过程中底物（通常是发酵基质）被微生物消耗的速率。底物消耗速率是发酵动力学中的一个重要参数，可以用来评估微生物对底物的利用效率和发酵过程的底物转化能力。底物消耗速率通常以质量或物质的量单位表示，例如 $g/(L \cdot h)$ 或 $mol/(L \cdot h)$。它可以通过实验测量来获得，通过定期取样并分析发酵液中底物的浓度变化，然后计算底物的消耗速率。

底物消耗速率的大小取决于多个因素，包括微生物菌株的特性、发酵条件的优化、底物浓度和供应方式等。高底物消耗速率通常意味着微生物能够高效利用底物进行生长和代谢，从而提高产物产量和发酵过程的效率。因此，在发酵工艺的设计和优化中，底物消耗速率是一个重要的指标。

(3）细胞生长速率

微生物在发酵过程中的生长速率，通常以细胞数或细胞质量的增加速率来衡量。它是发酵过程中的关键参数之一，对于评估微生物的生长能力和发酵过程的效率非常重要。

细胞生长速率可以通过实验测量来获得，通常使用生物计数或生物质测量的方法。生物计数方法可以使用显微镜和细胞计数室进行直接计数，或者使用光密度测量方法如比色法或光密度计进行间接测量。生物质测量方法则通过测量细胞的生物质增加来评估细胞生长速率，常用的方法有干重法、湿重法、蛋白质测量法等。

细胞生长速率的大小取决于多个因素，包括微生物菌株的特性、发酵条件的优化、培养基成分和供应方式、氧气和营养物质的供应等。高细胞生长速率通常意味着微生物能够快速繁殖和生长，从而提高产物产量和发酵过程的效率。

在发酵工艺的设计和优化中，细胞生长速率是一个重要的指标。通过调节发酵条件、优化培养基配方、改良菌株等方法，可以提高细胞生长速率，从而实现更高的产量和更高的发酵效率。

(4）比生长速率

微生物在发酵过程中的生物质积累速率与微生物细胞质量的比值。它反映了微生物细胞在单位时间内合成新生物质的能力，通常以时间的倒数为单位表示，如 h^{-1}。

比生长速率可以通过测量微生物的生物质增加量和培养时间来计算。常用的测量方法包括湿重法、干重法、蛋白质测量法等。通过多次测量并计算微生物的生物质增加速率，可以得到比生长速率的数值。比生长速率受到多个因素的影响，包括培养基成分、温度、pH 值、氧气供应、搅拌速度等。这些因素对微生物的代谢活性和生长速率有直接或间接的影响。

比生长速率是评估微生物生长状态和代谢活性的重要指标之一。高比生长速率通常表示微生物具有较快的生长速度和较高的代谢活性，这对于快速产生目标产物或提高发酵过程的效率非常重要。在发酵工艺的优化中，通过调节发酵条件、优化培养基配方、改良菌株等方法，可以实现较高的比生长速率，从而提高产物产量和发酵过程的效率。

(5）时空产率

在发酵过程中单位体积或单位反应器空间内产生的目标产物量或所需底物消耗量。它是评估发酵过程效率的重要指标之一。

时空产率的计算公式为：

$$时空产率 = 产物量 / (反应器体积 \times 反应时间)$$

时空产率的单位通常是 $g/(L \cdot h)$，取决于所考虑的产物的性质。时空产率的值越高，表示在单位时间和单位体积内产生了更多的产物，即发酵过程更为高效。

要提高时空产率，可以采取多种策略和优化措施。

① 优化培养条件　通过调节温度、pH 值、氧气供应、搅拌速度等因素，创造适合微生物生长和产物合成的最佳环境。

② 优化底物供应　确保底物充分供应，避免底物限制对产物合成的影响。可以通过连续供给底物、补料策略的优化等方式实现。

③ 优化菌株选用　选择高产物产量的菌株或通过基因工程手段改良菌株，提高产物合成的效率。

④ 提高发酵反应器的容积利用率　通过优化反应器的设计和操作，最大限度地利用反应器容积，提高产物产量。

(6）得率系数

在发酵过程中，产物生成与底物消耗之间的比例关系。它是衡量发酵过程转化效率的指标之一。

得率系数可以表示为产物与底物之间的摩尔比、质量比或体积比，具体取决于所考虑的产物和底物的性质和计量单位。

得率系数的计算公式为：

$$得率系数 = 产物生成量 / 底物消耗量$$

得率系数的值越高，表示在底物消耗的基础上生成了更多的产物，即发酵过程的转化效率越高。得率系数可以用于评估发酵过程的效率，优化发酵条件，以及比较不同发酵过程的性能。

在实际应用中，得率系数常常与其他参数一起使用，例如底物转化率、收率等，来全面评估发酵过程的经济效益和产物合成效率。

5.5 发酵过程的控制

微生物发酵生产的水平不仅取决于生产菌种的性能，而且还需要合适的环境条件即发酵工艺加以配合，才能使它的生产能力充分地表现出来。因此，必须研究影响发酵过程的各种因素，如培养基组成、培养温度、pH、溶氧等，据此设计合理的发酵工艺，使生产菌种处于最佳的产物合成条件下，达到最佳的发酵效果，获得最高的产品收率。

典型的发酵流程见图 5-8。

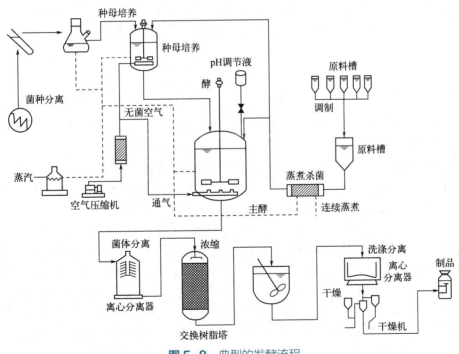

图 5-8 典型的发酵流程

5.5.1 发酵过程中主要参数控制

5.5.1.1 营养物质对发酵的影响及控制

各种营养物质对微生物生长繁殖和代谢产物的合成都很重要，但在为微生物提供营养物质时，必须重视各种营养物质的浓度和配比，以达到维持正常的渗透压、节约原材料及提高代谢产物产量的目的。

（1）碳源的影响及控制

速效碳源能被微生物快速利用，合成菌体和产生能量，因此有利于菌体生长，但过多的分解代谢产物有时会对目标产物的合成产生阻遏作用，不利于产物的合成。迟效碳源为菌体缓慢利用，有利于延长代谢产物的合成，特别有利于延长次级代谢产物的分泌期。

例如在青霉素的早期研究中发现，青霉素产生菌能利用多种碳源如乳糖、蔗糖、葡萄糖、阿拉伯糖、甘露糖、淀粉和天然油脂等。在迅速利用的葡萄糖培养基中，菌体生长迅速，但青霉素合成量很少，而在缓慢利用的乳糖培养基中，青霉素的产量明显增加，乳糖是青霉素合成的最好碳源。由于乳糖价格昂贵，所以生产上采用缓慢滴加葡萄糖的方式代替乳糖，仍然可以得到良好结果，且降低成本。在工业上，发酵培养基常采用含速效和迟效碳源的混合培养基来控制菌体的生长和产物的合成。

（2）氮源的影响及控制

氨基（或铵基）态氮（氨基酸、硫酸铵）和玉米浆属速效氮源，能被菌体快速利用，促进菌体生长，但对某些代谢产物的合成，如抗生素的合成产生调节作用，影响产量。迟效氮源如黄豆饼粉、花生饼粉、棉籽饼粉等，对延长次级代谢产物的分泌期、提高产量十分重要。

发酵培养基一般选用含速效和迟效的混合氮源，如氨基酸发酵用铵盐（硫酸铵或醋酸铵）和黄豆蛋白水解物。为了防止菌体衰老自溶，除基础培养基中的氮源外，还要在发酵过程中补加氮源调节菌体生长。另外，氮源的种类和含量也能影响产物合成的方向和产量。如在谷氨酸发酵中，当铵离子供应不足时，主要生成 α-酮戊二酸；而铵离子过量时，则主要生成谷氨酰胺；只有当铵离子浓度适量时，谷氨酸产量才能达到最大。又如在螺旋霉素的生物合成中，无机铵盐不利于螺旋霉素的合成，而有机氮源则有利于其合成。

（3）磷酸盐的影响及控制

磷是微生物分解代谢和合成代谢所必需的成分，保证微生物正常生长所必需的磷酸盐浓度一般为 0.32～300mmol/L，而对次级代谢产物而言所允许的最高平均浓度为 1.0mmol/L，超过 10mmol/L 就明显抑制产物合成，两者平均相差几十倍到几百倍，因此控制磷酸盐浓度对微生物药物特别是次级代谢产物的发酵生产是非常重要的。对初级代谢产物而言，通过磷酸盐浓度来调节代谢产物的合成机制通常是通过促进生长而间接产生的；而对次级代谢产物来说，机制比较复杂。抗生素的发酵对磷酸盐的浓度非常敏感，过量的磷酸盐对许多抗生素的合成有抑制作用，如链霉素、金霉素、四环素、土霉素、制霉菌素、两性霉素、万古霉素等。但过量磷酸盐抑制抗生素合成的作用机制是不完全相同的，有的可能与糖代谢途径密切相关，有的抑制了合成抗生素的特异性酶，有的是由于无机磷的反馈抑制作用等。以链霉素的发酵生产为例，正常生长所需的磷酸盐浓度都会抑制链霉素的形成。以前认为抑制是由于磷酸盐促进基质（葡萄糖）被利用的结果，而实际上是因为链霉素的生物合成途径中有几步磷酸酯酶催化的去磷酸化反应，过量的磷酸盐会产生反馈抑制，阻抑一个或多个磷酸酯酶的活性，因而抑制了链霉素的合成。特别是链霉素生物合成的最后中间体——无活性的链霉素磷酸酯，必须经磷酸酯酶的作用脱去磷酸根才能生成有生物活性的链霉素，过量的磷酸盐抑制磷酸酯酶的活性，结果造成链霉素磷酸酯在培养基内堆积。

对抗生素发酵，常常采用生长亚适量（对菌体生长不是最合适但又不影响生长的量）的磷酸盐浓度，使菌体生长受到抑制，菌体代谢活性转为有利于抗生素生物合成的状态。发酵生产最适的磷酸盐浓度由菌种、培养条件、培养基组成和来源等因素决定，必须结合具体条件和适用的原材料进行实验确定。另外，也可通过菌种诱变筛选出耐高浓度磷酸盐的突变株，对磷酸盐的敏感性降低。

（4）补料的控制

当菌体在高浓度基质下其生长受到抑制，或发酵周期较长（5～10 天），产物的生物合成时间也较长，就需要在发酵过程中补加基质和前体，称为补料。补料最大的量为使放罐时发酵液体积达到罐有效体积的 80%～90%。中途补料对发酵具有重要作用，如丰富了培养基，避免了菌体过早衰老，使产物合成期延长，控制 pH 和代谢方向，改善通气效果，补足因发酵过程中通气和蒸发而减少的发酵液体积等。

补料的物质包括碳源、氮源、水和其它物质。碳源有葡萄糖、饴糖、蔗糖、糊精、淀粉及作为消泡剂的油脂等；氮源有氨基酸、硫酸铵、蛋白胨、花生饼粉、玉米浆、尿素等；其它如磷酸盐、前体等。

通常补料在菌体生长旺盛后期，发酵液泡沫液位下降后开始。这时耗氧量较大，溶氧水平往往接近临界点。若一次补料量过多，将造成溶氧水平突然明显下降，因此以少量多次为宜。通常补料以使用两种或两种以上的基质效果较好，如四环素的发酵过程补加葡萄糖、玉米浆、硫酸铵等。补料的关键在于控制补料的时间、速率和料配比，其目的是使菌体处于半饥饿状态，不致繁殖过快，但仍能合成产物。

5.5.1.2 温度的影响及控制

微生物的新陈代谢都是在各种酶催化下进行的，温度是保证酶活性的重要条件，因此在发酵过程中必须保证合适的环境温度。

温度对微生物发酵的影响是多方面的。首先，温度会影响各种酶的反应速率，在一定范围内，随着温度的升高酶反应速率加快，但有一最适温度，超过这一温度酶的催化活性会下降。温度对菌体生长的酶反应和代谢产物合成的酶反应的影响往往不同。温度还能改变菌体代谢产物的合成方向，如金霉素链霉菌能同时发酵产生四环素和金霉素，在低于30℃时主要合成金霉素，随着温度的升高合成四环素的比例提高，当温度超过35℃时金霉素的合成停止，只产生四环素，因为高温不利于合成金霉素的生物氯化反应。再者，温度还能影响微生物的代谢调控机制，如氨基酸生物合成途径中的终产物对第一个酶的反馈抑制作用在20℃时比在正常生长温度37℃更大。另外，温度还通过改变发酵液的物理性质间接影响生产菌的生物合成，如温度会影响基质和氧在发酵液中的溶解和传递速度，影响菌体对某些基质的分解和吸收速度及发酵液黏度等。

发酵过程中，引起发酵温度变化的因素有生物热（$Q_{生物}$）、搅拌热（$Q_{搅拌}$）、蒸发热（$Q_{蒸发}$）、辐射热（$Q_{辐射}$）和显热（$Q_{显}$）。发酵热（$Q_{发酵}$）就是发酵过程中释放出来的净热量。

$$Q_{发酵} = Q_{生物} + Q_{搅拌} - Q_{蒸发} - Q_{辐射} - Q_{显}$$

由于$Q_{生物}$、$Q_{蒸发}$和$Q_{显}$，特别是$Q_{生物}$在发酵过程中是随时间变化的，因此$Q_{发酵}$在整个发酵过程中也随时间变化，引起发酵温度发生波动。因此，为了使发酵能在一定温度下进行，要设法控制温度。

发酵生产中最适温度选择既要适合菌体的生长，又要适合代谢产物合成，但最适生长温度和最适生产温度往往不一致，因此要综合考虑各方面的因素，通过反复实践来确定。首先，温度选择要考虑菌种及生长阶段的因素。微生物种类不同，所具有的酶系及其性质不同，所要求的温度范围也不同，如谷氨酸棒状杆菌的生长温度为30~32℃，青霉素生产温度为30℃。发酵前期的目的是要尽快得到大量的菌体，因此取稍高的温度促使菌的呼吸与代谢，使菌生长迅速。发酵中期菌量已达到合成产物的最适量，这时需要延长菌体生长的稳定期，从而提高产量，因此发酵中期温度要稍低一些，可以推迟衰老，同时在稍低温度下氨基酸合成蛋白质和核酸的正常途径关闭有利于产物合成。发酵后期，产物合成能力降低，延长发酵周期没有必要，可提高温度，刺激产物合成。如四环素生长阶段为28℃，合成期为26℃，后期再升温。但也有的菌种产物形成比生长温度高，如谷氨酸产生菌生长温度30~32℃，产酸温度34~37℃。其次，温度选择还要根据培养条件综合考虑，灵活选择。通气条件差时可适当降低温度，使菌呼吸速率降低些，溶液浓度也可高些。培养基稀薄时，温度也应低些，因为温度高营养利用快，会使菌过早自溶。另外，温度选择还要考虑菌种生长情况。菌生长快，维持在较高温度时间要短些；菌生长慢，维持较高温度时间可长些。培养条件适宜，如营养丰富、通气能满足，那么前期温度可高些，以利于菌的生长。总的来说，温度的选择必须根据菌种生长阶段及培养条件综合考虑。

工业生产所用的大发酵罐因在发酵过程中释放了大量的$Q_{发酵}$，所以一般不需要加热，而需要冷却的情况很多。利于自动控制或手动调节的阀门，将冷却水通入发酵罐的夹层或换热管中，通过热交换来降温，保持恒温发酵。如果温度较高，冷却水的温度也高，可能使冷却效果变差，达不到预定的温度，此时可采用冷冻盐水进行循环降温。因此发酵工厂需要建立冷冻站，提高冷却能力，以保证在正常温度下进行发酵。对于小规模发酵罐，产生的 $Q_{发酵}$ 较少，在低温环境下操作时，为维持预定温度，有时需要通过夹层或盘管换热升温。

5.5.1.3 pH 的影响及控制

pH 是微生物代谢的综合反映，又影响代谢的进行，所以是十分重要的参数。发酵过程中 pH 是不断变化的，通过观察 pH 变化规律可以了解发酵的正常与否。

每一类菌都有其最适的和能耐受的 pH 范围，大多数细菌生长的最适 pH 范围在 6.3～7.5，霉菌和酵母菌生长的最适 pH 范围在 3～6，放线菌生长的最适 pH 范围在 7～8。微生物生长阶段和产物合成阶段的最适 pH 往往不一样，这不仅与菌种的特性有关，还与产物的化学性质有关。

在发酵过程中，pH 对微生物生长繁殖和产物合成的影响表现在：① pH 影响酶的活性，当 pH 抑制菌体某些酶的活性时使菌的新陈代谢受阻；② pH 影响微生物细胞膜所带电荷的改变，从而改变细胞膜的透性，影响微生物对营养物质的吸收及代谢物的排泄，因此影响新陈代谢的进行；③ pH 影响培养基某些成分和中间代谢物的解离，从而影响微生物对这些物质的利用；④ pH 影响代谢方向，pH 不同，往往引起菌体代谢过程不同，使代谢产物的质量和比例发生改变。例如黑曲霉在 pH 2～3 时发酵产生枸橼酸，在 pH 近中性时则产生草酸；谷氨酸发酵，在中性和微碱性条件下积累谷氨酸，在酸性条件下则容易形成谷氨酰胺和 N-乙酰谷氨酰胺。另外，pH 还可影响菌体形态，如产黄青霉的细胞壁的厚度随 pH 的增加而减小，其菌丝直径在 pH 6.0 时为 2～3μm，pH 7.4 时为 2～18μm，并呈膨胀酵母状，pH 下降后，菌丝形态又会恢复正常。pH 还会对发酵液或代谢产物产生物理化学的影响，其中要特别注意的是对产物稳定性的影响。

发酵过程中，pH 变化的根源在于培养基的成分和微生物的代谢特性。在菌体代谢过程中，菌体本身有构建其生长最适 pH 的能力，但外界条件发生较大的变化时，pH 将会发生较大波动。

引起发酵液 pH 下降的因素有多种，如培养基中碳、氮比例不当，碳源过多，特别是葡萄糖过量，或中间补糖过多，加之溶解氧不足，致使有机酸大量积累而使 pH 下降；消泡剂加得过多、生理酸性物质的存在及氮被利用也会使 pH 下降。引起发酵液 pH 上升的因素有培养基中碳、氮比例不当，氮源过多，氨基酸释放等。另外，生理碱性物质存在，中间补料中氨水或尿素等碱性物质加入过多，也会引起 pH 上升。此外，某些产物本身呈酸性或碱性，如有机酸类使 pH 下降；红霉素、林可霉素、螺旋霉素等抗生素呈碱性，使 pH 上升。通气条件的变化、菌体自溶或杂菌污染都可能引起发酵液 pH 的变化。

选择最适 pH 的原则是既有利于菌体的生长繁殖，又可以最大限度地获得高的产量。最适 pH 是根据实验结果来确定的。将培养基调节成不同的初始 pH 进行发酵，在发酵过程中定时测定和调节 pH，达到维持初始 pH 的目的，或利用缓冲液来配制培养基以维持初始 pH，同时观察菌体的生长情况，以菌体生长达到最高值的 pH 为菌体生长的最适 pH。以同样的方法，可测得产物合成的最适 pH。

在确定了发酵不同阶段的最适 pH 后，就需要采用各种方法加以控制。首先要考虑和试验发酵培养基的基础配方，各种碳源、氮源的配比，还可在培养基中加入缓冲剂，如磷酸盐、枸橼酸盐和碳酸钙等。特别是碳酸钙能与酮酸反应，防止培养基 pH 下降，在分批发酵中常用这种方法来控制 pH。利用培养基成分来控制 pH 的能力有限，如果 pH 波动太大，就可以在发酵过程中补加酸或碱和补料的方式来控制。现在常用生理酸性物质如硫酸铵和生理碱性物质如氨水来控制，这些物质不仅可以调节 pH，还可以补充氮源。当 pH 和氨氮含量均低时，补加氨水；若 pH 较高，而氨氮含量较低时，应该补加硫酸铵。最成功的通过补料来控制 pH 的是青霉素发酵的补料工艺，采用按需补糖和恒速补糖两种方法，按需补糖时根据 pH 的变化来决定补糖速率，恒速补糖是通过加入酸碱来控制 pH，两种补糖方式总补糖量相等。虽然两种方法均能达到控制 pH 的目的，但前者可维持长久的青霉素高产，最终比后者产量提高了 25%。所以 pH 是菌体代谢变化的综合反映，以此为依据确定补料速率，可以实现高产的目的。

5.5.1.4 溶氧的影响及控制

溶氧是好氧微生物生长所必需的，在发酵过程中溶氧往往最易成为限制因素。氧在水中的溶解度很小，28℃时，氧在发酵液中达到100%空气饱和度时其溶解度只有0.25mmol/L左右。在对数生长期，即使发酵液中的溶氧能达到100%空气饱和度，若此时终止供氧，发酵液中溶氧可在几分钟之内便耗竭，使溶氧成为限制因素。所以，在发酵过程中需要不断通气和搅拌才能满足溶氧要求。溶氧大小对菌体生长及产物的性质和产量都会产生不同的影响。如谷氨酸发酵，供氧不足时会产生大量乳酸和琥珀酸。

发酵过程中溶氧浓度的变化受很多因素的影响，设备供氧能力的变化、菌龄的不同、加料（如补糖、补料、加消泡剂）及补水措施、改变通风量等，以及发酵过程中某些事故的发生都会使发酵液中的溶氧浓度发生变化。

可把溶氧作为发酵中氧是否足够的度量，以了解菌体对氧利用的规律。发酵过程中应保持氧浓度在临界氧浓度以上。临界氧浓度一般指不影响菌的呼吸所允许的最低氧浓度，而对产物形成而言，便称为产物合成的临界氧浓度。生物合成最适氧浓度与临界氧浓度是不同的，前者是指溶氧浓度对生物合成有一最适的范围。

一般在发酵前期，由于产生菌大量繁殖，需氧量不断大幅度地增加，如果此时需氧超过了供氧，会使溶氧明显下降，溶氧曲线出现一个低峰。发酵中后期，溶氧浓度明显受工艺控制手段的影响，例如补料、加前体、加消泡剂等的数量及其加入的时机和方式等。

发酵过程中，常见的引起溶氧异常下降的原因有：①污染好氧性杂菌，大量的溶氧被消耗掉；②菌体代谢发生异常现象，需氧要求增加，使溶氧下降；③某些设备或工艺控制发生故障或变化，也可能引起溶氧下降，如搅拌功率消耗变小或搅拌速度变慢，影响供氧能力，使溶氧降低；④其它影响供氧的工艺操作，如停搅拌、闷罐、自动加油器失灵等也会使溶氧迅速下降。

在供氧条件没有发生改变的情况下引起溶氧异常升高的原因主要是耗氧出现改变，如菌体代谢出现异常，好氧能力下降，使溶氧上升。特别是污染烈性噬菌体，影响更为明显，产生菌尚未被裂解前呼吸已受到抑制，溶氧有可能迅速上升，直到菌体破裂后，完全失去呼吸能力，溶氧就直线上升。

控制好溶氧浓度，需从供、需两方面考虑。在实际生产过程中，主要通过调节搅拌转速和通气速率来控制供氧。对于装有机械搅拌器的发酵罐，搅拌器可以从多方面改善通气效率。搅拌可将空气泡打散成小气泡，增加气液接触面和接触时减少气泡周围液膜的厚度，减少传质阻力；除去细胞的CO_2和代谢物，保持菌丝体及营养物处于均匀的悬浮状态。对于没有搅拌器的空气发酵罐，则是利用空气带动液体运动，产生搅拌作用。当然搅拌功率并非越大越好，因为过于激烈的搅拌产生很大的剪切力，可能对细胞造成损伤。另外，激烈的搅拌还会产生大量的搅拌热，增加传热的负担。一般带搅拌器的发酵罐中，都装有4～6块挡板，挡板能使液体形成轴向运动，提高混合效果。据报道，增加一块挡板，通气效率可增加20倍之多。在供氧方面，通气速率（空气流量）的影响有一定的限度，超过这一限度，搅拌器就不能有效将空气泡分散到液体中，而在大量空气泡中空传，发生"过载"现象，气泡增多，反而影响供氧。

发酵液的需氧量，受菌体浓度、菌龄、基质的种类和浓度以及培养条件等因素的影响，其中以菌浓的影响最为显著。发酵液的摄氧量随菌浓增加而按比例增加，但氧的传递速率随菌浓的增加而减少。因此，可以控制菌的比生长速率比临界值略高一点的水平，这是控制最适溶氧浓度的重要方法。最适菌浓则可以通过控制基质的浓度来实现，如青霉素的发酵就是控制补加葡萄糖的速率达到最适菌体浓度。

除上述方法外，工业上还可以采用调节温度、液化培养基、中间补水、添加表面活性剂等工艺措施来改善溶氧水平。

5.5.1.5 CO_2的影响及控制

CO_2是微生物的代谢产物，同时也是某些合成代谢的一种基质，溶解在发酵液中的CO_2对氨基酸、抗生素等微生物药物发酵具有刺激或抑制作用。

CO_2 对细胞的作用机制，主要是 CO_2 及 HCO_3^- 影响细胞膜的结构，它们分别作用于细胞膜的不同位点。溶解于培养液中的 CO_2 主要作用在细胞膜的脂肪酸核心部位，而 HCO_3^- 影响磷脂、亲水头部带电荷表面及细胞膜表面上的蛋白质。当细胞膜的脂质相中 CO_2 浓度达到临界值时，使膜的流动性及表面电荷密度发生变化，这将导致许多基质的膜运输受阻，影响细胞膜的运输效率，使细胞处于"麻醉"状态，细胞形态发生改变，生长受到抑制。

CO_2 还可能使发酵液 pH 下降，或与其它物质发生化学反应，或与生产必需的金属离子形成碳酸盐沉淀，或使溶氧下降等，从而形成间接作用而影响菌体的生长和发酵产物的合成。

CO_2 在发酵液中的浓度大小主要受菌体的呼吸速率、发酵液流变学特性、通气搅拌程度和外界压力大小等因素的影响。CO_2 浓度的控制应随其对发酵的影响而定。如果 CO_2 对产物合成有抑制作用，则应设法降低其浓度；若有促进作用，则应提高其浓度。通气和搅拌速率的大小不仅能调节发酵液中的溶氧，还能调节 CO_2 的溶解度。降低通气量和搅拌速率，有利于增加 CO_2 在发酵液中的浓度；反之，就会减小 CO_2 浓度。

CO_2 的产生与补料工艺控制密切相关。如在青霉素发酵中，补料会增加排气中 CO_2 的浓度和降低培养液的 pH。因为补料的糖用于菌体生长、菌体维持和产物合成三个方面，它们都会产生 CO_2，使 CO_2 增加。

5.5.1.6 泡沫的影响及控制

在微生物好氧培养中，发酵液往往产生许多泡沫，这是正常现象。泡沫由多方面的因素造成，如通气和搅拌、微生物代谢及培养基成分等。通气大、搅拌强烈可使泡沫增多，因此在发酵前期由于培养基营养成分消耗少，培养基成分丰富，易起泡，应先开小通气量，再逐步加大。微生物细胞生长代谢和呼吸也会排出气体，如氨气、二氧化碳等，这些气体使发酵液产生的起泡称为发酸性泡沫。在这些泡沫产生的原因中，培养基物理化学性质对泡沫形成了决定性的作用。此外，培养基的浓度、温度、酸碱度及泡沫的表面积对泡沫的稳定性都有一定的影响，菌种质量好，生长速度快，可溶性氮源较快被利用，泡沫产生概率也就少。培养基灭菌质量不好，糖和氮被破坏，抑制微生物生长，使种子菌丝自溶，产生大量泡沫，加消泡剂也无效。

过多的泡沫会给发酵带来负面影响，主要表现在：①在发酵罐中，为了容纳泡沫、防止溢出而降低装液系数（大多数发酵罐的装液系数为 0.6～0.7），从而降低生产能力；②大量气泡引起"逃液"，造成原料和产物的损失；③如果气泡稳定、不破碎，那么随着微生物的呼吸，气泡中充满二氧化碳，而且又不能与空气中氧进行交换，这样就影响了菌的呼吸；④泡沫液位的上下变动，使部分菌体黏附在罐顶或罐壁上，使发酵液中菌体量减少；⑤泡沫升至罐顶，顶至轴封或逃液，增加染菌机会；⑥消泡剂的加入会给提取工艺带来困难。

消除泡沫的方法可以归结为机械消泡和消泡剂消泡两类。机械消泡又可分为罐内和罐外消泡两种。罐内消泡法，最简单的是在搅拌轴上方安装消泡桨；罐外消泡法，是将泡沫引出罐外，通过喷嘴的加速作用或利用离心力来消除泡沫。

化学消泡剂的机制可分为两种：①当泡沫的表面存在着由极性的表面活性物质形成的双电子层时，可以加入另一种具有相反电荷的表面活性剂以降低泡沫的机械强度，或加入某些具有强极性的物质与发泡剂争夺液膜上的空间，降低液膜强度，使泡沫破裂；②当泡沫的液膜具有较大的表面黏度时，可以加入某些分子内聚力较小的物质，以降低液膜的表面黏度，使液膜的液体流失，导致泡沫破裂。

5.5.2 发酵终点的判断及异常情况处理

微生物发酵终点的判断对提高产物的生产能力和经济效益很重要。生产能力是指单位时间内单位罐体积的产物积累量。生产过程要将追求生产力和产品成本结合起来,既要有高产量,又要降低成本。

无论是初级代谢产物还是次级代谢产物发酵,到了发酵末期,菌体的分泌能力都要下降,产物的生产能力相应下降或停止。有的菌体衰老而进入自溶,释放出体内的分解酶会破坏已经形成的产物。因此,需要考虑几个因素来确定合理的放罐时间。

合理的放罐时间是由实验确定的,即根据不同发酵时间所得到的产物量计算出发酵罐的生产能力和产品成本,采用生产力高而成本低的时间作为放罐时间。

不同的发酵类型要求达到的目标不同,因而对发酵终点的判断标准也不同。

一般来说,对于发酵产品,当原材料成本是整个产品成本的主要部分时,所追求的是提高产物得率;当生产成本是整个产品成本的主要部分时,所追求的是提高生产率和发酵系数;当下游技术成本占整个产品成本的主要部分,而产品价格又较贵时,追求的是高的产物浓度。因此,计算放罐时间还应考虑体积生产率(每升发酵液每小时形成的产物量)和总生产率(放罐时发酵单位除以总发酵生产时间)。这里,总发酵生产时间包括发酵周期和辅助操作时间。这就要求在产物合成速率较低时放罐,以缩短发酵周期,而延长发酵时间虽然略能提高产物浓度,但生产率下降,水电等消耗大,成本反而提高。

放罐过早,会残留过多的养分(如糖、脂肪、可溶性蛋白质),对分离纯化不利(这些物质能增加乳化作用,干扰树脂的交换作用);放罐过晚,菌体自溶,会延长过滤时间,还会使产品的数量降低(有些抗生素单位下跌),扰乱分离纯化作业计划。补料可根据糖耗速度计算到放罐时允许的残留量来控制。而一般判断放罐的主要指标有产物浓度、氨基氮、菌体形态、pH值、培养液的外观、黏度等因素。放罐时间可根据作业计划进行,但在异常发酵时,就应当机立断,以免倒罐。而对于新产品发酵,更需摸索合理的放罐时间。总之,发酵终点的判断需要综合分析考虑各方面的因素。

(1)经济因素

发酵时间需要考虑经济因素,即以最低的综合成本来获得最大生产能力的时间为最适发酵时间。在实际生产中,以发酵周期缩短、设备利用率提高,即使不是最高产量,但在除去消耗和费用支出后的综合成本最低,为最合理发酵时间。

(2)产品质量因素

发酵时间长短对后续工艺和产品质量有很大的影响。如果发酵时间太短,必有过多尚未代谢的营养物质(如可溶性蛋白质、脂肪等)残留在发酵液中。这些物质对下游操作的分离纯化等工序都不利。如果发酵时间太长,菌体会自溶,释放出菌体蛋白或体内水解酶,又会显著改变发酵液的性质,增加过滤工序的难度,甚至使一些不稳定的活性产物遭到破坏。所有这些都可能导致产物的质量下降及产物中杂质含量的增加,故要考虑发酵周期长短对分离纯化工序的影响。

(3)特殊因素

在个别发酵情况下,还要考虑特殊因素。例如,对老品种的发酵,已掌握了它们的放罐时间,在正常情况下,可根据作业计划按时放罐。但在异常情况下,如染菌、代谢异常(糖耗缓慢等)时,就应根据不同情况进行适当处理。为了能够得到尽量多的产物,应该及时采取措施(如改变温度或补充营养等),并适当缩短或者延长放罐时间。

5.6 发酵过程的放大

生物过程放大技术是指将实验室中小规模的生物过程放大到工业生产所需的大规模过程的技术。这项技术在生物制药、生物能源、食品工业等领域具有重要应用价值。与生物工程学科中其他一些新兴研究领域,如各种组学(包括基因组、转录组、蛋白质组、代谢物组等)以及代谢工程相比,发酵工程的研究是比较成熟的,同时,在生物反应器的特性认识以及设计中,如果能结合细胞的生理特性进行研究,将会使发酵过程及其放大取得更好的结果。

5.6.1 生物过程放大技术的发展历程和研究进展

5.6.1.1 发展历程

生物过程放大技术的发展历程可以追溯到20世纪中叶，随着生物工程和生物技术的发展，该领域取得了重大的进展和突破。

（1）早期实验室规模放大

在生物过程放大的初期阶段，研究人员主要依靠手工操作和简单的设备进行实验室规模的放大。这些实验室规模的放大试验帮助研究人员了解生物过程的基本特性和操作参数。

（2）生物反应器的改进

随着对生物反应器的深入研究，人们开始设计和改进各种类型的生物反应器，如批式反应器、连续流动反应器、固定床反应器等。这些反应器的设计考虑了混合性能、传质效率和操作控制等方面的因素，为生物过程放大提供了更好的工具和平台。

（3）自动化和控制技术的应用

随着自动化和控制技术的发展，研究人员开始引入自动化系统和先进的控制策略，实现对生物过程的实时监测和调控。这些技术的应用提高了生物过程的稳定性、一致性和可控性。

（4）过程监测和分析技术的进步

随着生物过程监测和分析技术的不断发展，如生物传感器、高通量分析技术和生物信息学方法的应用，研究人员能够更全面地了解生物过程的动态变化和代谢特征，为过程放大提供了更准确的数据和指导。

（5）可持续生产的关注

随着环境保护和可持续发展的重要性的日益凸显，研究人员开始关注生物过程放大技术的可持续性和环境友好性。他们致力于开发低碳、低能耗、低废物的生产过程，同时优化生物过程的产能和经济效益。

生物过程放大技术的发展历程是一个不断积累经验、改进技术和追求可持续发展的过程。随着科学技术的不断进步，可以期待生物过程放大技术在生物制药、能源生产和环境保护等领域发挥更重要的作用。

5.6.1.2 研究进展

近年来，随着生物工程和生物技术的快速发展，生物过程放大技术也取得了一系列的研究进展。

（1）反应器设计和模拟

研究人员通过数值模拟和流体力学模型来设计和优化生物反应器的结构和运行参数。这有助于提高生物反应器的混合性能、传质效率和产物收率，并减少能量消耗。

（2）智能化和自动化控制

研究人员开发了先进的在线监测技术和智能化控制系统，实时监测和控制生物过程中的关键参数。这可以提高生物过程的稳定性、一致性和自动化水平，减少人工干预。

（3）新型生物反应器的开发

研究人员探索和设计了各种新型生物反应器，如膜生物反应器、微生物燃料电池、微流控反应器等。这些新型反应器具有更高的传质效率、反应效率和生物质利用率，有助于提高生物过程的效果和经济性。

（4）过程监测和分析技术的进步

研究人员引入了先进的生物传感技术、高通量分析技术和生物信息学方法，用于生物过程的在线监测、代谢分析和优化。这些技术的发展加快了对生物过程的理解和调控，有助于提高生物过程的效率和可控性。

（5）可持续和绿色生产的探索

研究人员越来越关注生物过程的可持续性和环境友好性，致力于开发低碳、低能耗、低废物的生产过程。这涉及废物利用、能源回收、生态系统优化等方面的研究。

5.6.2　发酵过程放大研究的主要内容

发酵过程的放大研究是指将实验室规模的发酵操作扩大到生产规模，以验证和优化在小尺度下获得的结果。

（1）规模放大的可行性研究

在发酵工艺的放大中，规模放大的可行性研究是确保从实验室规模成功过渡到更大规模生产的关键步骤。这一研究涉及对工艺参数、设备、原材料和生产效率等方面进行全面评估，以确保在规模放大时能够保持产品的质量、稳定性和经济可行性。

首先，可行性研究需要综合考虑实验室规模和工业规模之间的差异。工艺参数在不同规模下可能会有变化，例如温度、搅拌速度、气体传递速率等，因此需要在更大规模上进行调整和优化。这可能涉及实验和模拟，以确保在规模放大时可以获得一致的产品质量。其次，设备的规模放大是可行性研究的一个重要方面。发酵罐、搅拌设备、气体传递系统等需要在更大规模下进行重新设计和选择，以适应更高的产量需求。这包括对设备的运行稳定性、耐用性和维护要求的评估。在原材料方面，可行性研究需要考虑供应链的可靠性和稳定性。确保在更大规模下能够获得足够、质量稳定的原材料是成功规模放大的基础。此外，经济性分析也是可行性研究的一部分。评估规模放大后的生产成本、设备投资、运营费用等，以确保新的工业生产过程在经济上可行。最后，可行性研究需要在实际生产环境中进行验证。通过小规模试验、中试阶段和逐步扩大规模的方式，逐步验证规模放大的可行性，并及时调整工艺和设备以适应生产需求。规模放大的可行性研究需要跨足实验室、工程和经济等多个领域，通过全面、系统的研究和实验来确保从实验室到工业规模的平稳过渡。

（2）设备和仪器的规模放大

在发酵工艺的规模放大过程中，设备和仪器的规模放大是确保在更大产能下保持生产效率和产品质量的关键环节。这一过程涉及将实验室规模的设备和仪器扩大至适用于工业规模的水平，包括发酵罐、搅拌设备、气体传递系统、温度控制系统等。

首先，发酵罐的规模放大是最为显著的方面。在实验室规模中，通常使用较小容量的发酵罐，而在工业规模下，需求量更大，因此需要更大容量的发酵罐。这可能涉及采用不同类型的反应器，如批次反应器或连续流动反应器，以满足更高的产量需求。搅拌设备也需要相应的更大功率和更大尺寸，确保在更大容量的发酵罐中均匀混合培养基和微生物。其次，气体传递系统在规模放大中也需要相应调整。在更大规模下，需要更高流量和更高压力的气体传递系统，以确保微生物在发酵过程中得到足够的氧气供应。这可能需要重新设计气体传递设备，以适应更大规模的发酵反应。温度控制系统是另一个需要规模放大的设备。在实验室规模下，可能使用小型培养箱或培养槽进行温度控制。而在更大规模的生产中，需要更为强大和精确的温度控制系统，以确保在大规模发酵罐中保持所需的温度，维持微生物的最适生长条件。此外，产物分离和纯化设备也需要进行规模放大。在实验室规模中使用的小型柱色谱系统或离心机，在工业规模下需要更大容量和更高效的设备，以处理更大量的产物。在整个规模放大过程中，需要全面考虑设备的性能、稳定性、维护要求等因素。对于每一项设备和仪器的规模放大，都需要仔细设计和验证，确保在更大规模的生产环境中能够稳定、高效地运行，同时满足产品质量和生产效率的要求。

（3）发酵罐设计和工艺优化

在发酵工艺的规模放大中，发酵罐的设计和工艺优化是确保生产效率和产品质量的关键方面。发酵罐的设计需要适应更大规模的生产需求，并确保在工艺过程中能够维持稳定的发酵条件。

首先，发酵罐的设计在规模放大时需要考虑容量的增加。在实验室规模下，可能使用几升到数十升的小型发酵罐，而在工业规模下，容量可能需要增加到数百升、数千升甚至更大。这涉及选择适当类型的反应器，可能包括批次反应器、连续流动反应器或其他更高效的反应器类型。其次，搅拌设备的设计也需要相应规模放大。在更大规模的发酵罐中，确保搅拌设备能够提供足够的搅拌功率，以保证培养基和微生物的均匀混合。这可能涉及选择更大功率的搅拌机械和优化搅拌速度，以适应更大的发酵体积。气体传递系统在规模放大中也需要相应地设计调整。确保在更大规模下提供足够的氧气或其他气体对于微生物的生长和产物的形成至关重要。这可能需要重新设计气体传递设备，以适应更高流量和更高压力的需求。温度控制系统在发酵罐设计中也扮演着关键角色。在更大规模下，需要更强大和精确的温度控制系统，以确保在大发酵罐中维持所需的温度。这可能包括采用更先进的加热和冷却系统，并确保能够迅速响应工艺条件的变化。工艺优化方面，需要考虑在规模放大过程中对工艺参数的调整。这可能包括温度、pH、气体供应速率等参数的优化，以确保在更大规模下仍能够获得高产量和产品质量。实验和模拟是工艺优化的关键工具，可以帮助预测和调整在规模放大时可能出现的挑战。

（4）物料转移和供应链

在发酵工艺的放大中，物料转移和供应链管理是关键的环节，直接影响到生产效率和产品质量。在从实验室规模到工业规模的过程中，物料转移和供应链方面需要仔细规划和管理。首先，物料转移涉及将从实验室中优化的工艺条件、培养基组成、微生物种子等因素转移到更大规模的发酵罐中。这一过程需要确保在不同规模下保持工艺的一致性和稳定性。工艺参数、反应条件、营养物质的配比等方面的改变都可能影响到产物的质量和产量。因此，在进行物料转移时，需要进行详尽的实验和验证，以确保在更大规模上获得可控的生产过程。其次，供应链管理对于规模放大也至关重要。在更大规模的生产中，原材料的需求量更大，供应链的稳定性和可靠性变得尤为重要。这包括培养基成分、碳源、氮源、微生物种子等原材料的采购和供应。供应链的不稳定可能导致生产中断、成本上升或产品质量波动。因此，建立稳定的供应链，与可靠的供应商建立紧密的合作关系是规模放大的必备条件之一。

在物料转移和供应链管理中，要确保在不同规模下，发酵工艺的参数和条件能够得到精确控制，以保持产物的质量和稳定性；制定详细的物料转移方案，包括从实验室到规模放大的每个阶段的操作步骤、验证计划以及可能的调整方案；评估并确保供应链的可靠性，与供应商建立合作关系，保障原材料的质量和及时供应；对潜在的物料短缺、生产中断等风险进行评估，并建立相应的风险管理计划；与设备供应商和技术专家建立联系，获取在规模放大过程中可能出现的技术问题的支持。综合考虑这些因素，发酵工艺的放大过程中的物料转移和供应链管理需要团队的密切协作、充分的实验验证和风险管理策略，以确保规模放大过程的成功实施。

（5）过程监控和控制系统

在发酵工艺的规模放大中，过程监控和控制系统是确保生产过程稳定、高效进行以及产品质量可控的关键因素。这一系统涉及实时监测关键的工艺参数、对数据进行分析，以及通过反馈机制进行调整，以维持理想的发酵条件。

首先，过程监控系统需要实时监测发酵过程中的关键参数。这包括温度、pH值、溶氧浓度、搅拌速度、发酵液体积等。传感器和在线监测设备的应用可以提供高频率的数据采集，确保对发酵系统状态的准确了解。其次，数据分析是过程监控中至关重要的一环。通过对监测数据的分析，可以识别任何潜在的异常或趋势，为生产人员提供及时的警报和决策支持。统计方法、数据建模和机器学习等技术在这个阶段的应用有助于从大量数据中提取有价值的信息。过程控制系统在监测的基础上实现对发酵过程的实时调整。自动化控制系统可以根据监测到的数据自动进行调整，以保持工艺参数在预定范围内。这可能涉及自动调整温度、改变搅拌速度、调整气体传递速率等。控制系统的设计需要考虑对各种因素的快速响应，确保系统能够在动态的生产环境中保持稳定。反馈机制是过程控制的一个关键组成部分。通过及时收集反馈信息，系统可以根据实际生产情况进行调整，以适应变化的条件。这种闭环控制系统可以有效地处理发酵过程中的不确定性和波动，确保产品质量的稳定性。

综合而言，过程监控和控制系统在发酵工艺规模放大中扮演着关键的角色，通过实时监测、数据分析和自动调整，确保在更大规模下能够维持优化的发酵条件，提高生产效率，同时保障产品质量。这一系统的设计和实施需要多学科的协同合作，包括生物工艺学、自动化工程和数据科学等领域的专业知识。

（6）生产条件的调优

在发酵工艺的规模放大中，生产条件的调优是确保在更大规模下实现最佳生产效率和产品质量的重要步骤。这包括对温度、搅拌速度、气体供应、pH 值等关键工艺参数进行仔细调整，以满足更大产量的需求。

首先，温度是影响发酵过程的一个关键因素。在规模放大中，需要优化温度控制系统，确保在更大的发酵罐中能够均匀且精确地维持所需的温度。通过实验和模拟，可以确定最适宜的温度范围，以促进微生物的生长和产物的形成。其次，搅拌速度对于培养基和微生物的均匀混合至关重要。在规模放大时，需要调整搅拌设备，以适应更大罐体积，并确保搅拌功率足够，能够保证培养基中的养分充分分散，以提高微生物的生长速率和产物的形成。气体供应是另一个需要调优的生产条件。在更大规模下，需要优化气体传递系统，确保充足的氧气供应，以满足微生物对氧气的需求。此外，还需考虑其他气体（如二氧化碳）的供应，以维持适当的 pH 值。pH 值是控制发酵过程的另一个重要参数。在规模放大时，可能需要优化 pH 控制系统，确保能够及时、精确地调整 pH 值，以适应更大规模的反应体积。这可能包括选择更强大的酸碱调节系统和使用更先进的 pH 探头。除了上述参数外，还需要考虑培养基成分的调优，以满足微生物的生长需求。这可能包括优化碳源、氮源、矿物质等的浓度和比例。

总体而言，生产条件的调优是一个综合考虑多个因素的过程，需要通过实验、模拟和持续监测，逐步优化工艺参数，确保在更大规模下实现最佳的发酵效果。这一过程需要密切协作的多学科团队，包括生物工艺学家、工程师和数据分析专家。通过不断优化生产条件，可以提高工艺的稳定性、产物质量和整体生产效率。

（7）产物收集和分离

在发酵工艺的规模放大中，产物的收集和分离是确保最终产品纯度和质量的关键步骤。这一过程涉及从大体积的发酵液中有效地收集和分离目标产物，确保高产量和高纯度的最终产品。

首先，产物的收集需要考虑发酵罐的设计，以便有效地从发酵液中收集目标产物。这可能包括设计专门的收集系统，如离心机、过滤器或其他分离设备。选择适当的收集设备需要综合考虑产物的性质、粒径大小、黏度等因素，以确保高效的收集过程。其次，分离是产物收集过程中的关键步骤。离心过程是常见的分离方法之一，通过调整离心参数，可以将微生物细胞、细胞碎片等固体颗粒从液体中分离出来。此外，柱色谱、膜分离、溶剂萃取等方法也可以用于产物的纯化和分离，根据产物的特性选择合适的分离方法。随着规模的放大，分离设备的规模也需要相应调整。在工业规模下，可能需要更大容量、更高效的分离设备，以应对更大产量的处理需求。这可能包括大型离心机、工业规模的柱色谱系统等。分离过程中的操作参数，如流速、压力、温度等，需要仔细控制，以确保分离过程的高效性和产物的纯度。在线监测设备的应用可以帮助实时监测分离效果，从而及时调整操作参数。最后，收集和分离的过程也需要考虑对环境的影响。产物收集后，可能需要进一步的处理，如冷冻保存、干燥等，以确保产物的稳定性和储存寿命。

总体而言，产物的收集和分离在规模放大过程中是复杂而关键的环节，需要综合考虑产物的性质、规模放大后的设备调整以及分离效果的实时监测。通过精心设计和优化，可以确保在更大规模下获得高产量、高纯度的最终产品。

（8）经济性分析

在发酵工艺的规模放大中，进行经济性分析是确保生产过程的可行性和效益的重要步骤。这一过程旨在评估工艺规模放大对成本、投资和收益的影响，以确保在更大规模下的生产是经济可行的。

首先，成本分析是经济性分析的一个核心方面。这包括原材料成本、能源成本、人工成本、设备成本等方面。随着规模的放大，原材料和能源的消耗可能会增加，但相对成本可能会降低，因为生产规模的扩大通常会带来规模经济效应。设备和设施的投资也是需要考虑的重要因素。其次，投资回收期和内部收益率是经济性分析中的关键指标。投资回收期是指从投资开始到项目回收全部投资的时间，而内部收益率是投资项目的收益率。通过这些指标的评估，可以判断项目的经济效益和投资回报情况。随后，风险分析是经济性分析中不可忽视的一环。通过对市场变化、原材料价格波动、技术风险等进行评估，可以更全面地了解项目的经济可行性。风险管理策略的制定可以帮助减轻潜在的不确定性对经济效益的影响。另外，生命周期成本分析是考虑项目长期效益的一项重要工具。这包括考虑设备的寿命、维护成本、产品销售周期等因素，以获得更全面的经济性评估。最后，与市场需求和定价策略相关的市场分析也是经济性分析中的一部分。通过对市场趋势、竞争对手、产品价格等进行分析，可以更好地预测项目的市场前景。

总体而言，经济性分析在规模放大过程中是确保项目可行性的关键步骤。通过仔细评估成本、投资回报、风险以及市场因素，可以制定出科学合理的经济策略，确保发酵工艺的规模放大是在经济上合理和可持续的基础上进行的。

5.6.3 生产菌株的稳定性

（1）影响生产菌株稳定性的因素

在发酵放大过程中，生产菌株的稳定性可能会受到多种因素的影响，导致其稳定性较差。生产菌株在长时间培养和传代过程中可能会发生遗传变异，导致基因组的改变和表达水平的变化。这些变异可能导致生产菌株失去原有的生物合成能力或产物生成能力，从而影响其稳定性。发酵过程中，温度、pH值、氧气供应等环境条件可能会发生变化。如果这些变化超出了菌株的适应范围，菌株可能会出现适应不良或产物合成能力下降的情况，从而影响稳定性。培养基中营养物质的不平衡或不足，如碳源、氮源、矿物盐等，会影响菌株的生长和代谢活性，进而影响产物合成能力和稳定性。某些菌株可能对氧气需求或耐受性较强，当发酵过程中氧气供应发生变化或出现缺氧情况时，菌株的生长和代谢可能会受到影响，从而影响稳定性。发酵过程中，菌株的细胞密度过高或过低都可能对其稳定性产生影响。过高的细胞密度可能导致营养物质不足、代谢产物积累和细胞压力增加，而过低的细胞密度可能导致菌株无法充分利用培养基中的营养物质。发酵过程中，外源微生物的感染和污染会干扰生产菌株的生长和代谢，从而降低其稳定性。此外，可能存在的噬菌体感染也可能对生产菌株的稳定性产生不利影响。长期传代培养可能导致菌株的变异和丧失原有特性。因此，在放大过程中需要定期进行菌株的重新分离和保藏，以保持菌株的原始特性。菌株在面对外界压力时的应答机制也会影响其稳定性。例如，菌株对抗抗生素的能力、耐受高温或低温等特性，都会影响菌株在放大过程中的稳定性。

（2）维持生产菌株稳定性的策略

定期检测菌株的遗传稳定性，包括基因序列的比对和突变的分析；优化培养条件，确保在放大过程中提供适宜的环境条件；定期重新分离和保藏菌株，以避免长期传代导致的变异；优化培养基组成，确保提供菌株所需的营养物质和适宜的pH值等；研究菌株的应答机制，了解其对外界压力的反应，以更好地控制和维持菌株的稳定性。

5.6.4 大型发酵罐中发酵过程的模拟

在大型发酵罐中，发酵过程的模拟是通过数学模型和计算机模拟来预测和优化发酵过程的行为和性能。这种模拟可以提供有关关键参数的预测和监测，优化发酵条件和操作策略，以提高产量、降低成本并确保产品质量的一致性。发酵过程的模拟通常涉及多个因素。

（1）动力学模型

建立发酵过程中生物体的生长、代谢和产物合成的数学模型。这些模型基于质量守恒、能量守恒和反应动力学原理，描述生物反应器中的物质转化和能量转移过程。

（2）传质模型

考虑发酵液中底物、产物和其他溶质的传质过程。传质模型可以揭示底物和产物在发酵液中的浓度分布和传输速率，从而帮助优化发酵过程的底物供应和产物收集。

（3）传热模型

考虑发酵液和发酵罐之间的热传递过程。传热模型可以评估发酵过程中的温度分布和传热效率，有助于优化温度控制和发酵液的冷却。

（4）混合模型

考虑发酵罐中的搅拌和气体分布等混合过程。混合模型可以分析搅拌对发酵液的均质性和气体传输的影响，为优化搅拌条件和气体供应提供指导。

（5）控制策略模型

基于发酵过程的模拟结果，设计和优化控制策略，包括温度、pH、氧气供应和营养物质的补给等。控制策略模型可以预测不同操作条件下的发酵过程行为，并提供最佳的控制参数设定。通过这些模型的应用，可以在计算机中模拟发酵过程的时间变化和空间分布，预测关键参数的变化趋势，优化发酵条件和操作策略，以实现更高的产量、更好的产品质量和更高的经济效益。

5.7 发酵生产染菌及其防治

5.7.1 染菌对发酵的影响

染菌对发酵过程的影响是负面的，会导致产品质量下降，甚至完全失去可使用性。杂菌会与发酵菌株竞争培养基中的营养物质，抢夺生长所需的营养物质。这会降低发酵菌株的生长速率和产物产量。染菌在发酵过程中会消耗培养基中的营养物质，但它们往往无法产生有用的产物。这导致了资源的浪费，降低了发酵过程的经济效益。染菌产生的各种代谢产物可能对发酵产物有害。这会降低发酵产物的纯度和质量。染菌的生长和代谢过程可能导致培养基的pH值发生变化。这会影响发酵菌株的适应性和生长速率，进而影响发酵过程的稳定性和产量。染菌会增加对发酵过程的污染控制难度。除去染菌的方法和措施需要更多的时间和资源，并且可能对发酵产物的质量和纯度造成不利影响。因此，在发酵过程中，保持培养基的无菌状态是至关重要的。采取严格的无菌操作和有效的消毒措施，以防止染菌的发生，有助于确保发酵过程的顺利进行和产物的高质量生产。

5.7.2 一些常见的染菌防治措施

在发酵过程中，必须严格遵守无菌操作规程，包括洁净室或无菌操作间的使用，穿戴合适的防护服和手套，使用消毒剂对工作区域和设备进行消毒等。这有助于防止外源性微生物的污染。确保发酵罐及其周围空气的高质量无菌，使用合适的空气过滤系统，如高效过滤器和灭菌滤器，以去除空气中的微生物颗粒。选择合适的培养基配方，包括碳源、氮源、矿物质和其他必需的营养物质，以满足生长菌株的需求，并防止细菌或真菌的过度生长。维持适当的发酵温度、pH 值和搅拌速率等环境条件，以提供最适合目标微生物生长和代谢的环境，并阻止其他微生物的生长。定期进行噬菌体的检测和监测，以及对可能出现噬菌体污染的发酵过程进行特别关注。使用适当的检测方法，如 PCR、ELISA 等，来确定噬菌体的存在和数量。在必要时，可以使用适当的抗菌物质，如抗生素或消毒剂，来抑制或消灭染菌微生物。但需要谨慎使用，并遵循相关的法规和指导。建立完善的质量控制体系，包括合规的质量管理标准、标准操作规程和文件记录等，以确保发酵过程的质量和无菌性。

5.7.3 染菌原因分析

分析染菌的原因通常需要首先观察发酵过程中的异常现象和问题，并及时记录下来。这包括菌体外观、液体颜色、气味等方面的变化，以及可能的沉淀、浑浊度增加等现象。采集可能受染菌影响的样品进行分析。可以通过培养物的菌落形态、形状、颜色等特征，以及镜检和显微观察，来初步判断染菌的类型和来源。对发酵样品中存在的染菌进行隔离纯化。这可以通过传统的菌落计数、传代培养、涂布培养等方法来实现。隔离纯化后的菌株可以进一步进行鉴定和分析。对隔离纯化的染菌菌株进行进一步鉴定和分析，确定其来源。这可以通过形态学特征、生理生化特性、16S rRNA 基因测序等方法进行。根据样品观察、菌株分离和鉴定的结果，结合发酵过程的操作和环境条件，分析染菌的原因。可能的原因包括不严格的无菌操作、污染的原料或设备、环境污染等。根据染菌原因的分析结果，采取相应的改进措施和预防措施。这可能包括加强无菌操作、优化清洁和消毒程序、加强原料和设备的质量控制等。通过对染菌原因的分析，可以找到造成染菌的具体问题，并采取相应的措施进行改进和预防，以确保发酵过程的顺利进行和产品的高质量生产。

5.7.4 处理染菌的措施

通过微生物检测和分析确定染菌的源头。可能的源头包括发酵设备、原料、操作人员或其他环境因素。一旦确定染菌的源头，应立即采取措施隔离和清除染菌源。可能的措施包括更换受污染的培养基或介质、更换受污染的设备或工具、彻底清洁和消毒受污染的表面等。根据染菌情况，可能需要调整发酵过程的条件和参数，以抑制染菌的生长。例如，调整 pH 值、温度或氧气供应等参数，以提供不利于染菌生长的环境。根据染菌的严重程度和影响，采取适当的纠正措施。这可能包括停止发酵过程、清洁和消毒设备、重新启动发酵过程、更换培养基或介质等。建立严格的质量控制措施，包括对发酵过程中微生物数量和产品质量的监测和分析。定期取样并进行微生物检测，以确保染菌问题得到解决，并防止再次发生。通过综合应用上述防治和处理措施，可以最大限度地减少染菌的发生，并确保微生物发酵过程的纯度和产品质量。

5.7.4.1 染菌的检查和判断

在发酵过程中，进行染菌的检查和判断是确保发酵过程正常进行的重要环节。通过肉眼观察发酵过程中的变化，如液体颜色、悬浮物的形状和颜色等。出现异常的变化，如颜色变化、沉淀物等可能表明染菌的存在。将发酵液取样，经过适当的稀释后接种在适宜的培养基上，培养一段时间后观察是否出现菌落。如果培养基上出现菌落，可能表示发酵液中存在染菌。采用菌落计数法、涂片法等方法对发酵液进行微生物计数，确定其中微生物的数量和种类。如果计数结果超过规定的限度或检出了致病菌，则表明发酵液染菌。某些染菌可能引起发酵液中特定物质的变化，可以通过比色法或化学分析方法检测特定物质的含量或反应变化来判断是否存在染菌。聚合酶链反应（PCR）技术可以检测发酵液中特定微生物的

DNA 或 RNA，从而确定是否存在染菌。染菌可能会导致发酵液散发出异常的气味，如酸味、腐败味或霉味等，与正常发酵过程中期望的气味不同。染菌可能导致发酵速率变慢或停滞，无法达到预期的生长和产物合成速率。发酵液中可能出现异常的悬浮物或沉淀物，可能是细菌、真菌或其他微生物的聚集体。染菌可能导致发酵液的溶氧/pH 值发生异常变化。

5.7.4.2 不同发酵阶段染菌的处理措施

（1）种子培养期染菌的处理

在种子培养期出现染菌问题时，可以通过观察和检测，将染菌的种子淘汰，只选择无菌的种子用于下一步的发酵过程。加强种子的无菌处理，例如采用更严格的消毒方法，增加消毒时间或使用更高浓度的消毒剂。优化种子培养的环境条件，例如调整温度、pH 值、营养物质等，提供有利于种子生长的条件，减少染菌的风险。确保操作人员严格遵守无菌操作规范，使用无菌手套、口罩等个人防护装备，避免细菌污染的引入。在种子培养过程中添加适量的抗菌剂，以抑制或杀灭可能存在的污染微生物。引入更多的种子处理步骤，如多次洗涤、消毒和筛选，以去除潜在的污染源。在种子培养过程中使用无菌操作箱或无菌层流罩等设备，将种子的处理和培养环境隔离开，减少外部污染的可能性。定期对种子进行微生物监测，例如菌落计数、培养和 PCR 检测等，及时发现和处理染菌情况。

（2）发酵前期染菌的处理

当发酵前期发生染菌后，如培养基中的碳、氮源含量还比较高时，终止发酵，将培养基加热至规定温度，重新进行灭菌处理后，再接入种子进行发酵。如果此时染菌已经造成较大的危害，培养基中碳、氮源的消耗量已经比较多，则可以放掉部分料液，补充新鲜的培养基，重新进行灭菌后，再接种进行发酵。也可采取降温培养、调节 pH 值、调整补料量、补加培养基等措施进行处理。

（3）发酵中、后期染菌的处理

发酵中、后期染菌或发酵前期轻微染菌而发现较晚时，可以加入适当的杀菌剂或抗生素以及正常的发酵液，以抑制杂菌的生长速度，也可以采取降低培养温度、降低通风量、停止搅拌、少量补糖等其他措施，进行处理。如果发酵过程中的产物代谢已达到一定水平，此时产物的含量若达一定值，只要明确是染菌也可放罐。对于没有提取价值的发酵液，废弃前应加热至 121℃以上保持 30 min 后才能排放。

（4）染菌后对设备的处理

如果在发酵过程中发现设备染菌，应立即停止使用该设备，以防止染菌的微生物进一步传播和扩散。将染菌设备与其他无菌设备隔离，并进行标记，以便后续处理和追踪。对染菌设备进行彻底清洁和消毒，以彻底去除附着在设备表面的微生物。清洁过程中可以使用适当的清洁剂和消毒剂，按照操作规程进行清洗和消毒操作。对可耐受高温的设备部件，如不锈钢容器、管道等，可以进行高温灭菌处理，通常使用蒸汽灭菌或干热灭菌方法，以确保设备的无菌状态。对不适合高温处理的设备部件，如橡胶密封件、塑料管道等，可以使用适当的化学消毒剂进行消毒处理。选择适合的消毒剂，并按照指定的浓度和接触时间进行处理。对经过处理的设备进行严格的质量控制，包括微生物监测和验证，确保设备在处理后达到预期的无菌要求。染菌事件发生后，应对发酵过程中的操作和管理进行全面的审查和改进，找出染菌的根本原因，并采取相应的纠正措施，以防止类似事件的再次发生。

5.7.5 噬菌体的防治与污染处理

噬菌体是一种能够感染和寄生于细菌的病毒，它们具有一定的危害性，特别是在一些特定的情境下。噬菌体是以细菌为宿主的病毒，它们能够感染并破坏细菌细胞。在某些情况下，噬菌体感染的细菌可能是有益的，例如用于治疗细菌感染的噬菌体疗法。然而，在工业发酵过程中，噬菌体的感染可能引起细胞溶解和细胞内容物的释放，从而破坏发酵过程。这可能导致发酵的失败，产品产量下降或质量问题。噬菌体可以存在于培养基中，并通过培养基污染的方式进入发酵过程。这可能会导致培养基的变质和污染，影响发酵过程和产品质量。噬菌体作为病毒具有基因传递的能力，它们可以在细菌感染过程中携带和传递基因片段。这可能导致基因的水平转移，影响细菌的遗传特性和代谢能力，进而影响发酵过程和产品特性。

5.7.5.1 噬菌体污染的主要症状及检测方法

（1）噬菌体污染的主要症状

① 细菌溶解和细胞破裂　噬菌体感染细菌后，会通过感染细菌细胞并繁殖，最终导致细菌细胞的溶解和破裂。这可能会导致发酵液的浑浊和颗粒物的出现。

② 发酵过程的异常　噬菌体感染细菌后，会干扰细菌的正常代谢和生理功能。这可能导致发酵过程的异常，如产物产量下降、发酵速率减慢、pH 变化等。

③ 发酵液的异味和颜色变化　噬菌体感染细菌并破坏细菌细胞后，可能导致发酵液出现异味和颜色变化。这可能是由于细菌细胞内部成分释放和代谢产物的改变。

④ 细菌数量下降　噬菌体感染细菌后，会导致细菌数量下降。通过细菌数量的监测，可以发现噬菌体污染的存在。

⑤ 产物质量下降　噬菌体感染细菌后，会对细菌代谢产物的合成和积累产生影响。这可能导致产物质量的下降，如纯度降低、活性减弱等。

（2）噬菌体污染的检测方法

① 噬菌体感染试验　将怀疑受到噬菌体污染的样品与宿主细菌接种混合，观察是否出现细菌溶解和破裂的现象。阳性结果表明存在噬菌体污染。

② PCR（聚合酶链反应）使用噬菌体特异性引物和 DNA 模板，通过 PCR 扩增噬菌体 DNA 片段，然后通过凝胶电泳或其他检测方法检测扩增产物的存在。阳性结果表示存在噬菌体污染。

③ 病毒滴度测定　通过将怀疑受到噬菌体污染的样品与宿主细菌接种混合，定期取样测定溶菌效力，以确定噬菌体的数量和活性。

④ 电镜观察　使用透射电子显微镜观察样品中的微观结构，可以直接观察到噬菌体的存在和形态特征。这是一种直接而可靠的噬菌体检测方法。

⑤ 免疫学方法　利用噬菌体特异性抗体与噬菌体进行特异性结合，并通过免疫荧光、酶联免疫吸附试验（ELISA）或免疫印迹等技术进行检测。这些方法可以定量检测噬菌体的存在。

除了以上方法，还可以结合其他的分子生物学技术、细菌滴定法、细胞培养等方法来检测噬菌体污染。在发酵工厂中，定期进行噬菌体污染的检测和监测是非常重要的，以确保产品的质量和安全性。

5.7.5.2 噬菌体相关几个概念

（1）噬菌体

噬菌体是一类特殊的病毒，也被称为细菌噬菌体或噬菌体病毒。它们专门感染细菌，并利用细菌的代谢和复制机制进行自身繁殖。噬菌体广泛存在于自然界中，是细菌界的天敌之一。如图 5-9 所示，噬菌体的头部是一个多面体结构，通常呈现正二十面体或正二十二面体形状。头部的主要功能是保护和封装噬菌体的遗传物质（DNA）。噬菌体的尾部连接到头部，是一根长的、管状的结构。尾部包含各种功能性蛋白质，它们有助于噬菌体附着在细菌表面、注射遗传物质进入细菌细胞，并帮助噬菌体进行复制。尾纤毛是尾部的突起，类似于纤毛或鞭毛的结构。它们通过识别和结合到细菌表面的受体上，帮助噬菌体定位和附着在特定的细菌上。

（2）噬菌斑

噬菌斑是指在寄生噬菌体与宿主细菌进行相互作用后，在寄主细胞上形成的清晰区域。噬菌斑通常是寄生噬菌体引起的细胞溶解和破裂的结果。

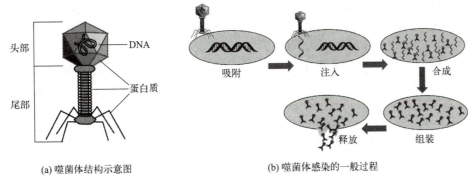

(a) 噬菌体结构示意图　　(b) 噬菌体感染的一般过程

图 5-9　噬菌体

噬菌斑的形成是噬菌体感染宿主细胞并进行复制的过程中的一个关键步骤。当噬菌体感染宿主细胞后，它会注入自己的基因组到宿主细胞内，并利用宿主细胞的生物合成机制来合成新的噬菌体颗粒。随着噬菌体的复制和积累，宿主细胞内的噬菌体数量不断增加，最终导致宿主细胞的溶解和破裂。在宿主细胞溶解的区域，形成一个清晰的圆形区域，就是噬菌斑。

噬菌斑在寄生噬菌体的繁殖和扩散中起到重要的作用。通过观察噬菌斑的形状、大小和数量，可以评估噬菌体的感染力和复制效率。噬菌斑还可以用作检测和定量噬菌体的方法，例如通过对噬菌斑进行计数或测定其直径来估计噬菌体的滴度。

噬菌斑的形成是噬菌体与宿主细菌相互作用的结果，对于研究噬菌体感染机制、噬菌体生命周期以及噬菌体的应用具有重要意义。

（3）内源性噬菌体

内源性噬菌体指的是存在于细菌细胞内的噬菌体，它们是细菌的一部分，与宿主细菌共存并遗传传递给后代细胞。

内源性噬菌体可以通过两种方式与细菌宿主相互作用。首先，它们可以以溶菌酶的形式参与细菌的细胞壁降解和修复过程，维持细菌细胞壁的完整性。其次，内源性噬菌体还可以通过整合到宿主细菌的染色体中，成为细菌基因组的一部分。在这种整合状态下，内源性噬菌体不会导致宿主细菌的溶解和破裂，而是与宿主细菌一起进行细胞分裂和复制。

内源性噬菌体的存在对宿主细菌有着多种影响。首先，内源性噬菌体可以传递细菌的基因，包括携带有益基因的噬菌体。这种基因传递方式称为转导（transduction），可以促进基因组的重组和多样性的产生。其次，内源性噬菌体可以通过调控宿主细菌的基因表达来影响细菌的生理特性和适应性。例如，内源性噬菌体可以激活或抑制宿主细菌的特定基因，从而影响细菌的代谢、耐受性和致病性等特征。

（4）烈性噬菌体

烈性噬菌体是一类能够感染细菌并引起细菌溶解的噬菌体。与内源性噬菌体不同，烈性噬菌体在感染宿主细菌后会利用宿主细胞的生物合成机制来合成自身的噬菌体颗粒，并最终导致宿主细菌的溶解和破裂释放新生噬菌体。

（5）穿透感染

穿透感染是指噬菌体通过直接与细菌细胞壁结合并穿透细菌细胞壁进入细菌细胞内进行感染。在穿透感染中，噬菌体利用其尾部纤毛或纤毛样结构与细菌细胞壁上的特定受体结合，随后释放尾部注射管将噬菌体基因组注入细菌细胞内。噬菌体基因组进入细菌细胞后，会利用细菌细胞的生物合成机制合成噬菌体的结构蛋白和复制酶等组分，并最终组装成新的噬菌体颗粒。

（6）侵袭感染

侵袭感染是指噬菌体通过将其基因组注入细菌细胞内进行感染，而不需要直接穿透细菌细胞壁。在侵袭感染中,噬菌体利用尾部注射管或其他注射结构将其基因组注入细菌细胞内。注射的过程类似于注射器将液体注入细胞内部。一旦噬菌体基因组进入细菌细胞内,它会利用细菌细胞的生物合成机制合成噬菌体的组分,并最终组装成新的噬菌体颗粒。

噬菌体感染细菌的方式取决于噬菌体和细菌之间的相互作用及其相应的结构。不同的噬菌体具有不同的感染机制和寄宿细菌的特异性。噬菌体感染的途径对于研究噬菌体生物学、噬菌体工程以及噬菌体的应用具有重要意义。

5.7.5.3 噬菌体侵染细胞的一般过程

① 吸附　烈性噬菌体通过其尾部纤毛或纤毛样结构与宿主细菌的受体结合,从而吸附在宿主细菌的细胞壁上。

② 注入　烈性噬菌体通过尾部注射管或尾部纤毛将其基因组注入宿主细菌的细胞内。烈性噬菌体的基因组包含了编码噬菌体的结构蛋白和复制酶等必要基因。

③ 复制和合成　一旦烈性噬菌体的基因组进入宿主细菌,它会利用宿主细菌的生物合成机制合成自身的蛋白质和核酸。

④ 组装　这些合成的组分会组装成新的噬菌体颗粒。

⑤ 噬菌体释放　当噬菌体复制完成并充分积累时,它会释放溶菌酶等降解宿主细菌细胞壁的酶。这导致宿主细菌的细胞壁溶解和细胞内容物的释放,从而导致细菌的溶解和破裂。经过细胞溶解后,新生的烈性噬菌体颗粒会被释放到外部环境中,以寻找新的宿主细菌进行感染。

5.7.5.4 噬菌体防治措施及处理方法

(1) 噬菌体防治的措施

在实验室和生产环境中,采用严格的无菌操作和消毒措施,确保实验器具、培养基、介质、培养室等都处于无菌状态,以减少噬菌体的污染。选择具有抗性的细菌菌株进行培养,这些菌株具有对特定噬菌体的抵抗能力,可以减少噬菌体感染的风险。在噬菌体的生产和应用过程中,进行严格的质量控制,确保噬菌体制品的纯度和无菌性。采用合适的检测方法,检测噬菌体的污染情况,以及噬菌体的效力和稳定性。在生产过程中,采用适当的过滤和灭菌方法,如空气过滤、蒸汽灭菌等,以去除或灭活可能存在的噬菌体。对于实验室和生产场所,应建立完善的生物安全措施,包括规范的操作流程、个人防护措施、废物处理等,以防止噬菌体的扩散和传播。定期对生产环境和产品进行监测,及时发现和处理可能存在的噬菌体污染情况。建立噬菌体的追踪系统,记录噬菌体的来源、用途和分发情况,以便追溯和处理可能的污染事件。这些措施的综合应用可以有效降低噬菌体的污染风险,确保实验和生产过程的安全和可靠性。在具体的应用场景中,还需要根据噬菌体的特性和环境要求,采取相应的防治策略。

(2) 发酵感染噬菌体的处理方法

① 并罐法　一种处理发酵过程中噬菌体感染的方法。该方法基于噬菌体的特性,利用噬菌体对宿主细菌的寄生作用,在发酵过程中引入能够感染噬菌体的宿主菌株,从而抑制或消除噬菌体感染。选择一种对目标噬菌体具有感染能力的宿主菌株。该宿主菌株应具备高度感染噬菌体的能力,并且对发酵过程中的其他菌株没有不良影响。在无菌条件下,培养宿主菌株至合适的生长阶段,使其达到最佳感染状态。将感染性宿主菌株与被噬菌体感染的发酵菌株放置在同一发酵罐中,并进行并罐发酵。宿主菌株在发酵过程中感染噬菌体,并通过寄生作用减少或消除噬菌体的数量。在并罐发酵过程中,要注意控制合适的发酵条件,包括温度、pH值、氧气供应等,以保证宿主菌株和目标菌株的适宜生长和发酵效果。在并罐发酵过程中,需要定期监测发酵样品中噬菌体的数量和宿主菌株的生长情况。根据监测结果,可以适时调整宿主菌株的投入量或发酵条件,以最大限度地控制噬菌体感染。

并罐法的优点在于可以通过引入感染性宿主菌株来控制噬菌体的数量，从而减少噬菌体对发酵过程的影响。然而，该方法也存在一些限制，如宿主菌株与目标菌株之间的相容性、宿主菌株的生长和产物合成能力等因素需要考虑。

② 停止发酵　发现噬菌体感染后，立即停止发酵过程，以防止噬菌体继续扩散和繁殖。将感染的发酵样品与其他无菌物质隔离，避免进一步的传播。可以采取物理方法如过滤、离心等，或化学方法如消毒剂处理，清除感染源。对受感染的发酵设备进行彻底清洁和消毒，以确保彻底去除噬菌体的污染。使用适当的消毒剂，并遵循正确的清洁和消毒程序。经过清洁和消毒后，确保发酵设备和培养基无菌后，可以重新开始发酵过程。在重新开始前，应仔细检查并确认发酵罐和培养基没有噬菌体污染。为了防止再次感染，可以选择具有抗性的细菌菌株进行发酵，或者引入适当的处理方法，如筛选出对噬菌体具有抗性的菌株、使用噬菌体抑制剂等。

5.8　两性霉素的发酵工艺

5.8.1　两性霉素概述

两性霉素（amphotericin B）是一种强效的广谱抗真菌药物，被广泛用于治疗严重的真菌感染。它是一种天然产物，最初由土壤中的链霉菌（*Streptomyces nodosus*）发酵产生。两性霉素具有广泛的抗真菌活性，可有效对抗多种真菌感染，包括念珠菌属（*Candida*）、组织胞浆菌属（*Histoplasma*）、球孢子菌属（*Cryptococcus*）、曲霉菌属（*Aspergillus*）等。它是一种多环聚酮类化合物，通过与真菌细胞膜中的麦角固醇结合，干扰细胞膜的完整性，破坏真菌细胞的生长和复制。两性霉素通常以静脉注射的方式给药，因为它的口服生物利用度很低。在严重真菌感染的治疗中，两性霉素常作为一线药物使用，特别是对于侵袭性真菌感染和对其他抗真菌药物耐药的情况。然而，两性霉素也存在一些不良反应，主要包括肾毒性和静脉注射相关的不良反应，如发热、寒战、低血压等。为了减轻其不良反应，常常采用缓慢静脉滴注方式，并结合其他药物进行辅助治疗。总之，两性霉素是一种重要的抗真菌药物，对于严重真菌感染的治疗具有关键的作用，但在使用时需要权衡其疗效与不良反应，并根据具体情况进行合理应用和监测。

（1）两性霉素的结构

两性霉素属于多环多烯类抗生素，其分子结构由多个环和侧链组成。其化学结构式如图 5-10 所示。主要结构特点包括多环结构，两性霉素的分子由多个环状结构组成，包括两个大环和多个小环。这些环结构赋予了两性霉素分子稳定性和抗真菌活性。多烯链，两性霉素的分子中含有多个不饱和双键，形成了多烯链结构。这些多烯链的存在使得两性霉素具有强大的结构稳定性和亲脂性，有助于其与真菌细胞膜结构相互作用。羟基和氨基侧链，两性霉素分子中含有多个羟基（—OH）和一个氨基（—NH$_2$）侧链。这些侧链在药物的生物活性和溶解度方面起着重要的作用。

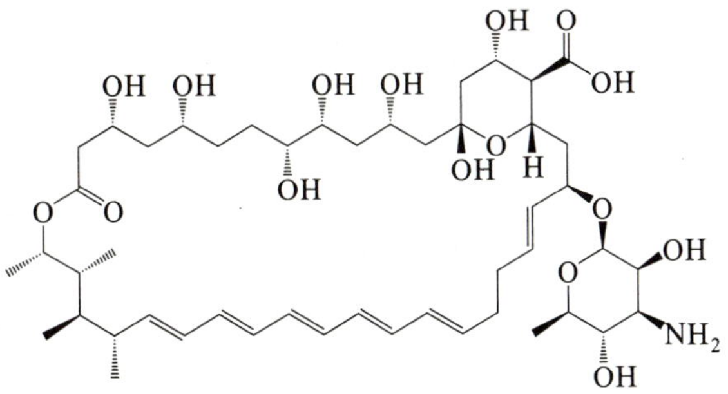

图 5-10　两性霉素的化学结构

两性霉素通过与真菌细胞膜中的麦角固醇结合，干扰膜的结构和功能，破坏细胞膜的完整性，从而发挥抗真菌作用。由于两性霉素对真菌细胞膜具有广谱的亲和力，因此可用于治疗多种真菌感染。

（2）两性霉素的理化性质

两性霉素通常呈黄色至黄棕色的结晶粉末。在水中的溶解度较低，大约为 0.02 mg/mL。它在乙醇、甲醇和二氯甲烷等有机溶剂中的溶解度更高。两性霉素具有一定的热稳定性，可以在一定温度下存储和使用。然而，高温和长时间的加热会导致其分解和降解。两性霉素是一种两性物质，可在酸性和碱性条件下保持相对稳定。其可以在酸性环境下以阳离子形式存在，而在碱性环境下以阴离子形式存在。两性霉素的分子量为924～952。两性霉素对光敏感，暴露在紫外线或可见光下可能导致其降解和失活。因此，在制备、贮存和使用过程中应避免光照。两性霉素是一种相对不稳定和有毒的药物，使用时需要严格控制剂量和遵循相关的操作规范。此外，两性霉素的理化性质可能因不同的制剂和来源略有差异，具体的参数应参考相关的药物说明书或专业资料。

5.8.2　两性霉素的发酵生产

Streptomyces nodosus 是工业生产两性霉素的主要菌种。

（1）培养基

GYM 培养基（g/L）：葡萄糖4、酵母提取物4、麦芽提取物10、碳酸钙2、琼脂粉20，加蒸馏水定容至1L，用 NaOH 调节 pH 至 7.2，115℃灭菌 30min。

种子培养基（g/L）：蛋白胨15、酵母提取物10、氯化钠5、葡萄糖10、碳酸钙1，加蒸馏水定容至1L，用 NaOH 调节 pH 至 7.0，115℃灭菌 30min。

发酵培养基（g/L）：葡萄糖70、棉籽粉25、碳酸钙9、磷酸二氢钾0.1，将称取的棉籽粉加入水后，温水浴至全部溶解或充分混匀，随后加入其它溶解好的成分，蒸馏水定容至1L，pH 调至 7.0，115℃灭菌 30min。

（2）发酵过程

首先从甘油保藏管中用接种环挑取少量菌液划线接种于固体平板，于26℃条件下培养3～6天。从培养好的 GYM 固体培养基上取一环带灰色孢子菌落接种至装液量为 50mL 种子培养基的 250mL 摇瓶中，于26℃、200r/min 下培养2天获得一级种子液。

将种子培养基以4%（体积分数）的接种量接种至装有 50mL 发酵培养基的 500mL 摇瓶中，并在26℃、200r/min 条件下进行5天的摇瓶发酵培养。

将装有适量蒸馏水的罐体在121℃下空消 20min，倒掉罐体中的水，再将发酵培养基倒入发酵罐中在115℃实消灭菌 30min。灭菌后立刻按顺序连接管路，待温度降至26℃后将种子培养基以10%（体积分数）的接种量接种至5L 发酵罐中进行发酵培养，装液量为2L。通气量为 6L/min。用 30% 的氨水和乙酸自动调控 pH。接种后在26℃下继续培养使菌体正常生长。

5.8.3　两性霉素的提取

① 收获发酵液　将发酵液从培养器中收集，可以通过离心分离固体菌体。

② 离心和过滤　使用离心机将发酵液进行离心操作，分离出悬浮的菌体和固体颗粒。然后通过过滤操作，去除残留的固体颗粒和大颗粒杂质。

③ 溶剂萃取　将过滤后的发酵液与适当的有机溶剂（如丙酮、甲醇）混合，进行溶剂萃取。通常采用多次反复的萃取步骤，以提高两性霉素的回收率。有机溶剂会提取两性霉素和其他溶解于有机相的杂质，形成有机相。

④ 相分离和分配系数调整　将有机相和水相进行分离，通常采用液-液分离的方法，如使用漏斗或离心分离。此后，通过调整水相的 pH 和添加盐等方式，调整两性霉素在两个相中的分配系数，使其更多地富集于有机相中。

⑤ 结晶和干燥　将富集了两性霉素的有机相进行结晶和分离。常见的方法包括溶剂结晶、冷冻结晶等。通过调节溶剂、温度和 pH 等条件，使两性霉素结晶并形成固体晶体。然后对结晶体进行洗涤和干燥，去除余留的溶剂，得到纯净的两性霉素产品。

⑥ 精制和纯化　对获得的两性霉素产品进行进一步的精制和纯化，以去除残留的杂质和提高纯度。常用的纯化方法包括溶剂结晶、色谱（如凝胶过滤色谱、反相高效液相色谱）等。这些步骤可根据目标纯度要求和实际情况进行优化。以上提取和精制流程仅为示例，实际生产中可能会根据菌株特性、设备条件和纯化要求进行调整和改良。

拓展阅读

阿卡波糖的微生物发酵合成

总结

- 微生物药物发酵的培养基成分包括碳源、氮源、无机盐、生长因子及缓冲剂等。
- 培养基按其成分可以分为天然培养基、合成培养基及半合成培养基；其按用途可以分为发酵培养基、表达培养基、选择性培养基、差异性培养基及分级培养基。
- 培养基的设计需要包含碳源、氮源、无机盐、金属离子、其他辅助因子及缓冲剂等，并考虑经济性和可持续性。
- 常用的灭菌方法包括高压蒸汽灭菌、干热灭菌、紫外线灭菌、辐射灭菌及化学消毒等。
- 对数残留定律是一种描述消毒过程中微生物数量减少的数学模型。微生物受热死亡主要是由于微生物细胞内蛋白质受热凝固、变性失活所致。在一定温度下，微生物的受热死亡反应可描述为一级化学反应，遵循一级化学反应动力学，即微生物的热死亡速率与任一瞬时残存的活菌数成正比。
- 灭菌的影响因素包括温度、时间、压力、湿度、pH 值、培养基成分、微生物种类和数量、培养基容器和包装及泡沫等。
- 分批灭菌和连续灭菌是工业生产中常用的培养基灭菌方法。
- 介质过滤除菌是空气灭菌的常用方法，选择合适的过滤介质及如何提高过滤效率是重点要考虑的因素。
- 微生物药物发酵类型分为分批发酵、连续发酵和补料分批发酵。
- 在分批发酵中，微生物生长可以分为延迟期、对数生长期、稳定期及衰亡期。
- 产物合成速率、底物消耗速率、细胞生长速率、比生长速率、时空产率等是发酵过程中重点关注的参数。
- 限制性营养物质、温度、pH、溶氧及泡沫是发酵过程中的重要影响因素。
- 规模放大的可行性研究、设备和仪器的规模放大、发酵罐设计和工艺优化、物料转移和供应链、过程监控和控制系统、生产条件的调优、产物收集和分离、经济性分析是发酵过程放大研究的主要内容。

- 染菌对发酵过程的影响是负面的，会导致产品质量下降，甚至完全失去可使用性。采取严格的无菌操作和有效的消毒措施，以防止染菌的发生，有助于确保发酵过程的顺利进行和产物的高质量生产。
- 分析染菌的原因通常需要首先观察发酵过程中的异常现象和问题，并及时记录下来。这包括菌体外观、液体颜色、气味等方面的变化，以及可能的沉淀、浑浊度增加等现象。
- 噬菌体是以细菌为宿主的病毒，它们能够感染并破坏细菌细胞。噬菌体作为病毒具有基因传递的能力，它们可以在细菌感染过程中携带和传递基因片段。这可能导致基因的水平转移，影响细菌的遗传特性和代谢能力，进而影响发酵过程和产品特性。
- 噬菌体污染的检测方法包括噬菌体感染试验、PCR（聚合酶链反应）、病毒滴度测定、电镜观察、免疫学方法。
- 噬菌体侵染细胞的一般过程包括注入、复制和合成、组装、噬菌体释放。

 工程/思维训练

- 产业化实例

庆大霉素是一种氨基糖苷类抗生素，属于广谱抗生素，主要用于治疗多种细菌引起的感染。庆大霉素的发现和开发源于对产生这一类抗生素的放线菌的研究。

庆大霉素最初是由属于 *Streptomyces* 属的放线菌产生的。这些微生物被发现在土壤和自然环境中，它们通过生产庆大霉素来保护自身免受其他竞争微生物的侵害。庆大霉素的化学结构复杂，包含多个氨基糖苷基团，这使得它对多种细菌表现出杀菌活性。庆大霉素的作用机制涉及与细菌核糖体的结合，阻碍蛋白质合成的过程，从而抑制细菌的生长和繁殖。这种对细菌核糖体的特异性结合是庆大霉素对细菌选择性毒性的基础，使其成为治疗感染的有效药物。在医学应用中，庆大霉素常被用于治疗因敏感菌株引起的各种感染，包括呼吸道感染、泌尿道感染、皮肤和软组织感染等。然而，庆大霉素的使用受到一些限制，因为长期或不适当的使用可能导致细菌产生耐药性。

庆大霉素的研究和开发仍然是医药领域的一个重要方向，以进一步拓展其治疗范围、提高疗效，并减少可能的副作用。这一类抗生素的发现和应用为医学领域提供了有力的工具，以对抗细菌感染，挽救生命。

能力训练：

根据庆大霉素的产物特点、发酵生产要求：

1. 设计微生物发酵合成的一般流程。
2. 描述各步骤的关键作用及注意事项。

 课后练习

1. 微生物药物的生物制造有何特点？
2. 列举几个微生物药物生物制造的实例。
3. 微生物药物生物制造有哪些主要步骤？
4. 影响发酵过程放大的主要因素有哪些？
5. 影响基因工程菌发酵的主要因素有哪些？
6. 简述微生物发酵预防染菌的主要措施。

7. 微生物药物生物制造的菌株主要有哪些？该如何选择？
8. 发酵过程中生物量是不是越多越好？为什么？
9. 简述发酵培养基中各成分的主要作用。
10. 简述微生物发酵环境洁净的主要方法。
11. 如何实现微生物药物的高效合成？主要因素有哪些？
12. 简述微生物发酵过程中需要检测的参数及注意事项。
13. 微生物药物发酵培养基及发酵过程的优化方法有哪些？
14. 微生物药物的分离纯化有哪些方法？如何去选择？

第六章　微生物药物的分离纯化

阿卡波糖的杂质减量与杂质去除

阿卡波糖（acarbose）是一种由放线菌等产生的假四糖类化合物。其能够竞争性抑制人小肠 α- 糖苷酶活性，延缓餐后血糖升高，被广泛用于 II 型糖尿病的治疗和预防，由于疗效好、毒副作用小，并能有效预防糖尿病导致的心血管并发症，已成为我国口服降糖药中销量最大的品种。

阿卡波糖的工业生产，需要从其生产菌游动放线菌（*Actinoplanes* sp.）的发酵液中把阿卡波糖分离出来。阿卡波糖发酵液中除阿卡波糖以外，还包括微生物菌体，葡萄糖、麦芽糖、酵母提取物、谷氨酸钠等培养基物质，此外还有数种阿卡波糖杂质。为了获得阿卡波糖产品，上述物质均需要在发酵后的分离纯化过程中除去，同时还要控制阿卡波糖的损失量。

工业化生产阿卡波糖的同时，伴随有大量结构类似的杂质积累。在精制获得阿卡波糖产品时，需要去除绝大部分杂质。但其中杂质组分 A 和组分 C 与阿卡波糖结构极为接近，难以去除。为达到标准，研究人员除了改进分离纯化手段，优化分离纯化条件以外，还分别从育种、发酵等方面入手，降低菌种产生阿卡波糖杂质的水平。多种手段共同发挥作用，使最终产品中杂质含量降低到符合各国药典的标准。

阿卡波糖菌种和发酵液

精制后的阿卡波糖

知识导图

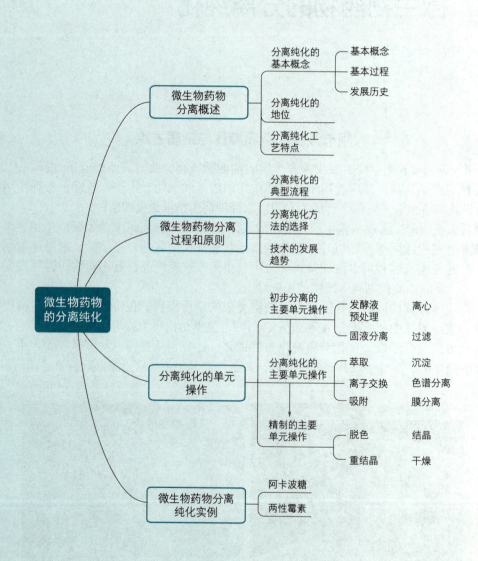

第六章 微生物药物的分离纯化

 为什么要学习微生物药物的分离纯化？

微生物药物的生产过程中，产生了大量含有目标产物（微生物药物）的发酵液或生物转化液。需要将其有效成分从发酵液等介质中提取出来，并使其达到要求的纯度。从发酵液或培养液中分离纯化具有一定纯度、符合药典或其他法定标准规定的各种药物，即为微生物药物的分离纯化，又称发酵液的后处理或下游加工过程。这是个非常繁复的过程，这些工艺流程涉及很多具有各自原理的分离技术和具体操作，还需要将这些技术根据微生物药物自身的特点和生产需求排列组合为分离工艺。微生物药物的分离纯化是整个微生物药物生产中较下游的步骤，是微生物药物制备中的必须工艺步骤，往往也是占生产成本比例最高的步骤。

学习微生物药物的分离纯化，不仅需要理解各个分离技术和操作的原理和适用范围，还需要知道如何根据微生物制药中料液的性质和微生物药物的分离目标，制定不同的分离纯化方法，设计合理的分离步骤，并选择合适的分离设备。

 学习目标

○ 微生物药物分离纯化的概念和技术特点：分离纯化技术的基本概念；微生物药物中，分离纯化的具体对象。
○ 微生物药物分离纯化的过程和原则：学会将一个典型微生物药物的分离流程，按阶段分解为不同步骤；微生物药物分离方案主要的选择依据。
○ 微生物药物分离纯化的主要单元操作：将适合发酵液预处理、分离纯化的单元操作进行分类；了解分离纯化各个单元操作的原理、各自的分离能力，以及主要对应的操作设备。
○ 微生物药物精制的主要单元操作：微生物药物精制阶段各个单元操作的作用；了解各类药物对于纯度的要求。
○ 微生物药物分离过程的设计方法：根据本章内容，能够设计 3 种典型微生物药物的分离纯化流程，并与文献查阅得到的分离纯化流程相对照。

6.1 分离纯化工艺的基本概念

微生物药物的提取、分离、纯化是微生物药物生产过程中必需的环节，同时也是控制药品质量的关键环节。根据实际生产需求和药物的物理、化学、生物特性，设计适当的分离纯化过程；以及在控制成本的同时，尽量保证分离纯化技术的先进性和有效性，才能有效地提高药品质量。

目前，我国微生物制药产业以抗生素、维生素、激素等传统药物种类为主，酶抑制剂等新型微生物药物也在蓬勃发展。但针对传统微生物药物的分离技术尚未得到大幅更新，而针对新型微生物药物的分离技术尚待开发，造成相关企业普遍面临着原料利用率低、工艺污染严重、高端设备和耗材依赖进口等问题。因此，开发高效分离技术与集成工艺以提高药物原料资源利用率、发展绿色经济、实现技术升级等将成为这一产业的未来趋势。

6.1.1 分离纯化与微生物药物

(1) 分离纯化的基本概念

分离纯化过程就是通过物理、化学或生物等手段，或将这些方法结合，将某混合物系分离纯化成两个或多个组成彼此不同的产物的过程。通俗地讲，就是将某种或某类物质从复杂的混合物中分离出来，通过提纯技术使其以相对纯的形式存在。在微生物药物分离纯化的过程中，期望将原料中的有效成分能够最大限度提取出来，被分离纯化的混合物可以是原料、反应产物、中间体、天然产物、生物下游产物或废物料等。在过程中要防止有效成分出现化学反应，转化为其他物质或者分解。在实际生产中，分离纯化是一个相对的概念，不可能将一种物质百分之百地分离纯化。

在工业中通过适当的技术手段与装备，耗费一定的能量来实现混合物的分离过程，实现这一分离纯化过程的技术称为分离纯化技术。分离纯化技术在工业、农业、医药、食品等生产中具有重要作用，与人们的日常生活息息相关。例如从矿石中冶炼各种金属，从海水中提取食盐和制造淡水，工业废水的处理，中药有效成分及保健成分的提取，以及本课程主要论述的微生物制药（从发酵液中分离提取各种抗生素、维生素、激素等微生物药物），都离不开分离纯化技术。

通常，分离纯化过程贯穿在整个微生物药物生产工艺过程中，是获得最终产品——药品的重要手段，且分离纯化设备和分离费用在总费用中占有相当大的比重。所以，对于微生物药物的研究和生产，选择构建和优化分离纯化方法、研制开发新型分离设备装置，具有极重要的意义。

(2) 微生物药物分离纯化的一般步骤

微生物药物的分离第一步是将药物的有效成分（可以是原料药，也可以是药物中间体）从微生物直接产物中分离开来。微生物药物生产直接获得的产物有菌体和发酵液，药物的有效成分可以溶解在发酵液中，可以存在于微生物细胞内部，也有的药物成分在发酵液中析出。因此，微生物药物处理的对象（原料液）一般指的就是微生物发酵液。在进行药物的分离纯化时，首先需要对原料液进行预处理。根据产物在细胞内部或者外部，可以选择不同的固液分离方案。

当获得主要含有目标产物的溶液以后，可以开始进入产物的纯化阶段。这时需要从合成反应或天然来源提取液中，分离目标化合物。产物纯化大致分为初步纯化（粗分离）、高度纯化、精制等步骤。初步纯化阶段可以通过各种基础分离技术实现，如萃取、洗涤、滤除等，它们可以去除大部分杂质，但还不足以获得高纯度的药物。而高度纯化需要如色谱、膜分离等更复杂的技术手段。根据对产品纯度的要求，后续可以进行选择性的制剂和成品加工（图6-1）。

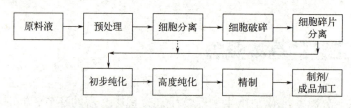

图6-1 微生物药物分离纯化的一般步骤

但需要注意的是，并非所有的微生物药物分离都遵循以上的流程，在实际生产中对分离流程的调整是灵活的，体现出以产品为导向的特点。在分离纯化过程中，还需要对产物进行分析，确保其结构和化学纯度符合预期。这可以通过使用核磁共振（NMR）、质谱、红外光谱等分析技术来实现。

(3) 分离技术与微生物药物的分离纯化

在现代药物的生产过程中，分离纯化技术直接影响产品质量和生产效率。如果分离技术指标达不到产物需要的标准，就不能得到高质量的产物，在药品成品中还极易出现杂质，会严重影响药品的质量和药品的最终效果，势必会对疗效造成不良的影响。而高品质的分离纯化技术很大程度上也代表了药物的整体生产技术水平。

与化工中常见的物质分离（包括若干传统的化工单元操作，如精馏、干燥、吸收等）不同，药物的分离过程通常包括如膜分离、色谱分离、萃取等相对比较温和的单元操作。传统的，从天然产物中分离纯化药物的方法主要有水提醇沉法（水醇法）、醇提水沉法（醇水法），而化学药物分离更常见的方法有酸碱法、盐析法、离子交换法和结晶法等。随着分离技术和分离材料的发展，适用于微生物药物的、新的分离纯化方法主要有新型萃取法、大孔树脂吸附法、超滤法、膜分离法。

微生物药物的产物特点是含有生物成分、成分非常复杂的混合物，要将这些混合物分离，经常采用专门针对生物物质的分离手段。而由于采用了针对性的分离技术，能够提纯和分离较纯的微生物药物，也能够促进对微生物药物的成分分析和研究。在微生物药物研究领域，各种色谱技术、超离心技术和膜分离技术的发展和应用，使相应领域的其它生物技术得到了迅猛发展。

随着现代医学和生物工程技术的发展，药品生产企业对药物产品的质量要求不断提高，对分离技术的要求也越来越高。市场需求促进了分离纯化技术的进步和应用范围的扩大。技术进步主要体现在两个方面，一方面是提高分离纯化过程的效率和选择性，直接提升产品质量；另一方面是通过降低分离成本，在保证产品质量的同时，降低药物的整体生产成本。

6.1.2　下游过程在微生物制药中的地位

分离纯化技术是微生物制药过程的关键环节，一般而言，为了生产高纯度、高活性的药物，研究经费的30%需花费在分离纯化工艺过程的研究上。而利用传统的分离纯化技术，分离纯化阶段的平均生产费用约占总生产成本的50%～80%，药物分子的结构、原料液的成分越复杂，对药品的质量要求越高，则分离成本相应上升。

现代微生物制药过程，从微生物培养开始，整个操作在连续封闭环境下进行，自动化程度高，培养基定时投入发酵设备，发酵液连续从发酵罐中排出进入提取装置，均在封闭的管道中运行，保持了环境的整洁，提高了资源的利用率，其提取效率是传统批次分离过程的3～4倍。微生物药物整个生产过程采用计算机控制，采用自动或半自动分离操作，提高了药物产物的均一性和产物的质量，避免了由于人为因素和环境污染造成的产品质量不稳定的情况。相应的，对分离纯化的自动化、重复性要求也大大提高。分离纯化技术的优劣直接关系到制药企业的效益和市场竞争力，因此，寻求经济高效的新型分离纯化技术，受到企业广泛的重视。

6.1.3　微生物药物分离纯化工艺的特点

微生物药物的品种繁多，结构复杂，不同来源的药物性质差别很大，采用的分离技术原理和方法也多种多样。生物来源或生物制药手段获得的微生物药物通常含量较低，杂质的量远远大于有效成分的量。因此微生物药物的分离过程需要多种方法联合应用，在抛弃杂质和废弃物料的同时，使有效成分的含量不断提高。微生物药物中的很多品种，特别是较大分子质量的物质和生物活性物质具有稳定性差、易分解、易变性等特点，在选择分离方法时需要考虑保持被分离物质的稳定，需要采用适当的分离方法和条件，以保证产品的稳定性。

此外，从微生物药物研究到如抗生素等大宗药品的生产，分离技术在处理量上的差别很大，小到以鉴定、含量测定为主的克级，大到生产所用的吨级纯化技术。总的来说生产中采用的制备分离，已经与分析研究中采用的分析分离有了较大的区分。制备分离侧重于在保证药物的生产标准的前提下，提升产物分离的效率、分离的可操作性并压缩分离工序的成本，而分析分离侧重于对微生物药物结构和物理化学性质的解析和精确性、准确性。此外，由于微生物药物的生产企业多，市场竞争激烈，对应的药品生产除了产品质量必须达到国家标准以外，在杂质控制上也要求颇高，除了生产流程本身，生产环境需要达到一定的洁净度，防止环境对产品的污染，在生产操作规程上也与分离纯化工艺进行匹配，标准化规范化操作以尽量保证产品质量的一致性。

6.2 微生物药物分离的过程和原则

6.2.1 微生物药物分离纯化的典型流程

在微生物药物制造中，发酵结束后的发酵液组成非常复杂，处理措施与化学法药物合成中获得的原料液明显不同。通常情况下，发酵液中目标物浓度很低，而杂质含量却很高，成分远较化学反应母液复杂，大量菌体细胞、培养基、各种蛋白质胶状物、色素、金属离子和其它代谢物等混杂其中，使得发酵液的预处理对于目标物的最终获取非常必要。

发酵液预处理的目的是使发酵液中的蛋白质和某些杂质沉淀，以增加滤速，过滤的目的是使菌体与发酵液主体分离，以便从发酵液主体或菌体中提取目标物。预处理阶段主要去除两大类杂质：可溶性黏胶状物质（核酸、杂蛋白、不溶性多糖等）和无机盐（不仅影响成品炽灼残渣，还会影响离子交换法等提取目标物的收率）。

确定预处理方法前，首先要明确目标物存在于胞内（菌体）还是胞外（发酵液），以确定弃去和收集的对象；还要结合目标物的稳定性等特点，选择预处理的 pH、温度和化学试剂等。对于菌丝体及杂蛋白的处理一般可采用等电点沉淀、变性沉淀、沉淀剂沉淀、加入絮凝剂、加入凝聚剂、吸附以及酶解法去除不溶性多糖等措施；对提取效果和成品质量影响较大的无机杂质主要是 Ca^{2+}、Mg^{2+}、Fe^{3+} 等高价金属离子，可采用离子交换法、沉淀法等措施去除。加入的预处理试剂除要考虑到处理效果外，还要考虑低毒性、利于环保以及易于从终产品中除去等因素，在制药工艺申报时应说明所采取的措施及加入的试剂，必要时在成品质量研究中还需要检测其残留量。

典型的微生物药物分离纯化工艺见图 6-2。

固液分离是发酵液预处理中的重要步骤，通常采用板框压滤、真空过滤以及离心分离等措施。过滤是各种措施中普遍存在的一个环节，为提高过滤效果、提高滤液质量，通常加入助滤剂。选择助滤剂时除考虑其效果和成本外，无毒，惰性，不与滤液和目标物产生化学反应对于终产品的质量和安全性尤为重要。离心操作则包括两个主要作用：一是发酵液的固液分离，二是发酵液的浓缩和澄清分离（液液分离）。

预处理后的滤液或者离心液是生产过程中重要的中间产物，类似于化学反应中的中间体，有必要制定其质量控制标准。比如，一般情况下要澄清、有一定浓度、pH 适中。需要说明的是，后续的分离提取工艺不同，对滤液的质量要求不同，如离子交换法提取目标物时对无机离子、澄清度等方面要求较严格，溶剂法提取时要求滤液蛋白质含量较低。总之，经预处理后的滤液控制标准应根据其后的分离提取工艺综合确定。

目标产物的分离提取是采用物理或化学手段从发酵液主体、滤液或菌体中得到目标产物的浓缩液或粗制品。常用的分离提取方法有溶剂萃取法、离子交换法、吸附法以及沉淀法。具体采用何种提取方法需结合目标物化学结构特征、产品组分情况、拟采用的终产品精制工艺、终产品质量要求以及对终产品安全性的影响等因素综合考虑。

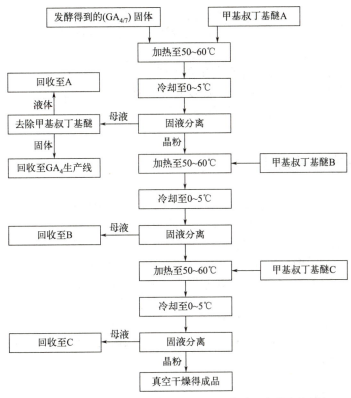

图 6-2 典型的微生物药物分离纯化工艺（以赤霉素为例）

6.2.2 分离纯化方法的选择

微生物药物能否高效率低成本地制备成功，关键在于分离纯化总体方案的正确选择、分离纯化各个单元操作的搭配，以及分离纯化各个单元操作条件的探索。

针对生物物质的分离，S. D. Roe 等提出了制定分离纯化工艺方案时应考虑的若干条理论原则：

① 技术路线、工艺流程尽量简单化；
② 尽可能采用低成本的材料与设备；
③ 将完整工艺流程划分为不同的工序；
④ 注意时效性，应优选可缩短各工序分离纯化时间的加工条件；
⑤ 采用成熟技术和可靠设备；
⑥ 分离纯化开始前编写、备好书面标准操作程序等技术文件，对分离纯化过程进行记录；
⑦ 以适宜方法检测纯化过程的产物产量和活性，对纯化过程进行监控等。

尽管以上原则是从蛋白质等大分子分离纯化长期积累经验中总结出来的，但对于多糖、核酸及脂类等绝大多数生物物质的分离纯化工艺开发也有借鉴作用。其中，微生物药物分离采用的技术路线、选用的具体工序和工艺、分离的设备、物料和操作成本是工业上需要重点关注的部分。

微生物药物分离方案的选择依据，首先是目标产物与杂质之间的生物学和物理化学性质上的差异。在微生物制药中，合成的产物一般总是与许多其他物质（其中包括未反应的原料、副产物、溶剂及催化剂等）共存于最后的产物中，常需要从复杂的混合物中分离出所需要的物质。而要将混合物进行分离和提纯，必须分析组成混合物的各种组分的物理性质和化学性质，根据它们之间的联系和差异，再决定选用何种操作方法。

其次，微生物药物的分离方法的选择要根据药物（基本性质为有机物）的性质来确定，依据物质性质的差异其分离方法大致上可以分为固体化合物的分离、液体化合物的分离、相分离（如萃取等）和色谱分离技术等几个大类。

微生物药物的分离，还必须涉及分离纯化方法（单元操作）的搭配。从生物物质分离纯化的特点可以看出，分离纯化方案必然是千变万化的，因此要想使目标产品尽可能达到低成本、高产量、高质量的生产目的，并不是单纯采用一两项高技术手段就可以完美解决的。

6.2.3 分离纯化技术的发展趋势

随着分离纯化技术的不断发展，越来越多新技术也逐渐用于微生物药物的分离。如径向流色谱技术、液膜分离技术、多级连续萃取、超临界萃取、双水相萃取等。

（1）径向流色谱技术

大规模的制备色谱往往采用径向流色谱技术。该技术不同于传统的流动相在柱内从一端流向另一端的轴向流色谱技术。在径向流色谱柱内，流动相携带样品沿径向迁移，其流体即径向流，流动相和样品可以从色谱柱的周围流向柱圆心，也可以从柱圆心流向柱的周围（图6-3）。径向流色谱的色谱柱有三个环形通道，内外通道横截面积相等并将流体引至出口，中间通道装载色谱填料。这种独特的径向流设计使色谱柱容易放大规模，同时不提高柱压，非常适合高通量制备色谱。径向流色谱已用于真菌多糖等多种微生物生物活性物质的分离。

（2）液膜分离技术

膜分离作为高效的直接分离新技术，在制药工业中应用非常广泛，其技术应用范围和技术能力也不断发展。如采用陶瓷膜来过滤微生物药物发酵液的工艺目前已经得到广泛应用，与传统过滤方法相比，陶瓷膜系统的设备自动化程度高，有着较稳定的收率，原材料用量少，在工艺和成本上有较大优势，陶瓷膜系统的适用范围可以覆盖微滤到反渗透，应用范围非常广泛。此外液膜萃取技术用于小分子药物提取可实现萃取/反萃取过程耦合，是微生物药物分离领域的一个研究热点，在2000年前后关于液膜萃取提取青霉素G的研究比较多，其后液膜萃取在多种抗生素领域基本取代了传统溶剂萃取方法。近年来中空纤维更新液膜技术（HFRLM）是一种基于表面更新理论的新型液膜技术，目前广泛应用于萃取回收有机酸、金属离子及废水处理等方面。该技术综合了支撑液膜技术和膜萃取技术的优点，借鉴了纤维膜萃取器的原理，并引入了液滴与有机相薄膜之间的更新融合方式。

液膜分离技术示意图见图6-4。

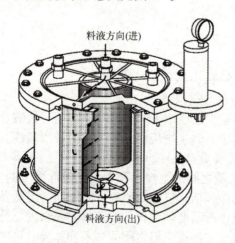

图6-3 径向流色谱技术示意图

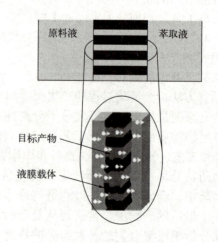

图6-4 液膜分离技术示意图

6.3 微生物药物分离纯化的主要单元操作

在药物生产的过程中使用分离纯化技术，是为了将药品当中的一些有害物质和不必要的杂质通过提取进行完全的清除，在药物产品当中尽量保留其中的有效成分。除此之外，分离技术还能够对原料液（通常是发酵液）进行进一步细化处理，解决原料物理化学性质等方面的问题，如脱色工艺可以将原料液变得澄清透明，喷粉干燥工艺可以将药物从液相转化至固相，结晶工艺制备的晶体具有特别的溶解特性等。为此需要选择合适的单元操作，以分步实现分离的目的。

6.3.1 发酵液的预处理

6.3.1.1 发酵液预处理的目的

从微生物发酵液或细胞培养液中提取目的产物的第一个重要步骤就是预处理和固液分离。其目的不仅在于分离细胞、菌体和其他悬浮颗粒，还希望除去部分可溶性杂质和改变滤液的性质，以利于后续的各步操作。各种发酵产品由于菌种不同和发酵液特性不同，其预处理方法的选择也有所不同。大多数发酵产物存在于发酵液中，但也有少数产物存在于菌体中，或发酵液和菌体中都含有，但无论产物是在胞内，还是在胞外或者是菌体本身，首先都要对发酵液进行过滤和预处理，将固液物质分开，然后才能从相对澄清的滤液中采用物理、化学的方法进一步提取代谢产物，或从细胞出发进行细胞破碎分离和提取胞内产物。

发酵液经过预处理后一些物理性质会改变，从悬浮液中分离固形物的速度随之提高，后续的过滤或离心操作更易进行。在预处理过程中，需提取的目的产物大多转移进入易于后处理的相中（一般为液相）。同时发酵液中的部分杂质也得以去除，发酵液的预处理过程一般包括：①发酵液杂质的去除，包括除去蛋白质、无机离子以及色素、热原、毒性物质等有机物质；②改善培养液的处理性能，主要通过降低发酵液的黏度、调节适宜的 pH 值和温度及絮凝与凝聚等操作来实现。

预处理在发酵产品的加工和提纯过程中相当重要。目的产物不同采用的预处理方法也不同。并且由于具体发酵液的实际情况差别很大，预处理方法较为灵活多样，应根据生产需要进行选择和改进。预处理的方法基本上取决于需提取的目的产物的性质，如对 pH 和热的稳定性、是蛋白质还是非蛋白质、分子的质量和大小等。

6.3.1.2 发酵液预处理的主要方法

（1）加热法

加热法是最简单和价廉的发酵液预处理方法，即把发酵液加热到所需温度并保温适当时间。加热可降低液体的黏度，根据流体力学的原理，滤液通过滤饼的速率与液体的黏度成反比，降低液体黏度可有效提高过滤速率；同时在适当温度和受热时间下可使蛋白质凝聚，形成较大颗粒的凝聚物，进一步改善发酵液的过滤特性。例如链霉素发酵液在调酸至 pH 3.0 后，加热至 70℃维持半小时，其黏度下降至原来的 1/6，过滤速率可增大 10～100 倍。

使用加热法时必须严格控制加热温度和时间。首先，加热的温度必须控制在不影响目的产物活性的范围内；其次，温度过高或时间过长会使细胞溶解，胞内物质外溢，增加发酵液的复杂性，影响产物后续的分离与纯化。因此，加热法的关键取决于需提取的目的产物的热稳定性。

（2）调节发酵液的 pH 值

pH 值直接影响发酵液中某些物质的电离度和电荷性质，因此适当调节发酵液的 pH 值可改善其过滤特性。此法是微生物制药工艺中发酵液预处理较常用的方法之一。对于如氨基酸、蛋白质等两性物质，在等电点时其溶解度最小，这就是等电点沉淀法。例如，在环肽类抗生素生产中，利用等电点沉淀法提取产物。在膜过滤中，发酵液中的大分子物质容易与膜发生吸附，通过调整pH值改变易吸附分子的电荷性质，也可以减少堵塞和污染。

（3）凝聚和絮凝

凝聚和絮凝是对发酵液或含细胞（或细胞碎片）的发酵液进行预处理的重要方法。其处理过程主要是将化学药剂加入到料液中，改变细胞、细胞碎片、菌体和蛋白质等大分子胶体粒子的分散状态，破坏其稳定性使其凝结成较大的颗粒，便于提高过滤和离心速率，而且能有效地除去大分子和固体杂质，提高分离得到的液体的可处理性。但凝聚和絮凝是两种不同方法，其具体处理过程存在差别，应该明确区分开来，不可混淆。

凝聚指的是向胶体悬浮液中加入某种电解质，在电解质异电离子作用下，胶体粒子的双电层电位降低，从而使胶体失去稳定性并使粒子相互凝聚成1mm左右大小的块状凝聚体的过程。发酵液中的细胞、菌体或蛋白质等胶体粒子的表面一般都带有电荷，由于静电引力的作用，使溶液中带相反电荷的离子被吸附在其周围，这样在界面上就形成双电层。这种双电层的结构使胶体粒子之间不易凝聚而保持稳定的分散状态，其电位越高，电排斥作用越强，胶体粒子的分散程度也就越大，发酵液固液分离就越困难。电解质的凝聚能力可用凝聚值来表示，使胶体粒子发生凝聚作用的最小电解质浓度（mmol/L）称为凝聚值。根据Schuze-Hardy法则，反离子的价数越高，其凝聚值就越小，即凝聚能力越强。所以，阳离子对带负电荷的发酵液胶体粒子的凝聚能力依次为：

$Al^{3+} > Fe^{3+} > H^+ > Ca^{2+} > Mg^{2+} > K^+ > Na^+ > Li^+$

常用的凝聚剂包含酸、碱、盐类，如$Al_2(SO_4)_3 \cdot 18H_2O$、$AlCl_3 \cdot 6H_2O$、$ZnSO_4$、$FeCl_3$、$FeSO_4 \cdot 7H_2O$、$H_2SO_4$、HCl、NaOH、$Na_2CO_3$、$Al(OH)_3$等。

絮凝是指使用絮凝剂将胶体粒子交联成网，形成10mm左右大小的絮凝团的过程。其中絮凝剂主要起架桥作用。采用凝聚方法得到的凝聚体，其颗粒常常只有1mm左右，比较细小，有时还不能有效地进行分离。而采用絮凝方法则常可形成粗大的絮凝体（10mm左右），使发酵液较容易分离。絮凝剂是一种能溶于水的高分子聚合物，具有长链状结构，其链节上带有许多活性官能团，包括带电荷的阳离子或阴离子基团以及不带电荷的非离子型基团，这些基团能强烈地吸附在胶体粒子的表面，使其形成较大的絮凝团。

凝聚和絮凝过程示意图见图6-5。

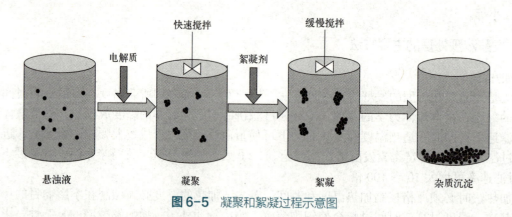

图6-5 凝聚和絮凝过程示意图

根据其来源不同，工业上使用的絮凝剂可分为如下3类：①有机高分子聚合物，如聚丙烯酰胺类衍生物和聚苯乙烯类衍生物等；②无机高分子聚合物，如聚合铝盐和聚合铁盐等；③天然有机高分子絮凝剂，如海藻酸钠、明胶、骨胶、壳聚糖等。目前最常用的絮凝剂是有机合成的聚丙烯酰胺类衍生物，其优点是用量少（一般以 mg/L 计），絮凝速度快，分离效果好，应用广泛；缺点是具有一定毒性。

（4）添加助滤剂

助滤剂是一种不可压缩的多孔微粒，它能使滤饼疏松，滤速增大。这是因为使用助滤剂后，悬浮液中大量的细微粒子被吸附到助滤剂的表面上，从而改变滤饼结构，使滤饼的可压缩性下降，过滤阻力降低。常用的助滤剂有硅藻土、纤维素、石棉粉、珍珠岩、白土、炭粒和淀粉等。其中最常用的是硅藻土，它具有极大的吸附和渗透能力，能滤除 0.1～1.0μm 大小的颗粒，而且化学性能稳定，既是优良的过滤介质，同时也是优良的助滤剂。

（5）添加反应剂

在某些情况下，通过添加一些不影响目的产物的反应剂，可消除发酵液中某些杂质对固液分离的影响，从而提高过滤速率或沉降速率。加入的反应剂与某些可溶性盐类发生反应，生成不溶性沉淀，如 $CaSO_4$、$AlPO_4$ 等。生成的沉淀物能防止菌体黏结，使菌丝具有块状结构，另外沉淀物本身可作为助滤剂，并且能使胶状物和悬浮物凝固，从而改善过滤/沉降性能。若能正确选择反应剂和反应条件，则可使过滤速率提高 3～10 倍。如果发酵液中含有不溶性的多糖物质，则最好先用酶将它转化为单糖，以提高过滤速率。例如，万古霉素用淀粉作培养基，分离时培养基中含有残留淀粉，发酵液过滤前加入 0.025% 的淀粉酶作为反应剂，搅拌 30min 后再加 2.5% 的硅藻土作助滤剂，可使过滤速率提高 5 倍。

（6）其他方法

发酵液中杂质很多，其中有些杂质不仅直接影响产物的质量和得率，同时对后续的提取和精制有很大影响，因此，在预处理时，必须采用适当方法使这些杂质沉淀，在固液分离时除去，以利于后面的提取和精制过程能顺利进行。如添加草酸盐除去高价无机离子（主要是 Ca^{2+}、Mg^{2+} 和 Fe^{2+} 等）。杂蛋白的主要去除方法有：沉淀法，在酸性溶液中，蛋白质能与一些阴离子如三氯乙酸盐、水杨酸盐、苦味酸盐等形成沉淀，在碱性溶液中，蛋白质能与一些阳离子如 Ag^+、Cu^{2+}、Zn^{2+}、Fe^{3+} 和 Pb^{2+} 等形成沉淀；变性法，其中最常用的是加热法，还有大幅度调节 pH，加酒精、丙酮等有机溶剂或一些表面活性剂等方法；吸附法，加入某些吸附剂吸附杂蛋白而将其除去。

6.3.2 固液分离

固液分离是微生物药物生产中经常遇到的重要单元操作。发酵液、生物转化的反应液、某些中间产品和半成品等都需要进行固液分离。固液分离可使用的方法有很多，微生物制药中，用于发酵液固液分离的常规方法主要是离心分离和过滤。具体的固液分离方法和设备应根据发酵液的特性进行选择。对于丝状微生物，如霉菌和放线菌，体形比较大，一般采用过滤的方法处理发酵液；而单细胞的细菌和酵母菌，其菌体大小一般在 1～10μm，高速离心分离的效果比较好。但是当固形物粒径较小时，通过预处理改善发酵液的特性后，就可用过滤实现固液分离。例如，在小单胞菌的发酵液中菌体很小，如果在预处理过程中进行絮凝并添加助滤剂，就可使用板框过滤机（图 6-6）分离菌体。由此看来，发酵液的预处理为固液分离及后处理作了准备工作。

6.3.2.1 发酵液的过滤

过滤是一种常见的分离技术，混合物通过滤纸、滤网、滤膜、滤器等不同的过滤介质，固体颗粒或大分子物质被留在过滤介质上，而液体和小分子物质则通过过滤介质，从而将悬浮在混合物中的固体颗粒或大分子物质分离出来，实现分离的目的。过滤可以应用于各种领域，例如化学实验室、生物医学、工业生产等。

在微生物药物生产过程中，过滤可以去除发酵液中的颗粒和杂质，使料液中仅含有可溶物质，更方便进行后续的分离操作。过滤操作的关键是选择合适的操作方式和设备，这需要考虑到发酵液的性质和要求，并照顾产品本身的处理要求。这是因为微生物药物发酵液中可能存在微生物、细胞碎片、蛋白质和其他杂质，需要通过不同精密程度的过滤方式来去除这些杂质，保证产品达到一定的质量和纯度。

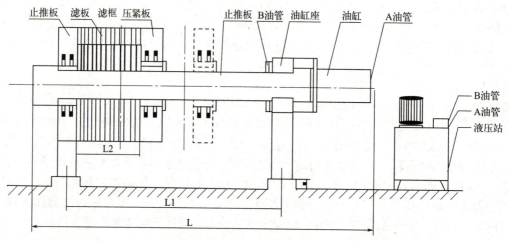

图 6-6　板框过滤机示意图

按照驱动力分类，过滤的方法包括重力过滤、压力过滤、真空过滤等。重力过滤是将混合物通过重力作用，沿着自然流向过滤介质，适用于黏度较小的液体。压力过滤是将混合物通过压力差作用，从高压区域向低压区域流动，适用于黏度较大的液体或需要加压的气体。真空过滤是通过在过滤介质上施加真空负压，使混合物通过过滤介质，适用于需要快速过滤或需要分离微小颗粒的混合物。需要注意的是，在进行过滤操作时需要选择适当的过滤介质和过滤方法，以及合适的过滤速度和压力，避免过滤介质破裂或混合物无法通过过滤介质等问题。

常用的过滤技术有：

（1）澄清过滤

在澄清过滤中，所用的过滤介质为硅藻土、砂、颗粒活性炭、玻璃珠和塑料颗粒等，填充于过滤器内部即构成过滤层；也有用烧结陶瓷、烧结金属、黏合塑料及用金属丝绕成的管子等组成的成型颗粒滤层。当发酵液通过过滤层时，菌体等固体颗粒被阻拦或吸附在滤层的颗粒上，使滤液得以澄清，所以这种方法叫澄清过滤。该法适合于固体含量少于 0.1g/100mL、颗粒直径在 5～100μm 的悬浮液的过滤分离，如絮凝后反应液等的澄清。

（2）滤饼过滤

在滤饼过滤中，过滤介质为滤布，包括天然或合成纤维布、金属织布、石棉板、玻璃纤维纸等。当悬浮液通过滤布时，固体颗粒被滤布阻拦而逐渐形成滤饼（或称滤渣）。当滤饼达到一定厚度时即起过滤作用，此时即可获得澄清的滤液，故这种方法叫做滤饼过滤或滤渣过滤。该法适合于固体含量大于 0.1g/100mL 的悬浮液的分离，如常规的发酵液过滤。滤饼过滤按推动力的不同可分为 4 种：重力过滤、压力过滤、真空过滤和离心过滤。

（3）错流过滤

在一般过滤中，滤液的流动方向与滤饼基本垂直，采用这种方法时，随着过滤过程的进行，所积累形成的滤渣阻力很大，过滤速率迅速下降。为了维持较高的过滤速率，有效的方法是设法阻止滤渣的加厚，或者当滤渣达到一定厚度时采用反洗除去滤渣。错流过滤，又称切向流过滤或十字流过滤，是一种维持恒压下高速过滤的技术。其操作特点是使悬浮液在过滤介质表面做切向流动，利用流动的剪切作用将过滤介质表面的滤渣移走。

（4）无菌过滤

在制备某些要求比较高的产品时，必须使用无菌过滤，以去除可能存在的微生物。无菌过滤是一种利用微孔过滤技术去除微生物的技术。通常使用的过滤器是由聚酯膜、聚碳酸酯膜、聚丙烯膜、陶瓷膜等材料制成的微孔过滤器，孔径一般在 0.2μm 以下，可以有效去除料液中的细菌、真菌、病毒等微生物。无菌过滤可以保证产品的无菌性和安全性。在微生物制药过程中，无菌过滤通常作为最后一道工艺步骤，以保证药品在生产过程中不受微生物的污染。无菌过滤的优点是无需加热或使用化学物质，对产品质量无影响，可以保证产品的纯度和无菌性。缺点是过滤效率低，需要较长时间才能完成过滤，且过滤器需要经常更换，成本较高。过滤的过程要非常小心和谨慎，以确保产品的质量和安全性。此外，还需要严格的质量控制和监测，以确保过滤过程中的有效性和一致性。

6.3.2.2 发酵液的离心分离

依靠惯性离心力的作用而实现的沉降过程称为离心，它是一种分离混合物中固体和液体或不同密度的液体的方法，是生产中广泛使用的一种固液分离手段。离心分离在生物物质加工过程中应用十分广泛，酒类的澄清，氨基酸结晶的分离，发酵液菌体细胞的回收或去除，血细胞、细胞器、病毒以及蛋白质的分离，以及液/液相的分离都大量使用离心分离技术。与过滤相比，离心分离具有分离速度快、效率高、获得的液相澄清度好、操作的卫生条件好等优点，适合于大规模的分离过程。对于两相密度差较小、颗粒粒度较细的非均相体系，在重力场中的沉降效率很低，甚至不能完全分离，若改用离心可以大大提高沉降速度，缩小设备尺寸。但离心分离设备投资费用高，能耗较大，分离所得的固相干燥程度不如过滤操作。

在微生物药物制备过程中，离心可以分离出发酵液中的菌体或细胞，甚至菌体碎片和絮凝后的固体颗粒，使其更易于处理。离心的速度和时间、使用的技术类型和设备应该根据具体的发酵液和生产条件进行调整。

（1）差速离心

差速离心是微生物制药中最常用的离心分离方法。以菌体细胞的收集或除去为目的的固液离心分离是分级离心操作的一种特殊情况，即为一级分级分离。一般情况下菌体和细胞在 500～5000g 的离心力下就可完全沉降。工业规模的离心操作中，为提高分离速度，所用离心力较大，设备也比较复杂。操作中，根据实际物系的特点（目标产物和其他组分的性质及相互作用等）、分离的目的和所需分离的程度，选择适当的操作条件（离心转数和时间），可使料液中的不同组分得到分级分离。

（2）区带离心

区带离心是生化研究中的重要分离手段，根据离心操作条件不同，又分差速区带离心和平衡区带离心。两种区带离心均事先在离心管中用某种低分子溶质（如蔗糖溶液）调配好密度梯度，在密度梯度之上加待处理的料液后进行离心操作。差速区带离心的密度梯度中的最大密度小于待分离的目标产物的密度，离心操作中，料液中的各个组分在密度梯度中以不同的速度沉降，根据各个组分沉降系数的差别，形成各自的区带。经过一定时间后，从离心管中分别汲取不同的区带，得到纯化的各个组分。平衡区带离心的密度梯度比差速区带离心的密度梯度高，离心操作的结果使料液中的高分子溶质在与其自身密度相等的溶剂密度处形成稳定的区带，区带中的溶质浓度以该密度为中心，呈高斯分布。

区带离心的密度梯度一般可用蔗糖配制。事先调配不同浓度（密度）的蔗糖溶液，然后在离心管中依浓度从大到小层层加入即可。将一定浓度的蔗糖溶液经一定时间的高速离心后可制成连续的蔗糖密度梯度。除蔗糖外，还有许多物质在离心力作用下可自动形成密度梯度，如氯化铯（CsCl，可用于核酸的分离）和溴化钠（NaBr，可用于脂蛋白的分离）等。区带离心可用于蛋白质、核酸等生物大分子的分离纯化，但处理量小，一般仅限于实验室水平。为提高处理量，20 世纪 60 年代开发了区带转子，用其代替离心管可增加处理能力。

（3）离心分离设备

离心机是制药工业及生化实验室广泛使用的分离设备。工业用离心设备一般要求有较大的处理能力并可进行连续操作。实验室用离心机以离心管式转子离心机为主，离心操作为间歇式。离心分离设备根据其离心力（转数）的大小，可分为低速离心机、高速离心机和超速离心机。部分生化分离用离心机设计为冷却式，可在低温下操作，称为冷冻离心机。

微生物制药工业所用的分离设备中，较常用的有管式和碟片式两大类。管式离心机又称圆筒式离心机，结构比较简单。操作过程中，发酵液从圆管一端的中心输入，在离心力作用下，管内液面基本上是以旋转轴为中心的圆筒面（斜线部分），从另一端的中心排出轻相（上清液）。间歇操作时，固体粒子沉降于管壁；连续操作时，从管壁附近的出口排出重相（浓缩的悬浮液）。管式离心机转数可达到 2×10^4 r/min 以上，离心力较大；缺点是沉降面积小，处理能力较低。

碟片式离心机（图 6-7）又称分离板式离心机，离心转子中有许多等间隔的碟形分离板，以增大沉降面积，提高处理能力。以连续操作为目的的碟片式离心机设有连续排出重相（浓缩悬浮液）的喷嘴。操作过程中，料液从中心进料口输入，通过转子底部的液孔进入分离板外径处，进入分离板的间隙。通过分离板的间隙向转子中心移动的过程中，重相（粒子）受离心力作用发生沉降，轻相从转子上部出口排出。连续操作时，重相从喷嘴连续喷出。碟片式离心机结构复杂，离心转数一般较管式离心机低，约 1×10^4 r/min。

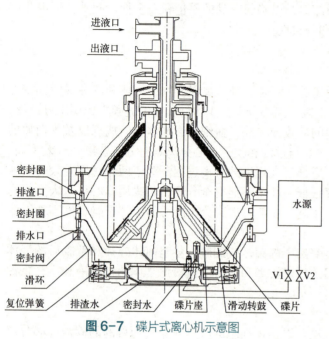

图 6-7　碟片式离心机示意图

6.3.3　萃取

6.3.3.1　萃取技术的原理

萃取是利用物质在两种互不相溶（或微溶）的溶剂中溶解度或分配系数的不同，使溶质物质从一种溶剂中转移到另外一种溶剂中的方法，在混合物分离中属于常见的单元操作。萃取广泛应用于化工、制药、食品等工业。萃取操作利用液体或超临界流体为溶剂提取原料中的目标产物，所以萃取操作中至少有一相为流体，该流体可称为萃取剂。而将萃取后两相分开的操作叫做分液。以液体为萃取剂时如果含有目标产物的原料也为液体，则此操作称为液液萃取；如果含有目标产物的原料为固体，则此操作称为液固萃取或浸取。以超临界流体为萃取剂时，含有目标产物的原料可以是液体，也可以是固体，此操作称为超临界流体萃取。另外在液液萃取中，根据萃取剂的种类和形式的不同，又可细分为有机溶剂萃取（简称溶剂萃取）、双水相萃取、液膜萃取和反胶团萃取等。

物理萃取和化学萃取：物理萃取即溶质根据相似相溶的原理在两相间达到分配平衡，萃取剂与溶质之间不发生化学反应。例如，利用乙酸丁酯萃取发酵液中的青霉素即属于物理萃取。化学萃取则利用萃取剂与溶质之间的化学反应实现溶质向有机相的分配，包括离子交换和络合反应等，也可以是脂溶性萃取剂与溶质之间反应生成脂溶性复合分子。化学萃取中通常用煤油、己烷、四氯化碳和苯等有机溶剂溶解萃取剂，改善萃取相的物理性质，此时的有机溶剂称为稀释剂。物理萃取广泛应用于维生素、抗生素及天然植物中有效成分的提取过程，而化学萃取可用于氨基酸、抗生素和有机酸等产物的分离过程。

6.3.3.2 常用的萃取技术

（1）液液萃取

液液萃取在两种不互溶液体之间通过相分配对样品进行分离，而达到物质纯化和消除杂质的目的。在大部分情况下一种液相是水溶剂，另一种液相是有机溶剂。可通过调整两种液体的成分控制萃取过程的选择性和分离效率。在水和有机相中，亲水化合物的亲水性越强，憎水性化合物将进入有机相中的程度就越大。在有机溶剂中分离出的目标产物可以通过蒸发的方法除去溶剂，对产物进行浓缩或直接分离。液液萃取是最常见的萃取方法，可广泛用于分离具有不同极性或可变化解离状态的微生物药物，如青霉素、头孢菌素等。

（2）固液萃取

固液萃取将以固相为主的混合物浸泡在适当的溶剂中，通过分配和萃取，将所需的成分从混合物中萃取出来。这种方法通常用于分离微生物提取物和植物提取物中的活性成分等。在固液萃取中最常使用的溶剂就是水或者醇类，比如可以用醇提取菌体中的抗生素等。固液萃取首先需要粉碎原材料，将薄片状或细粒状的原材料混合在溶剂中，然后利用溶质溶剂相溶的原理分离出不溶性的物质。

（3）超临界流体萃取

超临界流体萃取主要是利用加压装置将中低温下的气体转变成超临界流体，然后对液相或固相的物料进行萃取，分离其中的有效成分。一般状态下液态或气态的物质在临界温度和临界压力以上时，形态向超临界流体转化，所以萃取的关键点就在于物质的临界温度和临界压力。这种超临界流体在萃取和分离中能够作为溶剂被利用。使用超临界流体萃取方法提取药物，通常使用的萃取剂为二氧化碳。这主要是由于在超临界环境中二氧化碳不会破坏溶质，而在一般状态下二氧化碳不燃烧，且较为安全低价。二氧化碳在超临界状态下可以很好地选择性溶解低分子、低沸点、亲脂性的物质。但二氧化碳很难萃取醇、有机酸等化合物或者分子量较大的化合物。而在萃取分子量较大和极性基团较多的药物中通常需要夹带一些其他溶剂，从而改善溶质的溶解度，乙醇、甲醇、丙酮等都是常用的夹带剂。

（4）双水相萃取

双水相就是当两种聚合物或一种聚合物与一种盐类溶于同一溶液，由于聚合物溶液间或聚合物与无机盐溶液间具有不相溶性，使得当聚合物或无机盐的浓度达到一定值以上时，就会分成互不相溶的两相系统，由于其共同溶剂是水，所以称此系统为双水相系统。一般认为憎水性差异是产生相分离的主要推动力。由于聚合物分子的空间位阻作用，相互间无法渗透，具有强烈的相分离倾向，混合时浓度达到一定时，就不能形成单相溶液。

双水相萃取即利用物质在双水相之间的分配差异实现分离的萃取技术。常用的双水相萃取技术一般使用双高聚物双水相体系，只要两种聚合物的憎水程度有所差异，就很容易发生两相分离现象，从而可以对溶质进行分离。分离效果会随着某一相的憎水程度增加而表现更好。常见的用于微生物药物分离的双水相萃取的聚合物/聚合物系统有聚乙二醇/葡聚糖，聚合物/无机盐系统有 PEG/磷酸盐、PEG/硫酸铵等。

在相当长的时间内，应用价格高昂的葡聚糖大大限制了双水相萃取技术的工业化进程。此外研究者认为双水相萃取法只能用于生物大分子的分离，并认为生物小分子物质在双水相系统中应趋于均匀分配。然而，自二十世纪九十年代以来，国际上的研究结果和实验室的工作表明，用双水相萃取技术提取如氨基酸、抗生素等微生物药物也可取得较理想的效果。将双水相萃取技术提取小分子药物是一个崭新的、有着应用前景的领域，在一定程度上代表了双水相萃取技术的一种新发展趋势。

（5）反胶团萃取

在药物分离技术中，反胶团萃取（图 6-8）技术是一种新兴技术，该技术和传统的有机溶剂萃取方法有所不同，在有机相中反胶团萃取能够利用其表面活性剂形成反胶团，然后在有机相中产生亲水微环境，亲水微环境中能够吸引有机相内的生物分子，消除生物分子，尤其是在有机相中难以溶解的蛋白质类生物活性物质产生的不可逆变性的现象，或者对含量较低的目标物质进行分离。

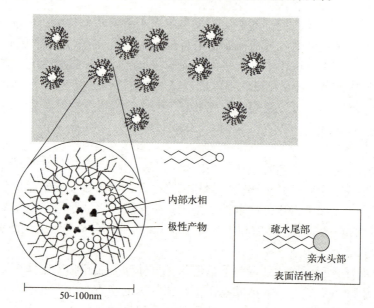

图 6-8　反胶团萃取示意图

（6）反萃取

在溶剂萃取分离过程中，当完成萃取操作后，为进一步纯化目标产物或便于下一步分离操作的实施，往往需要将目标产物转移到水相。这种调节水相条件，将目标产物从有机相转入水相的萃取操作称为反萃取。除液液萃取外，其他萃取过程一般也要涉及反萃取操作。对于一个完整的萃取过程，常常在萃取和反萃取操作之间增加洗涤操作，洗涤操作的目的是除去与目标产物同时萃取到有机相的杂质，提高反萃液中目标产物的纯度。洗涤段出口溶液中含有少量目标产物，为提高收率，需将此溶液返回到萃取段。经过萃取、洗涤和反萃取操作，大部分目标产物进入到反萃相（第二水相），而大部分杂质则残留在萃取后的料液相（称作萃余相）。

6.3.3.3　萃取在微生物药物生产领域中的应用

在微生物药物红霉素的生产中，就应用到了以双水相萃取法为主要操作的提取工艺流程（图 6-9）。

红霉素的生产工艺比较成熟，目前主要的分离工艺有溶剂萃取法、离子交换法及大孔树脂吸附法等。国内普遍采用溶剂萃取法。溶剂萃取法中，以溶剂萃取结合中间盐（乳酸盐）沉淀工艺得到的成品质量最好，收率也较高，国内报道平均收率在 72% 左右，国外在 80% 左右。

但在实际生产中，使用醋酸丁酯等溶剂萃取和乳酸盐中间盐转移法存在成本高、溶剂消耗量大价格贵、溶剂易燃易爆、萃取过程易发生乳化现象、设备运行维修保养要求高、操作能耗大等问题。而且溶萃取法必须对发酵液进行预处理，以除去蛋白质、菌丝体等杂质，减少后续操作的乳化现象。

基于此，有研究者开发了双水相萃取法提取红霉素的方法。主要的步骤如下：

① 构建双水相体系进行萃取。取红霉素发酵液，加入约 10% 体积分数的环氧乙烷-环氧丙烷无规共聚物，约 20%～30% 发酵液质量的 $K_2HPO_4 \cdot 3H_2O$ 晶体，搅拌至溶解，室温下静置数小时以上至分相彻底，此时盐进入下相，有机物进入上相，红霉素进入上相中。

② 溶剂萃取。醋酸丁酯萃取，取上相的 20%～30%，加入 5%～10% 体积的醋酸丁酯，用 NaOH 调节 pH 为 9.0～11.0，系统升温至约 50℃，静置数小时分相或离心分相，红霉素进入上相中。

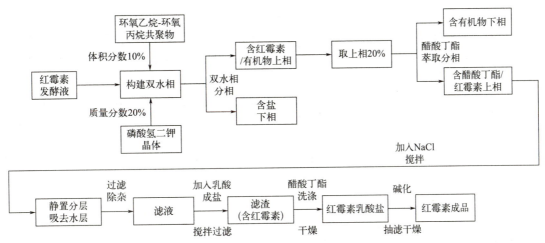

图 6-9 双水相萃取红霉素的流程示意图

③ 成盐。取醋酸丁酯相，加入 NaCl 于 60℃水浴加热搅拌 30 分钟，降至室温静置数小时，吸去水层，过滤除不溶性杂质；在搅拌下缓缓加入 20% 的乳酸稀释液（预先将乳酸稀释在醋酸丁酯中），继续搅拌 20 分钟以上过滤，待滤完后，再用新鲜的醋酸丁酯洗涤 1～3 次，在 35～55℃温度下干燥 4～12 小时，得红霉素乳酸盐。

④ 碱化。将蒸馏水和丙酮混合，搅拌下加入红霉素乳酸盐，搅拌过滤后，滤液用 Na_2CO_3 溶液调节 pH 至碱性并搅拌，再升温后趁热抽滤，得红霉素碱湿品。湿品于真空干燥后得成品。

相比普通萃取提取法，该双水相萃取法的优点为：①分相迅速，在实验中观察到，采用双水相萃取法处理发酵液，约 30 分钟即可分相且无乳化层，处理时间较传统预处理时间短，缩短了整个工艺周期。②过程集成，双水相萃取既达到了预处理的目的，又浓缩了料液。表现为大量的蛋白质、菌丝体在下相（盐相）中沉淀下来，红霉素进入上相，上相体积较发酵液大为减少，浓缩倍数达到了 4 以上，充分体现了双水相技术适用于生物产品粗分离的特点。同时，下相经过离心分离后，得到蛋白质等副产品，可直接作为饲料。③节省溶剂，采用薄膜浓缩工艺，本法的浓缩倍数达到了 4 以上，可大大节省溶剂用量。④方法简单，易于掌握，不受环境影响，见效快。

6.3.4 离子交换

6.3.4.1 离子交换法与离子交换剂

离子交换是一种常见的分离方法。在离子交换过程中，料液与带电的离子交换剂接触，离子交换剂上的离子会与料液中的离子进行交换，从而使料液中的带电的目标产物或者杂质离子被去除。例如，用氢氧型阴离子交换树脂来处理含有盐酸的料液，树脂上的氢氧根离子（OH^-）可以与料液中的氯离子（Cl^-）发生交换，使氯离子被捕捉在交换树脂上，同时交换树脂上的氢氧根离子（OH^-）与料液中的氢离子（H^+）中和，达到去除料液中氯离子的目的。

离子交换剂分阳离子型和阴离子型，阳离子交换剂对阳离子具有交换能力，活性基团为酸性；阴离子交换剂对阴离子具有交换能力，活性基团为碱性。阴、阳离子交换剂又根据其具有离子交换能力的 pH 值范围的大小，分为强酸性和弱酸性阳离子交换剂、强碱性和弱碱性阴离子交换剂。强离子交换剂的离子化率基本不受 pH 值影响，离子交换作用的 pH 值范围大；弱离子交换剂的离子化率受 pH 值影响很大，离子交换作用的 pH 值范围小。弱酸性阳离子交换剂主要在中性和碱性 pH 值范围内使用，当 pH 值降低时，其离子化率逐渐降低，离子交换能力逐渐减弱；弱碱性阴离子交换剂主要在中性和酸性 pH 值范围内使用，当pH值升高时，离子化率逐渐降低，离子交换能力逐渐丧失。

离子交换剂可通过化学修饰制备，其中树脂型离子交换剂（离子交换树脂）是一种高分子化合物，通常呈珠粒状或带状，主要有苯乙烯-二乙烯苯型、丙烯酸-二乙烯苯型、酚醛型和多乙烯多胺-环氧氯丙烷型树脂，其中以苯乙烯-二乙烯苯型应用最多。此外还有凝胶型离子交换剂、离子交换膜等结构。

离子交换法在微生物药物如抗生素、氨基酸、维生素等生物小分子的回收、提取方面应用广泛，但一般较少用于蛋白质等生物大分子的分离提取。这主要是由于常用的离子交换树脂的疏水性高、交联度大、孔隙小和电荷密度高。而用于蛋白质类生物大分子吸附分离的离子交换剂必须具有很高的亲水性和较大孔径，以减少蛋白质的非特异性吸附，并使蛋白质容易进入离子交换剂的内部，提高大分子的实际吸附容量。

6.3.4.2 离子交换法分离药物的典型流程

在微生物制药工艺中，按操作方式不同，离子交换法提取目标产物主要分为单柱式和双柱式两种，此外也有混合床式（在同一树脂柱内分层填充两种不同树脂）等工艺。

单柱式使用单——种离子交换树脂填充的离子交换柱，其操作工艺过程一般由上柱交换、反向水洗、正向淋洗、正向洗脱、收集洗脱液、树脂再生、正向水洗等几个主要部分组成，其中一些步骤可能根据实际情况有所调整。其中上柱交换是样品上样步骤，样品在此时与离子交换树脂进行离子交换并结合。反向水洗的目的是在淋洗之前洗去离子交换树脂中的杂质和松动离子交换树脂层。正向淋洗的目的是除去发酵液中不进行离子交换、离子结合能力较弱或发生非特异性吸附的杂质。正向洗脱的目的是使用洗脱剂将目标产物进行离子交换，转移到洗脱液中。树脂再生的目的是将树脂柱恢复到上样步骤之前的状态，方便下一轮的使用。正向水洗的目的是在淋洗之后洗去离子交换树脂颗粒之间及表面上的再生剂。

双柱式是把离子交换树脂分装在两个离子交换柱中，然后将两个交换柱串联起来。第一柱和第二柱分别使用不同的离子交换树脂（如生产谷氨酰胺时，第一柱使用弱酸性阳离子交换树脂，第二柱使用强酸性阳离子交换树脂）。双柱式离子交换法的工艺一般由上柱交换（两次）、反向水洗、正向淋洗、正向洗脱、收集洗脱液、树脂再生、正向水洗等几个主要部分组成。上柱交换操作时让上柱液先通过第一柱（或床层）交换，当流出液中发现有目标产物时，便迅速接入第二柱（或床层）进行交换。

6.3.4.3 离子交换法在微生物药物生产领域中的应用

以某制药厂发酵生产鸟氨酸，进行分离时使用的离子交换工艺为例。操作规程分为上样、水洗、洗脱、清洗、再生、清洗待用几个步骤。

（1）上样

将发酵液逆流进入装有氢型弱酸性阳离子交换树脂的树脂柱中，进柱速度为1 BV/h（即每小时进入1个树脂柱填料体积的料液）。此时料液中的鸟氨酸（阳离子形式）与柱上的氢离子发生交换，将氢离子交换下来，柱上结合的离子基本为发酵液中的鸟氨酸阳离子。进柱过程中每1小时检测一次流出液pH变化和产物鸟氨酸的流出情况，采用茚三酮法检测。检测到产物流出时表示目标产物鸟氨酸已经在树脂上吸附基本饱和，此时停止上样。

（2）水洗

发酵液进柱上样完毕，用纯化水反向水洗，水洗速度为1 BV/h，直至硝酸银检测无氯离子为止。水洗可以除去发酵液中不进行离子交换的杂质，以及确保上一轮再生使用的HCl已经完全被离子交换除去。此时柱上结合的离子仍基本为鸟氨酸阳离子。需要注意的是该产物的发酵液纯度较高，因此没有额外的正向淋洗步骤，在其它的药物生产中，正向淋洗也是常见的操作步骤。

（3）洗脱

水洗完毕后，以1.8mol/L的氨水进行正向洗脱，pH＜8时流速为1BV/h，pH=8后速度调为0.5BV/h，并开始收集洗脱液。注意洗脱时的流向与上柱时的流向刚好相反。洗脱目的是收集目标产物鸟氨酸。洗脱过程中按 pH 变化收集洗脱液，并实时通过薄层色谱或者纸色谱判断是否有鸟氨酸洗脱出来，直到检测无鸟氨酸流出终止洗脱。此时所有的鸟氨酸均被氨水中的阳离子铵根取代洗脱下来，柱上结合的离子基本为铵根离子，料液中含有的主要是鸟氨酸和多余的氨水。因此还需要将含有氨味的洗脱液转入反应釜中脱氨。

（4）清洗

用纯化水逆向将树脂柱洗至中性，速度控制为 2BV/h。清洗可以洗去多余的氨水，方便下一步树脂柱的再生。此时柱上结合的离子仍基本为铵根离子。

（5）再生

用 2BV/h 的 1mol/L 的 HCl 逆向进样对离子交换柱进行再生，速度控制为 1BV/h。再生可以将树脂柱恢复到上样步骤之前的状态（氢型），方便下一轮使用。此时所有的铵根离子均被氢离子取代洗脱下来，柱上结合的离子基本为氢离子。

（6）清洗待用和下一轮使用

再生完成后，用纯水逆向以速度 1BV/h 将树脂洗到流出液 pH=3～4。清洗的目的是清洗掉多余的 HCl，方便树脂柱下一轮的使用。清洗完毕要尽快上柱，做到再生后立即上柱。

（7）树脂完全再生

经过 6～8 批次的离子交换后，树脂会吸附上一些难以交换洗脱的离子，吸附能力会受到一定的削弱，需要进行一次完全再生操作，其目的是彻底清洗树脂上的难洗脱物质，将其深度还原至未使用的状态。该步骤进行完以后，继续进行上柱操作之前只需将树脂再转化为氢型即可。

6.3.5 吸附

6.3.5.1 吸附技术的原理

吸附分离利用固体表面吸附气体、液体或溶液中的物质的现象进行分离。在吸附过程中，吸附剂与吸附质之间发生物理或化学相互作用，使吸附质分子或离子附着在吸附剂的表面。利用固体吸附的原理从液体或气体中除去杂质或分离回收有用目标产物的过程称为吸附操作。吸附操作所使用的固体材料一般为多孔微粒或多孔膜，具有很大的比表面积，一般称为吸附剂或吸附介质。按吸附作用力区分，吸附剂对溶质的吸附作用主要有二类，即物理吸附和化学吸附，常见的离子交换属于化学吸附。

物理吸附本质上是某个组分在相界面层区域的富集，它的作用力以范德华力为主，也包括部分静电相互作用。物理吸附过程不产生化学反应，不发生电子转移、原子重排及化学键的破坏与生成。物理吸附的分子间吸引力比较弱，吸附过程一般不改变吸附物质的分子结构和性质，被吸附的物质很容易通过改变温度、pH 值和盐浓度等物理条件脱附。如用活性炭吸附发酵液中的色素，只要升高溶液温度，就容易使被吸附的色素离开活性炭表面。化学吸附过程中吸附剂表面活性点与被吸附物质之间形成化学键，产生电子转移。化学吸附一般为单分子层吸附，吸附稳定不易脱附，故脱附化学吸附质一般需采用破坏化学键的化学试剂，称为脱附剂。化学吸附释放大量的热，吸附热高于物理吸附，一般可通过测定吸附热判断一个吸附过程是物理吸附还是化学吸附。

物理吸附和化学吸附并不是孤立的，往往相伴发生。大部分的吸附往往是几种吸附综合作用的结果。由于吸附质、吸附剂及其他因素的影响，可能某种吸附起主导作用。吸附过程的效率受到许多因素的影响，例如吸附剂和被吸附物的特性、温度、压力、湿度和溶液 pH 等。了解这些因素可以优化吸附过程的效率和经济性。

吸附分离在微生物制药技术中应用比较广泛，常用于非极性或极性较弱的目标产物的分离，或原料药的脱色工序等。除离子交换法以外，吸附分离技术主要基于物理吸附，化学吸附现象的应用很少。

6.3.5.2 吸附法在微生物药物生产领域中的应用

吸附法分离微生物药物的典型流程类似离子交换法，区别一般仅为将离子交换树脂更换为吸附剂，而其它步骤大致相同。吸附法目前在生产中还广泛用于抗生素发酵液中内毒素和色素等杂质的去除。其中最广泛应用的吸附剂是活性炭。活性炭的成本低，操作方便，吸附能力强，但不易解吸，不能重复利用。不过由于其对物质的吸附是非选择性的，因而不可避免地吸附料液中的其他物质，所以其使用具有一定的限制。而使用大孔吸附树脂去除抗生素中细菌内毒素或色素，具有杂质去除率高、选择性好、解吸容易、可反复使用、流体阻力小、易于放大的优点，是目前研究的热点。微生物药物吸附除杂所使用的大孔吸附树脂一般为白色颗粒状，粒度多为 20～60 目。大孔树脂的基质材料一般为新型的非离子型高分子化合物，理化性质稳定，不溶于酸、碱及有机溶剂中，对有机物选择性好，不受无机盐等离子和低分子化合物的影响。

有研究采用大孔吸附树脂，去除头孢菌素类抗生素（头孢噻肟）中的细菌内毒素。其主要步骤为：

① 首先将含有细菌内毒素的头孢菌素类抗生素发酵液进行预处理和过滤，经板框压滤机过滤除去固体不溶物。

② 将料液带压装入预处理后的大孔吸附树脂的填充柱中，进行动态吸附处理，除去内毒素、色素等杂质，处理完毕后还可以进一步用水洗涤树脂。

③ 经树脂处理的滤液用盐酸调节 pH，随后进行正常的离子交换过程，或者直接进行结晶分离得到头孢噻肟酸，干燥粉碎后得到基本不含细菌内毒素的头孢噻肟酸产品。

6.3.6 沉淀

6.3.6.1 沉淀技术的原理

沉淀是指在溶液中的溶质在发生化学反应或出现状态变化后，生成密度比水大的固体不溶物，从溶液中析出的过程。通常来说沉淀需要满足两个条件：第一，反应生成的产物应是固体或不溶于反应溶液的物质；第二，反应溶液中所含的溶质浓度应足够高，以使产生的固体物质凝聚形成沉淀。沉淀通常是通过添加沉淀剂或调整 pH 值来诱导的。沉淀作为一种常见的分离和纯化技术，可以用于从溶液中去除不需要的离子或分子，也可以用于从料液中分离目标产物。在微生物制药过程中，沉淀可以用于去除大分子杂质，或分离和纯化产物。

6.3.6.2 微生物制药中常用的沉淀技术

（1）盐析沉淀

料液中蛋白质的溶解度一般在生理离子强度范围（0.15～0.20mol/kg）最大，而低于或高于此范围时溶解度均降低，可据此将蛋白质从高离子强度的溶液中沉淀下来，称为盐析。盐析沉淀在以小分子药物为主的微生物药物制造中应用不多，一般可用于除去发酵液或者酶催化转化液中的蛋白质杂质。

（2）等电点沉淀

较低离子强度的溶液中蛋白质的溶解度较小，此外蛋白质在 pH 值为其等电点的溶液中净电荷为零，蛋白质之间静电排斥力最小，溶解度最低。利用蛋白质在 pH 值等于其等电点的溶液中溶解度下降的原理进行沉淀分级的方法称为等电点沉淀。在盐析沉淀中也可以结合等电点沉淀的原理，使盐析操作在等电点附近进行，降低蛋白质的溶解度。与盐析沉淀类似，等电点沉淀在微生物药物制造中仅应用于少量氨基酸衍生物的分离。

（3）有机溶剂沉淀

向电解质溶液中加入丙酮或乙醇等水溶性有机溶剂，水的活度降低。随着有机溶剂浓度的增大，水对电解质分子表面荷电基团或亲水基团的水化程度降低，溶液的介电常数下降，电解质分子间的静电引力增大，或溶解度降低，从而凝聚和沉淀。有机溶剂沉淀也是利用同种分子间的相互作用，因此在低离子强度和等电点附近，沉淀易于生成，或者说所需有机溶剂的量较少。一般来说，溶质的分子量越大，有机溶剂沉淀越容易，所需加入的有机溶剂量也越少。有机溶剂沉淀的优点是：有机溶剂密度较低，易于沉淀分离；与盐析法相比，沉淀产品不需脱盐处理。另外，应用有机溶剂沉淀时，所选择的有机溶剂应为与水互溶、不与溶质发生作用的物质。常用的有丙酮和乙醇。在微生物制药中常用的醇沉淀法常见于氨基酸和核酸类药物的制备。

6.3.7 色谱分离法

6.3.7.1 色谱技术的原理

色谱分离法是一种广泛应用于化学、生物和制药领域的分离和纯化技术，它利用不同物质的理化性质的差异而对物质进行精细分离。"色谱"在很多场景中与"层析"具有相同的含义，因此两个词经常混合使用。所有的色谱系统都由两个相组成：一是固定相，它是固体物质或者是固定于固体物质上的成分；另一是流动相，即可以流动的物质，如水和各种溶剂。当待分离的混合物随溶剂（流动相）通过固定相时，由于各组分的理化性质存在差异，与两相发生相互作用（吸附、溶解、结合等）的能力不同，在两相中的分配（含量对比）不同，而且随溶剂向前移动，各组分不断地在两相中进行再分配。与固定相相互作用力越弱的组分，随流动相移动时受到的阻滞作用小，向前移动的速度快。反之，与固定相相互作用越强的组分，向前移动速度越慢。分部分收集流出液，可得到样品中所含的各单一组分，从而达到将各组分分离的目的。

6.3.7.2 色谱技术的分类和特点

色谱分离法根据不同的分离原理和机制可以分为许多种类，其中气相色谱和液相色谱是两个最普遍的大类。在气相色谱中，化合物在被加热后转化为气态，随后通过附有固定相的管柱进行分离，固定相和流动相共同作用使化合物在管柱内发生不同程度的吸附和解吸作用，从而实现化合物的分离和定量分析。气相色谱内的流动相通常是氦气、氮气或氢气等不与分析物发生反应的惰性气体。而固定相则是一种特定的涂层材料，能够选择性地与分析物发生相互作用，从而实现不同物质之间的分离。在分离过程中，化合物的分离程度取决于其化学性质以及涂层材料的选择。

液相色谱法是一种基于分子在溶剂中的不同溶解度和亲和力的分离方法，通常将混合物通过柱子的流动相分离，可以用于分离、纯化和定量分析各种化学物质。在液相色谱法中，样品在流动相中通过固定相，不同组分之间发生不同程度的相互作用而实现分离。液相色谱的流动相为液体，通常是水、有机溶剂或它们的混合物。固定相则分为吸附剂和反相剂两种，吸附剂适用于分离极性物质，而反相剂则适用于分离非极性物质。液相色谱法可以根据不同样品的特性，采用不同的分离模式，如正相色谱、反相色谱、离子交换色谱、凝胶过滤色谱等。

总体来说，色谱分离法的优点包括高效、高分辨率、高选择性和适用于分离不同种类的分子。因此，色谱分离法被广泛应用于制药、食品、环境、石油等领域。但是，色谱分离法也存在一些缺点，例如需要专业知识和设备、操作条件较为苛刻、成本较高等问题。

6.3.7.3 微生物制药中常用的色谱技术

微生物药物分离中常用的色谱技术为以下 7 种：

（1）亲和色谱

亲和色谱利用待分离物质和它的特异性配体间具有特异的亲和力，从而达到分离的目的。将可亲和的一对分子中的一方以共价键形式与不溶性载体相连作为固定相吸附剂，当含混合组分的样品通过此固定相时，只有和固定相分子有特异亲和力的物质，才能被固定相吸附结合，无关组分随流动相流出。改变流动相组分，可将结合的亲和物洗脱下来。亲和色谱中所用的载体称为基质，与基质共价连接的化合物称配基。具有专一亲和力的生物分子对主要有：抗原与抗体、DNA 与互补 DNA 或 RNA、酶与底物、激素与受体、维生素与特异结合蛋白、糖蛋白与植物凝集素等。亲和色谱可用于纯化生物大分子、稀释液的浓缩、不稳蛋白质的贮藏、分离核酸等。

特点：亲和色谱具有高选择性、高纯度、快速、浓缩等特点，在重组蛋白的分离中多作为第一步的粗纯，实现对绝大部分杂蛋白的去除，在微生物药物分离中应用较少。

（2）离子交换色谱

采用具有离子交换性能的物质作固定相，利用它与流动相中的离子能进行可逆交换的性质来分离离子型化合物的方法。主要用于分离抗生素、维生素、氨基酸、多肽及一些蛋白质，也可用于分离核酸、核苷酸及其他带电荷的生物分子。其中一些两性物质的等电点特性，使其在不同 pH 缓冲液条件下所带正/负净电荷不同，可以选择不同的离子交换柱实现分离。

特点：离子交换色谱属于吸附性分离方式，纯化过程中它具有可逆、操控性强及实现样品浓缩等特点。在微生物药物分离中属于主要分离方法，常与其它方法相结合使用。

（3）凝胶过滤色谱

凝胶过滤色谱又称分子筛过滤或尺寸排阻色谱等，凝胶过滤色谱的固定相是多孔凝胶，各组分的分子大小不同，因而在凝胶上受阻滞的程度也不同，各组分因此根据大小和形状分离，大分子先流出色谱柱，小分子后流出。凝胶固定相属于惰性载体，吸附力弱，操作条件温和，不需要有机溶剂，对高分子物质有很好的分离效果，而分离的方式是非吸附性的，整个分离过程中只需要一种缓冲液，操作相对方便。凝胶过滤色谱可用于物质的脱盐、分离提纯、高分子溶液的浓缩等。

特点：凝胶过滤色谱操作条件比较温和，可在相当广的温度范围下进行，不需要有机溶剂，并且对分离成分生物活性的保持有独到之处。在微生物药物分离中对高分子物质有较好的分离效果。

（4）疏水相互作用色谱

疏水相互作用色谱是依据生物分子间疏水性差别实现分离的一种色谱形式。在高离子强度下，增进蛋白质中的疏水性氨基酸与固定相间的疏水性相互作用，削弱其静电作用力使其吸附。洗脱时降低流动相离子强度，削弱蛋白质分子与固定相间的疏水作用，实现目的蛋白质的纯化和收集。

特点：疏水相互作用色谱在微生物药物生产中使用较少。其主要属于吸附性分离方式，因其对具有疏水特性的目的蛋白质具有高选择性和浓缩等特点，常用于分离蛋白质，可广泛用于蛋白质的目标产物捕获（初分离）、分离提取（中度纯化）或精制（精细纯化）等阶段。样品在高盐浓度下可促进疏水相互作用，疏水相互作用色谱适用于在硫酸铵沉淀后捕获目的蛋白质步骤或在离子交换色谱后直接进行中度纯化步骤。

（5）反相色谱

反相色谱是指利用非极性的反相介质为固定相，极性有机溶剂的水溶液为流动相，根据溶质极性（疏水性）的差别进行溶质分离与纯化的洗脱色谱法。与疏水相互作用色谱一样，反相色谱中溶质也通过疏水性相互作用分配于固定相表面，但是，反相色谱固定相表面完全被非极性基团所覆盖，表现出强烈的疏水性。因此，必须用极性有机溶剂（如甲醇、乙腈等）或其水溶液进行溶质的洗脱分离。

特点：在微生物制药中，反相色谱可用于非极性小分子物质的分离和分析，如脂溶性维生素、抗生素和一些多肽类物质。其对于复杂混合物可具有极高的分辨率，因此主要是用于分析性分离，而在制备性的分离纯化步骤中，反相色谱适用于精细纯化阶段，即大部分杂质已经被除去，需要高分辨率地分离相似组分的场合。

(6) 吸附色谱

吸附色谱指混合物随流动相通过固定相时，由于吸附剂对不同物质的不同吸附力，而使混合物分离的方法。它是各种色谱技术中应用最早的一类，至今仍广泛应用于各种天然化合物和微生物发酵产品的分离制备。吸附色谱可以是薄层色谱，也可以是柱色谱。其中硅胶通常用于薄层色谱的固定相，主要用于疏水性物质的分离，操作时将不同颗粒度的硅胶用水调成糊状铺于玻璃板上后经高温烘干形成固态薄层。磷酸钙凝胶与硅胶相反，基本上只用于柱色谱，主要用于蛋白质等大分子的分离，对某些酶类的分离具有很好的效果。

特点：在微生物制药中，吸附色谱常用于浓缩样品，或进行样品的简单分析，尤其是薄层色谱用于易显色样品的分析。在制备分离中可用来处理一些浓度很稀的样品，进行目标产物的捕获。其基本原理为在特定的条件下目标产物吸附在色谱柱上，而后突然改变条件，将被吸附的目标产物一起从吸附柱上洗脱下来，可获得较高浓度的目标产物。

(7) 螯合色谱

在生物分子中某些基团可以彼此形成氢键和其他配位键，螯合色谱就是基于这个原理。在一些基质上接有亚氨基二乙酸等具有配位能力的分子，这样的介质就能螯合锌、铜、铁等离子，而这些离子的配位价还未饱和，为此离子还可以与蛋白质等生物分子形成配位键。不同生物分子形成的配位键的强度各异，从而可起到分离纯化作用。

特点：螯合色谱在微生物制药中应用不多，主要用于蛋白质类物质的分离，其不仅可以分离纯化转铁蛋白和铜盐蛋白等含有金属的蛋白质，也可分离不含金属的蛋白质。

6.3.8 膜分离法

6.3.8.1 膜分离法的介绍

膜分离技术作为 21 世纪新型高效分离技术，现已成为解决水资源、能源、环境及传统产业改造等领域重大问题的共性技术。膜技术由于具有分离效率高、能耗低、膜组件结构紧凑、操作方便、分离范围广等优点，特别适用于药物的分离，可广泛用于微生物药物制备的各个阶段。除药物目标产物的分离，膜技术还可以应用于制药中涉及的液体、气体废物处理领域，大幅提高资源利用率，有效解决制药行业中的污染问题。

基于应用领域和分离需求的不同，微生物制药领域应用的膜技术主要有微滤、超滤、纳滤、反渗透、膜生物反应器、膜接触器（膜蒸馏、膜色谱、膜结晶等）、气体分离、渗透汽化、液膜、工业用渗析（电渗析、扩散渗析等）等。

膜分离的基本原理见图 6-10。

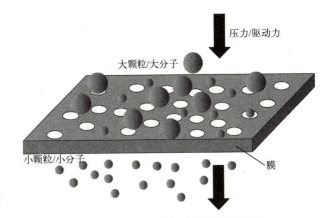

图 6-10 膜分离的基本原理示意图

6.3.8.2 常见膜分离技术的类别

(1) 微滤

微滤（microfiltration，MF）技术是指对分离体系中，微米级、亚微米级及亚亚微米级颗粒物质具有分离选择性的压力驱动型膜分离技术。其分离孔径范围在 0.05～10μm，主要分离原理是筛分机理。在微生物制药中微滤技术应用非常广泛，微滤可实现菌体、细小悬浮固体等的分离，可用于一般发酵液的澄清、过滤，转化液的澄清除杂等。在配套工程中，微滤可用于制药用空气除菌等精密过滤过程，还可以用于制药用水、透析用水及各类清洁用水的除菌过滤（预处理）等。

（2）超滤

超滤（ultrafiltration，UF）技术是介于微滤和纳滤之间的一种压力驱动型膜分离技术。其分离孔径范围在 $0.05\sim0.1\mu m$，基本分离机理主要是筛分作用。超滤技术可截留分子量范围在 1000~500000 的大分子有机物（如蛋白质、细菌）、胶体、悬浮固体等。超滤技术在海水淡化、石油化工、生工、医药、食品、轻工、纺织等领域得到了广泛应用。其在微生物制药中的应用主要体现在：生物物质分离与浓缩，如抗生素中蛋白质和多糖杂质的去除、细菌热原去除等。

（3）纳滤

纳滤（nanofiltration，NF）技术是介于超滤与反渗透之间的一种压力驱动型膜分离技术，不仅能通过筛分作用有效分离分子量在 200~1000 的物质，同时亦可通过静电作用产生 Donnan 效应，对二价及高价易结垢离子进行高效分离。这些特性使得纳滤技术在水质深度净化、石油化工、食品加工、废水处理、医药及能源等行业中逐渐占据重要地位。纳滤技术在微生物制药中主要用于药液（水体系或有机溶剂体系、抗生素、氨基酸、维生素等）纯化与浓缩、脱盐等，制药用水前处理等。

（4）反渗透

反渗透（reverse osmosis，RO）技术是通过外界压力作用克服渗透压作为驱动力，利用反渗透膜材料只能透过溶剂（通常是水）而截留离子物质及小分子物质的选择透过性，使溶剂分子（通常是水分子）通过半透膜从高渗透压侧扩散至低渗透压侧溶液中，从而实现对液体混合物分离的一种膜技术。其分离原理主要是溶解扩散机理。反渗透技术可去除可溶性金属盐、有机物、细菌、胶体粒子、发热物质和其他杂质。在微生物制药中反渗透技术特别适合用于料液的除盐、浓缩或者精制阶段的净化，以及制药用水制备等。与其它技术相比，反渗透技术具有明显的节能优势，同时具有投资省、占地少、建设周期短等特点。

（5）渗透汽化

渗透汽化（pervaporation，PV）技术是基于多元混合物各组分在膜两侧的分压差，利用其在致密膜中溶解扩散速率的不同，实现组分分离的一种膜技术。其分离机理是溶解扩散机理。该技术可用于有机溶剂分离不受体系汽液平衡的限制，单级分离效率高，特别适用于普通精馏难于分离或不能分离的近沸点、恒沸点混合物以及同分异构体的分离；对有机溶剂中微量水的脱除及废水中少量高价值有机污染物的回收具有明显的技术和经济优势。渗透汽化还可以与生物及化学反应耦合，将反应生成物从混合物中不断脱除，提高反应转化率。渗透汽化技术现已被广泛应用于石油化工、食品工业、环保、医药工业等众多工业生产领域。渗透汽化技术在微生物制药中的应用主要体现在：制药溶剂脱水回用、药物生产工艺中的有机蒸气回收、制药废水中的有机物分离回收等。

（6）液膜技术

液膜（liquid membrane）技术是指以液体为分离介质，其与膜两侧分隔体系互不相溶，通过不同溶质在液体介质中具有不同的溶解度与扩散系数，实现溶质间分离的一种技术。其传质机理为：被动传递（基于物理溶解）、促进传递（基于选择性可逆化学反应）。液膜技术在废水处理、有机物分离、生物制品分离等领域具有广泛的应用前景。与固膜技术相比，液膜技术具有分离效率高、选择性好等优点，但同时也存在过程及设备复杂、难以实现稳定操作等缺点，目前实际应用较少。液膜技术在微生物制药中的应用主要体现在药物组分（如氨基酸、抗生素、手性药物等）富集分离等方面。

6.3.8.3 膜分离技术在微生物药物生产领域中的应用

膜技术已广泛应用于微生物制药领域。微生物制药工业中抗生素、维生素和氨基酸等主要采用生物发酵法生产，但是发酵液中的目标产物浓度很低（一般占发酵液中的体积分数仅为 0.1%~5%，有些更低），还含有大量的其他杂质，如菌丝体、残存可溶底物、中间代谢产物、发酵液预处理过程中加入的物质等。这些杂质在发酵液中的浓度往往超过目标产物浓度的百倍、千倍甚至万倍，而且其中很多代谢产物的物化性能和目标产物非常接近，有的甚至化学组成与目标产物相同，仅立体构型不同。此外，目标产物的耐热、耐 pH 和耐有机溶剂性差，在机械剪切力作用下易变性失活。因此要从发酵液中去掉这些杂质，制取高纯度合乎药典规定的制药产品，发酵液的提取及精制是很重要的环节。

大多数发酵液的传统过滤工序为板框、转鼓、离心机、硅藻土等，或采用絮凝沉降、加热、离交、等电点结晶等方法。但这些传统工艺只能将发酵液中的菌丝体、大的悬浮物等固体物予以粗分离，无法将发酵液中大量存在的可溶性蛋白、杂糖、色素等小分子杂质予以有效地分离去除。这些小分子杂质将大大增加离子交换、溶剂萃取、脱色、结晶、蒸发浓缩等后续精制工艺的负荷，导致废水排放量大、能耗增加、产品质量不稳定等问题。并且，通过以上方法得到的过滤液，透光率很低，其中的残留物质对后续的提取提纯工艺、成品质量和收率都有很大的影响。

应用膜分离技术处理生物发酵液就能很好地避免上述问题，多种膜技术联用可以完成微生物药物生产中大部分的分离工艺。如通常可以直接采用一级微滤或一级超滤对发酵液进行固液分离，以去除大分子物质，如菌丝、蛋白质、病毒、热原等，而小分子代谢产物（包括目标产物）、盐和水则 100% 透过微滤或超滤膜。由于微滤和超滤透过液的质量对后续操作至关重要，所以在一些工业应用中，有必要对一级微滤或超滤的透过液进行二级超滤。超滤过程一般都要加水进行渗滤（diafiltration）来提高产品收率，并根据具体的分离体系和要求，合理选择间歇式、连续式或逆流式等洗滤方式。

在其它分离工艺后接入超滤、纳滤等工艺可以实现目标产物的浓缩。此外洗滤后所得超滤透过液中目标产物的浓度较低，为了节省后续工艺中所用的溶剂及能耗，同时提高收率和产品质量，在溶剂萃取或者蒸发干燥之前常采用一级或多级纳滤或反渗透进行浓缩。工业上，超滤除杂和纳滤浓缩已成为现行维生素类（如维生素 C、维生素 B_2、维生素 B_{12} 等）和抗生素类（如硫酸黏杆菌素、头孢菌素、硫酸链霉素、红霉素、万古霉素、金霉素、大观霉素、林可霉素等药物）的必备生产工艺。

6.4 微生物药物的精制

6.4.1 精制的原则

微生物药物的精制是指将提取得到的目标产物（微生物药物）浓缩液或粗制品进一步纯化为终产品，所采用的方法与化学合成产物的精制方法大体相同，如浓缩干燥法、结晶与重结晶法、盐析法和晶体洗涤法。微生物药物的精制是制备工艺的终端步骤，对精制效果、产品质量特征乃至临床安全性的关系更为直接，采取的措施以及使用的试剂等需要引起密切关注。

由于制备工艺的特殊性，脱色、去热原等精制工艺是微生物药物制备过程中不可或缺的一个单元操作，对终产品的质量特征及临床安全性至关重要。精制过程需要考虑产品的质量要求和产品本身的稳定性。如注射用无菌原料药的质量要求除应具备一般原料药的质量特征外，还要具备可靠的无菌保证水平、无热原（细菌内毒素）、可见异物和溶液颜色不能超过相关规定。色素是本身带有颜色并能使其它物质着色的高分子有机物质，一般来说，是发酵过程中产生的代谢产物，与菌种和发酵条件有关。虽然在发酵液预处理和目标物提取时会除去大部分色素和杂质，但仍会有少量残存物随目标物一起转移到粗制品或浓缩液中，精制时尤需关注。热原也是发酵过程中产生的代谢产物，多是多糖的磷类脂质和蛋白质等物质的结合体，是一种不挥发的大分子有机物，能够通过一般过滤器进入滤液，但可被活性炭等吸附，200℃加热 2h 或 250℃加热 30min 方可彻底破坏，其它方法如强酸、强碱以及强氧化等也可破坏热原。但鉴于微生物药物的稳定性特点，多数采用活性炭或二乙氨基乙基葡聚糖凝胶吸附的方法去除热原，但活性炭应事先用酸及无盐水等适当处理，以除去活性炭表面的杂质，以防止新杂质的引入。

鉴于微生物药物多具有化学结构不稳定以及粗品中含有残存蛋白质、同系物、异构体、色素等杂质的特点，色谱纯化、分子筛纯化等方法对于保证终产品纯度等质量特征以及降低临床应用中的致敏性等具有重要意义，是比较理想的精制方法。此外由于微生物药物稳定性的限制，往往不能采用高温、高压的灭菌方式，在精制过程中通常采用过滤除菌、无菌操作等措施保证产品质量。需要根据目标物的具体特点，采用合适的精制工艺，进行灭菌工艺的研究和验证，并严格执行GMP要求和根据相应研究制定的SOP。

6.4.2 脱色

在微生物药物生产中，脱色是指除去药物料液中的色度的过程。色度的出现是由于料液中存在着微生物代谢产生的带色的色素或杂质以及药物的分解物所致。对料液进行脱色处理的方法很多，其原理、所处的工段都各不相同。

首先可以根据色素在不同溶剂中的溶解度差别进行脱色。其中水提醇沉可去除小部分水溶性色素，醇提水沉可除去大部分脂溶性色素，也可以两种方法交替使用。当杂质色素是一些黄酮、蒽醌等酚酸性成分时，可调节溶液pH到3以下，令其析出；或者采取调节pH到12以上，用有机溶剂萃取的方法。

其次可以根据色素与有效成分吸附性差别进行脱色。如物理吸附，其吸附力是分子间力，由于大多数色素具有共轭双键结构，易被物理吸附。使用的极性吸附剂如硅胶、氧化铝等可去除亲水性色素，非极性吸附剂如活性炭、纸浆、滑石粉、硅藻土等可去除亲脂性色素。活性炭是一种优良的吸附剂，它对色素、细菌、热原等杂质有很强的吸附能力，并且其还有助滤作用。其内部有大量的微孔和空隙，表面积可达 $200 \sim 500 m^2/g$。活性炭可以用于冷吸附法、热吸附法、炭层助滤法、柱色谱吸附法等进行脱色。化学吸附法可用碱性氧化铝去除一些黄酮、蒽醌等酚酸性色素。可以用阴离子交换树脂除去黄酮、蒽醌等酚酸性色素。

半化学吸附法利用氢键作用和部分范德华力作用进行吸附。如聚酰胺可通过分子中的酰胺羰基与酚类、黄酮类的酚羟基形成氢键。也可以通过酰胺键上的游离氨基与醌类、脂肪羧酸上的羰基形成氢键。此外，膜分离去除色素也是一种很有效的方法，最常用的为超滤、纳滤技术。

6.4.3 结晶与重结晶

微生物药物工业中制备的药物产品，常常由于药物纯度不高，或微量毒副作用物质的存在使药物达不到应有的效果。如抗生素中的微量杂质和副产物，可能造成严重的过敏反应，或带来如休克等严重的临床副作用。手性药物中微量的对映异构体存在也会极大影响药物的实际疗效。结晶和重结晶是微生物制药中，获得高纯度药物的最常见技术，好的结晶工艺可以提供高产量的合格产品，并尽量避免二次结晶消耗的人力、物力，最大可能降低生产成本。

固体有机物在溶剂中的溶解度与温度有密切关系。一般是温度升高，溶解度增大。若把固体溶解在热的溶剂中达到饱和，冷却时由于溶解度降低，溶液变成过饱和而析出晶体（图6-11）。结晶和重结晶提纯法的原理是利用混合物中各组分在某种溶剂中的溶解度不同，以及溶解度随温度的升高而增大，选择适当的溶剂，加热将固体溶解制成饱和溶液，然后使其冷却，析出晶体。让杂质全部或大部分留在溶液中（或被过滤除去），从而达到提纯的目的。

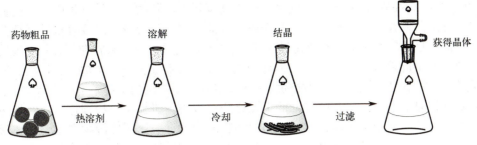

图 6-11 冷却结晶的基本原理示意图

重结晶的过程其实就是结晶的过程，可以降温析晶，也可以溶剂选择性析晶，结果都是让物质以晶体形式析出。重结晶和结晶的唯一区别就是结晶是一种自发过程，它一般指物质从液体或者溶液当中析出成晶体的变化。重结晶特指通过结晶手段来进行分离纯化的过程。重结晶的一般过程包括溶剂的选择、固体的溶解、活性炭脱色、趁热过滤、结晶、抽滤洗涤晶体、干燥晶体等步骤。

在结晶和重结晶纯化的操作中，溶剂的选择是关系到纯化质量和回收率的关键问题。用于结晶和重结晶的常用溶剂有：水、甲醇、乙醇、异丙醇、丙酮、乙酸乙酯、氯仿、冰醋酸、二氧六环、四氯化碳、苯、石油醚等。此外，甲苯、硝基甲烷、乙醚、二甲基甲酰胺、二甲亚砜等也常使用。二甲基甲酰胺和二甲亚砜的溶解能力大，当找不到其它适用的溶剂时，可以试用。但往往不易从溶剂中析出结晶，且沸点较高，晶体上吸附的溶剂不易除去。乙醚虽是常用的溶剂，但由于其易燃、易爆，使用时危险性特别大，应特别小心，若有其它适用的溶剂，最好不用乙醚；此外乙醚易沿壁爬行挥发而使欲纯化的药物在瓶壁上析出，以致影响结晶的纯度。

选择适宜的溶剂应注意：①溶剂不应与被提纯物质起化学反应；②选择的溶剂对要纯化的药物在较高温度时应具有较大（或者较小）的溶解能力，而在较低温度时对要纯化的药物的溶解能力大大减小（或者增大），即溶剂对要纯化物质溶解度的温度敏感性高；③溶剂对杂质的溶解非常大或者非常小（前一种情况是使杂质留在母液中不随提纯物晶体一同析出，后一种情况是使杂质在热过滤时被滤去）；④选择的溶剂沸点不宜太高，以免该溶剂在结晶和重结晶时附着在晶体表面不容易除尽；⑤在该溶剂中能析出较好的晶体；⑥溶剂无毒或毒性很小，便于操作；⑦溶剂价廉易得。

在选择溶剂时必须了解欲纯化的药物的结构，因为溶质往往易溶于与其结构相近的溶剂中，即"相似相溶"原理。极性物质易溶于极性溶剂，而难溶于非极性溶剂中；相反非极性物质易溶于非极性溶剂，而难溶于极性溶剂中。如欲纯化的药物为极性较弱的化合物，实验中已知其在异丙醇中的溶解度太小，异丙醇不宜作其结晶和重结晶的溶剂，这时一般不必再实验极性更强的溶剂，如甲醇、水等，应实验极性较小的溶剂，如丙酮、二氧六环、苯、石油醚等。适用溶剂的最终选择，只能用试验的方法来确定。

分离操作中若不能选择出一种单一的溶剂对欲纯化的药物进行结晶和重结晶，则可应用混合溶剂。混合溶剂一般是由两种可以以任何比例互溶的溶剂组成，其中一种溶剂较易溶解欲纯化的药物，另一种溶剂较难溶解欲纯化的药物。一般常用的混合溶剂有：乙醇和水、乙醇和乙醚、乙醇和丙酮、乙醇和氯仿、二氧六环和水、乙醚和石油醚、氯仿和石油醚等。最佳复合溶剂的选择必须通过预试验来确定。

结晶分离技术近年来发展很快。除了传统的冷却结晶、蒸发结晶、真空结晶等进一步得到发展与完善外，新型结晶技术如等电点结晶、加压结晶、萃取结晶等也都在工业上得到应用或正在推广。

6.4.4 成品干燥

微生物药物是一类特殊产品，必须保证具有较高的质量。在制药生产过程中，最后的原料药产品往往要求是干燥的粉末或者晶体，制剂产品也对干燥程度有要求。药物制造的过程中经常会遇到各种湿物料，湿物料中所含的需要在干燥过程中除去的任何一种液体都称为湿分。湿分含量是保证药物质量的重要指标之一。如颗粒原料药的含水量不得超过 3%，若含水量过高，易导致颗粒剂结块、发霉变质等，从而导致药物失效，甚至危害人体健康。为了药物的安全性、有效性，为便于加工、运输、贮存，必须将分离纯化所获得的产物中的湿分除去，因此药物干燥技术是微生物制药生产中不可或缺的工艺步骤。

根据除去湿分的原理不同，制药中常见的干燥方法可分为：机械法、物理化学法、加热干燥法和冷冻干燥法。其中，机械法适用于液体含量较高的湿物料的预干燥，当固体湿物料中含液体较多时，可先用沉降、过滤、离心分离等机械分离的方法除去其中大部分的液体，这些方法能耗较少，但湿分不能完全除去。物理化学法是将干燥剂如无水氯化钙、硅胶、石灰等与固体湿物料共存，使湿物料中的湿分经气体相转入干燥剂内。这种方法费用较高，只适用于实验室小批量低湿分固体物料的干燥。加热干燥法是向湿物料供热，使其中湿分汽化并将生成的湿分蒸汽移走的方法，该方法适用于大规模工业化生产的干燥过程。冷冻干燥法是将湿物料冷冻，利用真空使冻结的冰升华变为蒸汽而除去的方法。该法适用于热敏性药物、生物活性物质的干燥。下面详细介绍两种较为常用的微生物药物成品干燥方法。

6.4.4.1 喷雾干燥法

喷雾干燥技术的研究始于 19 世纪初期。它是利用雾化器将液态物料分散成雾滴，雾滴表面湿分的蒸气压比相同条件下平面液态湿分的蒸气压要大，热空气（或其它气体）与雾滴直接接触的方式而获得粉粒状产品的一种干燥过程。该技术具有雾滴群表面积大、对流传热传质速度快、干燥时间短且对有效成分破坏少等优点。经过几十年的发展，喷雾干燥在制药领域应用越来越广泛，在微生物制药行业的应用主要是原料药干燥、药物制剂干燥等。

（1）喷雾干燥技术的原理及特点

喷雾干燥（图 6-12）属于热风直接式干燥，干燥产品可根据工艺要求制成粉状、颗粒状、团粒状甚至空心球状，工作时空气通过加热器转化为热空气进入装置，并呈螺旋状转动，同时使料液经过喷嘴雾化成微细的雾状液滴，并将其抛洒于温度为 120～300℃ 的热气流中，利用雾滴运动时与热气流的速度差，使料液在几秒至十几秒内迅速干燥，转变为符合生产要求的粉状、颗粒状、空心球或圆粒状产品。在干燥过程中，料液首先雾化成雾滴，随后雾滴和干燥介质接触、混合及流动，即进行干燥，最后干燥产品与空气分离。进料料液可以是溶液、悬浮物、糊状物，雾化可以通过旋转式雾化器、压力式雾化喷嘴和气流式雾化喷嘴实现，操作条件和干燥设备的设计可根据干燥所需的干燥特性和粉粒的规格进行选择。

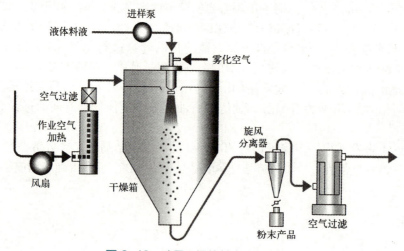

图 6-12 喷雾干燥的基本原理示意图

喷雾干燥工艺只要能保持干燥条件保持恒定，干燥产品特性就保持恒定，生产过程简化，系统可以是全自动控制操作，可调节产品的粒径、松密度、水分含量等。喷雾干燥可以进行连续操作，能适应工业化大规模生产的要求。干燥迅速，不会产生过热现象，物料有效损失少。喷雾干燥系统适用于热敏性和非热敏性物料的干燥（在加工热敏性材料时需要进行减压喷雾或真空喷雾），适用于水溶液和有机溶剂料液的干燥，干燥产品具有良好的分散性、流动性和溶解性。由于密闭操作，还可以防止环境污染。喷雾干燥操作具有非常大的灵活性，喷雾能力可达每小时制备几千克至200吨的粉末产品。

（2）喷雾干燥技术的应用

喷雾干燥可以用来制备各种原料药，经过纯化的料液通过喷雾，可以得到药粉或者晶体，相比结晶法，收率更高，操作时间更短，并且可以实现连续化操作。

在药物制剂中，喷雾干燥主要用于制备缓释微囊、微球的药物以提高药物疗效，减少副作用。如应用于阿莫西林、阿霉素等微生物药物，利用喷雾干燥法制备缓释微球，所制微球粒度分布均匀，外观为圆整球形，具有明显的缓释效果。此外，以喷雾干燥法制备药物树脂缓释微球，以可生物降解聚合物包载化疗药物，如对脑肿瘤很有效的化疗药物——卡莫司汀，通过喷雾干燥，可提高药物的稳定性，最大限度地降低药物的毒副作用，提高药物的生物利用度。

在蛋白质、多肽类生物药物，如胰岛素、利拉鲁肽、索马鲁肽等药物的制备中，喷雾干燥可用来提高该类药物的稳定性与生物利用度，并可以增加其体内生物半衰期。此外，喷雾干燥在中药制剂中应用也很广泛。

6.4.4.2 冷冻干燥法

冷冻干燥技术最早于1813年由英国人Wollaston发明。1909年Shackell试验用该方法对抗毒素、菌种、狂犬病毒及其它生物制品进行冻干保存，取得了较好效果。在第二次世界大战中，对血液制品的大量需求大大刺激了冷冻干燥技术的发展，从此该技术进入了工业应用阶段。此后，制冷和真空设备的飞速发展为冷冻干燥技术提供了强有力的物质条件。进入二十世纪八九十年代，药品冷冻干燥技术在药品冻干损伤和保护机理、药品冻干工艺、药品冷冻干燥机等方面取得了巨大的成绩。药品冷冻干燥技术是一门综合性技术，需要生物学、药学、制冷、真空和控制等知识的交叉和综合。

（1）冷冻干燥技术的原理及特点

药物冷冻干燥的基本原理是：将配制的料液，在冰冻状态下通过低压升华和解吸附，使制品内水分减少到使其在长时间内无法维持生物学或化学反应的水平。冷冻干燥将料液在低温下冷冻，使其所含的水分结冰，然后放在真空环境下加热，让制品中水分直接由固态升华为气态，并移走，使料液得以干燥。

该过程主要分为：药物料液准备、预冻（把药物料液在低温下冻结）、一次干燥（真空条件下升华干燥，除去冰晶）、二次干燥（解吸干燥，除去部分结合水）、密封保存等五个步骤。药物按上述方法冻干后，可在室温下避光长期贮存。如果冻干的是成品的药物，需要使用时，加蒸馏水或生理盐水制成悬浮液，即可恢复到冻干前的状态。与其它干燥方法相比，冷冻干燥因其工艺的特殊性，对药物尤其是非最终灭菌的无菌药物的干燥、药物有效成分的保存以及药物杂质的控制，具有非常突出的优点和特点。

药物冷冻干燥应注意几个特殊问题：首先，大多数微生物药物原料药，如抗生素以单一成分（或精制纯品）配制成溶液进行冷冻干燥。但成品药品的冻干溶液都需要使用缓冲剂。由于影响到药品在冷冻干燥中的物理特性、制品的成型和成品的内在和外观质量，因此药物溶液的组成及缓冲剂在冷冻干燥过程中具有十分重要的作用。其次，冻干的传热方式的选择非常重要，按传统的划分进行分类为：传导、对流、热辐射和电加热（微波加热）等。在升华干燥阶段需要对物料进行直接或间接的加热，但需要注意加热能耗与加热速度。物料的尺寸大小也是影响干燥过程的因素之一，尤其是在原料药的冻干工艺中更是如此。增大物料的比表面积或减少物料的厚度都可缩短干燥时间，但物料太薄，将使间歇操作过程的辅助时间增多，导致生产能力下降。所以，实际生产中应选择一个适宜的物料厚度。此外，冷冻干燥被认为能够保护大分子（特别是蛋白质）的结构，由于冷冻干燥过程存在多种应力损伤，因此保护剂保护药品活性的机理也是不同的,可以分为低温保护和冻干保护。

(2)冷冻干燥技术的应用

由于冻干药品呈疏松多孔状、能长时间稳定贮存、易重新复水而恢复活性,因此冷冻干燥技术广泛应用于制备原料药、固体蛋白质药物、口服速溶药物及药物包埋剂脂质体等药品。特别是在蛋白质类药物制剂中应用最多,目前国内已有注射用重组人粒细胞巨噬细胞集落刺激因子、注射用重组人干扰素 a2b、冻干鼠表皮生长因子、外用冻干重组人表皮生长因子、注射用重组链激酶、注射用重组人白介素-2、注射用重组人生长激素、注射用A群链球菌、冻干人凝血因子Ⅶ、冻干人纤维蛋白原等冻干药品获准上市。

6.5 微生物药物工业生产的实例

6.5.1 两性霉素 B 的提取和精制

(1)两性霉素 B 的分离方法原则

两性霉素 B 是由结节链霉菌产生的一种多烯大环内酯类抗生素,是医学上重要的广谱抗真菌药物。两性霉素 B 的分子式为 $C_{47}H_{73}NO_{17}$,分子量为 924.10,具有引湿性,在光照下易破坏失效,加热时逐渐变黑,超过 170℃时分解。两性霉素 B 纯品呈橙黄色针状或柱状结晶,无臭无味,不溶于水、无水乙醇、醚、苯及甲苯,微溶于酸性二甲基甲酰胺(DMF),溶于二甲基亚砜(DMSO)。

在两性霉素 B 生物合成过程中,会伴随产生与其结构相似且抗菌活性低的共代谢物两性霉素 A,两性霉素 B 结构式如图 6-13 所示,两性霉素 A 与两性霉素 B 结构上的唯一区别在于 C28 与 C29 之间的双键,其中两性霉素 B 为不饱和键,而两性霉素 A 为饱和键,结构上的相近性增加了后期分离纯化制备两性霉素 B 产品的难度。由于两性霉素 A 的溶解度大于两性霉素 B,故可以利用溶解度的差异对两种物质进行分离提取。

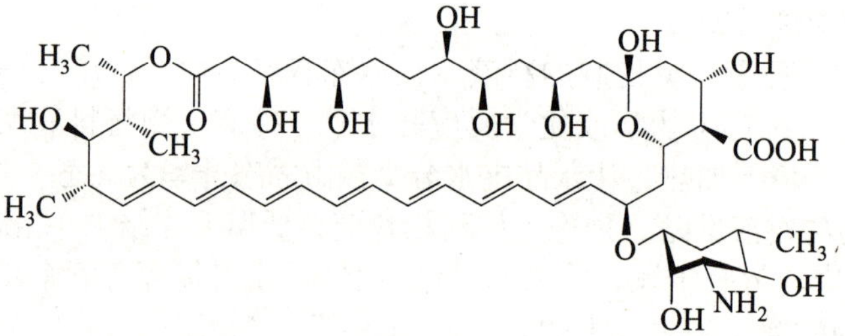

图 6-13 两性霉素 B 的分子结构式

(2)两性霉素的主要分离提取流程

① 总流程 参照华北制药集团开发报道的两性霉素分离方法(如图 6-14),该提取工艺主要基于膜过滤和结晶。在两性霉素 B 的发酵液中加入草酸,调 pH 2.0~4.0,加助滤剂,搅拌;固液分离,得到两性霉素 B 菌丝体;加入一定量的 75% 乙醇,调碱搅拌 1 小时;固液分离,得两性霉素 B 浸提液;超滤膜超滤,得净化液;加入甘油,调节 pH 值 4.5~7.0,析出两性霉素 B 结晶;固液分离,真空干燥,得到两性霉素 B 的结晶粉末。

② 发酵液的预处理 得到的两性霉素 B 发酵液,需要进行预处理,将菌丝体与其它的可溶物分离开来,使用的主要手段是过滤。在两性霉素 B 发酵液中加入草酸,调 pH 2.0~4.0,加 7% 助滤剂,搅拌 30min,固液分离,得两性霉素 B 菌丝体。

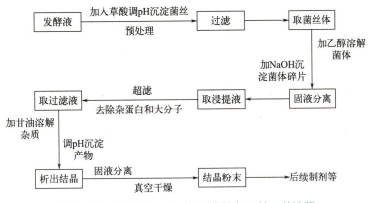

图 6-14 从发酵液中分离两性霉素 B 的工艺流程

③ 两性霉素的浸提　由于两性霉素 B 主要存在于菌丝体内,需要将菌丝体内的两性霉素 B 提取出来。溶出率的高低直接影响总收率,因此最大限度地提高两性霉素 B 的溶出率尤为重要。根据两性霉素 B 的理化性质,加入 4~6 倍体积的 75% 乙醇,加入氢氧化钠溶液调 pH 为 10.8~11.2,搅拌 1h,固液分离,得两性霉素 B 浸提液。

④ 浸提液的净化　浸提液中还含有许多菌体碎片、杂蛋白、胶体和大分子色素等,大大增加了后续工艺步骤的难度。由于板框过滤精度太低只能实现粗过滤,而超滤膜具有高效、节能、环保、可实现分子级过滤等特性,为提高产品的质量及收率,将超滤膜分离应用于浸提液的净化中。超滤膜孔径(5~100nm)的下限与内毒素接近,所以孔径较小的陶瓷膜可以达到去除细菌和细菌内毒素的目的。但也并非孔径即截留分子量越低越好,截留分子量越低,虽然内毒素去除越彻底,但也伴随着一定的收率损失。综合考虑将两性霉素 B 浸提液经截留分子质量 10kDa 陶瓷膜超滤得净化液。

⑤ 净化液的结晶　在净化液中,加入一定比例非离子型表面活性剂甘油,可以通过增加溶解度,造成相关杂质由于浓度过低无法形成结晶留在母液中,从而有效去除杂质。同时,两性霉素 B 在溶剂中的溶解度受 pH 的影响很大,在 pH 4.5~7.0 溶解度较低,为了获得高纯度高稳定性的两性霉素 B,需精细控制结晶溶液 pH 范围,从而达到有效组分与其他杂质高效分离纯化的目的。净化液按体积比加入 0.1% 甘油,调节 pH 至 4.5~7.0,搅拌析出两性霉素 B 结晶,固液分离,真空干燥,得两性霉素 B 结晶粉末。

6.5.2　阿卡波糖的提取和精制

(1) 阿卡波糖的分离方法原则

阿卡波糖(acarbose)是一种微生物(游动放线菌)产生的代谢产物,属于 α-葡萄糖苷酶抑制剂类药物,是治疗 II 型糖尿病的常用药物之一。阿卡波糖是一种复合低聚糖(伪四糖),外观为白色或灰白色粉末,可溶于水,pK_a 值为 5.1。阿卡波糖的电离常数为 5.1、12.39,在水溶液中可进行电离反应:

$$RNH^+ \xleftrightarrow{pK_a^{\mathrm{I}}=5.1} RN + H^+$$

$$RN \xleftrightarrow{pK_a^{\mathrm{II}}=12.39} RN^- + H^+$$

溶液中阿卡波糖 3 种形式(阳离子、阴离子和未解离的形式)浓度随着溶液 pH 值的变化而变化。根据电离方程,可以绘制出阿卡波糖 3 种形式浓度与溶液 pH 的分布曲线(图 6-15),当 pH=5.1 时,阳离子浓度 = 未解离浓度;当 pH=12.39 时,阴离子浓度 = 未解离浓度。阿卡波糖本身为弱碱性,在中性和酸性条件下带有正电,适用于阳离子交换树脂。

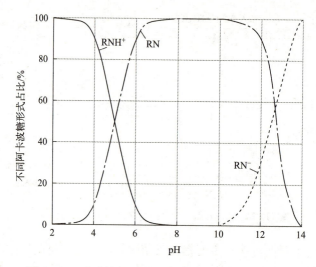

图 6-15 阿卡波糖 3 种形式与溶液 pH 的分布曲线

（2）阿卡波糖的杂质

阿卡波糖发酵过程中，除了生成阿卡波糖外，还产生一些与阿卡波糖类似的寡糖。这些寡糖复合物含有不同数目的葡萄糖单元和/或通过不同的葡萄糖苷键与阿卡波糖的核心基团连接。数目不同的葡萄糖单元及不同的 α-葡萄糖苷键决定了抑制剂的特性。表 6-1 中列出了阿卡波糖的同系物，组分 A、组分 B、组分 C、组分 D、组分 4a、组分 4b 和组分 4c，其含量在 0.2～0.5kg/kg 阿卡波糖范围内。欧洲药典明确规定了杂质的含量（组分 A＜0.6%，B＜0.5%，C＜1.5%，D＜1.0%，4a＜0.2，4b＜0.3%，4c＜0.3% 等，其它杂质均小于 0.2%）。

表 6-1 阿卡波糖及其主要杂质

名称	杂质结构	名称	杂质结构
阿卡波糖	Ac-1，4-Glc-1，4-Glc	组分 D	Ac-1，4-Glc-1，4-Man
组分 A	Ac-1.4-Glc-1，4-Fru	组分 4a	Ac-1，4-Glc-1，4-Man
组分 B	Ac-1，4-Glc-1，4-（1-*epi*-valienol）	组分 4b	Ac-1，4-Glc-1，4-Glc-1，4-Glc
组分 C	Ac-1，4-Glc-1，1-Glc	组分 4c	Ac-1，4-Glc-1，4-Glc-1，1-Glc

注：Ac= 阿卡波糖，Glc= 葡萄糖，Fru= 果糖，Man= 甘露糖。

（3）阿卡波糖的主要提取流程

由于阿卡波糖结构中存在分子内氮，使其显弱碱性，可用阳离子交换树脂进行分离。很多文献都采用阳离子树脂从发酵液中分离阿卡波糖。

拜耳公司最早利用离子交换技术分离阿卡波糖，将发酵液与酸性阳离子交换树脂、阴离子交换树脂混合，以降低发酵液离子含量。此过程有 80% 的阿卡波糖吸附在阳离子交换树脂上。通过离心过滤，将树脂从发酵液和菌丝体中分离出来，水洗后用 0.1mol/L 醋酸钠溶液洗脱。之后将洗脱液依次通过 3 个串联的离子交换柱（阳离子/阴离子/阳离子）：①酸性阳离子交换树脂，进行脱盐；②碱性阴离子交换树脂，中和作用，使 pH 在 3 以上；③阳离子交换树脂，吸附阿卡波糖及类似物。然后用 0.01～0.05mol/L 的酸梯度洗脱，分部收集后得到提纯液。最后采用大孔树脂吸附阿卡波糖提纯液，而后洗脱，收集纯组分，减压浓缩，冻干。成品含量达 99% 左右，最大杂质含量小于 1.5%，其他指标也均达到药典要求。采用大孔树脂，操作简单，介质便宜，生产成本降低。

浙江工业大学开发了从发酵液中分离阿卡波糖的工艺（图 6-16）。该工艺主要基于离子交换法。

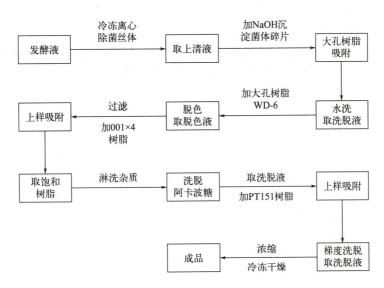

图 6-16 从发酵液中分离阿卡波糖的工艺流程

① 首先进行发酵液的预处理，新鲜发酵液经冷冻离心（4℃，12000r/min，10min）除去菌丝体取上清液，加入 1.0mol/L 盐酸调节 pH 至 6.0，4℃下储存。为了获得高纯度的阿卡波糖，减少阿卡波糖同系物的生成，发酵液的预处理必须在低温 10～20℃、pH 为中性条件下操作，尽可能当天处理发酵液，避免放置时间过长。

② 随后使用大孔树脂对发酵液中的蛋白质进行吸附，选择 HZ830 作为脱蛋白质用树脂。上样量为 2 个柱床体积（BV）。考虑到在去蛋白质的过程中，尽可能去除蛋白质（即对蛋白质的洗脱率应尽可能低）而对阿卡波糖造成的损失尽量小（即对阿卡波糖的洗脱率尽可能高），即保持蛋白质吸附量与阿卡波糖损失量的平衡，所以洗脱剂用量为 4 个柱床体积（BV）。取洗脱液。

③ 随后对阿卡波糖进行脱色，工艺为：树脂 WD-6 添加量 10g/100mL、脱色时间 4h、脱色温度为 25℃、pH=6.0、在搅拌速率为 200r/min 的条件下进行脱色。取脱色液。

④ 随后使用强酸性阳离子交换树脂分离阿卡波糖，串联两种树脂以达到分离阿卡波糖的目的。先用吸附量较大的 001×4、SR-1 树脂，在 25℃，3.57g/L 的浓度上样，粗提阿卡波糖，随后将饱和吸附的树脂水洗，有效淋洗掉吸附不牢的杂质，并去除发酵液中的部分杂质。然后采用 50mmol/L 氨水进行洗脱，取前 70% 的洗脱液。

在排除溶液中杂质的干扰后，使用 PT151 树脂吸附精制产品，对吸附阿卡波糖的树脂进行梯度洗脱，取洗脱液。

⑤ 在分离过程中，降低洗脱流速可提高分离效率。因为阿卡波糖杂质组分 A 及组分 C 的结构与阿卡波糖极为相似，在精制过程中也不能去除掉，但可以通过控制低温操作等条件，降低其含量。在冷冻干燥后，得到阿卡波糖成品。

 拓展阅读

井冈霉素的分离提取

总结

- 从发酵液或培养液中分离纯化具有一定纯度、符合药典或其他法定标准规定的各种药物,即为微生物药物的分离纯化。
- 分离和纯化是微生物药物的发酵液或转化液等在加工成微生物药物成品之前的重要步骤。
- 分离纯化的主要目的是除去杂质,提高微生物药物的纯度,并且按照要求制备成一定形态的成品。
- 微生物药物的分离纯化需要遵循一定的过程和原则,并按照需求选择合适的分离纯化方法。
- 微生物药物能否高效率低成本地制备成功,关键在于分离纯化总体方案的正确选择、分离纯化各个单元操作的搭配,以及分离纯化各个单元操作条件的探索。
- 按照常见微生物药物分离纯化的三个阶段,主要的分离单元操作可以分为:初分离阶段的发酵液预处理、固液分离;分离提取阶段的萃取、离子交换、吸附、沉淀、色谱分离和膜分离;精制阶段的脱色、结晶和重结晶。

工程/思维训练

○ 产业化实例

棘白菌素类是新一代临床治疗真菌感染的微生物药物。包括阿尼芬净(anidulafungin)、卡泊芬净(caspofungin)、米卡芬净(micafungin)等,这类抗真菌药物可归类为半合成抗生素。

该类药物抗真菌的作用机理为葡聚糖抑制剂,通过非竞争抑制 β-(1,3)-D- 葡聚糖合成酶,造成细胞壁中 β- 葡聚糖含量减少,引起细胞壁破损而杀死真菌细胞。由于人体细胞没有细胞壁这一结构,也没有 β-(1,3)-D- 葡聚糖合成酶这个靶点,故该类药物对人体的影响较小,因此,这类抗真菌药物具有良好的安全性,毒副作用低。且该类药物对一些唑类和两性霉素 B 耐药的真菌抗菌活性强。

棘白菌素 B(echinocandin B,ECB)是合成阿尼芬净等的关键中间体,是由构巢曲霉(*Aspergillus nidulans*)发酵产生的一种次级代谢产物。

其结构见图 6-17。犹他游动放线菌(*Actinoplanes utahensis*)代谢产物酰化酶可以特异性地切除棘白菌素 B 脂肪酸侧链,最后经过化学半合成得到阿尼芬净和米卡芬净。

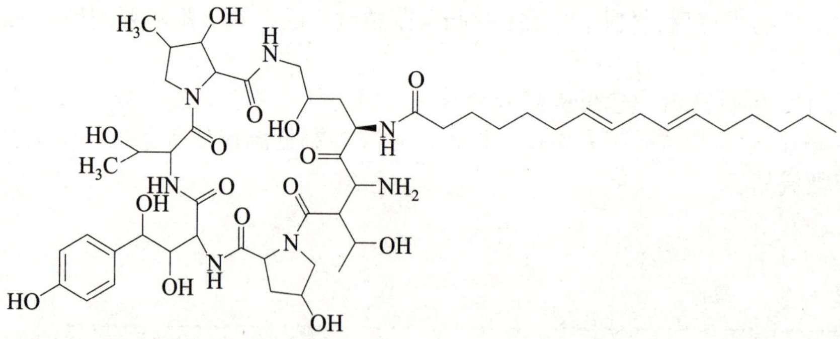

图 6-17 棘白菌素 B 的结构式

已知(1)ECB 主要存在于构巢曲霉菌丝体内,且其本身水溶性较差;(2)ECB 的分子极性较弱,不存在明显的解离基团;(3)构巢曲霉发酵生产 ECB 的周期较长,发酵后期有大量的色素产生。

能力训练:

根据棘白菌素 B 的产物特点、分离纯化要求:

1. 设计分离步骤。

2. 描述各步骤的作用和原理。

 课后练习

1. 为何要进行微生物药物的分离纯化?
2. 微生物药物的分离纯化与化学药物分离纯化的原则区别是什么?
3. 微生物药物分离纯化的原则是什么?
4. 微生物药物分离纯化中常用的单元操作有哪些?
5. 膜分离可以将微生物发酵液中哪些杂质去除?
6. 精制常用的几种单元操作分别拥有哪些特点?
7. 两性霉素和阿卡波糖分离纯化中最重要的单元操作有哪些?
8. 如果使用色谱分离法分离两性霉素和阿卡波糖,分别可以使用哪种色谱?

第七章 微生物药物的质量控制与质量管理

抗生素过敏与微生物药物的质量管理

抗生素过敏是抗生素使用中最大的风险隐患,也是发生最多的药物过敏现象。β-内酰胺类抗生素是过敏反应的重灾区。任何年龄和性别,任何 β-内酰胺类抗生素制剂,不同给药途径均可发生过敏。特别是过敏性休克,可在注射后数秒或数分钟内发生,如不及时抢救可导致患者很快死亡。

一般认为,抗生素过敏本质上是对抗生素中杂质的过敏。这些杂质主要是发酵工艺中形成的蛋白质结合物类大分子杂质。为了减少临床中的过敏反应,监管部门明确规定需要检测鉴定 β-内酰胺类抗生素中杂质的含量,而 β-内酰胺类抗生素中的高分子杂质被认为是关键质控对象。

β-内酰胺类抗生素属于典型的微生物药物。微生物药物一般是由发酵或发酵加一步或几步合成步骤生产的。与化学药物相比,微生物药物的发酵生产过程更加多变、产品的均一性较差,生产过程中包含发酵活性物质的杂质成分比全化学合成药品的杂质更加复杂和难以预测。因此,各国监管部门对微生物药物中相关杂质的鉴别、报告和控制阈值均有特殊的执行标准;而微生物药物的生产和开发过程,也需要实行与化学药物生产不同的标准和管理规定。

知识导图

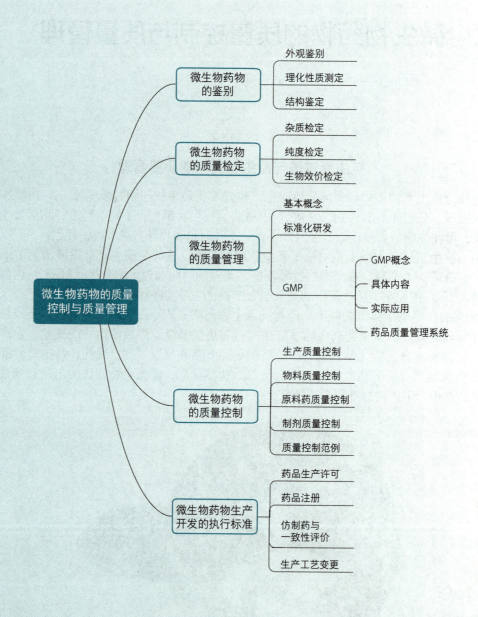

为什么学习微生物药物的质量控制与质量管理？

微生物药物质量控制与质量管理的目的首先是为了确保生产的药物质量符合要求，确保药品安全万无一失；也是为了在生产过程中控制影响因素，及时发现设备故障或操作失误等，尽量减少造成的损失并提升生产效率；此外还有吸取经验教训，明确责任的作用。微生物药物的生产过程伴随着质量控制与质量管理。保证质量控制和质量管理的全面性和有效性，可以在保证药品质量的前提下，尽量控制生产成本，有效地提高药品的生产效率。

微生物药物的质量控制依靠一系列鉴别、鉴定微生物药物的有效成分、杂质、生物有效性的技术手段。质量控制的制度和手段成文和规范化后，形成了以 GMP（良好生产规范）为代表的一系列质量规范，以及执行规范的管理方式，最后形成了整个微生物药物的质量管理系统。

 学习目标

- 微生物药物鉴别的主要方面：理化性质测定的主要手段和具体方法；结构鉴定的主要手段以及能够获得的信息。
- 微生物药物质量检定的主要手段：杂质鉴定的方法和特点；纯度鉴定和效价鉴定各自的定义与区别。
- 提高微生物药物质量的方法：微生物药物的质量管理方法；微生物药物的生产质量控制方法。
- 微生物药物质量管理系统的构成：GMP 的概念与具体内容；质量保证与质量控制。
- 微生物药物生产相关的药事管理：生产微生物药物需要满足什么条件；微生物药物的新药类型划分。

7.1 微生物药物的鉴别

在微生物药物的鉴别中，常用的方法可以分为三类：一类是外观鉴别，通过对不同的药物进行观察、比较和分析，以确定它们的特点和成分；一类是基于物理、化学、生物学特征，进行测定鉴别；还有一类是基于仪器检测进行光谱分析、结构分析和分子结构解析等方法，进而进行鉴别。本节就一些常用的鉴别方法进行分类介绍。

7.1.1 微生物药物的外观鉴别

外观特征鉴别法是最简单、最基础的药物鉴别方法，包括通过观察药物的颜色、形状、大小、质地等外观特征来鉴别不同的药物，或者通过观察和比较样品与标准品的外观特征来判断它们是否相同。这种方法适用于颜色、形状、气味等方面有明显差异的样品。

外观和颜色是判断微生物药物质量最基本的指标。微生物药物的合格成品应该呈现均匀的颜色和形状，无明显的杂质和异物，无明显变质现象。气味也是判断微生物药物质量的指标之一，正常的微生物药物应该无异味或异味较轻，如果出现刺鼻、腐败或发霉的气味，可能意味着微生物药物已经变质或受到了污染。

7.1.2 微生物药物的理化性质测定

微生物药物的鉴别需要对其理化性质进行测定，包括熔点、溶解性、比旋光度、溶液 pH 值等指标，以及各种化学鉴别方法。这些指标可以反映微生物药物的性质和特征，有助于判断微生物药物的纯度和质量。

（1）熔点测定

熔点系指一种物质由固体熔化成液体的温度，熔融同时分解的温度，或在熔化时自初熔至全熔的一段温度。某些药品具有一定的熔点，测定熔点可以区别或检查药品的纯杂程度以及真伪。

熔点测定法是一种常用的定性和半定量分析方法。照药典方法测定时，该方法通过测定样品在升温过程中开始熔化和完全熔化时所显示出来的温度范围来确定其纯度和同质性。熔点测定法可以测定供试品本身的熔点，也可以将供试品按药典规定制成衍生物后，测定衍生物的熔点，适用于结晶性较好且熔点较低（<300℃）的物质。目前随着红外光谱法和色谱法的逐步推广，熔点测定法有减少的趋势。

（2）溶解性和溶解度测定

一种物质在另一种物质中的溶解度是热力学平衡中两种纯物质之间分子混合程度的量度。饱和溶液的组成，用在指定溶剂中的指定溶质的比例来表示，代表了溶解度的热力学极限。溶解度可以用质量摩尔浓度、摩尔分数、摩尔比、质量/体积比、质量/质量比等表示。

溶解性和溶解度表征了微生物药物在溶液中分散程度，可以用来判断微生物药物的成分是否纯净和稳定，影响着药物的溶出速度、吸收率、生物利用度等药效学特性，是一个重要的指标。如果微生物药物的溶解性和溶解度与标品之间出现差异，可能意味着它已经分解或者受到了其他化学反应的影响而变得不纯。

准确测定药物的水溶性对于理解药物制剂的质量控制和药物传递问题是非常重要的，受药物物理化学性质（例如表面积、颗粒大小、晶型）、介质的性质（例如 pH、极性、表面张力、添加表面活性剂、助溶剂、盐），以及溶解度测定参数的控制（例如温度、时间、搅拌法）等因素的影响，在溶解度测定中控制这些因素是获得准确、可靠的物质平衡溶解度的关键。

测定溶解度最常见的方法是饱和摇瓶法，至今仍被大多数人认为是最可靠和最广泛使用的溶解度测定方法。当需要测定平衡溶解度时应使用摇瓶法。其他方法可以用来评价表观溶解度，但不适合评价真正的平衡溶解度。此外还有电位滴定法和比浊法等。

（3）pH 值测定

pH 值是指溶液的酸碱程度，是用来表示溶液中氢离子（H^+）浓度的指标。微生物药物在不同状态下的标准溶液具有一定的 pH 值，在不同的 pH 值下，其性质和稳定性都会受到影响。选择合适的 pH 测定方法来评估微生物药物的酸碱度，可以判断其质量和纯度。

中国药典规定了多种药材和药品的质量标准，其中包括对药品 pH 值的测定方法。测定药品 pH 值的方法有很多种，中国药典规定了比较常用的两种方法。第一种方法是电位滴定法，也叫酸碱滴定法，通过向药品溶液中滴加一定量的酸或碱溶液，并在每次滴加后测定其电位变化，以确定药品溶液的 pH 值。第二种方法是电极法，也叫 pH 计法。通过将药品溶液与 pH 电极接触，通过测量药品溶液中电极的电势，计算出溶液的 pH 值。无论是哪种方法，都需要使用特定的试剂和仪器，且需要按照一定的方法和步骤进行操作，以保证测定结果的准确性和可靠性。

（4）比旋光度测定

平面偏振光通过某些液体或溶液时能引起旋光现象，使偏振光的平面向左或向右发生旋转，偏转的度数称为旋光度。使偏振光向右旋转者（顺时针方向，朝光源观测）称为右旋物质，常以"+"号表示；使偏振光向左旋转者则称为左旋物质，常以"-"号表示。影响物质旋光度的因素很多，除化合物的特性外，还与测定波长、偏振光通过的供试液浓度与液层的厚度以及测定时的温度有关。当偏振光通过长

1dm、每 1mL 中含有旋光性物质 1g 的溶液，测定的旋光度称为该物质的比旋度。

很多药物晶体、药物液体或固体的溶液都能够引起旋光现象，一般称其具有光学活性。当某种液体或溶液中的溶质具有该特性时，一般是由于其结构中具有一个或多个不对称中心所致。许多微生物药物为手性物质，因此具有光学活性。旋光测定法即测定药物的旋光度，也是区分光学异构体最简便的方法。因此，该方法是药物鉴别和纯度检查的一项重要指标。比旋度为物质的物理常数，可用以检查某些物质的光学活性和纯杂程度。旋光度在一定条件下与浓度呈线性关系，故还可以用来测定药物的含量。

（5）黏度测定

黏度系指流体对流动的阻抗能力，药典中采用动力黏度、运动黏度或特性黏数来表示。测定液体药品或药品溶液的黏度可以区别或检查其纯杂程度。

流体分牛顿流体和非牛顿流体两类。牛顿流体流动时所需切应力不随流速的改变而改变，纯液体和低分子物质的溶液属于此类；非牛顿流体流动时所需切应力随流速的改变而改变，高聚物的溶液、混悬液、乳剂分散液体和表面活性剂的溶液属于此类。

溶剂的黏度常因高聚物的溶入而增大，溶液的黏度与溶剂的黏度的比值称为相对黏度。当高聚物溶液的浓度较稀时，其相对黏度的对数值与高聚物溶液浓度的比值，即为该高聚物的特性黏数。根据高聚物的特性黏数可以计算其平均分子量。

黏度的测定可用黏度计。黏度计有多种类型，药典一般采用毛细管式和旋转式两类黏度计。毛细管黏度计因不能调节线速度，不便测定非牛顿流体的黏度，但对高聚物的稀薄溶液或低黏度液体的黏度测定影响不大；旋转式黏度计适用于非牛顿流体的黏度测定。

（6）化学鉴别法

化学鉴别法根据药物与化学试剂在一定条件下发生离子反应或官能团反应产生不同颜色，生成不同沉淀，放出不同气体，呈现不同荧光，从而做出定性分析结论。如果供试品的反应现象和质量标准中的鉴别项目和反应相同，则认定为同一种药物。鉴别药品时经常使用的化学鉴别法，中国药典和美国药典均称为一般鉴别试验，英国药典和日本药典称为定性反应。

化学鉴别法是药物分析中最常用的鉴别方法。它有一定的专属性和灵敏度，且简便易行。如阴阳离子鉴别反应的专属性和灵敏度都比较高。所以，简单无机药物只要用阴阳离子分析就可确定其成分。而有机定性分析也有一定的专属性，把几种有机定性分析反应综合起来进行分析归纳，就可以作出准确结论。

药典中应用较多的，适用于微生物药物的化学鉴别反应有各种无机阴阳离子的鉴别反应、芳香第一胺反应、茚三酮反应、放出氨或胺的反应、亚硝基铁氰化钠反应、高锰酸钾褪色反应、丙二酰脲反应、醋酸铅反应、有机氟化物反应、托品烷生物碱类反应、碘化汞钾反应、水杨酸盐反应、苯甲酸盐反应、枸橼酸盐反应、乳酸盐反应、酒石酸盐反应等。

（7）薄层色谱法

薄层色谱法（thin layer chromatography，TLC）是一种基于物质在固体或液体固定相和液体移动相之间分配行为而进行分离的分析技术。它的原理与色谱技术相似，但是相对于高效液相色谱和气相色谱等技术，TLC 具有简便、快速、操作方便、样品消耗少、分离效率高等优点，因此被广泛应用于微生物药物的鉴别与结构鉴定中。

TLC 可以用于分离和鉴定微生物药物中的化合物成分，如蛋白质、多糖、甾体、生物碱等。在分离时，样品被涂覆在薄层硅胶或薄层纸等固定相上，然后通过上样口加入移动相，经过一段时间后，固定相上的化合物将按照它们的亲和性和极性与移动相分离出来。分离出来的化合物可以通过在固定相上的位置和 R_f（移动率）值进行鉴别。在结构鉴定方面，可以通过与已知物质的 TLC 比对，以及对特定区域进行刮取、洗脱、干燥、溶解等处理后进行其他分析技术的检测，如红外光谱、核磁共振等，进一步确定化合物的结构。

TLC 的优点是快速、简便、对样品的要求较低，对于一些复杂的微生物药物样品，其组分可以同时被分离和检测出来。但也存在一些缺点，如分离能力较弱、分离度不够高、峰容易重叠、分离后的化合物需要进一步进行其他分析技术的鉴定等。因此，与其他分析技术结合使用，可以取长补短，提高分析的准确性和可靠性。

（8）近红外光谱法

近红外光（near infrared，NIR）是指波长在 780～2526nm 的电磁波，是最早发现的非可见光区域。进入 20 世纪 80 年代后期，近红外光谱分析技术迅速得到推广，成为一门独立的分析技术。测量药物的近红外光谱，可以通过被测物质在近红外谱区的特征光谱并利用适宜的化学计量学方法提取相关信息后，对被测物质进行定性、定量分析。

近红外光谱法分析速度快，分析效率高，适用的样品范围广（液体、固体、半固体和胶状体），样品一般不需要预处理，分析成本较低，测试重现性好，不破坏样品的检测特性，可广泛应用于药物的鉴别，适用于药物的快速鉴别和初步鉴别，包括"离线"供试品的检测和直接对"在线"样品进行检测，但不适合杂质的痕量分析以及分散性样品的分析。

美国 FDA 已经批准将近红外方法取代传统方法作为氨苄青霉素三水合物的含水量测定和鉴别方法。美国药典已将近红外光谱分析法作为补充分析方法，但应用近红外光谱法分析时，对于结果判为不合格的样品，要用常规方法验证，最后以常规方法为准。

7.1.3 结构鉴定方法

微生物药物的结构鉴定是微生物药物质量控制的重要环节，可以精确确定微生物药物的种类、纯度、生物化学活性等，并判断杂质的种类、含量。但进行结构鉴定需要借助较为复杂的专用仪器，并借助专有的测量方法、结构解析方法，才能够准确得到结果。

（1）紫外-可见吸收光谱法

紫外-可见吸收光谱法（UV-Vis）广泛应用于微生物药物的鉴别中，是一种非常重要的分光光度学技术。该技术基于样品对特定波长光线的吸收程度进行分析，从而确定样品的化学成分。紫外-可见光区的波长范围通常为 190～800nm，其中紫外光区域为 190～400nm，可见光区域为 400～800nm。不同的化合物吸收光线的波长和强度不同，因此可以通过检测在不同波长下的吸收峰来识别和测量样品中的成分。在微生物药物的鉴别中，UV-Vis 可以检测样品中的有机分子，例如多糖和色素等。UV-Vis 技术具有许多优点，如分析速度快、灵敏度高、可重复性好等。此外，该技术还具有广泛的线性范围和分辨率。但是，UV-Vis 技术也存在一些局限性，例如对于样品中的复杂化合物或溶液中的杂质，其分析结果可能会受到干扰。

（2）红外光谱法

红外光谱法（IR）是一种分析物质分子结构的非破坏性分析方法。该方法利用分子中分子键振动引起的吸收光谱，对分子的化学键类型、官能团、键的取代和位置等进行识别和分析。在微生物药物的鉴别和杂质鉴定中，红外光谱法通常用于确定样品中的含水量、有机物和无机物的含量以及结构、特定官能团的存在等。

红外光谱法的原理是分子通过吸收特定频率的红外辐射而发生振动，从而产生红外吸收光谱。红外光谱仪的工作原理是，将样品放置在红外光源和探测器之间，经过样品的红外辐射被吸收后，剩余的红外辐射通过检测器后被记录下来。然后，将记录的数据与红外光谱数据库进行比对和分析，以确定样品的化学成分。

红外光谱法具有许多优点，例如分析速度快、样品消耗量小、无需特殊前处理等。同时，它也有一些限制，如不能确定分子的立体结构和分子量等。此外，样品需要具有一定的透明度，否则就需要使用特殊的采样和测量技术。

总之，红外光谱法是一种广泛应用于微生物药物鉴别和杂质鉴定的分析方法，可提供有关样品结构、化学键类型和官能团的信息。在微生物药物的质量控制中，红外光谱法已经成为一种常用的分析工具。

（3）质谱法

质谱法是一种基于物质分子的质量和相对丰度的分析方法。它能够对药物分子的分子量、化学结构以及含量进行准确快速的鉴定。质谱法已成为现代分析化学、生物化学、有机化学和药物分析的重要手段之一。质谱法的基本原理是将待检物质通过电离技术产生带电荷的离子，利用质谱仪对产生的离子进行分析，通过离子的质荷比、相对丰度、分子结构和碎片情况等信息对样品进行鉴定。质谱法具有高灵敏度、高精确度、高分辨率和高特异性等优点。质谱法在药物鉴别中的应用已经非常广泛，主要用于药物的结构鉴定、含量测定、药代动力学研究、不良反应分析等领域。

质谱法在药物分析中有多种应用形式，如单一质谱法、串联质谱法、高分辨质谱法等。其中，串联质谱法是质谱法的一种重要形式，能够通过多级质谱分析技术，实现对物质的更准确、更敏感的鉴定和定量分析。总之，质谱法是一种高效、准确、可靠的药物鉴别技术，其在药物研究和开发、药品质量控制、药代动力学研究等方面发挥着越来越重要的作用。

① 气相色谱-质谱联用技术（GC-MS） 气相色谱-质谱联用技术（GC-MS）是一种常用于微生物药物鉴别和杂质鉴定的分析技术。该技术结合了气相色谱（GC）和质谱（MS）两种分析方法的优点，能够对微生物药物中的有机物进行定性和定量分析。

GC-MS 技术的基本原理是，将样品通过 GC 柱进行分离，然后进入质谱仪进行检测和分析。首先，样品被注入 GC 柱，通过温度梯度等方式，将样品中的有机物分离出来。然后，有机物被引导到质谱仪中，通过电离和分子碎裂等方式，将分子分离并进行定性和定量分析。

GC-MS 技术具有高灵敏度、高分辨率、高精度和高特异性等优点，能够对复杂的有机物进行分析和鉴定。在微生物药物鉴别和杂质鉴定中，GC-MS 技术可以用于分析微生物药物中的杂质成分，如有机污染物、残留溶剂、杂质酸等。同时，也可以用于微生物药物的鉴别和定量分析，如氨基酸、核苷酸、多糖等成分的定量分析。GC-MS 技术还可以通过联用不同的柱和检测方法，对样品中的不同成分进行分离和检测。例如，可以联用毛细管气相色谱（GC-CE）技术，对微生物药物中的核酸和多糖等大分子进行分离和检测。

② 液相色谱-质谱联用技术（LC-MS） 液相色谱-质谱联用技术利用液相色谱系统将待测物质分离后接入质谱仪，待测物质离子化后转成电信号经计算机数据处理后，根据质谱峰进行分析。LC-MS 同时具有液相色谱优异的分离能力与质谱高灵敏度、高选择性的检测能力。

LC-MS 技术的基本原理是，将样品溶解在液相色谱的流动相中，经过色谱柱分离，并通过质谱仪进行检测和识别。样品溶解在液相色谱的流动相中，并通过固定相分离成不同的组分。这些组分通过不同的相互作用在色谱柱中以不同的速率通过。串联的质谱仪中，样品分子通过电离过程转化为离子，然后通过加速电场、磁场和其他分子分离方法，根据其质量分离并检测。在 LC-MS 联用中，液相色谱系统将分离的样品进样到质谱系统中。质谱仪将进样的分离组分一个接一个地离子化，并对其进行分析和检测。根据质荷比分离出的离子特征谱帮助识别化合物的组成和结构。

LC-MS 联用的原理利用了液相色谱和质谱的互补性，可以很好地分析复杂样品混合物中的化合物，并提供结构和组成信息。它广泛应用于食品、环境、制药和生物医学等领域的化学分析和生物分析。

液相色谱-质谱联用技术包括的两个关键部位是离子化接口和质量分析器。目前 LC-MS 技术中常用的离子化接口包括电喷雾电离（ESI）、大气压化学电离、大气压光电离等。电喷雾电离可以将溶液中的分析物转变为带电的气相离子，导入质谱进行分析。质量分析器是质谱仪的核心组成部分，它依据不同方式将离子源中生成的样品离子按质荷比的大小分开。LC-MS 中常用的质量分析器包括四极杆质量分析器、飞行时间质量分析器（TOF）、离子阱质量分析器、轨道阱质量分析器以及傅里叶变换离子回旋共振质量分析器（FTICR）。

LC-MS 技术的应用范围包括药物代谢及药物动力学研究、临床药理学研究、天然药物（中草药等）

开发研究等。目前微生物药物分析中主要运用两级或多级的串联质谱系统（MS/MS 技术）。

（4）核磁共振波谱法

核磁共振波谱（NMR）技术利用物质内部的原子核自旋来测定其结构和化学环境。当原子核在外磁场作用下发生共振时，会发出特定频率的电磁波信号。通过测量样品发出的一系列频率的信号，并进行谱图分析，可以得出物质的分子结构和化学环境信息。

NMR 技术可以用于分析各种样品，包括有机分子、无机化合物、大分子和生物分子。对于有机分子而言，NMR 技术可以确定分子的结构、确定化合物的组成、检测杂质和定量分析等。

NMR 技术有许多种变体，包括一维核磁共振（1D-NMR）和二维核磁共振（2D-NMR）。一维核磁共振可以提供关于分子结构和环境的基本信息，例如化学位移、耦合常数和弛豫时间等。而二维核磁共振可以提供更详细的信息，例如分子内原子之间的距离和角度等。

NMR 技术具有高分辨率、非破坏性、无需样品特殊前处理等优点，因此被广泛应用于药物的质量控制、结构优化以及药效研究等领域。在微生物药物鉴别中，NMR 可以用于检测样品中的杂质成分，识别药物的构象和结构异构体，并与已知的结构进行比对，以确定药物的质量和纯度。此外，NMR 还可用于研究微生物药物的分子动力学过程，比如通过监测分子在生物环境中的运动，来分析分子与受体之间的相互作用。

（5）旋光光谱法

旋光光谱法（ORD）是基于光学活性物质对偏振光旋转的原理。光学活性物质是指能够使线偏振光的偏振方向发生改变的物质，主要是指分子与它的镜像互相不能重叠，当平面偏振光经过时，会产生不同的旋转。其中包括手性分子（如手性药物、糖类等），这类物质大多具有旋光性。

在实验中，样品通常溶解于溶剂中，然后通过旋光仪。旋光仪中的偏振光经过样品后，其偏振方向会发生旋转。通过测量旋转的角度，并结合标准物质的旋转角度，来帮助确定样品中光学活性物质的浓度和纯度。其中当检偏镜向顺时针方向旋转时，则样品称为右（+）旋物质，向逆时针方向旋转时则称为左旋（−）物质。

ORD 常用于研究手性分子的绝对构型、手性识别、化合物的手性纯度等。其优点在于能够快速有效地判断分子的手性以及构型，在实际应用中较为广泛；但其容易受到其他物质的干扰，因此存在一定的局限性。并且旋光光谱图也相对比较复杂，因为每一个实际的 ORD 曲线都是分子中各个发色基团的平均效应、分子的不同取向以及每种不同构象的展现。因此 ORD 谱线通常都较为复杂。

（6）圆二色谱法

圆二色谱法（CD）是目前检测多肽二级结构最常用的方法之一，也是用于研究有机化合物构型和构象的检测方式。是基于化合物对圆偏振光吸收的原理。当圆偏振光穿过手性分子时，两种旋转方向的圆偏振光将被不同程度地吸收，从而产生圆二色效应。并且，有机分子的旋光性的摩尔吸光系数是不同的，即 $\varepsilon L \neq \varepsilon R$，这种色性就称为圆二色性。

在实验中，圆二色谱法通常使用圆二色光谱仪。样品溶液经过光学路径后，通过测量两种旋转方向的圆偏振光的吸收度差异，可以获得样品的圆二色谱光谱。不同波长的圆二色光谱代表的含义有一些区别。在微生物药物检测中，圆二色谱法可用于研究手性分子的构象、构型、溶液结构等；在大分子药物中，圆二色谱法可以研究蛋白质、核酸等生物大分子的构象和结构变化。对比旋光光谱图，圆二色谱图相对更容易解析，能够得到更多的立体结构信息，对于有多个紫外吸收峰的化合物，能够产生多个连续化的 CD 峰，帮助快速得到有效信息，得出实验结论。

（7）X 射线晶体学

X 射线晶体学是一种常用的结构鉴定方法，也是药物分子结构鉴定的主要手段之一。它利用 X 射线穿过晶体时产生的衍射图案来确定分子的结构。由于分子的结构特征对应着其在晶体中的排列方式，因此可以通过晶体的 X 射线衍射图案来确定分子的三维结构。

在药物研究中，X 射线晶体学广泛应用于分子结构的解析，特别是用于大分子药物如蛋白质、核酸等的结构分析。在药物发现和优化过程中，X 射线晶体学能够提供药物分子与目标蛋白质相互作用的具体结构信息，从而为药物设计和优化提供重要的依据。

X 射线晶体学的实验步骤一般包括晶体的培育、数据收集和结构解析三个部分。首先需要通过适当的溶液条件，使药物分子和晶体结构形成。然后利用 X 射线衍射仪器进行数据采集，通常需要在多个不同方向上采集大量数据点。最后利用计算机软件对数据进行处理和解析，确定分子的三维结构。

X 射线晶体学具有高分辨率、高精度、高可靠性等优点，能够提供药物分子结构的精确信息，但也存在一些局限性，如需要制备足够大的晶体、晶体形成的过程较为复杂等。因此在药物研究中，X 射线晶体学通常与其他结构鉴定方法相结合，以获得更全面和准确的结构信息。

7.2 微生物药物的质量检定

7.2.1 杂质鉴定

微生物药物的鉴别除了对其结构进行鉴定外，还需要进行杂质鉴定，以确保其纯度和质量。杂质可以分为化学杂质、微生物杂质和其他杂质。常用的杂质鉴定方法有以下几种：

（1）指纹图谱法

指纹图谱是指某些复杂物质，比如中药、某种生物体或某种组织或细胞的 DNA、蛋白质经适当处理后，采用一定的分析手段，得到的能够标示其化学特征的色谱图或光谱图。指纹图谱主要分为中药指纹图谱、DNA 指纹图谱和肽指纹图谱。指纹图谱是一种综合的、可量化的鉴定手段，它是建立在化学成分系统研究的基础上，主要用于评价中药材以及中药制剂半成品质量的真实性、优良性和稳定性。中药及其制剂均为多组分复杂体系，因此评价其质量应采用与之相适应的、能提供丰富鉴别信息的检测方法，建立中药指纹图谱将能较为全面地反映中药及其制剂中所含化学成分的种类与数量，进而对药品质量进行整体描述和评价。以指纹图谱作为中药（天然药物）提取物及其制剂的质量控制方法，已成为国际共识。美国食品与药品监督管理局（FDA）允许草药保健品申报资料中提供色谱指纹图谱；世界卫生组织（WHO）在 1996 年草药评价指导原则中也规定，如果草药的活性成分不明确，可以提供色谱指纹图谱以证明产品质量的一致。

（2）原子吸收光谱法

原子吸收光谱法（atomic absorption spectroscopy，AAS）是一种广泛应用于药物杂质鉴定的分析技术，可用于检测各种无机元素，例如铁、钙、镁、铜、铅、锌等，对于微生物药物中的金属元素含量测定尤为常见。

该技术基于原子对特定波长的光吸收，通过分析吸收光的量来确定样品中特定元素的浓度。AAS 技术的基本原理是将待测样品中的分子化为原子态，然后使用单色光源将特定波长的光照射到样品中，被吸收的光与元素的浓度成正比。最后，检测器将透过样品的光吸收量转换为元素浓度的数字值。

AAS 技术具有许多优点，如精度高、准确性好、灵敏度高、重现性好等。同时，该技术也有一些限制，例如只能用于无机元素的测定、需要对样品进行预处理等。

在微生物药物的鉴别和杂质鉴定中，AAS 技术常用于测定金属离子的含量，如铁、铜等金属离子的含量，以评估药物中的杂质水平。此外，AAS 还可以检测微生物药物生产中的微量金属元素污染，从而保证产品质量和安全性。

总的来说，原子吸收光谱法是一种非常有效的微生物药物金属元素含量和杂质检定方法，其可靠性和精度已得到广泛认可。同时，该方法还可以通过样品前处理和仪器优化等方式，进一步提高其检测效率和准确度，为微生物药物的质量控制提供了有力支持。

（3）毛细管电泳法

毛细管电泳法（capillary electrophoresis，CE）是一种高分辨率、高效率的分离和分析方法，已被广泛应用于生物分子的分析领域。该技术的基本原理是利用电泳力和某些特定条件下物质的分配行为，将样品中的生物分子分离出来，从而实现对其的定量和定性分析。

毛细管电泳法具有许多优点，例如分离效率高、需要的样品量少、分析速度快、技术成熟、自动化程度高等。根据毛细管电泳法的原理和应用范围，可分为几种不同类型。

首先，基于色谱分离机制的毛细管电泳法。这种方法利用毛细管内的柱体或柱填充物分离化合物，并结合检测方法对分离后的化合物进行检测。该方法可分为离子交换、反相、亲水性等不同类型。

其次，基于电泳分离机制的毛细管电泳法。这种方法利用生物分子在电场下的移动速度差异，分离出目标分子，并结合检测方法对其进行检测。该方法可分为等电点电泳、凝胶电泳、毛细管凝胶电泳等不同类型。

最后，基于表面吸附机制的毛细管电泳法。这种方法利用毛细管壁的表面化学反应或特定材料的表面吸附性质，将生物分子吸附在毛细管壁上进行分离和检测。

毛细管电泳法在生物制药行业中的应用非常广泛，可用于微生物药物、生物大分子、肽类和蛋白质等生物制品的分离和分析，对生产质量的保障作用也越来越受到重视。

（4）热重分析法

热重分析法（thermogravimetric analysis，TGA）是一种通过测量样品在加热过程中质量变化的方法，用于分析材料的热性质和分解特性。在微生物药物的鉴别中，TGA可以用于检测样品的纯度和含水量，对于药品的纯度和含水量是非常敏感的。

在TGA分析中，样品通常被加热到高温并在惰性气氛中进行测试，如氮气。在加热过程中，样品会随着温度的升高逐渐失去质量，因为样品中的化学键断裂，产生蒸汽和气体。TGA可以通过测量样品的质量变化来确定其热性质，包括分解温度、分解热和残留物质量。

TGA是一种非常灵敏的方法，可以检测样品的微小变化，例如在含水量方面的微小变化。此外，TGA还可以用于评估材料的纯度，因为杂质或其他材料的存在会影响样品的热性质。因此，TGA被广泛用于微生物药物的鉴别中，尤其是对于需要高纯度和低含水量的药品。

总之，TGA是一种可靠的、高灵敏度的分析方法，可以用于微生物药物的鉴别中检测样品的纯度和含水量。TGA还可以用于研究材料的热性质和分解特性，为微生物药物的质量控制提供重要信息。

7.2.2 纯度检定

微生物药物的鉴别纯度检定是药物质量控制中非常重要的一环。通过纯度检定可以确定微生物药物中各成分的含量和比例，确保药品符合药典标准和注册规定。常用的微生物药物鉴别纯度检定方法与杂质鉴定方法类似，除一般使用的化学法以外，又以色谱检测方法为主。

（1）高效液相色谱法

高效液相色谱法（HPLC）是一种高效、精准的分离和定量分析方法，也是微生物药物纯度检定中常用的分析技术。与传统的色谱法相比，HPLC具有分离效果好、灵敏度高、准确度高等优点，且可以用于检定微生物药物中的各种成分。在微生物药物中，不同成分的含量和纯度对其功效和安全性起着至关重要的作用。因此，通过使用HPLC法可以快速准确地分离、鉴定和定量微生物药物中的各种成分。同时，HPLC法还可以检测微生物药物中可能存在的杂质，从而保证微生物药物的质量和稳定性。

HPLC法通过将微生物药物溶液经过高效色谱柱分离，通过样品的物理化学特性实现对药物成分的分离和检测。其中，分离柱可以选择不同类型的柱子，如 C_{18} 柱、Phenyl 柱、C_8 柱等，以适应不同药物成分的检测需求。检测器通常采用紫外或荧光检测器，也可结合质谱联用技术进行分析。

总之，HPLC 法是一种可靠、灵敏、准确的分析技术，被广泛应用于微生物药物纯度检定中。通过采用 HPLC 法，可以快速准确地检测微生物药物中的各种成分，并为药物的生产和质量控制提供有力支持。

（2）离子色谱法

离子色谱法（ion chromatography，IC）是一种常用的分离和检测离子化合物的分析方法，广泛应用于微生物药物的纯度检定中。该方法基于溶液中离子交换的特性，通过选择性地吸附、分离和检测不同种类的离子，从而实现离子化合物的分离和测定。

离子色谱法具有以下优点：首先，该方法对于不同种类的离子具有高度的选择性和灵敏度，可以有效地分离和测定微生物药物中的各种离子成分。其次，离子色谱法操作简便，操作过程中不需要使用有毒有害的试剂，符合环保要求。此外，离子色谱法准确度高，重复性好，能够快速、高效地分离和检测微生物药物中的各种离子成分。

在微生物药物的纯度检定中，离子色谱法主要用于测定微生物药物中的离子类杂质，如无机盐、有机酸、金属离子等。此外，离子色谱法还可以用于微生物药物的质量控制和过程监控，如检测微生物培养基中的离子成分，保证培养基的质量和稳定性。

总之，离子色谱法是一种可靠、高效的分离和检测离子化合物的分析方法，广泛应用于微生物药物的纯度检定中。该方法具有灵敏度高、分离效果好、准确度高、操作简便等优点，为微生物药物的生产和质量控制提供了重要的技术支持。

（3）元素分析法

元素分析法并非一种具体的检测技术，而是将多种能够检测样品元素含量的手段结合，测定样品中各个元素的精确含量。将元素分析法与各种其它检测仪器相结合，可以帮助分析人员快速测定有机化合物的组成，并判断杂质成分和有效物质纯度等。常见的元素分析所用的方法有X射线荧光光谱仪（XRF）、电镜能谱分析（EDS）、等离子体发射光谱（ICP-OES）、电感耦合等离子体质谱（ICP-MS）、有机元素分析（EA）等。

长久以来，经典的有机元素分析方法已经不局限于实验室的应用和单纯测定有机物的化学式，今天，其应用领域已经广为扩展，从环境分析到农产品分析，直至所有可以想象到的有机化合物的质量监控，借助于现代化的电子辅助技术，可以广泛地实现分析过程的自动化、简约化，降低样品称重和仪器维护的时间，结合专门的检测仪器，现今的元素分析过程已经大大提高了工作效率，从而能够有效地应用于过程控制分析。

有机元素的分析原理非常简单，高温炉加热到 1150℃，并在催化条件下将样品氧化分解，样品中的元素组分将被转化为气态产物。在将所形成的氮氧化物还原并除去干扰气体之后，这种由 CO_2、SO_2、N_2 和 H_2O 组成的混合物被引入热导检测器（动态范围在 10^{-6} 级到百分含量级之间）进行分离和检测。采用这种方式可以在 10min 之内定量测出元素 C、H、O 和 S。这些元素是构成所有有机化合物的基础，同时也是微生物药物的主要组成部分。

7.2.3 生物效价测定

微生物药物的鉴别中，生物效价测定是一种重要的方法。生物效价是指单位体积或单位质量微生物药物中所含活性成分的量，通常以生物学活性为指标。常用的生物效价测定方法包括以下几种：

（1）药效学方法

药效学方法是一种直接评估微生物药物生物学活性的方法，其基本原理是通过动物模型或组织细胞培养等方法，测定微生物药物对生物体的生物学效应，从而评估药物的生物学活性。这种方法主要适用于疫苗、抗生素等药物的生物效价测定。

在进行药效学实验时，常常需要选择合适的动物模型或组织细胞进行实验。例如，疫苗的生物效价可以通过动物接种后产生的免疫反应来评估，而抗生素的生物效价则可以通过动物实验测定其抗菌活性。此外，还需要确定实验的给药途径、给药剂量、实验时间等关键参数，以保证实验的可靠性和准确性。

药效学方法的优点在于直接评估药物的生物学活性，能够提供较为准确的药物效价值，适用于多种微生物药物的生物效价测定。然而，该方法也存在一定的局限性，如实验过程较为繁琐，需要特定的实验条件和设备，实验结果受动物种类、品种、年龄、性别等多种因素影响，还存在一定的伦理和实用性问题。因此，在进行药效学实验时，需要综合考虑实验的可行性、准确性和实用性等方面。

（2）生长抑制率测定法

生长抑制率测定法是一种常用的生物学方法，用于评估微生物药物的抑菌或抑真菌作用。该方法基于微生物药物的活性成分对细菌或真菌的生长抑制作用，通过测定微生物药物对特定微生物的生长抑制率来评估其药效学特性。

生长抑制率测定法的操作步骤一般包括以下几个方面：

① 选用合适的微生物菌株：选择对微生物药物敏感的微生物菌株，通常是一些常见的细菌或真菌菌株。

② 培养微生物：在合适的培养基中培养微生物菌株，直到达到一定的菌量或指定的生长阶段。

③ 制备药物样品：按照一定的浓度或剂量制备微生物药物样品。

④ 测定生长抑制率：将微生物药物样品加入培养基中，与微生物菌株一起培养一定时间后，测定微生物的生长抑制率。通常采用测定菌落直径或光密度等方式来进行。

通过生长抑制率测定法，可以评估微生物药物对不同微生物菌株的生物学活性，从而为微生物药物的研发和生产提供重要参考信息。该方法的优点在于操作简单、灵敏度高、重复性好等，因此在微生物药物的质量控制和标准化过程中被广泛应用。

（3）酶活性测定法

酶活性测定法是一种用于评估微生物药物生物学活性的常用方法之一。酶对于微生物药物的活性通常是后者生物学活性的关键因素，因此酶活性的测定可以提供有关微生物药物生物学活性的重要信息。

在酶活性测定中，通常使用底物-产物检测法来确定酶的活性。这种方法基于底物在酶的作用下被转化成产物的原理。测量反应前后底物或产物的浓度变化，计算出反应速率，并将其与相应的对照组进行比较，从而得出微生物药物的酶活性。常用的酶活性测定方法包括色谱法、比色法、荧光法、放射性测定法等。

对于不同类型的酶，其活性测定方法也不同。例如，对于酯酶，可以使用酯水解反应来测定其活性；对于脂肪酶，可以使用荧光素-脂肪酸水解反应来测定其活性；对于蛋白酶，则可以使用肽水解反应来测定其活性。

酶活性测定法还可以用于评估微生物药物的质量控制。通过测定特定酶对于微生物药物的活性，可以确定微生物药物的纯度和有效性，并为药品的质量控制提供依据。此外，酶活性测定法还可以用于监测微生物药物生产过程中酶的表达和纯化，以确保最终产品的质量。

总之，酶活性测定法是一种重要的微生物药物生物效价测定方法，可为微生物药物的研究、开发和生产提供重要的信息和参考。

（4）细胞毒性测定法

细胞毒性是指某种物质对细胞的破坏作用。在微生物药物的鉴别中，细胞毒性测定法是一种常用的方法。该方法可以通过测定微生物药物对细胞的生长和代谢的影响，来评估其生物学活性。

在细胞毒性测定中，常用的方法包括MTT法、LDH释放法、细胞计数法等。其中MTT法是一种常用的细胞增殖和细胞毒性测定方法。MTT法是将微生物药物加入细胞培养物中，使细胞发生变化后，再加入MTT试剂，将其还原成紫色物质，通过测定光密度来计算细胞的增殖和细胞毒性。

LDH 释放法是一种常用的细胞毒性测定方法。在 LDH 释放法中，将微生物药物加入细胞培养物中，使细胞发生破坏，释放出 LDH 酶，通过测定 LDH 酶的活性，来评估微生物药物的细胞毒性。

细胞计数法是一种直接计数细胞数量的方法。在细胞计数法中，将微生物药物加入细胞培养物中，然后通过显微镜观察细胞数量和形态的变化，来评估微生物药物的细胞毒性。

除了上述常用的细胞毒性测定方法外，还有其他的方法，如细胞凋亡率测定法、细胞周期测定法等。这些方法都可以用来评估微生物药物的生物学活性，进而进行药物鉴别和质量控制。

需要注意的是，细胞毒性测定法虽然是一种重要的微生物药物鉴别方法，但在实际应用中也存在一些局限性，例如不同的细胞类型和培养条件可能会对结果产生影响，因此在进行细胞毒性测定时需要选择合适的细胞系和培养条件，并进行充分的质量控制和数据分析。

生物效价测定需要严格的实验条件和操作流程，以保证测定结果的准确性和可靠性。同时，需要对不同类型的微生物药物选择适当的生物学活性指标和测定方法，以保证测定结果的可比性。

7.3 微生物药物的质量管理和质量控制

7.3.1 药品质量管理的概念

药品质量管理是对药品类产品的质量进行控制的行为的总称。药品质量管理是一个复杂的体系，也是一个大的系统工程。至少包括五个子系统，从①药品的研究（GLP/GCP）开始，经过②药品的生产过程的质量控制（生产操作规范，GMP/GAP），经过③生产终点的质量控制（药品的质量标准）、④药品流通过程的质量控制（药品经营质量管理规范，GSP），最后到⑤药品使用时的质量控制（GUP）或药品上市后的再评价（DRE/ADR）。只有这五个阶段的质量都得到可靠的保证，整个药品的质量才可万无一失。它们构成了药品质量管理的完整概念。

药品生产企业、经营企业是药品质量管理的责任主体。生产企业应提供科学、规范、可行的生产工艺、质量标准和说明书，各环节严格执行相应规范。药品监督管理部门依法监督各责任主体落实其责任。药品质量管理的要素包括：①如何确保生产企业提供的生产工艺、质量标准和说明书的科学性、规范性和可行性，属于事前控制；②如何保证规范的落实，包括制度性的监督管理，属于事后控制。在实践中，通常使用的与药品特别是微生物药物等生物药相关的质量规范包括：

GMP：good manufacturing practice，即良好生产规范，或药品生产质量管理规范。该规范包括了药品生产过程中的各个环节，包括药品原料采购、药品生产、药品质量控制、药品包装等，以确保生产出的药品符合质量要求。

GLP：good laboratory practice，即良好实验室规范，或药品非临床研究质量管理规范。该规范主要适用于药品研发过程中的实验室研究，以确保研究结果准确、可靠，符合科学方法和伦理要求。

GCP：good clinical practice，即良好临床实践规范，或药品临床试验质量管理规范。该规范适用于临床试验阶段，以确保试验过程符合科学方法、伦理要求、安全性要求和可靠性要求。

GSP：good supply practice，即药品经营质量管理规范。是指在医药行业中企业和经营者必须遵守的相关规定或标准，以确保药品质量、安全和有效性。药品经营质量管理规范旨在保障消费者购买到的药品安全有效可用。

GUP：good using practice，即药品使用质量管理规范。它是指医疗机构在药品使用过程中，针对药事管理机构设置、人员素质制度职责、设施设备，药品的购进、验收、储存、养护和调剂使用，药品不良反应监测、信息反馈、合理用药等环节而制定的一整套管理标准和规程。

GAP：good agricultural practices，即中药材生产质量管理规范。其内容涵盖了中药材生产的全过程，是中药材生产和质量管理的基本准则。适用于中药材生产企业生产中药材（含植物药及动物药）的全过程。

DRE：drugs re-evaluation，即药品再评价。是指根据药学的最新学术水平，从药理学、药剂学、临床医学、药物流行病学、药物经济学及药物政策等主要方面，对已正式批准上市的药品在社会人群中的疗效（有效性）、不良反应（安全性）、用药方案、稳定性及经济学等是否符合安全、有效、经济的合理用药原则作出科学的评议和估计。

ADR：adverse drug reaction，即药品不良反应。药品不良反应是指合格药品在正常用法用量下出现的与用药目的无关的或意外的有害反应，包括副作用、毒性反应、变态反应、后作用等。

7.3.2 微生物药物的标准化研发

微生物药物包括细菌、酵母、真菌等多种微生物的代谢产物和菌体制备的生物制品。为了确保微生物药物的质量和安全性，需要从研发过程开始，即进行标准化研发，保证新药的可靠性和质量，为后续生产提供研究基础。

（1）微生物药物的标准化研发过程

标准化研发是保障新药研发质量、效率和成果的重要手段。通过建立新药研发的标准流程，可以使研发工作更加科学规范、高效，提高新药的研发成功率和质量。微生物药物的标准化研发包括以下流程：

① 药物筛选：微生物药物的研发首先需要进行药物筛选，即从大量的微生物中筛选出具有潜在药用价值的微生物。这个过程需要对微生物的生物学特性、代谢途径、生长条件等进行详细了解，并结合生物活性筛选技术进行综合评价。

② 生物活性评价：生物活性评价是微生物药物研发中至关重要的环节。通过对微生物药物的生物学特性和药理学机制进行研究，确定微生物药物的活性成分和作用机理，并进行药效学评价，为后续的临床应用奠定基础。

③ 药物安全性评价：微生物药物的安全性评价是研发过程中必不可少的一环。主要包括毒理学研究、药代动力学和药物互作等方面的研究，旨在评估微生物药物对人体的毒性和不良反应，确保微生物药物的安全性。

④ 质量标准制定：微生物药物的研发需要制定质量标准，确保微生物药物的质量和安全性。质量标准应包括微生物药物的物理化学性质、纯度、活性成分含量、微生物污染和内毒素含量等方面的要求。

⑤ 临床试验：经过药物筛选、生物活性评价、药物安全性评价和质量标准制定等环节后，需要进行临床试验，评估微生物药物在人体中的安全性和疗效，为微生物药物的上市奠定基础。

（2）微生物药物的标准化研发管理

微生物药物新药的研发过程需要经过严密的管理，这是保证研发过程质量、效率和成果的重要保障。新药研发过程的管理主要分为四个方面：

① 研发组织管理：新药研发需要科学、合理的组织管理，要建立研发平台，搭建研发团队，规范研发流程，明确研发任务，建立简单有效的沟通渠道等。要加强研发与生产、销售、市场等部门的联系，建立合理的研发目标，提高整个研发过程的效率和效果。

② 数据管理：新药研发是一个数据密集型的过程，各种数据的收集和管理对于研发结果至关重要。要建立严格的数据管理制度，确保数据的真实性、准确性、完整性和安全性。要建立科学研发数据库，实现数据共享和交流，提高研发工作的效率和质量。

③ 质量管理：新药研发质量的保障是新药能否上市和应用的关键。要加强对新药研发过程中各个环节的质量控制，建立完善的质量管理体系，确保新药的质量和稳定性。要加强对新药研发过程中重要材料和中间品的质量检验，并完善不合格品处理制度，确保新药的质量可控。

④ 知识产权管理：新药研发过程中产生的知识产权对于企业的核心竞争力起着重要的作用。要合理规划知识产权布局，加强知识产权保护，及时申请专利和商标权，防止知识产权被侵害，确保企业的创新能力和核心竞争力。

（3）微生物药物生产工艺的标准化研发

微生物药物除了最初的早期研究外，以发酵技术为主的小试、中试和放大以及临床药品的生产都或多或少与工业生产的技术活动内容相似，所以也需要建立研发阶段的质量体系。生产工艺的标准化研发包括：

① 菌株筛选和培养条件优化：微生物药物的生产需要选取适合生产的微生物菌株，并对菌株进行优化和改良，以提高微生物药物的产量和品质。同时，还需要优化培养条件，包括培养基、培养温度、pH 值、氧气供应等，以满足微生物生长的要求，提高微生物药物的产量和品质。

② 发酵工艺控制：微生物药物的生产是通过发酵过程实现的。发酵工艺的控制是微生物药物生产中至关重要的环节。发酵过程中需要控制菌种的生长、代谢产物的积累和分泌、污染菌的抑制等，以确保微生物药物的质量和产量。因此，需要对发酵过程进行精细化控制，包括对培养基成分的优化、对发酵参数的调控、对发酵过程中微生物生长状态和代谢产物的监测等。

③ 分离纯化和质量控制：发酵后的菌体或菌液需要进行分离纯化，以获得目标产物。分离纯化过程需要考虑微生物药物的物理化学特性，选择合适的分离纯化方法，如离子交换色谱、凝胶过滤色谱、亲和色谱等，以获得高纯度、高活性的微生物药物。同时，还需要进行质量控制，包括对微生物药物的物理化学性质、纯度、活性成分含量、微生物污染和内毒素含量等方面的检测和评价，确保微生物药物的质量和安全性。

④ 生产设备和环境管理：微生物药物的生产需要采用一系列的生产设备和技术，包括发酵罐、离心机、超滤装置、纯化设备等。同时，还需要对生产环境进行管理，确保生产过程中的卫生条件和微生物药物的质量安全。生产过程中还需要对污染进行防控，包括对空气、水、器械等的消毒和过滤，以确保微生物药物的质量和安全性。

7.3.3　GMP 的概念与实际应用

（1）GMP 的概念

GMP 是 good manufacturing practice（良好生产规范）的缩写，是一种用于保障制药、食品、化妆品等行业产品生产过程的质量控制体系。它是一种规范化的管理系统，旨在确保产品在生产过程中的质量、安全和有效性。在我国，GMP 指的是《药品生产质量管理规范》（good manufacturing practice of medical products）。1963 年，美国 FDA 以法令形式正式颁布了 GMP。我国从二十世纪八十年代开始引入 GMP 概念，在医药行业中推行，1988 年正式颁布，并于 1992 年、1998 年、2010 年先后三次进行了修订。

GMP 是药品生产和质量管理的基本准则，适用于药品制剂生产的全过程和原料药生产中影响成品质量的关键工序。GMP 认证是指由国家市场监督管理总局组织 GMP 评审专家对企业人员、培训、厂房设施、生产环境、卫生状况、物料管理、生产管理、质量管理、销售管理等企业涉及的所有环节进行检查，评定是否达到规范要求的过程。GMP 的检查对象是：①人；②生产环境；③制剂生产的全过程。"人"是实行 GMP 管理的软件，也是关键管理对象；而"物"是 GMP 管理的硬件，是必要条件，两者缺一不可。

（2）GMP 的具体内容

GMP 作为质量管理体系的一部分，是药品安全和有效性的保证，是药品生产和质量管理的基本准则，适用于药品制剂生产的全过程和原料药生产中影响成品质量的关键工序，旨在最大限度地降低药品生产过程中污染、交叉污染以及混淆和差错等风险，确保持续稳定地生产出符合预定用途和注册要求的药品。从专业化管理的角度，GMP 可分为质量控制（quality control，QC）系统和质量保证（quality assurance，

QA)系统两大方面。一方面是对原材料、中间品、产品的系统质量控制,称为质量控制系统;另一方面是对影响药品质量的、生产过程中容易产生人为差错和污染等问题进行系统的严格管理,以保证药品质量,称为质量保证系统。

从软件和硬件系统的角度,GMP可以分为软件系统和硬件系统。软件系统主要包括组织机构、组织工作、生产技术、卫生、制度、文件、教育等方面的内容,可以概括为以智力为主的投入产出。硬件系统主要包括对人员、厂房、设施、设备等的目标要求,可以概括为以资本为主的投入产出。

药品GMP要求药品生产企业应具备良好的生产设备,合理的生产过程,完善的质量管理和严格的检测系统,确保最终产品的质量(包括药品安全卫生)符合法规要求。药品生产企业的质量管理是药品生产企业管理的核心内容,也是国家对药品生产企业的最基本要求。其目的在于防止事故,尽一切可能将差错消灭在药品生产制造完成以前。作为一种科学的质量管理规范,目前,已被世界各国应用到了对药品生产进行的全过程管理中。实施GMP不仅可以通过药品检验使药品达到质量要求,而且在药品生产的全过程中实施全面质量管理和严密的监控措施来获得预期的质量,GMP是药品生产过程中的全面质量管理制度。

GMP的主导思想是,一切药品的质量都是生产出来的,而不是单纯检验出来的,即在药品生产全过程中要控制所有影响药品质量的因素,并且用科学的方法保证所生产的药品符合质量要求,在保证所生产的药品符合:不混批、不混杂、无污染、均匀一致的条件下进行生产。然后取样分析检验合格,此批药品才属真正合格。GMP强调的是过程控制,实际上是把传统的药品控制方法"成品检验"的重心向前移动、重心深化,确保药品生产全过程符合规范要求,那么,生产出来的成品自然而然就合格了。

GMP的三大要素是:①人为产生的错误减小到最低;②防止对医药品的污染和低质量医药品的产生;③保证产品高质量的系统设计。

(3)GMP的实际应用

GMP的实际应用涉及药品生产企业的各个方面,包括生产设备和设施、员工培训和资质认证、原材料和中间产品的控制、生产过程控制、产品检测和测试、不合格产品的处理、文件记录的管理、风险评估和管理、内部审核和监督以及质量体系持续改进等方面。

在人员管理方面,GMP要求企业拥有合格的人员,并提供必要的培训,以确保员工理解并严格执行GMP的要求。实际应用中,企业会建立人员培训计划,包括新员工培训、定期复习培训以及变更培训,确保员工对GMP的要求有清晰的认识,并能够在实际工作中贯彻执行。

在设施和设备管理方面,GMP要求企业拥有适当的生产场所和设备,以确保药品生产过程中的质量和安全。实际应用中,企业会进行设施和设备的定期维护和验证,确保其运行正常,符合GMP的要求,并进行必要的记录和文档管理。

在原材料和药品包装材料管理方面,GMP要求使用合格的原材料和药品包装材料,并确保其符合规定的标准。实际应用中,企业会建立供应商评估和管理制度,对原材料和包装材料进行严格检查和验收,并进行必要的质量控制测试,确保符合GMP的要求。

在生产过程控制方面,GMP要求制定标准的生产操作规程(SOP),确保生产过程的控制和稳定性,以生产符合质量要求的药品。实际应用中,企业会建立生产工艺流程图和操作规程,对每个生产步骤进行详细的规范和记录,并进行必要的生产过程控制和监控,确保药品的质量和安全。

在质量控制方面,GMP要求进行必要的质量控制测试,并确保符合规定的标准。实际应用中,企业会建立完整的质量控制体系,包括原材料和成品的检验、检测和分析,确保药品符合质量标准,并进行必要的记录和报告。

在文档和记录管理方面,GMP要求建立完整的文档和记录系统,以确保生产过程的追溯和质量的持续改进。实际应用中,企业会建立文件控制和记录管理制度,包括文件编写、审核、批准和变更控制,确保文档和记录的准确性和完整性,并进行必要的文档存档和管理。

在审计和检查方面,GMP要求定期进行内部审计和外部检查,以确保符合GMP的要求。实际应用中，企业会建立审计和检查制度，定期组织内部审计和接受监管部门的外部检查，发现和纠正存在的问题，并进行必要的改进和持续改进。

此外，GMP还包括风险评估和管理，如GMP要求企业进行风险评估，并根据评估结果实施风险管理计划，以最大限度地减少生产过程中可能存在的风险和危险。内部审核和监督，如GMP要求企业进行内部审核和监督，以确保生产过程的有效性和合规性，并及时发现和纠正问题。质量体系持续改进，如GMP要求企业不断改进其质量管理体系，并采取措施防止质量问题再次发生。

（4）药品质量管理系统

要了解药品质量管理体系，需要理解质量管理体系、质量保证、GMP、质量控制之间的关系。首先，药品质量管理体系（PQS）涵盖影响药品质量的所有因素，包括确保药品质量符合预定用途的有组织、有计划的全部活动，指的是对药品整个生命周期进行质量管理。

其次，质量保证（QA）是质量管理体系的一部分，强调的是为达到质量要求应提供的保证，要将质量设计到产品之中，因此要对研发和技术转移过程进行控制，确保质量目标的实现。质量保证是一个广义的概念，它涵盖影响产品质量的所有因素，是为确保药品符合其预定用途并达到规定的质量要求所采取的所有措施的总和。质量保证更强调于对体系的保证，偏差、变更、投诉、召回、风险管理、年度质量回顾、管理评审以及记录的审核，提供一系列的质量保证手段，能够按照规定的要求来进行针对人和体系的管控。在企业，质量保证（QA）负责质量监督，负责政策控制，其控制的对象是操作人，而公司所有人员对质量体系都负有相应的责任。

GMP（药品生产质量管理规范）作为质量管理体系的一部分，是药品生产管理和质量控制的基本要求，强调对生产过程进行质量控制。GMP旨在最大限度地降低药品生产过程中污染、交叉污染以及混淆和差错等风险，确保持续稳定地生产出符合预定用途和注册要求的药品，从污染、交叉污染、混淆和差错三个方面评估动作是否合规，持续稳定，可复核。

最后，质量控制（QC）指对药品类产品的质量进行控制的行为的总称。是指通过系列的质量管理措施，确保药品在生产、贮存、运输和使用过程中的质量符合规定的标准和要求。药品质量控制是保障患者用药安全和药品有效性的重要环节，对于保障公众健康具有重要意义。在企业，质量控制（QC）部门及其员工负责技术控制，它涉及取样、规格标准、检测及组织机构、文件、发放程序，以及保证进行必要的检验。它不只限于实验室操作，还涉及一切有关生产进行及产品放行的质量决定。

从概念所涵盖的范围上，质量管理体系、质量保证、GMP、质量控制存在包含和被包含的关系，如图7-1。

图7-1 药品质量管理系统

7.3.4 微生物药物生产质量控制

（1）生产质量控制的目的

在微生物药物的生产过程中，质量控制是确保生产出的药品符合质量标准的关键步骤。为了实现这一目标，需要采取一系列措施，包括控制原材料的质量、管理生产环境、监测生产过程、测试产品质量、建立记录系统、审查合规性、进行检验和验证，以及持续改进生产过程和质量控制措施。这些措施都旨在确保生产的药品是高质量、安全有效的，并符合行业标准和法律法规的要求。通过质量控制措施的执行，可以最大限度地减少生产过程中的风险和误差，并提高产品的一致性和品质，以满足患者和市场的需求。

药品质量的优劣直接影响药品的安全性和有效性，关系用药者的健康与生命安全。药品质量研究的目的就是为了制定药品标准,加强对药品生产质量的控制及监督管理,保证药品的质量稳定均一并达到用药要求,保障用药的安全、有效和合理。控制药品的外在质量,确保药品质量稳定均一。药品生产企业的生产工艺、技术水平、设备条件和贮藏运输状态的差异,尤其是生产管理水平和人员素质,都将影响药品的外在质量。

将药品质量的终点控制和生产的过程控制相结合,全面控制药品质量。药品标准只是控制产品质量的有效措施之一。药品的质量还要靠实施《药品生产质量管理规范》及工艺操作规程,进行生产过程的控制加以保证。只有将药品质量的终点控制(按照药品标准进行分析检验)和生产的过程控制结合起来,才能全面地控制产品的质量。

(2) 生产质量控制的原则

保证药物的安全、有效、质量可控是药物生产和评价应遵循的基本原则,其中,对药物进行生产质量控制是保证药品安全有效的一大基础。为达到控制质量的目的,需要多角度、多层面来控制药品质量。其中主要的层面包括生产人员控制、设备控制、物料控制、生产过程控制、质量检测控制、文件控制、验证控制等。其中物料控制、生产过程控制和质量检测控制最为突出。

物料控制主要包括原料药的起始物料控制。其定义为构成原料药分子部分结构的化合物,能稳定、批量生产且质量可控。在原料药制备工艺研究的过程中,起始原料和溶剂的质量是原料药制备研究工作的基础,直接关系到终产品的质量和工艺的稳定,可为质量研究提供有关的杂质信息,也涉及工业生产中的劳动保护和安全生产问题。要求起始原料质量稳定、可控,应有来源、标准和供货商的检验报告,必要时应根据制备工艺的要求建立内控标准。

质量检测控制就是说要对药物的标准菌株、标准品、对照品、中间体和产品等,按照标准规定、标准操作,在遵循实验室管理规章制度的情况下,进行多个项目的检验和测试,来全面考察被测物质的质量。一般地,每一测试项目可选用不同的分析方法,使测试结果准确、可靠。

生产过程控制的目的是按照注册批准的工艺稳定地生产出符合注册批准的质量标准的产品,即"确保药品质量符合预定用途"。因此生产过程控制首先要确保生产工艺与注册工艺一致,如进行工艺复核;其次要保证生产工艺稳定,如进行设备和工艺验证;还要保证产品质量符合预定用途,如质量标准的一致性和检测方法验证;还要保证产品质量的稳定性,如进行物料和供应商确认、稳定性试验;此外,还需要保证降低污染/交叉污染对产品质量的影响,如生产厂房洁净度认证;最后,还需要将人员操作中混淆和差错的风险降至最低,如人员培训。所有上述因素都应纳入质量管理的范畴,得到全面系统的控制。

(3) 生产质量控制的具体措施

生产质量控制的方式非常复杂,根据不同企业、不同产品、不同过程存在很大差别。大致上可以分为多个角度,每个角度都有很多具体措施。

从物料角度,所有物料禁止直接裸露,要密闭放置;盖桶分离的容器标签要贴在桶上,盖桶分离的容器在盖桶上要有对应一致的编号,同一规格不同批号的物料要有明确的标识以防混淆,特别是车间没有使用完退回到仓库的剩余物料,物料标签要适当以防混淆;挥发性物料应单独存放以避免污染其它物料;应建立明确的物料和产品的处理和管理规程,确保物料和产品的正确接收、贮存、发放和使用,采取措施防止交叉污染、混淆和差错;进厂物料与现有的库存应有正确标识,经检验合格后才可予以放行,防止将物料混淆,采用非专用槽车运送的大宗物料,应采取适当措施避免来自槽车所致的交叉污染;避免所使用的灭鼠药、杀虫剂、烟熏剂等对设备、物料、中间产品、待包装产品或成品造成污染。

从生产过程控制角度,生产过程中应当尽可能采取措施,防止污染和交叉污染,如在分隔的区域内生产不同品种的药品;采用阶段性生产方式;设置必要的气锁间和排风;空气洁净度级别不同的区域应当有压差控制;应当降低未经处理或未经充分处理的空气再次进入生产区导致污染的风险;在易产生交叉污染的生产区内,操作人员应当穿戴该区域专用的防护服;采用经过验证或已知有效的清洁和去污染操作规程进行设备清洁;必要时,应当对物料直接接触的设备表面的残留物进行检测;采用密闭系统生产;干燥设备的进风应当有空气过滤器,排风应当有防止空气倒流装置;生产和清洁过程中应当避免使用易碎、易脱屑、易发霉器具；使用筛网时，应当有防止因筛网断裂而造成污染的措施；液体制剂的配制、过滤、灌封、灭菌等工序应当在规定时间内完成；软膏剂、乳膏剂、凝胶剂等半固体制剂以及栓剂的中间产品应当规定贮存期和贮存条件等。

从人员管理和培训角度，对于工作人员而言：应对人员进行 GMP 基础知识培训、基础微生物学培训、人员卫生培训；生产厂房应仅限于经批准的人员出入；应严格按照相关的操作规程着装和进入洁净室；定期清洗和灭菌洁净服，穿着洁净服要收好袖口和领口，洁净服的下摆不应露在外面，帽子应能完全盖住头发并按照正确的方式佩戴口罩；直接接触药品和设备表面时要戴手套，不留长指甲、不涂指甲、不化妆、不戴首饰；在生产区不吃东西/喝水/吸烟和嚼口香糖；对于直接接触药品和表面（和药品直接接触的）的人员应定期体检；在洁净区动作应轻，避免剧烈运动，以减少人的发尘量；定期洗手和消毒，在手消毒之前应先洗手，以去除会使消毒剂失活的有机物和蛋白质，只能用醇类物质作为手消毒剂；洁净区的门应紧闭。

从设备和设备运转角度，生产设备工具最好专用，每一操作间或生产用设备、容器应与所生产产品一致，不得相互混用；生产设备应便于彻底清洁，非专用设备更换品种，生产前必须对设备进行彻底的清洁，如反应釜、干燥箱或振动筛、制粒机、压片机等；取样工具要专用，并严格按规定进行清洁消毒，生产设备跨越两个洁净级别不同的区域时采取密封的隔断装置或其他防止交叉污染的措施；厂房设备位置布局尽可能地防止混药的发生，如设多个包装线；干燥设备的进风口应有空气过滤器，出风口应有防止空气倒流装置，生产高致敏性药品（如青霉素类）必须采用专用和独立的厂房、生产设施和设备，生产 β-内酰胺结构类、性激素类避孕药品必须使用专用设备和单独的空气净化系统；设备所用的润滑剂、冷却剂等不得对药品或容器造成污染，应尽可能使用食用级或与产品级别相当的润滑剂；生产过程中应避免使用易碎、易脱屑、易发霉器具，使用筛网时应有防止因筛网断裂而造成污染的措施，必要时，应对与物料直接接触的设备表面的残留物进行检测。

从环境角度，要有单独的取样区域/取样间，实验室应有足够的空间以避免混淆和交叉污染；应尽可能降低因空气循环使用，或未经处理及未经充分处理的空气再次进入生产区导致污染的风险，产尘量大的洁净室（区）经捕尘处理仍不能避免交叉污染时，其空气净化系统不得利用回风；厂房的选址、设计、布局、建造、改造和维护应能最大限度避免产生污染、交叉污染、混淆和差错的风险；生产过程中应防止原辅料或产品受到污染和交叉污染，物料、产品、设备表面残留物以及操作人员工作服有可能不受控制地释放尘埃、气体、蒸汽、喷溅物或生物体，从而导致偶发性的交叉污染；在生产的每一阶段，应采用专室或层流保护，保护产品和物料免受微生物和其它污染，避免物料、容器及设备最终清洗或灭菌后二次污染。

从产品的质量控制角度，对生产的产品进行各种质量测试，包括细菌培养、酵母菌培养、细胞生长、生物活性等。

此外，还有制度性、合规性、持续改进角度，包括可追溯性的建立，建立完善的记录系统，以便对生产过程进行追溯和溯源；合规性的审查，确保生产过程符合国家和行业标准，包括 GMP、ISO 等标准，以及法律法规的要求；检验、验证和确认，通过检验、验证和确认的方式，确保质量控制措施的有效性和可行性，以便在生产过程中及时发现和解决问题；以及通过不断改进质量控制措施和生产过程，提高生产效率和产品质量，以满足市场需求和客户要求。

这些措施都旨在确保生产的药品是高质量、安全有效的，并符合行业标准和法律法规的要求。通过质量控制措施的执行，可以最大限度地减少生产过程中的风险和误差，并提高产品的一致性和品质，以满足患者和市场的需求。

（4）药品生产全周期质量控制

从整个药品的生产周期来看，药品生产的质量控制可以概括为四个要素，亦可以称作为推进产品质量的生命周期方法而应强化的四个要素。药品生产时需要根据产品生产周期每个阶段的差异和不同目标，采用与之相适应和对称的方式运用这些要素。

① 首先是工艺性能和产品质量监测系统。其目的是设计并运行药品生产系统，以确保维持受控状态。有效的监测系统可保证持续的工艺和控制能力，以生产出符合预期质量要求的产品和确定持续改进的范围。监控的内容包括原料药（API）和制剂的物料与组分、厂房和设备运行条件、过程控制、成品质量标准相关的参数和特性，以及相应的监控方法和频次。

监测系统在药品研发生产的不同阶段有不同应用。在药品研发过程中获得的工艺和产品知识及所实施的工艺和产品监测可用于建立控制策略。在技术转移阶段（或放大阶段），技术从研发部门转移到生产部门，在工艺放大过程中可初步提示工艺性能是否能够成功转入生产，在此期间获得的知识可进一步发展控制策略。进入正式生产以后，运用明确的监测系统来保证生产系统运行处于受控状态并确定可以进行工艺改进的范围。在产品上市以后，稳定性试验等监测工作应继续进行，针对已投放市场产品的适当措施应继续按照地方法规执行。

② 其次是纠正和预防措施（CAPA）系统。这一系统指的是具有实施纠正和预防措施功能的系统。纠正和预防的目标来源于对投诉、产品不合格、违规、召回、偏差、审计、监管机构的检查和发现的缺陷以及工艺性能和产品质量监测的趋势所进行的调查。而这些调查程序应以确定根本原因为目的，期望促成产品和工艺改进并增强对产品和工艺的理解。

纠正和预防措施系统在药品研发生产的不同阶段也有不同应用。在药品研发阶段可以探索产品和工艺的可变性。在反复的设计和研发过程时采用该法可提高研发效率。在技术转移阶段（或放大阶段），该系统作为一个反馈、前瞻和持续改进的有效系统来使用。进入正式生产以后，可以使用该系统定期评估生产的有效性。在产品上市或退市以后，继续使用该系统以考虑对市场上剩余产品的影响。

③ 随后是变更管理系统。创新、持续改进、工艺性能和产品质量监测结果以及CAPA都会导致生产上的变更，应建立有效的变更管理系统以正确评估、批准和实施这些变更。如涉及需要向监管机构或客户通报的变更，应按规定或者事先商量的协议进行。变更管理系统应与产品生命周期的阶段相适应。变更存在一定的风险，应使用质量风险管理来评估提议的变更，评估的程度和形式应与风险程度相匹配。应结合上市许可评估提议的变更，应评估是否需要根据地区法规要求变更申报文件。从法规申报的角度讲，在设计空间内的操作变化不视为变更，但从药品质量体系的观点讲，所有变更均应该采用公司的变更管理系统进行评估。为确保变更在技术上是合理的，应由来自相关领域（如药品研发、生产、质量、法规事务和医学）的具有相应专长和知识的专家团队来对提议的变更进行评估。应对提议的变更设定预期的评价标准。变更实施后，还应开展评价以确认达到了变更的目的，且对产品质量没有不良影响。

变更管理系统是药品研发过程的固有部分，应有文件记录，变更程序的形式与药品研发的阶段匹配。在技术转移阶段（或放大阶段），变更管理系统提供技术转移活动中工艺调整的管理和文件记录。进入正式生产以后，有正式的变更管理系统。质量部门会对变更进行监督，为适当的基于科学与风险的评估提供保证。在产品退市以后，产品终止后的任何变更都应经过相应的变更管理系统。

④ 最后是工艺性能和产品质量的管理回顾。在药品生产过程中，应保证在整个生命周期内的工艺性能和产品质量均得到管理回顾。根据企业规模和复杂程度，管理回顾可以是不同管理级别的系列的回顾分析，它应包括及时有效的沟通和上传程序，以将适当的质量问题提交给高级管理层进行评估分析。管理回顾系统应包括监管机构检查结果和发现的缺陷、审计和其他评估以及对监管机构作出的承诺。而定期的质量回顾可包括：衡量消费者的满意度，如产品质量投诉和召回；工艺性能和产品质量监测的结论；纠正和预防措施在内引发的工艺和产品变更的有效性。管理回顾系统应确定适当的措施，如对生产工艺和产品的改进，提供、培训和/或调整各种资源，收集和传播知识。

在药品研发生产的不同阶段，工艺和产品质量管理回顾起到不同作用。在药品研发阶段对某些方面进行管理回顾，以确保产品和工艺设计的充分性。在技术转移阶段（或放大阶段），对某些方面进行管理回顾分析以确保研发的产品和工艺能以商业化规模生产。进入正式生产以后，管理回顾系统应能支持生产工艺的持续改进。在产品上市或退市以后，管理回顾系统应包括如产品稳定性和产品质量投诉等项目的回顾。

7.3.5 微生物药物生产的物料质量控制

微生物药物大部分从本质上也属于化学药物，而微生物制药在生产阶段上以原料药作为常见的成品阶段。因此，以微生物药物原料药的生产为例，进行物料质量控制的主要内容有：

（1）对起始物料名称、化学结构、理化性质的描述

微生物药物生产工艺和过程控制中需要提供起始物料的分子式、分子量、化学结构式。理化性质信息一般包括：性状（如外观、颜色、物理状态）、熔点或沸点、比旋度、溶解性、吸湿性、溶液 pH、分配系数、解离常数等。起始物料的理化性质的研究是为合成工艺路线和原料药的质量服务的，如其理化性质不影响合成工艺路线和原料药的质量，同时因终产品结构确证的需要，应对起始物料的结构进行确证，故在制定起始物料质量控制时仅需制定性状和鉴别项即可，否则需要根据相关工艺对其理化性质进行适当的研究。

（2）物料制备工艺

物料控制中明确规定必须提供起始物料的来源，对于关键的起始原料，尚需根据相关技术指导原则、技术要求提供其制备工艺资料。由于制备原料药所用的起始原料可能存在着某些杂质，若在反应过程中无法将其去除或者参与了反应，对终产品的质量将造成一定的影响，而起始物料的制备工艺是制定和推断其杂质谱的重要基础，因此在进行关键起始物料质量控制时应得到其制备工艺。

（3）定量或定性的描述

《化学药品新注册分类申报资料要求》中规定对于外购的起始原料，应根据相关技术指导原则、技术要求对杂质进行全面的分析和控制，明确可能对后续反应影响的杂质或可能引入终产品的杂质（如无机杂质、有机杂质、有机溶剂等），在此基础上采用适当的（必要时经规范验证的）分析方法进行控制，根据各杂质对后续反应及终产品质量的影响制定合理的内控标准。结合原料药的制备工艺要求、起始原料生产商提供的制备工艺和制定起始原料药的内控标准，说明内控标准（尤其是杂质限度与含量）的制定依据。

（4）物料纯度的控制

根据起始物料对工艺的影响程度，以及后续对终产品质量属性的影响，同时需要考虑起始物料批间差异是否对工艺造成影响等因素，单纯的面积归一的纯度已无法满足质量控制的要求，需要对其含量进行必要的控制。比如某起始物料纯度在 99.5% 以上，但是其无法体现其中含有的无机盐等物质，而大量无机盐的存在将直接对合成工艺路线造成影响。

（5）物料中杂质的控制

任何影响药物纯度的物质统称为杂质。对由起始原料引入的杂质、异构体，必要时应进行相关的研究并提供质量控制方法。药品中的杂质按其理化性质一般分为三类：有机杂质、无机杂质及残留溶剂。

① 有机杂质：有机杂质包括工艺中引入的杂质和降解产物等，可能是已知的或未知的、挥发性的或不挥发性的。由于这类杂质的化学结构一般与活性成分类似或具渊源关系，故通常又称为有关物质。基于安全性和生产实际情况两方面的考虑，允许原料药中含有一定量无害或低毒的共存物，但对有毒杂质则应严格控制。其控制的原则为：起始物料的化合物不应成为原料药杂质的重要来源，即起始物料、起始物料中所含的杂质以及杂质的衍生物在原料药中的含量均不得大于 0.1%。但并不代表起始物料中各杂质必须控制在 0.1% 以下，如果某杂质可以在反应过程中被消除或有充足的理由证明其通过反应最终生成原料药，其的存在并不影响原料药的质量，其限度是可以适当放宽的，其放宽程度根据合成工艺要求而定。当杂质有特殊的药理活性或毒性时，分析方法的定量限及检出限应与该杂质的控制限度相适应。设定的杂质限度不能高于安全性数据所能支持的水平，同时也要与生产的可行性及分析能力相一致。毒性杂质的确认主要依据安全性试验资料或文献资料。

② 无机杂质：无机杂质是指在生产或传递过程中产生的杂质，这些杂质通常是已知和可预料的，主

要包括反应试剂、配位体、催化剂、重金属,其它还包括残留的金属、无机盐、助滤剂、活性炭等。对于起始物料中的无机杂质一般没有必要控制,因为反应试剂里面也会存在无机杂质,后处理过程也可以去除大部分无机杂质。除非特殊情况下,某些无机杂质影响合成反应,或者后面难以去除,则需要在起始物料中加以控制。

③ 残留溶剂:残留溶剂是指在生产过程中所使用的有机溶剂。对起始物料中使用的一类和二类溶剂根据起始物料的工艺路线、原料药的工艺路线、溶剂限度等实际情况分步制定控制策略;对于三类溶剂根据《化学药物残留溶剂研究的技术指导原则》的建议可不予研究;对于尚无足够毒性资料的溶剂可根据生产工艺和溶剂的特点,必要时进行残留量研究。若需采用起始原料进行特殊反应,对其质量应有特别要求。对于必须在干燥条件下进行的反应,需要对起始原料或试剂中的水分含量进行严格的要求和控制;若起始原料为手性化合物,需要对对映异构体或非对映异构体的限度有一定的要求。

对于不符合内控标准的起始原料,应对其精制方法进行研究,以利于对工艺和终产品的质量进行控制。

7.3.6 原料药质量控制和标准

(1)原料药的定义

原料药(active pharmaceutical ingredient,API)是指用于制造药品的主要成分或物质,是药品制剂中的有效成分。在人用药品注册技术国际协调会议(ICH)给出的定义中,原料药是旨在用于药品制造中的任何一种物质或物质的混合物,而且在用于制药时,成为药品的一种活性成分。此种物质在疾病的诊断、治疗、症状缓解、预防中有药理活性或其他直接作用,或者能影响机体的功能或结构。

原料药通常是通过化学合成、生物工程或其他方法获得的化合物,可以分为化学合成原料药和生物制备原料药两大类。化学合成原料药是通过化学合成方法获得的,通常包括有机合成过程中的中间体和最终产物。许多传统的药物都是通过这种方式生产的。生物制备原料药是通过生物技术手段,如基因工程、发酵等方法,利用生物体(通常是细胞或微生物)来合成目标物质。生物制备原料药在生物技术和基因工程的发展下逐渐成为一种重要的药物生产方式。微生物药物的原料药既有化学合成原料药,也有生物制备原料药。

在药物生产过程中,原料药经过一系列的物理、化学处理和深加工,最终成为成品药物的关键组成部分,因此原料药的质量、纯度和稳定性非常重要,直接关系到最终药品的质量、效果和安全性。原料药的生产通常需要符合相关法规和标准,并经过严格的质量控制和质量保证体系的监管。

(2)原料药质量标准

原料药质量标准的常见要素包括了一系列对原料药性质、纯度、稳定性、微生物污染、重金属含量等方面的规定。这些标准通常由国家药品监督管理部门、国际药品标准制定组织等机构制定,以确保原料药的质量满足药品生产和患者用药的要求。

原料药在确证化学结构或组分的基础上,应对该药品进行质量研究,并参照现行版《国家药品标准工作手册》制定质量标准,一些中国药典附录已有详细规定的常规测定方法,对方法本身可不作验证,但用于申报原料药测定的特殊注意事项应明确标明。

各国对原料药的管理形式有所不同。我国实行批准文号管理,需注册申报。欧美及加拿大等国原料药仅作为新药申请的一部分或采用递交药品主卷备案的形式进行管理。虽然管理的形式有所不同,但都对产品的安全性、有效性及质量控制等方面进行严格的评价。

(3)原料药质量控制的方法

对于原料药的质量控制,有研究者提出了几个具体的原则和方法:首先是强化质量管理,提升生产工艺,包括提升原材料质量,加强生产设备管理,加强人员培训力度等;其次是关注关键指标,强化风险管理，包括合理选择工艺路线，正确选择适宜的纯化工艺，积极开展工艺验证工作；三是实施科学管理，控制原料药质量，包括加强原料供应商管理，确保原料质量，加强生产过程控制力度，药物临床研究阶段进行生产工艺优化。

原料药质量控制是当前医药领域发展的重要内容。随着我国医药领域的快速发展，对原料药质量控制提出了更高要求。相关部门需要在药品质量管理中建立更加严格的标准，严格执行药品质量管理制度，提高相关人员的专业素养，优化原料药质量控制与生产工艺。原料药企业也需要结合自身发展情况，不断优化原料药质量控制与生产工艺，不断创新医药产品，提高原料药生产质量。

7.3.7 制剂的质量控制和标准

制剂的质量控制和标准是药品生产中非常重要的一个环节，对于保证制剂的质量、安全和疗效有着至关重要的作用。在制剂生产过程中，要对每一个环节都进行严格的质量控制和管理，从原料药和辅料的选择、生产工艺的控制到成品的检验，都必须遵循相关的标准和规范，确保制剂的质量符合国家和国际的要求。

（1）制剂的定义和分类

制剂，又称药物制剂，指的是为适应治疗或预防的需要，按照一定的剂型要求所制成的，可以最终提供给用药对象使用的药品。而剂型，是指为满足疾病诊断、治疗或预防的需要而制备的不同给药形式。药物制剂的过程则是指将药物活性成分（通常为原料药）与辅料和添加剂混合并制成适合使用的药物形式的制备过程。药物制剂的目的是在保证药物活性的同时，提高药物的稳定性、生物利用度、便利性和可控性。

药物制剂可根据剂型的不同进行分类。常见的按给药途径分类有经胃肠道给药的制剂如片剂、胶囊剂、颗粒剂等；非经胃肠道给药的制剂如注射剂、喷雾剂、贴剂等。按形态分类则有液体剂型如溶液剂、注射剂、洗眼液等，半固体剂型如软膏剂、凝胶剂等，固体剂型如片剂、胶囊剂、丸剂等。此外，药物制剂还有按分散系统分类、按制备方法分类等方法，还可以根据用途、药物种类、用药对象等进行分类。不同的药物制剂具有不同的特点和应用场景。

（2）制剂的质量标准

制剂的质量研究与质量标准的制定是药物研发的重要内容。在研发过程中需要对其质量进行系统、深入、全方位的研究，制定出科学、合理、可行的质量标准，保证在有效期内制剂是安全有效的。药物制剂的质量标准主要包括以下几个方面。首先是①有效性，指的是药物制剂必须能够有效地发挥其治疗作用，符合药品注册批准的要求。其次是②安全性，指的是药物制剂必须安全，无毒或低毒，不良反应发生率低，不会对患者的身体造成损害。随后是③稳定性要求，即药物制剂必须在规定的贮存条件下保持其物理、化学、生物学和微生物学性质，确保药品质量和安全有效。对于批量生产药品，还存在④一致性要求，即药物制剂必须具有一定的质量一致性，确保不同批次药品的质量和疗效相同。药品制剂还有⑤方便性要求，即药物制剂必须便于使用和携带，符合患者的使用需求。

不同剂型的药物制剂还有其特定的质量标准，如片剂的硬度、崩解时限、溶出度等；注射剂的澄明度、渗透压、无菌等；软膏剂的稠度、稳定性等。对于特殊管理药品，如麻醉药品、精神药品等，其质量标准还有特殊的要求。

（3）药物制剂质量控制的内容和方法

药物制剂质量控制的内容和方法主要包括以下几个方面：

原料药质量控制：对原料药的来源、纯度、杂质、稳定性等进行检验和控制，确保原料药的质量符合规定。

制剂过程控制：对制剂的制备工艺、设备、环境等进行控制，确保制剂的生产过程符合规定。同时，对每一步生产过程进行质量检验，及时发现并处理问题，确保产品质量。

制剂质量控制：对制剂的外观、理化性质、含量、溶解度、稳定性等进行检验和控制，确保制剂的质量符合规定。

包装质量控制：对药品包装材料的质量、密封性、标签等进行检验和控制，确保药品包装符合规定，保证药品在运输和贮存过程中的质量和安全。

稳定性试验：对制剂进行加速和长期稳定性试验，考察制剂在不同环境条件下的稳定性，为药品的贮存和运输提供科学依据。

质量标准制定：根据药品特点和生产工艺制定相应的质量标准，包括性状、鉴别、检查、含量等方面的内容。质量标准应在实际生产中不断修订和完善。

人员培训和记录管理：对相关人员进行培训和考核，提高其技能和能力，确保其能够胜任工作。同时，建立各种记录的管理和保存制度，包括生产记录、质量控制记录、批号记录等，确保记录完整、真实、准确，并按规定进行归档和保存。

药物制剂质量控制是确保药品质量和安全有效的重要环节，需要严格遵守国家药品监管法规和指导原则的要求。需要注意的是，药物制剂质量控制是一个复杂的过程，涉及多个环节和方面。具体的方法和步骤会因不同的药物类型、生产工艺和法规要求而有所差异。因此，在实际操作中，药物制剂企业需要根据具体情况制订适合自身的质量控制计划，并遵循相应的法规和标准。

7.3.8 微生物药物的质量检测范例

（1）微生物原料药的质量检测

原料药的质量检测标准在《中国药典》中处于本类药物检测的第一位。原料药的质量检测包括性状、鉴别、检查和含量测定。药物的性状项下包括药物的外观、溶解度和物理常数三部分，反映了药物特有的物理性质，是对药物进行鉴别的第一步。鉴别常用化学鉴别法、仪器分析法等（化学鉴别法是根据药物与化学试剂在一定条件下发生离子反应或官能团反应生成不同颜色、不同沉淀，放出不同气体，呈现不同荧光，从而做出定性分析结论。仪器分析法是以药物的物理和物理化学性质为基础的分析方法，需要特殊仪器，常用的有光谱鉴别法、色谱鉴别法等），用于鉴别药物的真伪。原料药的杂质检查是针对原料药存在的杂质进行检查，常针对不同杂质项目采用适宜的方法。原料药的含量测定用于测定原料药中有效成分的含量，一般可采取化学、仪器或生物测定方法。

（2）案例1：取样与留样

① 药品的取样 微生物药物生产过程中，原料、辅料、包装材料、中间产品、成品等均需取样，并制定相应的操作规程。

取样工具：不锈钢勺、不锈钢探子、玻璃取样吸管等；样品盛装容器具有封口装置的无毒塑料袋（取样袋）、具塞玻璃瓶。

取样数量：依据请验单的品名、规格、批号、数量按原则计算取样件数及取样量。取样件数当样品总件数 $n \leq 3$ 时，应每件取样；$3 < n \leq 300$ 时，取样的件数应为 $n^{1/2}+1$；$n > 300$ 时，按 $(n^{1/2})/2+1$ 的件数取样。取样量按原辅料取样件数每件取样，总量为一次全检量的3倍，检验剩余作为留样样品。

取样负责人：在药品生产过程中，原料、辅料、包装材料、中间产品、待包装品（半成品）、成品、生产用水等均由质量保证（QA）人员负责生产全过程，包括仓贮、生产、销售、用户投诉及不良反应等的质量监控，取样后由质量控制（QC）人员负责质量检验。

取样操作的一般流程：a. 中间产品、待包装品、成品、环境监测、水质监测、人员卫生监测由各部门授权人员按规定依次填写申请检验单。申请检验单一式两联，第一联通知取样员取样，第二联留存。b. 取样员接到申请检验单后，准备取样器具，到规定的地点取样，贴上取样证并填写取样记录。c. QA人员取样完毕后，样品转移至质保部 QC 负责人。d.QC 负责人接到样品后及时安排检测。e. 检验员按检验操作规程进行检验。取样流程见图 7-2。需要注意，取样的准备工作、取样过程、取样结束阶段须遵守企业制定的《取样管理规定》和《取样操作规程》等制度。

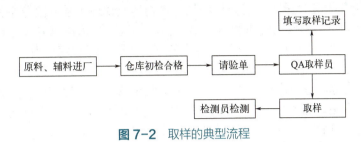

图 7-2　取样的典型流程

② 药品的留样　样品的留样对产品质量考察具有一定意义，进厂原料、辅料、中间产品、成品均在留样范围内，且每批均须留样。留样样品封口严密、完好，成品留样样品要与市售包装一致。留样室环境、留样数量应符合企业规定。

留样工作程序：a. 凡需留样观察的产品由质量部门填写留样通知单通知车间留足产品，所留样品要求为原包装品。由分样人或取样员将样品交给留样员，留样员加贴留样标签，并填写收样记录，内容包括留样接收时间、品名、规格、批号、来源、样品数量、留样编号、双方签字。b. 留样产品要专人专柜保管，并按品种、规格、生产时间、批号分别排列整齐。每个留样柜内的品种、批号应有明显标志，并易于识别，以便定期进行稳定性考察和用户投诉时查证。c. 超过留样期限的产品应每年集中销毁一次。由留样员填写"销毁单"，注明品名、批号、剩余量、销毁原因、销毁方法等，报质量部负责人审核、批准后销毁。销毁按规定的销毁程序进行，由 2 人以上现场监督销毁，并有销毁记录。d. 需要注意，留样管理员应由专人担任，所有留样样品都是极为重要的实物档案，不得销毁或随意取走，留样样品的贮存具有规定的期限。

（3）案例 2：醋酸可的松的含量测定

醋酸可的松是一种半合成微生物药物，目前可以使用微生物发酵 + 生物催化法等方法进行合成。醋酸可的松的含量测定是测定原料药中有效成分的含量，一般可采取化学、仪器（光谱法、色谱法等）或生物测定方法。

① 化学分析法分析各组分含量　主要采用重量分析法和容量分析法测定有效物质和部分杂质的含量。重量分析法系经典的分析方法之一，其基本方法是称取一定重量的供试品，采用某种方法或通过某种物理或化学变化使被测组分从样品中分离出来并转化为一定的称重形式，再根据供试品中被测定组分的重量，计算组分的百分含量的定量方法。

容量分析法是将被测定试样转化成溶液后，用一种已知准确浓度的试剂溶液，用滴定管滴定到被测定溶液中，利用适当的化学反应，通过指示剂测出化学计量点时所消耗已知浓度的试剂溶液的体积，然后通过化学计量关系求得被测组分的含量。该法准确度高、无需特殊设备，适用于常量分析，较重量法简便、快速，应用非常广泛，是化学原料药含量测定的首选方法。常用的容量分析法有酸碱滴定法、非水滴定法、沉淀滴定法、配位滴定法、氧化还原滴定法等。

② 光谱分析法分析各组分含量　利用物质的光谱进行定性、定量和结构分析的方法称为光谱分析法，简称光谱法，也称分光光度法。如紫外 - 可见分光光度法、红外分光光度法、原子吸收分光光度法和荧光分析法。所用仪器为各种分光光度计。

原料药含量测定中，紫外 - 可见分光光度法的应用较多。其基本原理为不同物质对光线的吸收强度不同。紫外 - 可见分光光度法应用波长范围为 200～760nm，其中 200～400nm 为紫外光区，400～760nm 为可见光区。

荧光分析法的原理是某些物质受紫外光或可见光照射激发后能发出较激发波长较长的荧光。当激发光强度、波长、所用溶剂及温度等条件固定时，物质在一定浓度范围内，其发射光强度与溶液中该物质的浓度成正比关系，可以用作定量分析。

③ 色谱分析法分析各组分含量　色谱分析法是一种物理或物理化学分离分析方法。它先将混合物中各组分分离，而后逐个分析，因此是分析混合物最有力的手段。色谱法具有高灵敏度、高选择性、高效能、分析速度快及应用范围广等优点，其含量测定在各国药典中广泛应用且为法定方法。

色谱法测定药物各组分含量以前，需做系统适用性试验，包括理论板数、分离度、重复性、拖尾因子（也称对称度）四个指标。分离度应大于1.5。具体的测定法，可以使用内标法加校正因子测定供试品中某个杂质或主成分的含量，也可以使用外标法测定供试品中某个杂质或主成分的含量，用于有供试品的对照品或对照品易制备的情况，通过与对照品相对比较求得供试品的含量。

④ 醋酸可的松的成分含量测定　醋酸可的松原料采用高效液相色谱法等进行含量测定，该方法为各国药典广泛采用。一般采用反相液相色谱，应用外标法对有效成分进行测定。流动相为乙腈、水的混合物（乙腈：水 =36 : 64），色谱柱使用反相色谱柱，检测器使用紫外检测器，检测波长254nm，柱温为室温。

对照品溶液的制备：取醋酸可的松对照品适量，精密称定质量，使用乙腈溶解并定量稀释制成0.5mg/mL的溶液。

供试品溶液的制备：取醋酸可的松适量，精密称定质量，乙腈溶解并定量稀释制成0.5mg/mL的溶液。

精密量取供试品10μL注入液相色谱仪，记录色谱图；另取醋酸可的松对照品适量，精密称定，同法测定，按外标法以峰面积计算，即得供试品的有效成分含量。

7.4　微生物药物生产与开发的执行标准

7.4.1　微生物药物生产相关的药事管理

（1）药事与药事管理

药事，即与药品的安全、有效和经济、合理、方便、及时使用相关的药品研究与开发、制造、采购、储藏、营销、运输、交易中介、服务、使用等活动，包括与药品价格、药品储备、医疗保险有关的活动。简而言之，药事包括了与药品价格、药品储备和医疗保险有关的一系列活动。而与药事管理有关的组织也分为国家和行业组织，即药学行业组织和国家政府药政机构。

药事管理的定义具有狭义和广义之分。狭义的药事管理是指国家对药品及药事活动中有关质量的监督管理。即国家依照法律、行政法规、规章对药品及药事活动中有关重要环节和行政组织体制的监督管理，即"依法加强药品研制、生产、流通、价格、广告及使用等各个环节的管理，严格质量监督，切实保证人民用药安全有效"，"维护人民身体健康和用药的合法权益"。

广义的药事管理包含各个部门机构和单位的管理。具体指：①国家对药品及药事活动中有关质量的监督管理。国家对药品及药事活动中研制、生产、流通、价格、广告及使用等各环节的管理，严格质量监督。②国家制定医药发展规划的行业宏观管理。③国家对医疗器械、卫生材料、制药机械、药用包装材料的监督管理。④药学事业大系统中各子系统自身经营与发展的管理。

药事管理的核心是对药事活动的依法管理。其目的是通过对药学事业中各分支系统活动过程的科学化、规范化、法制化管理，保证药品质量，保障人体用药安全、有效，维护人民身体健康和用药的合法权益，促进药学事业发展。

（2）微生物药物相关的药事管理

随着我国医药产业的进步和国际贸易的发展，微生物药物原料药和制剂的产销量、进出口量不断增加。微生物药物，包括原料药和制剂的药事管理，也需要遵循一系列药事管理制度，如 GMP 认证、原料药准入制度、药品质量标准等。

首先，微生物原料药和制剂的生产和销售必须符合 GMP 认证要求。对于微生物药物生产企业而言，获得 GMP 认证是进入市场的门槛，也是企业不断提升自身竞争力的重要手段。通过 GMP 认证，生产企业可以对生产过程进行全面控制，保证原料药的质量安全，避免因生产过程中出现的质量问题导致的投诉和索赔。

其次，微生物药物必须符合国家的准入制度。药品准入制度是指国家为保障药品安全、有效性和质量，规定药品必须取得准入批件后方可生产、销售和使用的制度。准入制度包括药品注册制度、进口药品注册制度、生产许可制度等。准入制度的实施可以防止不合格的药品进入市场，保障人民群众用药安全。

最后，微生物药物必须符合国家的药品质量标准。药品质量标准是指国家针对药品的质量特性、标识、检验和评价等方面制定的标准，是保证药品质量的基础和依据。药品原料药必须符合国家规定的药品质量标准，否则将被认为不合格，不能用于药品制剂生产。而药品制剂如果不合格，则不能上市销售。

7.4.2 药品生产许可

根据《药品生产监督管理办法》规定，从事药品生产活动，应当经所在地省、自治区、直辖市药品监督管理部门批准，依法取得药品生产许可证，严格遵守药品生产质量管理规范，确保生产过程持续符合法定要求。无药品生产许可证的，不得生产药品。可见，取得药品生产许可证是进行药品生产活动的必要条件。药品生产许可的获得比较复杂，本节仅介绍一些简单的定义和概念。

（1）药品生产许可证

药品生产许可证（图 7-3）是指由相关药品监管部门颁发的合法许可证件，用于证明企业具备生产、经营药品的合法资质。这一证件对于药品企业来说至关重要，它不仅代表着企业在药品领域的合法地位，更是保障药品安全和监管的重要手段。

图 7-3 药品生产许可证范本

在我国，药品生产许可证由省、自治区、直辖市人民政府药品监督管理部门批准并颁发，有效期为五年，分为正本和副本。药品生产许可证有效期届满，需要继续生产药品的，应当在有效期届满前六个月，向原发证机关申请重新发放药品生产许可证。药品生产许可证编号格式为"省份简称＋四位年号＋四位顺序号"。分类码是对许可证内生产范围进行统计归类的英文字母串。

药品生产许可证的重要性不言而喻。药品涉及人类的健康和生命安全，是极为敏感的产品。为了保证药品的质量和安全性，任何药品生产企业在开始生产前都需要获得药品生产许可证。该证书的发放必须经过严格的审核程序，以确保企业在生产过程中遵守相关的法规和标准。只有获得了生产许可证的企业才能合法经营药品业务，并且在市场上销售其生产的药品。

(2) 药品生产许可的类型

药品生产许可分为A证、B证、C证、D证，分别对应不同的药品生产企业。《药品生产监督管理办法》第七十七条对药品生产许可证的分类码含义进行了说明：分类码是对许可证内生产范围进行统计归类的英文字母串。大写字母用于归类药品上市许可持有人和产品类型。

A证中的A代表自行生产的药品上市许可持有人，批准文号拥有者和生产企业相同。

B证中的B代表委托生产的药品上市许可持有人，表示上市许可持有人自身不从事药品生产活动，而是将药品生产活动委托给生产企业进行。在中国，药品上市许可持有人（MAH）也应当按照规定办理药品生产许可B证。

C证中的C代表接受药品上市许可持有人（批准文号拥有者）的委托，生产该品种药品的企业，即接受委托的药品生产企业。生产企业在接受委托生产活动时，不论其是否取得了A证，都必须取得C证，无法用A证代替。

D证则代表原料药生产企业。

而小写字母用于区分制剂属性，h代表化学药、z代表中药、s代表生物制品、d代表按药品管理的体外诊断试剂、y代表中药饮片、q代表医用气体、t代表特殊药品、x代表其他。

(3) 药品生产许可证办理的条件和简略流程

如果要从事药品生产活动，办理生产许可，首先该企业需要具备一些基本条件，才能够提起申请。首先是具有依法经过资格认定的药学技术人员、工程技术人员及相应的技术工人；其次拥有与药品生产相适应的厂房、设施和卫生环境；然后是有能对所生产药品进行质量管理和质量检验的机构、人员及必要的仪器设备；最后是有保证药品质量的规章制度，并符合国务院药品监督管理部门依据本法制定的药品生产质量管理规范要求。

药品生产许可证的申请和审批程序一般分为以下几个步骤。首先，企业需要准备并递交申请材料。申请材料应包括企业的基本信息、法定代表人授权文件、生产场所的环境和设备状况、技术人员的资格证书等相关资料。第二步是监管部门的初审。监管部门将对申请材料进行审核，并对符合条件的企业进行初步评估。如通过初审，企业将进入第三步，即现场核查。监管部门将亲临企业现场，对其生产设施、工艺流程、质量管理等方面进行全面检查。最后一步是审批结果的公示和证书的颁发。监管部门将公示审批结果，并向获得批准的企业颁发药品生产许可证。

以原料药的生产许可（药品生产许可证中的D证）的办理为例，需要准备的资料大致包括：药品生产许可证申请表；企业基本情况，包括企业名称、拟生产品种、工艺及生产能力（含储备产能）；空气净化系统、制水系统、主要设备确认或验证概况；生产、检验仪器、仪表、衡器校验情况；周边环境图、总平面布置图、仓储平面布置图、质量检验场所平面布置图；拟生产的品种、质量标准及依据；生产管理、质量管理主要文件目录等。此外，目前，我国原料药暂未实行药品上市许可持有人（MAH）制度，原料药不可以委托生产。原辅料、包装材料和中间产品的检验，持有人可以委托给第三方进行，但成品必须由受托方按照注册批准方法进行全项检验。

药品生产许可证在获得后还需要定期进行复审和年审，以确保企业持续符合相关法规和标准的要求。企业需要配合监管部门的监督检查，并及时更新相关材料。一旦企业因违反相关规定而被发现，生产许可证可能会被吊销或暂停，严重的甚至可能面临刑事处罚。

7.4.3 药品注册

药品注册是药物从研发到上市必须经历的一道官方门槛。这一过程不仅是药品合法进入市场的前提，也是监控和保障公共用药安全的重要手段。它要求制药企业提供详尽的科学证据以证明其产品的安全性、有效性和质量。通过一系列严格的评审和批准流程，监管部门确保公众能使用经过验证的安全有效药品。此过程确保了所有上市药品的安全性、有效性和质量控制标准，保护消费者免受不合规药品的危害。而对于制药企业而言，了解并遵循药品注册的流程和要求是成功上市新药的关键。

（1）药品注册的概念

根据《药品注册管理办法》，药品注册是指药品监管部门根据药品注册申请人的申请，依照法定程序，对拟上市销售的药品的安全性、有效性、质量可控性等进行系统评价，并决定是否同意其申请的审批过程。这是从管理部门角度下的定义。而从企业的角度来讲，药品注册需要注册专员（RA）的努力。在一个具有良好研发能力的企业，从立项前的调研到获得上市许可，再到上市后的承诺研究和补充申请等，注册专员（RA）的参与贯穿产品的整个生命周期。合格的注册专员除了需要按照药政当局的格式要求整理资料并跟踪审评进度外，还需要了解相关法律法规、指导原则、审评技术要求以及药政当局的各种电子刊物和相关文献，具备化学成分生产和控制（CMC）、药理毒理、临床试验、商标专利甚至市场销售方面的知识，熟悉药品的研发和审评流程，掌握与药政当局和公司内部各部门的沟通技巧。高级别的注册专员还需要从大局考虑进行战略性思考。更高级别的注册专员会跟药政当局进行更高层次交流，对跨国企业进行先进研发技术介绍，对药政当局一些征询意见稿的反馈等。由于企业业务方向、规模和产品线的不同，注册分类也不同，一个注册专员通常只会专注于某一领域，高级别的注册专员在专业知识方面也会有局限性。

（2）药品注册的分类

新修订的《药品注册管理办法》对药品注册申请分类进行了重新调整。从注册类型来看，药品注册申请包括药物临床试验申请、药品上市许可申请、上市后补充申请及再注册申请。其中药物临床试验和药品上市许可都属于药品上市注册。

从药品分类来看，药品注册按照中药、化学药和生物制品等进行分类注册管理。目前我国药品主要分为以下几类：化学药品，一般为小分子药品；治疗用生物制品，一般为治疗用途的大分子；预防用生物制品，主要是疫苗；此外还有中药、天然药物，即中药材、中药提取物、中成药等。微生物药物属于化学药品中的小分子药品。

从具体注册类型来说，化学药注册按照化学药创新药、化学药改良型新药、仿制药等进行分类。生物制品注册按照生物制品创新药、生物制品改良型新药、已上市生物制品（含生物类似药）等进行分类。中药注册按照中药创新药、中药改良型新药、古代经典名方中药复方制剂、同名同方药等进行分类。境外生产药品的注册申请，按照药品的细化分类和相应的申报资料要求执行。

化学药品注册按照创新性分类，目前分为以下 5 类：

1 类指境内外均未上市的创新药。指含有新的结构明确的、具有药理作用的化合物，且具有临床价值的药品。

2 类指境内外均未上市的改良型新药。指在已知活性成分的基础上，对其结构、剂型、处方工艺、给药途径、适应证等进行优化，且具有明显临床优势的药品。

3 类指境内申请人仿制境外上市但境内未上市原研药品的药品。该类药品应与原研药品的质量和疗效一致。原研药品指境内外首个获准上市,且具有完整和充分的安全性、有效性数据作为上市依据的药品。

4类指境内申请人仿制已在境内上市原研药品的药品。该类药品应与原研药品的质量和疗效一致。

5类指境外上市的药品申请在境内上市。

此外,上市后补充申请,是指新药申请、已有国家标准的药品申请或者进口药品申请经批准后,改变、增加或取消原批准事项或者内容的注册申请。再注册申请,指药品批准证明文件有效期满后,申请人拟继续生产或进口该类药品的注册申请。

（3）药品注册的流程和重要步骤

药品注册流程非常复杂,本节仅做简要的介绍。首先,在药品注册之前,企业必须进行广泛的研发和实验工作,包括但不限于药品的配方开发、实验室测试、药效学研究、药代动力学研究、动物试验和临床试验等。这些研究必须在规定的实验室条件下完成,以确保结果的准确可靠。随后企业可以提交注册申请。药品注册通常以提交一份新药申请（NDA）开始,包含药品所有研究数据和相关材料。药品监管部门会对提交的材料和数据进行详细审查。随后组织专家评审,一般会有由专家组成的评审小组,综合评估药品的安全性、有效性以及生产过程的稳定性。根据评审结果,监管部门决定是否批准药品上市（图7-4）。

药品注册所需的关键资料包括:①药理毒理资料,说明药品的作用机理、药效和潜在的毒副作用。②临床试验资料,提供临床试验的设计、执行、统计分析及结论。③生产工艺资料,包括生产流程、质量控制标准以及产品规格等。④药品标签和说明书,清晰阐述药品的适应证、用法用量、警告和储存条件等。

此外,即便药品获得上市批准,制药企业仍需进行药品的持续监测,包括药品的不良反应报告、市场后研究等,保障上市药品长期的安全性和有效性。

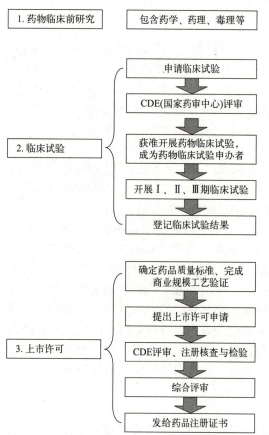

图7-4 药品注册的简要流程

7.4.4 仿制药与一致性评价

（1）仿制药的概念

仿制药是指与商品名药在剂量、安全性和效力、质量、作用以及适应证上相同的一种仿制品。仿制药的概念与原研药相对应。原研药一般是有发明专利的原创性新药,研发难度高,从研发到上市,一般耗时十几年,资金投入巨大。合格的仿制药,在质量和疗效上与原研药能够一致,在临床上与原研药可以相互替代,这样有利于节约社会的医药费用。

（2）仿制药的质量标准

仿制药的质量标准一般参照原研药制定,但也需要根据企业自己的生产工艺、原料、生产水平等作出相应调整。一般来说,仿制药制剂的质量标准主要包括有关物质（包括有效物质和杂质成分）、溶出度和稳定性等物理化学参数、有效物质含量测定等标准;对应原料药的标准则主要包括有关物质和有效物质含量测定等。在制药的过程中,应当根据制剂的工艺要求制定具体的标准。

仿制药过去称为"已有国家标准药品",2007版《药品注册管理办法》中改为"仿制药"。2005版《药品注册管理办法》对其的定义是"生产国家食品药品监督管理局已经颁布正式标准的药品",而2007版《药品注册管理办法》对其的定义是"生产国家食品药品监督管理局已批准上市的已有国家标准的药品"。从表面上看,其定义没有显著变化,只是称谓的不同,但却体现了药品上市审批思路和导向的转变。

旧的称谓强调的是作为终端控制手段的质量标准,这使得不少企业认为"仿品种就是仿标准"。只要按照被仿制药的质量标准检验合格就算仿制成功,因此没有结合自己产品的生产工艺和原辅料来源进行充分的质量研究,导致最终被退审。正是在这种背景下国家药品审评中心提出了"仿品种不是仿标准"的说法,从强调依靠质量标准的终端控制改为依靠制备工艺的过程控制。"仿制药"的概念也是在这样的理念中应运而生。好的产品不是检验出来的,而是生产出来的,仿制药的名称变更强调了过程控制的重要作用。当然,随着技术的发展,业界的认识也在不断进步。以前提倡的"质量源于生产"的理念已逐渐被"质量源于设计"的理念所取代。

（3）仿制药一致性评价

为了使仿制药在质量和疗效上达到与原研药一致的水平,我国政府要求对仿制药开展一致性评价。药物一致性评价中的"一致"主要分为两个方面：药学等效性和生物等效性。药学等效性需要对仿制药和原研药的处方、质量标准、晶型、粒度和杂质等主要药学指标进行比较研究,以及固体制剂溶出曲线的比较研究,初步确认仿制药与原研药的质量一致性。生物等效性研究需要通过临床试验考察在相同试验条件下仿制药和原研药在人体内的吸收程度和吸收速度的差异,这需要对服用原研药和仿制药的受试者进行血液等生物样本的采集,并检测生物样本中的药物浓度。当药学等效的两种药品,其生物等效性试验结果的差异在可接受的范围内时,这两种药品制剂可以被认为疗效是等效的。

完成一致性评价后,仿制药产品的包装上可以加盖仿制药一致性评价标识（图 7-5）。这一标识是仿制药在质量和疗效上的保证,代表仿制药完成了一致性评价研究,并经过了药监部门严格的审查审批。

图 7-5 仿制药一致性评价标识

7.4.5 生产工艺变更

（1）生产工艺变更的概念

近年来,随着各项技术的快速发展,越来越多的企业会对药品进行更新换代,其中重要的一环就是工艺变更。生产工艺变更包括原料药或药品制剂的品种或数量范围、溶剂浓度、用量的改变,生产方法的改变,批量调整,药材炮制方法的改变等。根据《药品注册管理办法》,需要确定该变更是否需要到药品监管部门备案或批准。经药品监督管理部门批准后（取得批件后）,在实施变更前按照备案流程落实变更后的生产工艺。

（2）生产工艺变更的类型

生产工艺变更主要分为三类：Ⅰ类变更属于微小变更,对产品安全性、有效性和质量可控性基本不产生影响,不需要研究。Ⅱ类变更属于中度变更,需要通过相应的研究工作证明变更对产品安全性、有效性和质量可控性不产生影响,需要研究和验证。Ⅲ类变更属于较大变更,需要用系列的研究工作证明变更对产品安全性、有效性和质量可控性没有产生负面影响,需要研究和验证,可能需要额外进行生物等效性研究（BE）或临床研究。以微生物药物所属的化学药品为例,又可以分为原料药生产工艺的变更和制剂生产工艺的变更。

原料药生产工艺的Ⅰ类变更包括变更试剂、起始原料的来源,提高试剂、起始原料、中间体的质量标准。Ⅱ类变更包括变更起始原料、溶剂、试剂、中间体的质量标准。Ⅲ类变更包括变更原料药的生产工艺,主要包括变更反应条件,变更某一步或几步反应,甚至整个合成路线等,将原合成路线中的某中间体作为起始原料的工艺变更等。

制剂生产工艺的Ⅰ类变更包括增加生产过程质量控制方法或严格控制限度，片剂、胶囊、栓剂变更；普通或肠溶片剂、胶囊、栓剂或阴道栓的形状、尺寸变更。Ⅱ类变更包括变更生产设备，包括无菌制剂生产中采用相同设计及操作原理的设备替代另一种设备，非无菌制剂生产中采用设计及操作原理不同的设备替代另一种设备等；如涉及无菌产品时，变更生产设备不应降低产品的无菌保证水平；制剂生产过程的变更，无菌制剂要求设计和操作原理相同，非无菌制剂则允许操作原理不同。Ⅲ类变更包括变更制剂的生产工艺，主要包括制剂生产过程或生产工艺发生重大变化，如口服固体制剂由湿法制粒改变为干法制粒等；以及可能影响制剂体内吸收、控释或缓释、其他特性（如药物粒度）的制剂生产工艺变更。此外，可能影响药品无菌保证水平的无菌生产过程变更也属于Ⅲ类变更。

 拓展阅读

阿卡波糖的质量标准

 总结

- 本章内容包括微生物药物的鉴别与质量检定、微生物药物的质量管理两个部分。
- 微生物药物的鉴别主要分为外观鉴别、理化性质测定、结构鉴定，分别从直观、性质、结构确认微生物药物的种类，并鉴定样品。
- 微生物药物的质量检定，包括针对纯度的杂质鉴定和纯度鉴定，以及微生物药物作为生物活性物质特有的生物效价测定。
- 微生物药物只有同时满足杂质、纯度、生物效价的要求，才能成为合格的药品。
- 药品质量管理是对药品类产品的质量进行控制的行为的总称。药品质量管理是一个复杂的体系，至少包括五个子系统，包括药品的研究、药品的生产过程的质量控制、生产终点的质量控制（药品的质量标准）、药品流通过程的质量控制、药品使用时的质量控制或药品上市后的再评价。它们构成了药品质量管理的完整概念。其中 GMP 的概念贯穿整个研发、生产和药品上市过程。
- 微生物药物，包括原料药和制剂的药事管理，需要遵循一系列药事管理制度，如 GMP 认证、原料药准入制度、药品质量标准等。
- 微生物药物的生产与开发中执行的标准基本参照化学药物的相关标准，本章重点介绍了微生物药物遵循的生产许可、药品注册、仿制药与一致性评价、生产工艺变更等概念和标准。

 工程 / 思维训练

○ 产业化实例

头孢菌素类抗生素为分子中含有头孢烯的半合成抗生素。曾译为先锋霉素。属于 β- 内酰胺类抗生素，是 β- 内酰胺类抗生素中的 7- 氨基头孢烷酸（7-ACA）的衍生物，因此它们具有相似的杀菌机制。作用机理同青霉素，也是抑制细菌细胞壁的生成而达到杀菌的目的。属繁殖期杀菌药。对细菌的选择作用强，而对人几乎没有毒性，具有抗菌谱广、抗菌作用强、耐青霉素酶、过敏反应较青霉素类少见等优点。所以是一类高效、低毒、临床广泛应用的重要抗生素。

头孢菌素类抗生素按其发明年代的先后和抗菌性能的不同而分为一、二、三、四代。销量最大的品种有头孢曲松钠、头孢唑啉钠、头孢噻肟、头孢三嗪、头孢哌酮和头孢呋辛（酯）等。

头孢菌素类（图7-6）和青霉素类同属 β- 内酰胺抗生素，不同的是头孢菌素类的母核是 7- 氨基头孢烷酸（7-ACA），而青霉素的母核则是 6- 氨基青霉烷酸，这一结构上的差异使头孢菌素能耐受青霉素酶。

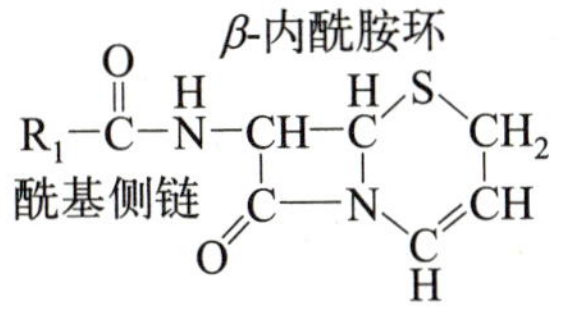

图 7-6 头孢菌素的通用结构式

已知：(1) 头孢菌素可进行羟肟酸铁反应，在碱性条件下与羟胺作用，β- 内酰胺环破裂生成羟肟酸；在稀酸中与高铁离子反应呈色。(2) 各种头孢菌素均为头孢烷酸的衍生物，其游离酸或取代酸都是有机酸，一般不溶于水，但其钾盐、钠盐则易溶于水，所以临床应用的头孢菌素类药物主要制成钠盐或钾盐。(3) 头孢菌素类抗生素生产工艺复杂，生产过程不易控制，异物污染可能性较大，因此化学纯度较低。本类药物结构、组成复杂，同系物多，异构体多。此外，β- 内酰胺环稳定性差，容易导致产品发生降解。

能力训练：

根据头孢菌素的产物特点、鉴别检测要求：

1. 结合本章的内容，设计数种互相印证的鉴别、进行质量检定的方法。
2. 在不增加杂质的情况下，设计能精确检测头孢菌素类药品杂质的方法。
3. 描述各方法能够检测的指标参数。

课后练习

1. 在水溶液中不稳定的微生物药物，可以使用什么方法进行理化性质测定？
2. 两个互为对映异构体的药物，应该如何进行纯度测定和生物效价测定？
3. 生物效价测定和杂质鉴定有何区别？
4. 相比化学药物，微生物药物有哪几种独有的鉴别和质量检定方法？
5. 结构鉴定能否判断微生物药物的种类和纯度？
6. 药品质量管理规范包括哪几个部分？
7. 药品质量管理系统分为哪几个层级？都有哪些内容？
8. 微生物药物生产企业应具备什么资质？

第八章　微生物制药废物的生物处理

　　未经处理的微生物制药废物，包括废渣、废水、废气，其中包含抗生素、重金属、有机污染物等，其直接排放极易污染土壤、地表水和地下水资源、大气等，在对环境造成破坏的同时，也会对人体健康造成危害。例如，长期饮用含微量抗生素的水，会使生物慢性中毒。抗生素经过食物链不断向上一级传递，直至传递给人类，可能会引发过敏反应甚至食物中毒；部分抗生素药物可能会使人体机能紊乱，在杀灭细菌的同时，产生毒性效应。

知识导图

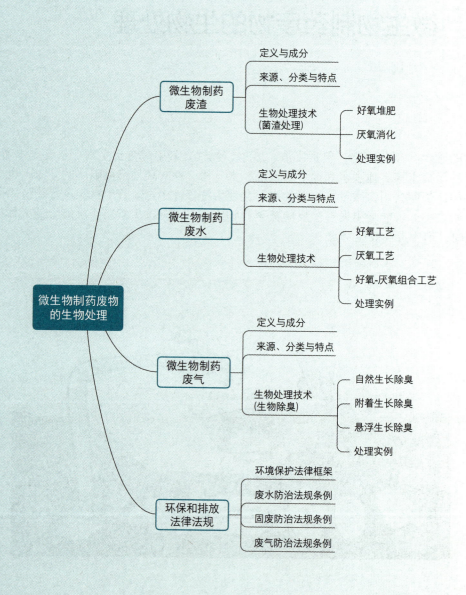

第八章 微生物制药废物的生物处理

为什么学习微生物制药废物的生物处理技术？

微生物制药产业关乎人民健康和生命安全，在蓬勃发展的同时也不可避免地产生了大量的制药废物。如何处理、有效利用制药企业产生的废水、废渣和废气等三废一直是困扰万千制药从业者的难题。通过绿色、环保的生物处理技术，不仅可以有效地处理三废，减少三废的最终排放，防止二次危害的分散，还能尽可能地综合利用和回收三废中有价值的资源和能量，实现变废为宝，促进制药行业绿色健康发展。

学习目标

- 指出微生物制药废物的定义、产生来源，以及各自具有的特点。
- 指出微生物制药废渣的主要成分，掌握微生物制药废渣处理技术分类原则及特点。
- 指出并简要描述微生物制药废渣的主流生物处理工艺。
- 指出微生物制药废水的主要成分和特点，简要描述微生物制药废水处理技术工艺、原理和相应设备。
- 指出微生物制药废气的主要成分和特点，简要描述微生物制药废气处理的主要流程与原理。
- 了解微生物制药行业废物排放标准，并指出 5 部相关法律法规。

8.1 微生物制药工业的废物

微生物制药废物是指在微生物制药生产过程中产生的含有活性药物成分和挥发性有机物的废渣、废水和废气等有害残留物。许多微生物制药废物，如未经处理可能对环境造成影响。此外，一些活性药物成分、原料药或制剂在生态系统中的积累导致抗生素耐药微生物的出现和抗生素耐药基因的传播，对人类尤其是免疫功能低下的个体会造成健康风险。针对微生物制药产业废弃物质资源化综合利用及环境保护等方面的技术开发意义重大，由于其环保性、经济性和安全性，采用各类好氧、厌氧工艺等生物技术对微生物制药产生的废物进行处理，可在对废物进行减量化和无害化的同时，实现废物的回收再利用，有效减轻企业废物处理负担，促进了微生物制药工业的清洁生产。

8.2 微生物制药废渣

我国微生物制药行业发展迅速，前景良好，已成为世界最大的抗生素原料药生产与出口大国。据统计，全世界 75% 的青霉素工业盐、80% 的头孢菌素类抗生素和 90% 的链霉素类抗生素都产于中国，但伴随发展产生的污染也日益严重。如何对微生物制药废渣加以有效处理及利用，对节约资源、防止环境污染、发展循环经济具有重要意义。微生物药物的生产合成环节包含数个工艺单元，这些工艺单元在不同的阶段会产生不同的废渣，如废催化剂、废溶剂，以及废过滤材料、提取和精制过程产生的釜残、干燥过程产生的粉尘等。虽然不同药物的生产工艺不同，产生的废渣组成也不同，但这些废渣有其共同的特点，就是废渣成分非常复杂，除含有化学反应过程中使用的有机溶剂（如丙酮等）外，还会有各种合成过程的中间产物，也会有残留的菌渣、药物产品、无机盐和水分等。总之，其废渣均是典型的危险废物的混合物。

随着国内微生物制药产业的不断发展,各种废渣的产量亦逐年增加,这些废渣的增多成为了阻碍制药行业发展的一大瓶颈。此外,这些废渣在堆放、存储和运输过程中,会对周边环境产生非常不利的影响。比如,化学合成生产过程中产生的废渣本身含有大量易挥发、刺鼻性气味的化学物质,堆积过程中受雨淋或因环境湿度较高等影响会产生有毒的渗滤液,其对周边土壤质量、地表植被、河流、湖泊水体环境以及水生生物均会产生恶劣影响。"十二五"以来,我国环保部等相关部委针对医药行业已出台了多项政策法规,以严格控制该行业对环境的污染。如何实现药物生产废渣的减量化、无害化处理并进行资源化利用成了制药行业急需解决的技术难题。

8.2.1 微生物制药废渣的定义与成分

制药废渣是指在制药过程中产生的固体、半固体或浆状废物。一般而言,废渣的数量比废水、废气少,污染也没有废水、废气严重,但是废渣的组成复杂,且大多含有高浓度的有机污染物。微生物制药工业废渣主要是指发酵液经过过滤或提取产品后所产生的微生物发酵菌渣。微生物发酵菌渣是发酵液过滤后的残余物,主要由菌丝体、剩余培养基、发酵代谢产物等组成,含有多种氨基酸、大量粗蛋白、粗脂肪、部分代谢中间产物、有机溶剂、微量元素等,约占发酵液体积的 20%～30%,含水率为 80%～90%。干燥后的菌丝粉中含有粗蛋白 20%～30%、脂肪 5%～10%,还含有少量的微生物、钙、磷等物质。有的菌丝中还含有残留的抗生素及发酵液处理过程中加入的金属盐或絮凝剂等。发酵菌渣的营养组成主要取决于抗生素的生产工艺及流程。抗生素为微生物细胞的次级代谢产物,为了保证微生物在适宜的环境下能快速生长,代谢产生抗生素,需要为微生物提供足够的碳源、氮源和无机营养元素等。一般的培养基为豆饼粉、玉米浆、鱼粉、花生饼粉、葡萄糖等,还需添加无机盐、各类微生物生长必需的生长因子。当发酵过程完成,未利用完的营养物质就会残留在菌渣中。而在提取过程中,也会加入如细小蛋白沉淀剂、草酸钙、草酸镁、硅藻土、醋酸丁酯、聚丙酰胺等酸化剂、絮凝剂、助滤剂,这些溶剂同样会残留在抗生素菌渣中。最终的菌渣中富含碳水化合物、脂类、菌体蛋白、氨基酸、核糖核苷酸、纤维素和矿物质(如钙、铁、铜、锌、锰)等。例如,青霉素、头孢菌素、土霉素、链霉素生产过程中的菌渣的成分测定结果显示,菌渣中粗蛋白、粗纤维和粗脂肪含量分别为 38.59%～50.20%、1.85%～7.97% 和 1.30%～5.50%,此外干基中还有部分钙、镁等微量元素。

8.2.2 微生物制药废渣的来源与特点

8.2.2.1 微生物制药废渣的来源

抗生素生产企业主要以微生物发酵法为主,半化学合成和化学合成相辅的方法进行生产。因此,抗生素菌渣是微生物制药废渣的主体,而菌渣就产生于微生物发酵生产过程的提取工序,每生产一吨原药约产生 8～9 吨发酵菌渣。提取有效成分分为两种方法,以有效成分的提取对象不同而区分。提取对象为发酵液的,发酵菌渣从分离工序中被直接分离,压缩为滤饼,作为固体废物排出;提取对象为菌丝体的,废发酵液从分离工序被排出,而发酵菌渣则全部从提取工序排出。据统计,目前我国抗生素年产量超过 24 万吨,每年产生的菌渣量则超过 200 万吨。

8.2.2.2 微生物制药废渣的特点与危害

微生物制药废渣因产量大、含水率高、含氮/硫量高、残留抗生素的特点使其具有巨大的环境危害性。微生物制药废渣中含有多种有毒有害物质,如残留抗生素、其他有毒代谢产物、重金属及多环芳香烃，因此被列为危险废物，禁止在动物饲料和饮用水中添加。微生物制药废渣的组成、含量复杂，若不经过完全无害化处理就排放出来，将给人体、环境带来严重危害，具体表现在：①菌渣中残留的抗生素会抑制微生物生存与繁殖，影响土壤养分循环；②菌渣中残留的药物，如阿维菌素、伊维菌素会抑制昆虫繁衍，痕量的避孕药物能导致鱼和两栖动物的雌性化，破坏生态平衡；③部分微生物制药废渣会影响植物发育，抑制农作物生长；④牲畜长期低剂量食用含抗生素菌渣的食物，会导致其产生耐药性，抗生素会沿食物链传递到人，引起一部分人过敏与肠道菌群的紊乱；⑤抗生素随菌渣进入环境中，会形成选择压力，导致微生物耐药性增强，出现超级细菌。

8.2.3 微生物制药废渣的生物处理技术

微生物制药废渣的处理方法主要包括焚烧法、好氧堆肥、厌氧消化等。

微生物制药过程一般采用生物发酵法，因此，所产生的新鲜菌渣热值低，含水率通常在 70% 以上，若采用焚烧法对菌渣进行处理需提前对其进行烘干处置，并在焚烧过程中需添加煤、柴油、天然气等其它燃料辅助焚烧，成本高昂。据报道，日处理 50 吨菌渣焚烧炉的建设成本可达 3500 万元，每吨菌渣的焚烧费用为 3500～4000 元，并且焚烧过程易产生二噁英、飞灰及焚烧烟气等，二噁英为致癌物质，飞灰仍属于危险废物，需通过固化填埋的方式进行处置，进一步增加了焚烧处置成本。

由于焚烧炉的处理能力不足以满足菌渣的产生量，加之废渣焚烧处理成本高、容易造成二次污染等原因，我国采用该技术的实例较少，目前只有少数大型制药企业有所应用。若想普及菌渣焚烧技术，我国需针对危险废物焚烧和高温窑炉共处置技术制定相关法律法规及标准规范，建成危险废物共处置技术的管理体系。如果制药废渣的含水量低于 15%，在一定程度上能抑制微生物的活动，防止杂菌生长，减少制药废渣变质，有利于制药废渣的再利用。目前对制药废渣的利用，大多采用好氧堆肥和厌氧生物处理技术将其转化为有机肥和饲料。

8.2.3.1 好氧生物处理技术

作为一种典型的生化过程，好氧堆肥被广泛应用于有机废物的稳定化和无害化处理。在此过程中（包括加热阶段、高温阶段、冷却阶段和腐熟阶段），有机物被降解并转化为腐殖物质，可用作有机肥或土壤改良剂。然而，堆肥对原料的要求较高，含水率一般不高于 60%，初始 C/N 范围为 30～40。由于菌渣含水率高，C/N 低，菌渣的堆肥通常需额外添加市政污泥、动物粪便、植物秸秆、特殊土壤等辅料对菌渣进行混合堆肥，调节原料的含水率、C/N 等物理化学性质，才能实现成功堆肥。

显然，富含有机质的微生物制药菌渣是理想的堆肥材料，高有机氮含量使其成为优秀的氮源供体。来自微生物制药菌渣的抗生素残留对好氧堆肥系统的不利影响最初可以通过预处理过程减少，其余的抗生素则在好氧堆肥过程中进一步降解。据报道，泰乐菌素菌渣好氧堆肥的预处理过程中可去除 97.1% 的泰乐菌素，堆肥后未检测到泰乐菌素。此外，由于菌渣独特的组成成分和物理化学特性，其在堆肥过程中更加依赖于秸秆等外部辅助材料的参与。因此，为了改善堆肥性能，常需要通过调节混合基质的组分来优化堆肥条件。这不仅能有效提高堆肥过程中的生物转化效率，还能提高最终产品的质量。在此情况下，菌渣的好氧堆肥过程无需进行额外的脱水步骤，且堆肥产物的含水量较低，腐熟度更高，降低了后续处理成本。

然而，不可否认的是，尽管微生物制药菌渣中的大部分抗生素残留可以通过预处理过程去除，但由于各种影响因素，堆肥过程中抗生素抗性基因丰度的增加无法完全避免。因此，菌渣堆肥产品还需进行灭菌等后续处理以降低抗生素抗性风险。最重要的是，还应该考虑气味的控制，并对菌渣堆肥产品进行全面的安全评估，以确保对土壤质量没有不利影响，并且抗生素耐药性不会在施肥的土壤中扩散。

部分抗生素废渣堆肥原料特征见表 8-1。

表8-1　部分抗生素废渣堆肥原料特征

抗生素	浓度/(mg/kg)	含水率/%	C/N
头孢菌素C	700～1100	>90	5.3～6.6
土霉素	3000～4000	86～90	约5.3
红霉素	约2200	79～90	约5.6
泰乐菌素	100～9000	67～70	8.6～10.5
青霉素	1000～2000	约75	约4.5
洁霉素	约2100	—	约6.4
利福霉素	约700	约90	约7.0
螺旋霉素	约2100	约90	约4.9
新霉素	约7500	约50	约9

此外，由于废渣中很多养分，如淀粉、粗蛋白富集起来而没有充分利用，还可以通过固体好氧发酵等生物技术将废渣转化成新产品，从而提高资源的利用率。从技术、质量、环保、投资、效益及市场几方面综合考虑，通过生物转化法将这类废渣转化为具有酵母特殊香味、营养丰富、质量好、适口性好、市场急需、附加值高、经济效益显著的酵母蛋白饲料是最为经济有效的方法，这也成为目前国内外制药废渣资源化利用的一个主攻方向。

制药废渣发酵蛋白饲料的研究具有极大的复杂性。如何根据各种废渣成分及特点，选育优异的生产菌种，简化工艺，提高发酵产物质量、降低成本是废渣发酵的关键。废渣固体好氧发酵的性能除了与原料组成有关外，生产菌种和生产工艺是其中的关键。目前，国内技术条件较好的工厂在对废渣进行固态发酵后可使产品粗蛋白提高5%～11%，真蛋白提高2%～4%，每1g发酵产物的酵母数可达5亿～30亿个。例如，江苏东台生物化学厂报道通过筛选得到了具有碳源利用广谱性、同化淀粉和有机酸能力强、耐酸、耐高温、含有纤维二糖酶等优良特性的糖化酵母和降解纤维素、半纤维素能力强的绿色木霉。糖化酵母菌与木霉协同使用使淀粉与纤维素快速降解，对发酵产物酵母数与真蛋白的提高发挥了重要作用。根据废渣的组分特点，采用酵母单菌株或酵母和木霉混种发酵、高密度种子扩培及固态发酵工艺优化控制组合生物技术，对井冈霉素废渣进行发酵处理后，粗蛋白从32.1%增加到45.6%，增幅42.1%；真蛋白从29.8%增加到39.3%，增幅31.9%；每1g基质酵母数达到48亿个，氨基酸总量36.56%。从技术、环保、效益上评估可以产业化，预期有显著的经济效益。

8.2.3.2　菌渣厌氧消化技术

厌氧消化是在无氧条件下分解有机物质的微生物学过程。由于厌氧消化在处理废物的同时回收清洁和可再生能源方面的独特优势，自20世纪70年代第一次能源危机以来，它已发展成为一项成熟的技术。厌氧消化涉及一系列复杂的生化过程，主要包括四个阶段：水解、产酸、产乙酸和产甲烷。在水解过程中，复杂的有机物如碳水化合物、蛋白质和脂肪被分解成可溶性有机分子如糖、氨基酸、脂肪酸和其他相关化合物。在产酸阶段，水解阶段产生的有机化合物分解为短链脂肪酸，短链脂肪酸将在产乙酸过程中转化为乙酸。此外，产酸和产乙酸过程通常还伴随着H_2的产生。在最后阶段（甲烷生成），H_2和乙酸将被产甲烷古菌转化为甲烷。

然而，长反应周期导致更大的反应器体积是厌氧消化的常见缺点之一。作为一种富含氮的生物废物，菌渣的厌氧消化还将伴随着恶臭气味的产生。此外，微生物（尤其是产甲烷菌）对环境因素很敏感，包括温度、pH值和厌氧消化过程中产生的其他抑制剂（NH_4^+），因此对反应器条件的控制有很高的要求。值得注意的是，消化物在用作肥料之前需要进一步灭菌以使病原或抗生素抗性细菌失活，而消化物的高含水量不仅会增加灭菌处理的难度和成本，还会导致消化物的后续运输和处置不便。此外，由于AD工艺的生物质转化不完全，消化物中过量的养分或盐分将对土壤质量产生不利影响，因此在用作肥料之前需要对消化物进行进一步处理。消化物施用于土壤后，仍有必要进行安全性评估。另外，沼气中二氧化碳的比例很高，这意味着需要进一步处理以提高其燃料质量。因此，尽管厌氧消化在成本投入和操作难度方面优于焚烧和热解，但仍不是最理想的微生物制药菌渣生物处理工艺。

目前，常用的厌氧消化技术包括单相厌氧生物处理技术和两相厌氧生物处理技术。

（1）单相厌氧生物处理技术

将由水解酸化细菌进行的厌氧反应集中在一个反应器内完成，被称为单相厌氧消化。根据反应器中总固体浓度的不同比例，单相厌氧消化技术可分为湿式和干式两类。一般而言，将反应器内保持总固体（TS）小于15%的消化系统称为湿法厌氧消化工艺。而将反应器内TS保持在20%～40%之间的厌氧消化系统称为干法厌氧消化工艺。当前，广泛应用且技术较为成熟的单相干法厌氧消化工艺包括Dranco竖式推流发酵工艺、Kompogas卧式推流发酵工艺和Valorga竖式气搅拌工艺等。

Dranco（dry anaerobic composting）工艺是一种经过验证的有机废物厌氧消化处理的成熟技术。该技术被比利时OWS公司成功研发后迅速得到推广。在该工艺中，待发酵物料和由锥体底部高倍回流的发酵产物在圆柱体顶部进入反应器，同时完成混合、接种，发酵过程中物料在重力作用下缓慢下行，属于静态反应器。该工艺运行时通常控制的参数包括容积负荷（COD）=10kg/（m³·d），T=50～90℃，固体平均停留时间=15～30d，进料TS=15%～40%。工艺同步带来的效益包括沼气生成量=99～201m³/t，发电量=170～350kW·h/t。目前，该公司已对该工艺进行了优化改革，成功开发出了TS=5%～20%范围内的Dranco-Sep工艺。

Kompogas工艺同样属于干式厌氧消化技术的一种。该工艺一般采用水平柱塞流反应器，圆柱反应器布置内部转轴来混匀物料并协助脱气。不同的是，废渣需要先经过预处理达到物料总固体含量30%～45%，55%～75%的VS，粒径40mm，pH介于4.5～7.0，凯氏氮约4g/kg，C/N在18左右的标准。随后，废渣进入厌氧反应器，在缓慢旋转的叶轮作用下沿水平方向上前进，从而完成高温消化的过程。反应器内叶轮不仅起到推动物料水平前进的作用，还具有翻转、搅拌、混合和协助排气的功能。

Valorga工艺由法国公司开发，是动态过程中已经规模化最大的一种工艺，目前已相对成熟。该工艺运用垂直状的圆柱形消化器，废渣从下方进入反应器内，在底部鼓入的高压沼气的射流作用下，完成充分的混合与搅拌，继而完成水解酸化的发酵过程。该工艺的独特之处在于无需回流消化接种。但是，由于鼓入了高压沼气，反应器的运行过程中常常出现高压沼气喷嘴堵塞的问题，且检修工作相当困难。该工艺运行时通常要求待处理有机废物固含率25%～35%，发酵历时14～28d，产气量（标准状态）=80～180m³/t物料，发酵后的固体通常再进行10～21d好氧堆肥实现稳定化。

两种常见的Valorga反应器见图8-1。

（2）两相厌氧生物处理技术

在单相厌氧消化过程中，所有厌氧消化阶段均在一个反应器中完成。由于反应器内存在许多不确定性和难以控制的变化，比如pH值、温度等，而且参与厌氧消化反应的微生物对同一参数的适应范围不同，因此单相厌氧反应器在运行时通常不够稳定，其处理效果难以达到预期要求。因此，有学者提出将厌氧反应的水解酸化阶段、产氢产乙酸阶段和产甲烷阶段分开进行，形成总体串联。在不同的厌氧反应器中，为各自提供适应的生化反应环境，使每个阶段的微生物群体都能充分发挥各自的最大活性，从而提高系统的消化效率和总体稳定性。这就是两相厌氧消化技术。在该技术中，通常由两个厌氧反应器构成，前一个反应器处于水解酸化阶段，后一个反应器处于产甲烷阶段，两者串联而成。目前，最常用且成熟的两相厌氧消化技术包括BTA工艺和Biocomp工艺，它们都属于湿法消化法。

一般而言，BTA工艺由湿式机械预处理系统和湿式厌氧发酵生物处理系统两部分构成。在BTA工艺中，废渣首先经过半固化处理，然后通过半固体化废渣脱水分离为固态物质和液态物质。液相中的溶解性有机基质被放入厌氧发酵罐中处理。而脱水后的固体渣料需要再次进入水解反应器，进行水解以分解那些未能溶解的有机成分。大约经过4天后，再次使用分离机对这些水解液进行脱水操作，将液体部分倒入发酵罐中进行处理。

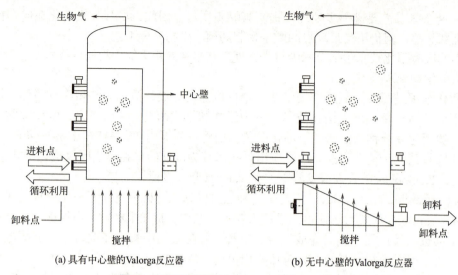

图 8-1　两种常见的 Valorga 反应器示意图

在 Biocomp 工艺中，废渣首先通过滚动筛进行筛分，将粗大颗粒和细小颗粒分拣出来。其中，粗大颗粒物被送往堆肥处理，而细小颗粒垃圾则被输送至消化罐。细小颗粒垃圾在进入消化罐之前，经过人工分拣去除部分无机物，然后通过磁铁吸附去除铁制物品。进入消化罐的有机物质依次经过破碎→加水稀释→进贮存池→中温消化反应工序。在水解酸化反应池内，机械搅拌混匀混合，污泥停留时间约为 14 天。经过这些步骤后，进入反应池的有机物质中近 60% 会转化为沼气。

8.2.4　微生物制药废渣生物处理实例

通过堆肥处理微生物制药废渣已被广泛报道。例如，在庆大霉素菌渣与各种有机废物混合堆肥过程中，对庆大霉素降解和抗生素抗性基因的动态变化进行研究，发现初始碳氮比为 25:1 的混合堆肥能有效降低庆大霉素残留和抗生素抗性基因丰度。堆肥 60 天后，庆大霉素和总抗生素抗性基因丰度的去除率分别达到 98.23% 和 53.20%。为了强化土霉素菌渣堆肥过程中土霉素和抗生素抗性基因的去除，有研究者通过接种自制复合菌剂使土霉素在堆肥过程中的去除率提高到 99%，同时抗生素抗性基因 VanRA、VanT 和 dfrA24 降解率分别提高了 40.81%、5.65% 和 54.18%。

在菌渣厌氧消化过程中，菌渣中大多数有机物隐藏在菌丝体细胞中，由于细胞质壁的保护作用，直接进行厌氧消化效果不佳，沼气产量少，因此不少研究都尝试在厌氧消化前进行预处理，将微生物体细胞破解，提高消化速率及沼气产量。有研究者对庆大霉素菌渣在 100℃下进行微波强化碱预处理 3min 就可有效解体菌渣结构，菌渣中溶解性 COD 含量达到 16134mg/L，相比于未处理菌渣提高了 156%，COD 溶出率达到 47.69%，厌氧消化甲烷产率比未处理菌渣的甲烷产率提高近 50%。在对阿维菌素菌渣厌氧消化前进行微波湿式烘焙 30min（200℃，1000W 升温功率），阿维菌素降解率达到 95%。与未经预处理的菌渣相比，经微波湿式烘焙处理的菌渣厌氧消化的甲烷产量从 234.0mL/g VS 提升到最高的 327.9mL/g VS，产甲烷效率大大提高。类似地，还有研究者对利福霉素菌渣进行热碱预处理 3h（140℃、pH=12），再进行厌氧消化，最终累积甲烷产量增加 86.4%。

华北制药通过高温预处理过程，既降解了菌渣中的抗生素残留，同时灭活了菌渣中残留的菌种，起到了双管齐下的作用。预处理过的菌渣再通过厌氧发酵的过程产生沼气，可以为厂区提供热源与能量源，而含菌渣的沼渣则可进一步经脱水后利用，可根据其抗生素残留量考虑制成有机肥原料。该处理过程每公斤干物质料产生 450L 沼气，处理后的沼渣无论是总养分，还是各项指标，都基本达到了有机肥的标准，可用作生产有机肥的原料，固体消减率达到了 50%，各项指标均满足排放标准。该项目每年可处理 20 万吨菌渣，产生 $1800 \times 10^4 m^3$ 的沼气。湿沼渣再经过脱水处理，就会产生 2 万吨的有机肥原料。

8.3 微生物制药废水

8.3.1 微生物制药废水的定义与成分

微生物制药废水是指在制药过程中产生的含有药物残留物、化学物质和其他污染物的废水。微生物制药工业废水是一个重要的环境污染源。微生物制药工业在生产过程中使用大量的水，而废水中含有高浓度的有机物、重金属、药物残留等有害物质。同时，废水中的药物残留物可能进入环境，对水生生物和人类健康产生潜在风险。

微生物制药废水的组成复杂多样，主要包括以下成分：

① 发酵废水：是经提取有用物质后的发酵残液，含大量未被利用的有机物组分及其分解产物。发酵过程中如采用一些培养物以及化工原料，废水中还会含有一定的酸、碱和有机溶剂等。

② 细胞培养废水：含有致病菌的培养物，主要为牛血清以及洗涤水、料液；含有大量牛血清中未被利用物质，如蛋白质、激素等。细胞培养废水色度大，有机氮、有机物含量高。

③ 浓缩、色谱、置换废水：浓缩、色谱、置换过程中会采用一些化工原料，废水中含有一定的酸、碱和有机溶剂等。

8.3.2 微生物制药废水的来源、分类与特点

微生物制药的特点是产品种类多、生产工序复杂、生产规模差别大。因此，微生物制药废水种类繁多，而对于微生物制药废水处理的研究往往以其中最具代表性、污染最严重的发酵、合成以及提取等生产过程中产生的高浓度甚至难降解有机废水为主要对象。发酵类生物制药的过程是通过微生物的生命活动，产生可以作为药物或药物中间体的物质，再通过各种分离方法将它们分离出来的过程，其生产过程排放的废水可以分为 4 类。

（1）主生产过程排水

此类排水是最重要的一类废水，包括废滤液（从菌体中提取药物）、废母液（从滤液中提取药物）、溶剂回收残液等。这些废水具有高浓度、酸碱性和温度波动较大、药物残留明显等特点。尽管这类废水的水量可能并不很大，但其中的污染物含量却相当高，对整体废水的化学需氧量（COD）贡献比例较大，因此其处理难度较大。

发酵类生物制药工艺流程及水污染物排放点见图 8-2。

（2）辅助过程排水

这类废水包括工艺冷却水（如发酵罐、消毒设备冷却水）、动力设备冷却水（如空气压缩机冷却水、制冷机冷却水）、循环冷却水系统排污、水环真空设备排水、去离子水制备过程排水，以及蒸馏（加热）设备冷凝水等。这些废水的污染物浓度较低，但水量较大，且呈现明显的季节性变化，企业之间存在较大差异。近年来，对这类废水的节水工作成为企业的目标之一。需要特别注意的是，一些水环真空设备排水中可能含有高 COD 浓度的溶剂。

（3）冲洗水

这类废水包括容器设备冲洗水（如发酵罐冲洗水等）、过滤设备冲洗水、树脂柱（罐）冲洗水、地面

冲洗水等。其中，过滤设备冲洗水（例如板框过滤机、转鼓过滤机等过滤设备冲洗水）的污染物浓度较高，主要是悬浮物。如果不适当控制，它可能成为一个重要的污染源。树脂柱（罐）冲洗水的水量较大，初期冲洗水的污染物浓度较高，同时酸碱性变化较大，因此也属于一类重要的废水。

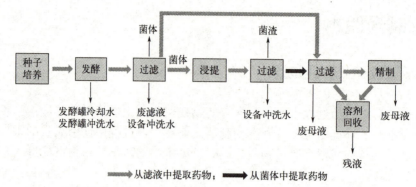

图8-2 发酵类生物制药工艺流程及水污染物排放点

（4）生活污水

与企业的人数、生活习惯、管理状态相关，但不是主要废水。

因此，发酵类制药废水中水量最大的是辅助过程排水，COD贡献量最大的是主生产过程排水，冲洗水也是不容忽视的重要废水污染源。其特点可以归纳为以下几点：

第一，排水点多，高、低浓度废水单独排放，有利于清污分流。

第二，高浓度废水间歇排放，酸碱性和温度变化大，需要较大的收集和调节装置。

第三，污染物浓度高。如废滤液、废母液等高浓度废液的COD浓度一般在10000mg/L以上。表8-2中列出了几种发酵类制药废水的水质情况。

表8-2 几种发酵类制药废水（废母液）的水质情况

废水种类	主要水质指标/（mg/L）				
	COD	BOD_5	总氮	悬浮物	SO_4^{2-}
青霉素废水	约27800	约14900	约3898	约3469	约7000
维生素C废水	30000	—	—	—	—
D-核糖废水	92000	30000	—	—	—
赖氨酸废水	256000	16800	—	5220	15000
维生素B_{12}废水	68500~11400	44200~73500	—	—	2500~2900

第四，碳氮比低。发酵过程中为满足发酵微生物次级代谢过程的特定要求，一般控制生产发酵的C/N为4∶1左右，这样废发酵液中的生化需氧量（BOD）/N一般在1～4之间，与废水处理微生物的营养要求[好氧20∶1，厌氧（40～60）∶1]相差甚远，严重影响微生物的生长与代谢，不利于提高废水生物处理的负荷和效率。

第五，含氮量高。主要以有机氮和氨态氮的形式存在，发酵废水经生物处理后氨氮指标往往不理想，并且在一定程度上影响COD的去除。

第六，硫酸盐浓度高。由于硫酸铵是发酵的氮源之一，硫酸是提炼和精制过程中重要的pH值调节剂，大量使用的硫酸铵和硫酸，造成很多发酵制药废水中硫酸盐浓度高，给废水厌氧处理带来困难。

第七，废水中含有微生物难以降解，甚至对微生物有抑制作用的物质。发酵或提取过程中投加的有机或无机盐类，如破乳剂（溴代十五烷基吡啶）、消泡剂（聚氯乙烯丙乙烯甘油醚等）、黄血盐（K_4[Fe(CN)$_6$·$3H_2O$]）、草酸盐、残余溶剂（甲醛、甲酚、乙酸丁酯等有机溶剂）和残余抗生素及其降解物等，这些物质达到一定浓度会对微生物产生抑制作用。资料表明，废水中青霉素、链霉素、四环素、氯霉素浓度低于100μg/L时，不会影响好氧生物处理，而且可被生物降解；但当它们的浓度大于10mg/L时会抑制好氧污泥活性，降低处理效果。

第八，发酵生物制药废水一般色度较高。

8.3.3 微生物制药废水的生物处理技术

长期的实践经验表明，采用生物处理技术消除有机污染物是最为经济的方式，因此针对生物制药废水中主要污染物为有机物的特点，各类生物处理技术和工艺成为研发和推广应用的重点，大体上可分为好氧工艺、厌氧工艺和厌氧-好氧组合工艺。

抗生素的分类、来源及其在废水中的去除过程见图8-3。

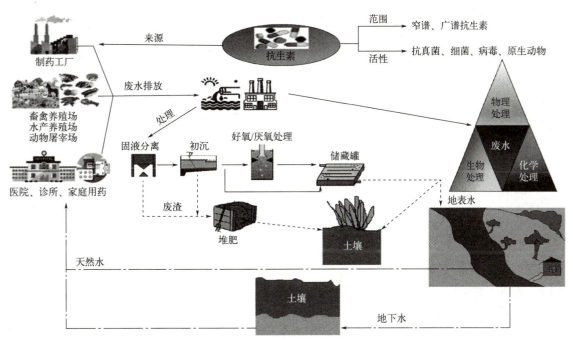

图8-3 抗生素的分类、来源及其在废水中的去除过程

8.3.3.1 好氧工艺研究及应用

早在20世纪40～50年代，好氧生物处理法就应用于抗生素废水处理，如美国的普强药厂在1945年就开始进行废水生化处理研究，1948年建成废水处理车间；礼莱、李得尔、费歇尔等药厂采用生物滤池处理抗生素废水。20世纪50年代末至60年代初，好氧生物氧化法处理制药废水在美国、日本等国家得到迅速推广，基本都采用混合稀释、大量曝气充氧的活性污泥工艺模式，取得了比较好的处理效果，这期间好氧生物处理装置不断改进，尤其是活性污泥法在曝气方式上有了重大改进，使过去供氧不足的问题得到了解决，但也伴随着大量的能耗，同时也不断受到普通活性污泥工艺自身缺陷的困扰，如污泥膨胀、操作不简便等。20世纪60年代中期至70年代中期，生化处理技术不断取得进展，出现了如纯氧曝气、塔式生物滤池、接触软化、生物转盘、深井曝气等专门用于工业废水处理的新工艺，并在制药废水处理中得到大量应用，这些工艺在降低能耗、简化操作方面均取得一定进展，但也存在投资较大、传质效果受限和不适宜较大规模应用等问题。进入20世纪80年代以后，序批式间歇曝气活性污泥法（SBR）及其各种变形工艺，如循环曝气活性污泥工艺（CASS）、间歇循环延时曝气活性污泥法（ICEAS）等先

后出现，这类工艺较好地克服了普通活性污泥法的缺陷，也解决了前述工艺存在的问题，并且通过采用计算机自动控制技术有效地提高了工艺运行的精确性，降低了操作管理的复杂性和劳动强度，逐渐成为主流好氧处理技术。

国内外部分抗生素工业废水好氧生物处理工艺及运行参数见表8-3。

表8-3 国内外部分抗生素工业废水好氧生物处理工艺及运行参数

废水类型	处理规模/(m³/d)	COD(BOD) 进水/(mg/L)	COD(BOD) 去除率/%	MLSS/(g/L)	HRT/h	容积负荷/[kg/(m³·d)]	应用厂家	投入时间	备注
青霉素废水	2200	3116	95	8~12	14~25	2.9~4.8	美国Abott	1954	涡轮曝气
青霉素、链霉素、卡那霉素混合废水	2400	1600	93	5~6	6~8	1.2	日本制果岐阜厂	1971	
青霉素、头孢菌素混合废水	5000	3000	90	4~6			哈尔滨制药总厂	2001	
青霉素废水	500	4000	97.5			1.95	瑞典法门塔厂	1971	混合曝气
乙酰螺旋霉素废水	600	3000	58.5	6~7	3.5		苏州第二制药厂	1980	
洁霉素等混合废水	200	1200	96				苏州第二制药厂	1980	
四环素混合废水	200	2000	95			2.7	上海制药二厂	1980	
青霉素、链霉素混合废水	2000	3000~5000	85	6			江西东风制药厂	1997	好氧工艺后继续进行接触氧化
青霉素、链霉素、卡那霉素混合废水	16000	3000	90				山东鲁抗公司	1998	CASS
乙酰螺旋霉素废水	600	<1000	80	4			苏州第二制药厂		ICEAS
青霉素、头孢菌素混合废水	12000	5500	90	5~6	36		石药基团中润公司	1999	ICEAS
四环素废水	5000	3400	80	5~6	24		华药天星公司	2000	CASS

（1）序批式间歇曝气活性污泥法（SBR）

SBR结合了间歇操作和活性污泥工艺的优点，适用于小型到中型污水处理厂间歇排放和水量水质波动大的中药废水等的处理。SBR系统的主要工作步骤包括注水阶段、反应阶段、沉淀阶段、清水提取、排泥阶段和充气阶段，这些步骤循环进行，直到废水处理达到预定的水质标准。SBR系统的优点包括灵活性高、控制简单、适应性强、处理效率高等。同时，由于其紧凑的设计，适用于场地有限或需要移动式处理设备的场合。但是SBR具有对操作人员技能要求高、污泥沉降、处理量受限、泥水分离时间较长等缺点。在处理高浓度废水时，要求维持较高的污泥浓度，同时还易发生高黏性膨胀。因此，在活性污泥系统中通常考虑投加粉末活性炭以减少曝气池的泡沫、改善污泥沉降性能和污泥脱水性能等。

厌氧-好氧（A/O）间歇式活性污泥法结合了厌氧和好氧条件下微生物的生物降解作用，通常用于处理有机物、氮和磷含量较高的废水。由于结合了厌氧和好氧条件，该工艺不仅能有效去除有机物质，还能同时去除氮和磷，从而满足对水质的更高要求。此外，相比于一些传统的生物处理工艺，厌氧-好氧间歇式活性污泥法对水质和水温的变化更为稳健。用此工艺处理抗生素微生物制药废水时，微生物制药废水不调pH值，可取得很好的效果；当进水COD浓度在1200~3000mg/L之间变化时，出水COD都小于300mg/L，处理效果稳定，运行管理灵活。

ICEAS结合了循环曝气和延时沉淀的特点，是根据传统SBR改进的一种废水处理方法（图8-4）。与SBR相比，ICEAS系统通过引入预选器等新组件，优化了处理过程，提高了处理效率和稳定性，使其在处理不同类型废水中都具有较好的适用性和优势。预选器作为预反应区或生物选择器，在厌氧条件下促进了活性微生物和原始废水的混合，有利于絮凝菌的形成，并抑制丝状细菌的繁殖。预选器区域提供了缺氧选择器，这有助于实现反硝化，并促进絮凝微生物的生长，同时抑制丝状菌株的生长。这种设定有助于改善 ICEAS 系统的处理效果。此外，ICEAS 系统中形成的微小絮凝物可以改善处理周期，并缩短处理时间，从而提高处理效率。ICEAS 系统还可以在运行过程中自动去除过多的活性污泥，从而维持系统的稳定运行，并减少处理过程中的操作和管理成本。因此，ICEAS 系统在处理复杂污染物的废水中具有优势，例如制药、酒厂、石化、炼油和涂料等行业，这些废水通常含有较复杂的有机物质和高浓度的污染物。

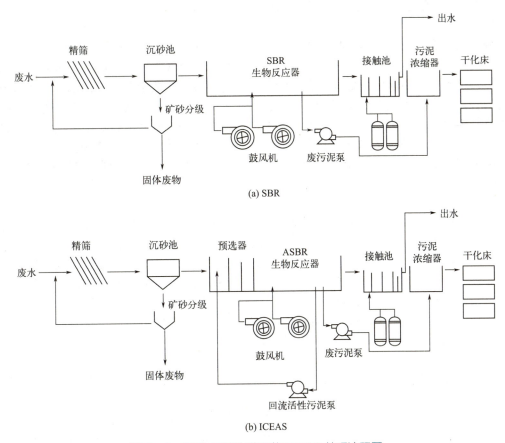

图 8-4　SBR 及其改进工艺 ICEAS 处理流程图

（2）加压生化法

加压曝气的活性污泥法提高了溶氧浓度，供氧充足，既有利于加速生物降解，又有利于提高生物耐冲击负荷能力，通常用于处理高浓度有机废水。它的主要原理是利用压力将气体（通常是空气）溶解在废水中，提高溶氧（DO）的浓度，从而促进废水中的生物降解过程。加压生化法的关键是通过加压装置将空气或氧气压入废水中。通过加压装置，空气或氧气被压入废水中，并在其中溶解增加水中溶氧的浓度。废水中的有机物质在高浓度的溶氧环境下被细菌降解。这些细菌利用有机废水中的有机物质作为碳源进行生长和代谢，将有机物质转化为水和二氧化碳等较为稳定的产物。在生物降解完成后，废水中的悬浮物和污泥颗粒会沉淀到底部形成污泥层，清水位于污泥层上方。相比一些传统的生物处理工艺，加压生化法通常不需要大量的反应器容积，节约了处理设施的空间，特别适用于一些特定行业，如食品加工、制药、纺织等，这些行业废水含有较高浓度的有机物质。例如，常州第三制药厂采用加压生化-生物过滤法处理合成制药废水，其中加压生化部分采用加压氧化塔的形式，塔内的压强可达 4～5atm❶，水中

---

❶ 1atm=101325Pa。

的溶氧浓度高达20mg/L以上，结果不仅去除了大部分有机物，而且还去除了大部分挥发酚、石油类与氨氮类物质，使出水主要污染物的去除率高达80%～90%。

（3）深井曝气法

深井曝气法是活性污泥法的一种，是高速活性污泥系统。与普通活性污泥法相比，深井曝气法主要通过将空气从底部喷射至污水中，以增加溶氧的浓度，从而提高污水中的氧化性，促进污水中有机物的生物降解，具有氧利用率高、污泥负荷高、占地面积小、投资少、运转费用低、效率高、耐水力和有机负荷冲击等优点，同时保温效果好，可保证北方地区冬天处理废水获得较好的效果。

（4）生物接触氧化法

生物接触氧化法通过将废水与生物体在一定的接触器中接触，利用生物体（通常是活性污泥或其他生物载体）中的微生物对有机污染物进行生物降解，同时利用氧气氧化废水中的有机物质，具有较高的处理负荷，能够处理容易引起污泥膨胀的有机废水。生物接触氧化法中最关键的部分是接触器，它通常是一个密封的容器，内部填充有载体或填料，以提供生物附着的表面。接触器通常分为多个隔间，每个隔间都配备有气体喷头，以向水中注入氧气。废水经过预处理后，进入接触器中与生物体接触。在接触器中，有机污染物与生物体中的微生物接触，进行生物降解和氧化。在微生物制药工业废水的处理中，常常直接采用生物接触氧化法，或用厌氧消化、酸化作为预处理工序，来处理扑热息痛、抗生素原料药、甾体类激素的生产废水。

（5）生物流化床法

生物流化床利用床内生物膜的生长和活性，通过对水体的气体注入和床内混合，形成一种动态的床内环境，有助于有效地去除废水中的有机物、氮、磷等污染物。在生物流化床中，通常填充有一种或多种固定填料，这些填料有利于生物膜的附着和生长。通过在床底部或床体侧面设置气体喷头，向床内注入气体（通常是空气）。气体注入可以通过控制气体流速和床内液体高度，形成床内的流化状态，即床内填料被气体搅动，形成类似于流体的状态。气体注入后，填料会在床内形成类似于流体的动态环境，有利于废水中的有机物质和微生物的接触和混合。在实际应用中，生物流化床法具有容积负荷高、反应速度快、占地面积小等优点，对麦迪霉素、四环素、卡那霉素等微生物制药废水处理效果较好。

（6）氧化沟

氧化沟是活性污泥法的一种变型，其曝气池呈封闭的沟渠型，所以它在水力流态上不同于传统的活性污泥法，它是一种首尾相连的循环流曝气沟渠，污水渗入其中得到净化。最早的氧化沟渠不是由钢筋混凝土建成的，而是加以护坡处理的土沟渠，是间歇进水间歇曝气的，从这一点上来说，氧化沟最早是以序批方式处理污水的技术。氧化沟除具有一般活性污泥法的优点外，还具有许多独特的特性：

① 流程简化，一般不需设初沉池。氧化沟水力停留时间和污泥龄较长，有机物去除较为彻底，剩余污泥高度稳定，污泥一般不需厌氧消化。

② 氧化沟具有推流特性，因此沿池长方向具有溶氧梯度，分别形成好氧、缺氧和厌氧区。通过合理设计和控制可使N和P得到较好的去除。

③ 操控灵活，如曝气强度可以通过调节转速或通过出水溢流堰来改变曝气机的淹没深度，交替式氧化沟各沟间交替运行的动态控制等。

④ 在技术上具有净化程度高、耐冲击、运行稳定可靠、操作简单、运行管理方便、维修简单、投资少、能耗低等特点。

8.3.3.2 厌氧工艺研究及应用

厌氧工艺研究始于1880～1950年间，当时开发了第一代厌氧反应工艺（传统化粪池和厌氧污泥接触工艺）用于处理污泥，并且大多处于实验室或生产性试验阶段，结果也不理想，水力停留时间长（14天），效率低。1969年James Young发明了厌氧滤池，实现了固体停留时间和水力停留时间的分离，水力停留时间缩短至8小时，实现了废水的常温厌氧处理。之后Bryant教授提出了厌氧处理的"水解酸化、发酵产酸、产甲烷"三阶段理论,至此奠定了现代厌氧处理的技术和理论基础。20世纪80年代末90年代初是整个厌氧处理技术研发和运用的巅峰时代。此后,有关厌氧生物处理技术的研究取得了一系列显著的突破,其中最主要的标志是荷兰瓦赫宁根大学Gatze Lettinga教授在厌氧滤池基础上进行了改进,发明了第二代厌氧反应器——UASB(升流式厌氧污泥床反应器),处理效率更高,运行更稳定,被广泛应用在高浓度制药废水的处理中。直到现在UASB技术仍然是制药废水厌氧处理的主流技术。之后他又发明了流化状态的反应器,即EGSB(厌氧膨胀颗粒污泥床反应器),并与荷兰帕克公司合作开发了内循环厌氧污泥床反应器,这些被称为第三代厌氧生物反应器。其中最为著名的是荷兰BITHANE公司开发的BIOBED反应器,它实际是EGSB反应器中的一种类型,在抗生素废水处理中得到成功应用。

折流式水解(ABR)反应器是另一种在制药废水处理中颇具应用前景的厌氧技术,它是美国著名教授McCarty于1982年开发出来的一种高效节能厌氧装置。通过采用折流设计,使废水在反应器内形成多次折流,提高了液体与催化剂的接触表面积,增加了反应的有效性。该反应器通常填充有特定的催化剂,如金属氧化物或氢氧化物,用于加速有机废物在水中的水解反应。这种设计有助于减小反应器的尺寸,提高处理效率。ABR反应器的特点是低污泥产量和高污染物去除率。此外,ABR反应器耐受高pH值或高负荷的有毒化合物,如酚类、氨和染料。

表8-4列出了现已达到生产性和中试规模的厌氧生物处理工艺。厌氧生物工艺处理抗生素工业废水的研究较多,而实际工程应用较少。目前生产性规模应用较成功的仅为UASB和普通厌氧消化工艺,其他工艺尚处中试阶段。主要原因是:对高效厌氧反应器的设计、运行研究不够,缺乏对各类抗生素废水成分的全面分析和所含化合物厌氧生物毒性作用的研究,高浓度的抗生素有机废水经厌氧处理后,出水COD仍达1000~4000mg/L,不能直接外排,需要再经好氧处理,以保证出水达标排放。

表8-4 抗生素工业废水厌氧生物处理工艺及运行参数

厌氧工艺	废水类型	处理规模/(m^3/d)	进水/(mg/L)	去除率/%	HRT	容积负荷/[kg/($m^3 \cdot d$)]	备注
普通厌氧消化工艺	青霉素	小试	4400	81	20d		
	四环素、卡那霉素等	100	30000	90		2	中温
	阿维菌素	小试	5550	81.7	4.5d		
升流式厌氧污泥床	柠檬酸、庆大霉素(6:1)	400	13000	90	24h	13.1	中温
	维生素C、SD、葡萄糖混合	1	4000	90	25h	4	常温
	洁霉素	小试	8000~14000	55	10h	20~35	单相中温
	味精-卡那霉素	小试	6000	80	23h	35~40	中温
厌氧流化床	青霉素	100	25000	80		5	35℃
厌氧折流相反应器	金霉素	450	12000	76	60h	5.625	中温

注:SD=磺胺嘧啶。

(1)UASB反应器

UASB反应器具有厌氧消化效率高、结构简单等优点。在UASB反应器中,废物以向上流动的方向被送入反应器,水力停留时间约为8~10小时。这种类型的反应器不需要预先沉淀和任何特定的介质,而向上流动的污水本身形成数以百万计的小"颗粒"或污泥颗粒,这些颗粒悬浮在水中,提供了很大的表面积(污泥层),有机物可以附着在污泥层上并经历生物降解。此外,固体停留时间高达30~50天,不需要搅拌机或曝气机。产生的气体可以被收集并用作生物燃料,而多余的污泥则通过单独的管道定期清除,并进行干燥处理。UASB工艺简单、紧凑,安装、运行和维护成本低。另外,仍存在启动周期长、温度和有机冲击负荷对启动和性能的影响大、固体的高停留时间等缺点。UASB能否高效和稳定运行的关键在于反应器内能否形成微生物适宜、产甲烷活性高、沉降性能良好的颗粒污泥。但在采用UASB法处理卡那霉素、氯霉素、维生素C、磺胺嘧啶(SD)和葡萄糖等制药生产废水时,通常要求SS含量不能过高，以保证 COD 去除率可在 85%～90%。二级串联 UASB 的 COD 去除率可达到 90% 以上。

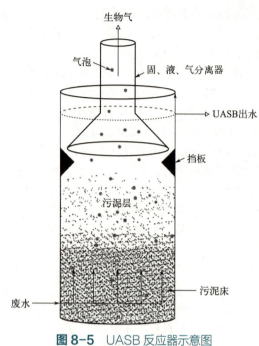

图 8-5 UASB 反应器示意图

如图 8-5 所示，UASB 反应器非常简单，不需要任何混合装置，只配备了一套气、液、固分离器，用于将固体（颗粒）从废水中分离出来。UASB 反应器最初使用接种物（如消化、厌氧、颗粒状、絮状和活性污泥）进行接种。污泥从反应器底部进入，在适当的条件下，轻和分散的颗粒将被冲洗出去，而较重的组分将保留下来，从而最小化精细分散的污泥生长，同时形成由惰性有机物、无机物和种子污泥中的小细菌聚集体组成的颗粒或絮状物。经过一定的时间（通常为 2～8 个月），根据操作条件、废水和种子污泥的特性，会形成具有高沉降性质的颗粒状或絮状的致密污泥床。在致密的污泥床上方，有一个污泥层区域，其中生长扩散更广，颗粒沉降速度较低。生物反应发生在高活性污泥床和污泥层区域中。随着流体向上通过，进水中的可溶性有机化合物被转化为主要由甲烷和二氧化碳组成的沼气。通过浸入式气、液、固分离器将产生的沼气和被气泡浮力托起的污泥与出水分离，其中挡板通过将沉淀的固体物质滑回反应区域，尽可能有效地防止活性细菌物质或浮动颗粒状污泥的冲刷。

（2）EGSB 反应器

EGSB 反应器是在 UASB 反应器的基础上发展起来的第三代厌氧生物反应器。该反应器具有高循环比，其上流速度通常保持在 6m/h 以上，由于反应器高度与宽度之比为 4～5，这使得 EGSB 反应器能够充分接触颗粒和废水。与此同时，UASB 反应器的上流速度范围为 0.5m/h 至 1.0m/h。EGSB 反应器的特征是上流速度快，有助于将分散的污泥从 EGSB 中的成熟颗粒中分离出来，随后将悬浮固体从反应器中取出。此外，高速导致颗粒膨胀和水力混合加剧，使颗粒有更大的机会与废水接触。因此，该反应器能够处理高强度有机废水［最高有机负荷为 30kg/（m³·d）］。正是由于这些独特的技术优势，使得它可以用于多种有机污水的处理，并且获得较高的处理效率。含硫酸盐废水的厌氧生物处理是近年来的一个重要课题，味精、糖蜜、酒精及青霉素等生产工业的制药废水都含有大量的有机物和高浓度的硫酸盐。Dries 等通过试验，在以乙酸为基质的情况下采用 EGSB 反应器对含硫酸盐废水进行处理，硫酸盐转化率和 COD 去除率分别高达 94% 和 96%。此外，EGSB 在处理进水 COD 浓度小于 1000～2000mg/L 的低浓度废水时也有不错的效果，特别是在低温和中温条件下。

无论是好氧还是厌氧工艺，其核心原理都是微生物以废水中的污染物作为自身的营养和能源，使废水得到净化。与化学或物理方法相比，这两种工艺由于其独特的优势，技术已经发展得较为成熟有效、经济可行，是如今世界各国处理城市生活污水和工业废水的主要手段。随着制药行业的发展，各类制药废水中污染物的成分也愈加复杂。面临越来越严格的废水排放标准，已不再局限于改进单一的厌氧或好氧生物处理方法，而是呈现出把两者有机结合起来开发各种组合技术的趋势，实现两种生物处理方法的工艺互补和技术改进。将两种工艺组合串联起来，它们各自的优点得到发扬，不足得到弥补，厌氧-好氧组合工艺成为了现今处理包括制药废水在内的高浓度有机废水的主流工艺。

例如，在对青霉素、四环素、利福平以及螺旋霉素混合生产产生的制药废水采用厌氧-好氧工艺处理时，首先需借助混凝方法对废水进行预处理，从而降低废水的生物抑制物，确保单相厌氧消化反应器内能够形成性能良好的颗粒污泥。在采用厌氧-好氧工艺处理四环素结晶母液等废水时，先用物化法从废水中回收草酸，将经过草酸回收的废水进行稀释并调节 pH 值，顺次进入厌氧、好氧反应器，通过控制厌氧段和好氧段的水力停留时间，使出水能够达到国家对制药行业的排放标准。针对四环素废水，通常采用两相厌氧-生物接触氧化工艺，在进水 COD 浓度小于 3500mg/L 的情况下，产酸相具有稳定地水解有机物和分解四环素的功能，可有效改善废水的可生化性，为产甲烷菌创造适宜的生长环境。

厌氧-好氧组合工艺目前在国内制药废水等高浓度有机废水治理工程中有着广泛的应用，如发酵制药的主要品种青霉素、链霉素、土霉素、螺旋霉素、维生素 C、维生素 B_{12}、阿维菌素以及一些合成、半合成的品种氯霉素、磺胺类、头孢系列的废水处理均采用此工艺路线，一些植物提取类即中药废水的处理也采用此工艺。不过一般情况下，对于含悬浮物较多的发酵和中药废水在生化处理前，需要进行适当的物化预处理，如混凝沉淀或气浮等。

同时，对于高氮高 COD 废水，通过厌氧-好氧组合工艺还可达到脱氮的目的。由于抗生素废水中高 SO_4^{2-} 及氨氮浓度对产甲烷菌的抑制以及沼气产量低、利用价值小等原因，近年来研究者们开始尝试以厌氧水解（酸化）取代厌氧发酵。据文献报道，有些有机物在好氧条件下较难被微生物降解，但经厌氧酸化预处理可以改变难降解有机物的化学结构，使其好氧生物降解性能提高。经过水解酸化，废水的 COD 降解虽小，但废水中大量难降解有机物转化为易降解有机物，提高了废水的可生化性，利于后续好氧生物降解。而且产酸菌的世代周期短，对温度以及有机负荷的适应性都强于产甲烷菌，能保证水解反应的高效率稳定运行。厌氧水解工艺是考虑到产甲烷菌与水解产酸菌生化速率不同，在反应器中利用水流动的淘洗作用造成产甲烷菌在反应器中难以繁殖，将厌氧处理控制在反应时间短的厌氧处理第一阶段。厌氧水解处理可以作为各种生化处理的预处理，由于不需曝气而大大降低了生产运行成本，可提高污水的可生化性，降低后续生物处理的负荷，大量削减后续好氧处理工艺的曝气量，广泛地应用于难生物降解的制药、化工、造纸等高浓度有机废水的处理中。

此外，水解酸化反应器不需设气体分离和收集系统，无需封闭，无需搅拌设备，因此造价低，且便于维修；反应器可在常温条件下运行，不需外界提供热源和供氧，出水没有不良气体，节约能耗，降低运行费用；此外还具有耐冲击负荷、污泥产率低、占地少等优点，在工程中有推广价值。

从表 8-5 可以看出，好氧工艺基本采用生物接触氧化工艺，该工艺具有处理量大、处理效率高、占地面积小、运行管理方便、污泥产量低、耐冲击负荷等优点。该技术目前被广泛应用于工业废水处理中，并且在制药废水处理方面已有成功的经验。

表 8-5　抗生素生产废水水解酸化-好氧生物处理工艺及运行参数

废水类型	水力停留时间/h		处理规模 /(m³/d)	COD		COD 容积负荷 /[kg/(m³·d)]	备注
	水解酸化	好氧工艺		进水 /(mg/L)	去除率/%		
四环素、林可霉素、克林霉素	—	—	—	4000	92	—	两段接触氧化
洁霉素	7	5	中试	5000	95	—	投菌两段接触氧化
强力霉素	11.3	10	小试	1500	89	1.32	—
利福平、氧氟沙星、环丙沙星	91	86	450	18000	—	—	接触氧化
青霉素、庆大霉素	17	14.3	2700	5273	—	4.93	
乙酰螺旋霉素	14.4	—	2000	12000	90		
洁霉素、土霉素	12	4	小试	2500	92		接触氧化
阿维霉素	10	6	小试	6000	90	16.2	两段接触氧化
卡那霉素			小试	2000	92.9		两级膜化 A/O

8.3.4　微生物制药废水生物处理实例

我国研究人员很早就将 UASB 技术用于庆大霉素、链霉素和林可霉素等抗生素废水处理的研究中。

华北制药厂自20世纪80年代初期就开始采用UASB技术处理各种抗生素废水试验研究，重点是对含有高浓度硫酸盐的青霉素废水，从实验室小试到反应器容积8m³的中试，而且还进行了日处理100t青霉素废水的生产性试验，证实了UASB工艺能够用于大型生产性装置处理高浓度制药废水，并且具有操作简单、稳定性好、滞留时间短、有机负荷高、占地面积少等特点。然而，多数制药废水水质复杂，可生化性差，单一的生物处理方法对水质的条件有一定要求，加上环保的排放要求逐渐提高，目前企业多采用化学+生化的组合工艺，通过将各种的废水处理方法组合起来，对制药废水进行处理，实现低成本下废水稳定达标排放。例如，佛山双鹤药业有限责任公司在生产注射液时产生的废水包含大量葡萄糖和氯化钠，废水温度高。此外，时常还伴有大量清洗废水，因此其水质水量变化较大。目前对该类废水的主要处理方法有物化法、生物法及化学氧化法等。物化法如气浮、混凝沉淀等，对废水的预处理具有显著效果；生物法主要为厌氧生物处理和好氧生物处理，经济可行，无二次污染；化学氧化法如生物膜法、接触氧化法等，可有效去除有机污染物。采用物化+生化处理工程的投资和运行成本较低，整体运行的稳定性和安全性能高。具体工艺包括"车间废水→集水池→调节池→厌氧池→缺氧池→好氧反应池→二沉池→氧化池→砂滤罐→清水池→达标排放"。车间的清洗废水流入集水池中，再由水泵抽送至调节池中，废水的温度可高达80℃，不利于后续处理，因此在调节池中停留时间较长，将水温自然冷却降至30~35℃，同时将偶尔产生的部分治疗药物清洗废水缓慢汇入调节池中，并进行水质水量调节。调节池出水由泵抽到厌氧池，利用微生物将大分子有机物降解为小分子有机物，去除部分污染物。厌氧池出水自流到缺氧池，期间反硝化菌利用原污水中的有机物作为碳源，将回流液中的大量硝态氮还原成N_2，从而达到脱氮的目的。然后再自流到好氧反应池中进行有机物的生物氧化、有机氮的氨化和氨氮的硝化等生化反应。从好氧反应池出来的水自流到二沉池，进行泥水分离，上清液进入氧化池中，加入强氧化剂，进一步去除废水中的污染物。出水由泵抽至砂滤罐中，进行过滤，确保出水的COD、悬浮物等指标达标。经过净化处理后的废水进入清水池中已达到回用或排放的要求，可以将出水回用或者通过巴氏槽达标排放。

佛山双鹤药业注射液生产废水进水水质及排放标准见表8-6。

表8-6 佛山双鹤药业注射液生产废水进水水质及排放标准

参数	进水	排放标准
pH	6~9	6~9
COD/(mg/L)	300	60
SS/(mg/L)	250	15
氨氮/(mg/L)	15	10
温度/℃	80	—
总氮/(mg/L)	—	20
总磷/(mg/L)	—	0.5
总有机碳/(mg/L)	—	20

8.4 微生物制药废气

8.4.1 微生物制药废气的定义与成分

微生物制药废气是指微生物制药过程中产生的一系列有毒有害的气体。国内微生物制药行业与精细化工行业关系密切，一些制药工艺中往往会使用到一些熔点低、挥发性好的有机溶剂，例如苯系物、有机胺、乙酸乙酯、二氯甲烷、丙酮、甲醇、乙醇、丁酮、乙醚、二氯乙烷、醋酸、氯仿等，此类溶剂很可能会随着生产过程挥发出来而导致污染，其排放主要发生在投料、反应、溶剂回收、过滤、离心、烘干、出料等操作单元。因此，挥发性有机物（volatile organic compounds，VOCs）是微生物制药工业中最主要的大气污染物之一，其是一类低沸点、小分子量、化学活性强的化合物，也是二次有机气溶胶和臭氧形成的重要前驱体，主要包括烷烃、烯烃、芳香烃、醛酮和酯类等，具有毒性、刺激性和致癌作用，可对人体健康和环境造成严重危害，所以必须采取有针对性的处理方法。

此外，发酵过程中，原料中的蛋白质、氨基酸在微生物的作用下发生脱羧和脱氨的过程也会产生异臭味，其臭气浓度一般在 5000～7500 之间。发酵菌种代谢产物也可能具有特殊气味。因此，发酵尾气中多种气味混合后，导致尾气的异味特征非常复杂，形成特殊的"发酵味"。不同发酵制药产品的发酵尾气气味有显著不同，例如，硫氰酸红霉素的发酵尾气有明显的霉味和苦涩味，维生素 C 的发酵尾气带有酸味，而维生素 B_{12} 的发酵尾气则有明显的甜味等。据报道，青霉素发酵尾气中 VOCs 种类和浓度在升温、保压、降温和发酵（呼吸）这 4 个阶段中有较大差异，总体来看，氯代烃类所占比例最大（24.6%～78.8%），其次是酯类（11.2%～52.4%），这两类物质占 TVOCs 含量的 90% 以上；其中升温阶段 VOCs 含量最高（5416.4mg/m^3），其次是降温阶段（1099.6mg/m^3），发酵阶段 VOCs 含量最低（202.0 mg/m^3），均超过地方有关标准 2～90 倍。这是由于灭菌阶段处于高温环境，有利于有机溶剂的挥发。此外，在灭菌阶段和发酵阶段的尾气中均检测到高浓度的乙酸乙烯酯、三氟三氯乙烷、二氯四氟乙烷、二氯乙烯，但这些高浓度污染物的来源、成因和异味贡献仍不明确。

8.4.2 微生物制药废气的主要来源与特点

根据微生物制药行业主要生产单元的操作和物料理化特性，废气主要来源有：①有机溶剂回收蒸馏、精馏产生的不凝废气；②反应过程产生的挥发气体；③物料干燥过程中产生的有机废气；④发酵与离心过程产生的尾气；⑤物料输送的抽真空系统有机废气；⑥储罐贮存或转料过程产生的呼吸尾气；⑦污水处理装置产生的废气。通常根据废气的来源、温度、压力、组分及流量等因素进行综合分析后再选择适合的废气治理方法。

总的来说，微生物制药废气的特点可以概括为：

① 排放点多，排放量大，无组织排放严重。医药化工产品得率低，溶剂消耗大，溶剂废气排放点多，且溶剂废气大多低空无组织排放，溶剂废气浓度较高。

② 间歇性排放多。反应过程基本上为间歇反应，溶剂废气也呈间歇性排放。

③ 排放不稳定。溶剂废气成分复杂，污染物种类和浓度变化大，同一套装置在不同时期可能排放不同性质的污染物。

④ 溶剂废气影响范围广。溶剂废气中的 VOCs 大多具有恶臭性质，嗅域值低，易扩散，影响范围广。

⑤ "跑冒滴漏"等事故排放多。由于生产过程中易燃、易爆物质多，反应过程激烈，生产事故风险大。

8.4.3 微生物制药废气的生物处理技术

微生物制药工业废气处理工艺，从处理的机理考虑，主要分为四类。

（1）物理法

物理法治理废气时，不改变废气物质的化学性质，只是用一种物质将它的臭味掩蔽和稀释，或者将废气物质由气相转移至液相或固相。常见方法有掩蔽法、稀释法、冷凝法和吸附法等。

（2）化学法

化学法是使用另外一种物质与废气物质进行化学反应，改变废气物质的化学结构，使之转变为无毒害的物质、无臭物质或臭味较低的物质。常见方法有燃烧法、氧化法和化学吸收法（酸碱中和法）等。

（3）物理化学法

物理化学法主要是针对废气的特性，采用一系列物理和化学处理相结合的方法，运用些特殊处理手段和非常规处理方法对其进行深度处理，以达到高去除率和无害化的目的。目前应用的简单物理化学法主要有酸碱吸收、化学吸附、氧化法和催化燃烧等几种方法有机结合的处理方法。

（4）生物法

生物法净化无机或有机废气是在已成熟的采用微生物处理废水的基础上发展起来的。生物净化实质上是一种氧化分解过程：附着在多孔、潮湿介质上的活性微生物以废气中无机或有机组分作为其生命活动的能源或养分，将其转化为简单的无机物或细胞组成物质。

由于物理化学法存在工艺复杂和运行费用高的问题，生物法逐渐受到人们的重视。废气生物处理最早可追溯到1957年的美国专利。20世纪70年代，国外对废气生物处理技术的研发渐趋广泛，80年代逐步应用于生产。我国于20世纪80年代末开始实验室研究，目前已有废气生物处理工程。由于恶臭物质分布广，影响范围大，废气生物处理主要集中在恶臭气体上。

生物除臭本质上是各种微生物将恶臭物质作为养分，使其彻底分解或使其转化成无臭物质的过程。生物除臭分为三个阶段：①臭气中的恶臭物质溶于水中，即由气相转移到液相，该过程遵循亨利定律；②溶于水中的恶臭物质被微生物吸附、吸收；③进入微生物体内的恶臭物质被微生物分解利用，臭味消失。

不含氮的恶臭物质可被彻底矿化成CO_2和水；含氮的恶臭物质除了分解产生CO_2和水外，还产生氨、亚硝酸盐和硝酸盐；含硫的恶臭物质除了分解产生CO_2和水外，还产生元素硫、亚硫酸盐和硫酸盐。

不同的恶臭物质需要不同营养型的微生物来分解和转化。例如恶臭物质为硫化氢时，可利用自养型硫化细菌将其氧化成硫酸盐；当恶臭物质是甲硫醇时，则可利用异养型微生物先将其转化成硫化氢，再利用自养型微生物将硫化氢氧化成硫酸盐。如果恶臭物质是氨，可先使其溶于水中，然后利用硝化细菌（亚硝酸细菌和硝酸细菌）将其氧化成亚硝酸和硝酸，再利用反硝化细菌将亚硝酸和硝酸还原成氮气。

生物除臭除了需要适当的菌种外，还需要菌种生长的营养条件和环境条件。

水分是微生物生命活动必需的营养物质，也是生物除臭过程必需的溶剂。恶臭物质可为微生物提供部分养分，但仍需添加缺少的养分。所需添加的养分因处理工艺而异，若用水溶臭气，再用生物反应器处理，水溶液内的营养物质相对较少，需添加的养分就相对较多；若采用堆肥过滤除臭法，由于堆肥中养分较为丰富，需添加的营养物质就相对较少，甚至可以不加。

生物除臭多取自然温度或中温条件（25～35℃），少见高温处理。若遇微生物分解基质放热而使温度过高，则需降温。生物除臭常采用好氧微生物，供氧量与供氧方式对除臭效率影响很大。在土壤或堆肥过滤除臭系统中，水、气供应会发生矛盾，含水量为50%～70%时，既有利于气流通畅，也不致造成水分不足。在少数采用厌氧微生物的场合（例如，以红硫细菌处理硫化氢），则需以氮气取代反应系统中的空气，保持无氧状态。

生物除臭系统的酸碱度宜取中性或微碱性，这是因为生物除臭主要利用细菌，多数细菌适合生长于中性至微碱性环境中，只有少数细菌对酸碱度有特殊的要求。例如，氧化硫化物或硫黄的氧化硫硫杆菌，最适pH为2.6～2.8，最低pH为1.0，最高pH为4.0～6.0。又如，分解尿素的尿素细菌，在强碱性条件下生长良好，适宜最低pH为7。有时酸碱度可影响生物转化途径。例如，在酸性条件下，硫化氢被化学氧化成硫，继而由微生物氧化成硫酸；而在碱性条件下，则被化学氧化成硫代硫酸盐，再由微生物氧化成硫酸。生物除臭系统的酸碱度也受微生物代谢的影响。例如，用土壤过滤除臭时，运行1年后有酸化的趋势，需加石灰调节。

上述条件仅仅是生物除臭的基本条件，臭气成分不同，所用菌种各异，所需的工艺条件也比较特殊，有必要另外单独控制。

根据微生物的存在状态，可将生物除臭技术分为自然生长型生物除臭技术、附着生长型生物除臭技术和悬浮生长型生物除臭技术。

8.4.3.1 自然生长型生物除臭技术

自然生长型生物除臭技术是一种利用微生物生长代谢过程中产生的酶类和其他代谢产物来去除恶臭气味的技术。这种技术基于生物降解原理，通过利用适当的微生物群落来分解有机物，从而减少或消除臭味的释放。常见的有土壤过滤除臭法、堆肥过滤除臭法和生物滤池除臭法。

（1）土壤过滤除臭法

土壤过滤除臭法是一种利用土壤的吸附、分解、氧化等作用来净化空气中的恶臭气味的方法。这种方法通常适用于较小范围的恶臭源，例如污水处理厂、垃圾填埋场、畜禽养殖场等。在土壤过滤除臭过程中，土壤颗粒表面具有较大的比表面积，能够吸附恶臭气味分子。这些气味分子被吸附在土壤颗粒表面后，会暂时减少在空气中的浓度，从而减轻恶臭气味的程度。此外，土壤中存在大量的微生物，它们具有分解有机物的能力。一些恶臭气味物质可以作为微生物的碳源，被微生物分解为无害或较少臭味的物质。这个过程包括氨氧化、硫醇氧化、甲烷氧化等微生物代谢过程。土壤过滤除臭法的优点是简单、成本较低，且不需要额外的设备，对于低浓度的制药废气是一种简单、稳定、经济的处理方法。但其效果受到土壤类型、湿度、温度等因素的影响，而且适用范围较窄。因此，在应用时需要根据具体情况进行评估和调整。

土壤过滤装置通常采用床式滤器（图8-6）。臭气由风机送入，先通过底部分布管，再进入扩散层。扩散层由粗细砾石组成。经过扩散层的均匀分布，臭气进入上部土壤层。土壤以选用腐殖土为好，有效厚度不应小于50cm。据文献报道，在土壤中加入少量鸡粪和珍珠岩，可提高土壤对甲基硫醇、二甲基硫、二甲基二硫的去除效率。

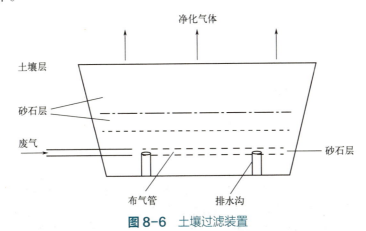

图 8-6 土壤过滤装置

土壤胶粒以及种类繁多的细菌、放线菌、霉菌、原生动物、藻类是土壤过滤除臭的主要因素。在土壤被恶臭物质饱和前，生物降解速率与有机物浓度成正比；土壤被恶臭物质饱和后，生物降解速率与有机物浓度无关。因此，需要控制臭气输入量，一般风量为 $0.1 \sim 1 m^3/(m^2 \cdot min)$。土壤过滤除臭有赖于生物转化作用，所以还需要调控温度、水分、pH等环境因素，以满足微生物生长和代谢的要求。一般操作温度调控在 $5 \sim 30℃$，土壤含水率调控在 $40\% \sim 70\%$，pH调控在 $7 \sim 8$。

（2）堆肥过滤除臭法

堆肥过滤除臭法是一种利用堆肥的生物活性和吸附作用来减少或去除有机废物产生的恶臭气味的方法。在堆肥过程中，通过微生物的分解作用，有机废物逐渐转化为肥料，并且在适当的条件下，堆肥过程中的恶臭气味可以得到有效控制。具体有两种操作方式：一种操作方式是把堆肥覆盖在臭气发生源上或臭气出口处，在臭气流过堆肥层时实现自然除臭；另一种操作方式是把臭气收集起来，送到堆肥过滤除臭系统中进行除臭。堆肥过滤除臭法的优点是技术简单、成本较低，且可以将有机废物转化为肥料，具有资源化利用的优势。然而，堆肥过程中仍然需要密切关注温度、湿度、通风等因素，以确保堆肥过程的顺利进行和恶臭气味的有效控制。

由于有机物含量大，微生物丰富，堆肥的吸附和生物转化性能优于土壤，因此与土壤过滤除臭系统相比，堆肥过滤除臭系统结构更紧凑，效率也更高。堆肥过滤除臭系统使用一年后也会发生酸化，应及时调整pH，同时还需要补充微生物生长所需的养分，一般两年补给一次。

（3）生物滤池除臭法

生物滤池除臭法是一种利用生物滤料（如木屑、秸秆、藻类等）作为生物载体，利用其中的微生物来降解恶臭气味的方法。在生物滤池除臭法中，气体通过一个装有生物滤料的滤池，滤料通常是一种有机物质或无机材料，提供了大量微生物附着的表面。这些微生物在滤料表面形成生物膜，通过代谢作用将有机废气中的臭味物质转化为较为稳定、无害的产物，强化微生物的除臭作用。生物滤池系统通常由增湿器与生物滤池组成（图8-7），其工作原理与土壤过滤除臭法和堆肥过滤除臭法相似。由于该系统采用了增湿器，可使废气保持一定湿度，补充滤床因通气而损失的水分。这种均匀适量的补水方式，有利于协调滤床内微生物对氧气和水分的要求，促进它们的生长和代谢。

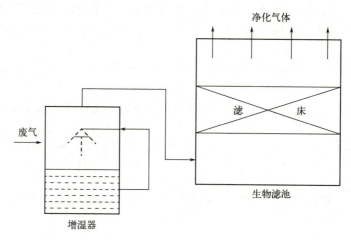

图8-7　生物滤池除臭系统

8.4.3.2　附着生长型生物除臭技术

附着生长型生物除臭技术是一种利用在载体表面附着生长的微生物来处理恶臭气味的方法。这种技术常用于处理工业废气或污水中的恶臭气味。其原理类似于生物滤池，但是重点在于提供一个大表面积的人工填料（如陶粒、塑料球）以便微生物附着生长。常见的有生物滴滤池除臭法。与土壤和堆肥不同，人工填料一般本身不含微生物，生物滴滤池也不能像土壤和堆肥过滤除臭系统那样直接投入使用。但通过筛选填料，可以为微生物的附着生长提供巨大的比表面；通过接种和培养，可以在反应器内持留活性更强、数量更大的各类微生物，因此除臭效率较高。

在生物滴滤池除臭系统（图8-8）中，专门设置了循环液喷淋装置，既可补充滤床因通气而损失的水分，也可水溶吸收臭气内的部分恶臭物质，同时也便于营养物质的调控。

研究表明，采用各种填料（如APC微粒、碳素纤维、海绵填充剂），都可取得良好的除臭效果。以生物滴滤池处理芳香族化合物（如苯乙烯、甲苯、苯酚）、脂肪族化合物（如丙烷、异丁烷）以及容易降解有机物（如乙醇），效果令人满意。表8-7是日本横滨市采用生物滴滤池的除臭试验结果。生物滴滤池内安装填料29m³（两个组件，每个组件长2.7m、宽2.7m、高2.0m），填料为多孔陶瓷（大小为2.0cm）。试验所用的臭气收集于污泥浓缩工序，处理气量130m³/min。8月份平均操作温度为30℃，2月份的平均操作温度为15℃。

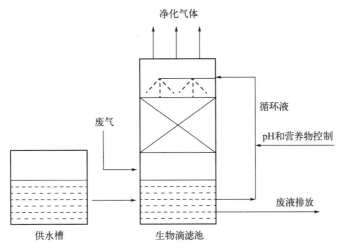

图8-8 生物滴滤池除臭系统

表8-7 生物滴滤池除臭效果

项目	8月			2月		
	浓度/(mL/m³)		负荷/[g/(m³·d)]	浓度/(mL/m³)		负荷/[g/(m³·d)]
	入口	出口		入口	出口	
硫化氢	1.9	0.02	15.8	1.18	0.02	10.4
甲基硫醇	0.22	0.025	1.8	0.205	0.023	1.8
甲基硫醚	0.29	<0.02	2.4	0.284	0.031	2.5
二甲基硫醚	<0.02	<0.02	—	0.0097	<0.003	0.2
氨	<0.5	<0.5	—	0.144	0.029	—
三甲胺	—	—	—	0.0151	0.009	—
恶臭气体浓度	980	98	—	1700	310	—

填料高度对除臭效率有明显的影响。日本桶谷智等人的试验结果表明，采用填充陶粒的生物滴滤池处理硫化氢时，去除效果随填料高度的增加而提高。如果进气浓度为28mL/m³，滤床的填料高度只需2.5m即可将硫化氢全部去除。

8.4.3.3 悬浮生长型生物除臭技术

悬浮生长型生物除臭技术是指将臭气通入活性污泥（曝气）池，在悬浮生长于活性污泥中的微生物作用下，将恶臭物质转化为无臭物质的一类除臭方法。悬浮生长型生物除臭技术具有较高的除臭效率和灵活性，适用于对恶臭气味要求较高的场所。但是，其实施需要一定的技术和设备支持，并且对处理设备的维护管理要求较高。常见的有喷淋曝气除臭法和喷淋滴滤除臭法。

（1）喷淋曝气除臭法

喷淋曝气除臭系统如图8-9所示。废气从喷淋吸收室的底部输入，穿过吸收室底部循环液，在液体中形成气泡或气液界面，增加气液接触面积，这样有利于氧气的溶解和气味物质的氧化分解。另一部分恶臭物质继续上逸，被上部喷淋而下的循环液吸收。溶解吸收恶臭物质的循环液进入活性污泥（曝气）池，被活性污泥中的微生物转化为无臭物质。

喷淋曝气除臭法类似于污水处理厂的活性污泥法，适用于各种恶臭气体的处理。运行中，活性污泥浓度宜控制在5~10g/L，臭气输入速率宜低于20m³/(m³·h)，并宜投加适量无机养分。除臭效率与活性污泥驯化、活性污泥浓度、pH、曝气强度、无机盐投加量及其投加方式等有关。例如，以经过驯化的活性污泥处理硫化氢，其效率比未经驯化的活性污泥高30%。

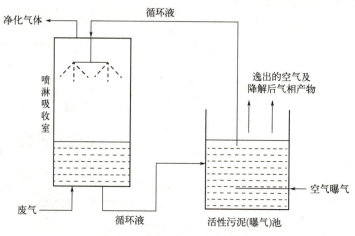

图 8-9 喷淋曝气除臭系统

（2）喷淋滴滤除臭法

喷淋滴滤除臭法结合了喷淋和滴滤两种操作，使恶臭气味物质被吸附或氧化，从而达到减少或消除恶臭气味的目的。废气由滴滤池下部输入，穿过滤床，被附着生长于填料表面的生物膜分解。未被脱除的恶臭物质继续上逸，与由上部喷淋而下的活性污泥接触，恶臭物质被转化成无臭物质。

8.4.4 微生物制药废气生物除臭实例

（1）单一废气的生物除臭

甲苯是一种无色、带特殊芳香味的易挥发液体，同时也是制药行业中一种重要的化工原料。2017年，世界卫生组织国际癌症研究机构将甲苯列为 3 类致癌物。因此，甲苯作为微生物制药废气中的一种常见组分，不能随意排放，必须经过妥善处置。生物滴滤器是净化甲苯废气的常见装置，通常以纤维附着活性炭作为载体材料。有研究表明，以经过驯化的甲苯降解菌作为接种物培育生物膜，在甲苯容积负荷低于 280g/（m³·h）、停留时间为 15.7s、表观气速为 20m/h 的条件下对甲苯进行生物除臭，净化效率可保持在 90% 以上，最大容积去除率可达 280g/（m³·h）。此外，生物滴滤器在停运数小时后，其生物除臭性能没有受到影响；停运 2d，恢复开机时性能有所下降，但在 1~3h 内性能恢复；停运 20d，恢复开机时性能降幅较大，但经过 2~3d 也能恢复。文献报道的生物滴滤去除甲苯情况见表 8-8。

表 8-8 文献报道的生物滴滤去除甲苯情况

入口浓度/（g/m³）	空塔停留时间/s	载体材料	去除率/%	容积去除率/[g/（m³·h）]
2.5~15.0	36~120	生物陶瓷	78~79	68~112
0.2~1.6	30~156	钢质鲍尔环	—	25~45
0.6~3.15	30~126	不锈钢拉西环	60~100	157
1.02~2.04	40~120	生物陶瓷	64~99	83
0.1	2	GAC	80~100	80

综上结果可知，生物滴滤器具有净化效率高、缓冲能力强等特点。究其原因，可能与反应器持留生物量多、传质和降解性能优良、持水性好等有关。

（2）混合废气的生物除臭

挥发性有机物（VOCs）是形成臭氧和细颗粒物污染的重要前体物，会导致光化学烟雾、灰霾等一系列环境问题，严重影响人类健康。某生物发酵类制药厂污水处理设施和生产车间产生的混合废气，主要污染物成分为甲苯、正庚烷、丙酮、乙酸乙酯、二氯甲烷和二甲基硫等低浓度VOCs，其中二甲基硫和乙酸乙酯等有机物具有明显恶臭味。与活性炭吸附脱臭系统相比，生物脱臭系统的基建投资较高，但运行费用大约降低3/4。考虑折旧后生物脱臭系统的年运行费用仍可降低40%左右。此外，活性炭吸附饱和后必须更换，废弃的活性炭需要另行处理，否则会造成二次污染；而生物脱臭系统可持续使用，不会出现类似问题。

因此，该制药厂建立了生物滴滤现场中试装置，处理生产车间和污水处理设施产生的混合废气。通过直接采用该厂好氧池活性污泥对生物滴滤池进行接种挂膜，挂膜初期每天额外补充一定量好氧池活性污泥以加速形成生物膜，经过28d挂膜启动成功，对废气中恶臭和VOCs组分有较好的处理效果，能适应现场废气浓度和气量波动的变化。总体而言，喷淋强度对处理效果的影响较小，处理气流量对处理效果的影响较大。当处理气流量大于2845m^3/h（对应空床停留时间40s）时，对恶臭和VOCs的去除效果不理想。当处理气流量为2000m^3/h时，VOCs的最大去除负荷为2.003g/($m^3 \cdot h$)，对应的进气负荷为2.119 g/($m^3 \cdot h$)。对该装置中填料上的微生物进行了高通量测序，发现生物滴滤池在接近正常工况时为弱酸性条件，金属杆菌、硫单胞菌、黄杆菌、支气杆菌和嗜酸菌为优势菌种。属于变形菌门的金属杆菌和硫单胞菌在生物膜上富集较多，说明变形菌门在生物除臭过程中利用废气中乙酸乙酯等酸性物质所创造的弱酸环境生存，可能是污染物去除过程中最大的优势菌群。此外黄杆菌、支气杆菌和嗜酸菌也已被报道对有机污染物有降解能力，因此也在系统的稳定运行中起到了非常重要的作用。与其他处理工艺相比，生物法适用于较低浓度废气的处理，操作简单、运行费用低。与类似研究报道相比，生物滴滤池法生物除臭的VOCs浓度和处理气流量较低，但运行费用少，能长时间保持稳定运行，而且对甲苯等疏水性VOCs也有一定的净化效果，具有良好的经济性。

总的来说，生物除臭的研究历史固然不长，部分工作还停留在实验室阶段，但由于拥有其他方法所不可比拟的优点，发展潜力很大，应用前景广阔。在日本、德国、英国、美国、荷兰等发达国家，许多生物脱臭技术和装置已经商品化，实用效果良好。在我国，生物除臭的研发起步不久，但起点较高，此成果已接近国际同类水平。随着研究工作的深入，生物除臭技术也会像废水生物处理技术一样得到广泛应用。

8.5　环保和排放法律法规简介

微生物制药工业是现代社会不可或缺的重要行业，但其生产过程中产生的废物也是一个亟须解决的问题。制药工业废物的处理对于环境保护和公众健康具有重要意义。这些废物包括液废、固废和废气等，其中可能含有有害化学物质、有毒物质和重金属等。如果不加以正确处理，这些废物可能对土壤、水体和空气造成污染，危害生态系统的稳定性和多样性，进而对公众健康产生潜在风险。

为了应对制药工业废物带来的环境和健康挑战，我国政府制定了一系列严格的法律法规来规范废物的管理和处理。这些法律法规旨在确保制药企业在废物处理过程中遵守环境保护标准，履行社会责任，并推动可持续发展的目标。通过遵守相关法律法规，制药企业能够推动可持续发展和环境保护，确保废物的安全处理，最大限度地减少对环境和人类健康的潜在风险。同时，合规处理微生物制药工业废物也有助于树立企业的良好声誉和形象，增强公众对企业的信任和认可。本节将重点介绍与微生物制药工业废物处理相关的法律法规，详细介绍中国环境保护法律框架，固体废物污染环境防治法及其实施条例，以及危险废物管理条例，探讨环境保护法律框架、固体废物污染环境防治法及其实施条例以及危险废物管理条例的内容和要求，帮助全面了解并应对微生物制药工业废物处理所面临的法律法规挑战。

8.5.1　环境保护法律框架

我国的环境保护法律框架主要包括《环境保护法》《国家环境标准》《环境影响评价法》《排污许可制度》和《企业环境信息公开》等，为制药工业废物处理提供了法律依据和指导。其中，《环境保护法》是最基础、最全面的环境法律，于1989年首次颁布，随后进行了多次修订。该法旨在保护和改善环境质量，防治环境污染，保护生态系统和公众健康。环境保护法赋予了环境保护部门和地方政府在环境管理和监督方面的职责和权力。在制药工业废物处理方面，该法对企业提出了明确的环境责任要求，包括废物的分类、储存、运输和处置等方面。

《环境保护法》是我国环境保护领域的总纲，针对制药工业各类废物的处理，我国也制定了一系列相关的国家环境标准（表8-9），涵盖了废物排放、废物处置和废物储存等。这些标准对制药企业的废物处理过程中的废物排放、处置和储存提出了具体的要求，确保废物处理符合环境保护的要求。目前涉及制药工业水、固、气污染物排放常用的国家标准有GB 21908—2008《混装制剂类制药工业水污染物排放标准》、GB 18599—2020《一般工业固体废物贮存和填埋污染控制标准》、GB 37823—2019《制药工业大气污染物排放标准》等，主要涉及制药工业企业污染物排放管理，以及制药工业建设项目的环境影响评价、环境保护设施设计、竣工环境保护验收、排污许可证核发及其投产后的污染物排放管理、医药中间体企业及其生产设施，以及药物研发机构及其实验设施的污染物排放管理。

表8-9 我国制药工业污染物排放主要国家标准

序号	标准名称	编号	实施日期
1	制药工业大气污染物排放标准	GB 37823—2019	2019.07.01
2	混装制剂类制药工业水污染物排放标准	GB 21908—2008	2008.08.01
3	中药类制药工业水污染物排放标准	GB 21906—2008	2008.08.01
4	化学合成类制药工业水污染物排放标准	GB 21904—2008	2008.08.01
5	生物工程类制药工业水污染物排放标准	GB 21907—2008	2008.08.01
6	提取类制药工业水污染物排放标准	GB 21905—2008	2008.08.01
7	发酵类制药工业水污染物排放标准	GB 21903—2008	2008.08.01
8	一般工业固体废物贮存和填埋污染控制标准	GB 18599—2020	2021.07.01
9	危险废物焚烧污染控制标准	GB 18484—2020	2021.07.01
10	排污许可证申请与核发技术规范　工业固体废物和危险废物治理	HJ 1033—2019	2019.08.13

此外，针对不同生产工艺、制药废物特性，长三角、上海、江苏、浙江、河北、河南等地专门对制药行业污染物排放制定了相关的地方标准，北京、天津、重庆、福建、陕西等则以综合性的排放控制标准形式管控制药行业污染物的排放（表8-10）。

表8-10 我国制药工业污染物排放主要地方标准

地区	标准名称	编号	实施日期
北京	有机化学品制造业大气污染排放标准	DB 11/1385—2017	2017.03.01
天津	工业企业挥发性有机物排放标准	DB 12/524—2014	2014.08.01
重庆	大气污染物综合排放标准	DB 50/418—2016	2016.02.01
上海	生物制药行业污染物排放标准	DB 31/373—2010	2010.07.01
	大气污染物综合排放标准	DB 31/933—2015	2015.05.01
江苏	化学工业挥发性有机物排放标准	DB 32/3151—2016	2017.02.01
浙江	生物制药行业污染物排放标准	DB 33/923—2014	2014.05.01
	化学合成类制药工业大气污染物排放标准	DB 33/2015—2016	2016.10.01
河北	青霉素类制药挥发性有机物和恶臭特征污染物排放标准	DB 13/2208—2015	2015.07.21
	工业企业挥发性有机物排放控制标准	DB 13/2322—2016	2016.02.24
河南	发酵类制药工业水污染物间接排放标准	DB 41/758—2012	2013.01.01
福建	工业企业挥发性有机物排放控制标准	DB 35/1782—2018	2018.09.01
陕西	挥发性有机物排放控制标准	DB 61/T 1061—2017	2017.02.10

《环境影响评价法》主要用于对可能产生重大环境影响的项目进行环境影响评价。对于制药工业废物处理项目，需要进行环境影响评价，评估其对环境和生态系统的影响，并提出相应的环境保护措施。《环

境影响评价法》的实施有助于确保制药工业废物处理项目在环境保护和可持续发展的前提下进行。此外，企业在进行排污活动之前还需按照《排污许可制度》要求获得相应的排污许可证。针对制药工业废物处理，企业需要申请相应的排污许可证，并按照许可证规定的条件和要求进行废物处理。排污许可制度的实施有助于监督和管理企业的废物排放行为，确保废物处理符合环境法规要求。

8.5.2 微生物制药废水污染防治法规及其实施条例

微生物制药行业是一个与人们的健康密切相关的行业，但同时也面临着废水污染的挑战。微生物制药废水中含有大量的有机物、重金属和其他有害物质，如果不加以妥善处理，将对环境和人类健康造成严重的影响。为了规范微生物制药废水的处理和排放，保护环境和公众健康，我国制定了一系列法规和条例。其中，《水污染防治法》是专门针对水污染问题制定的法律，适用于微生物制药废水的防治。该法规定了废水排放的许可管理制度，要求微生物制药企业在排放废水前必须申请并获得相应的排污许可证。同时，该法还规定了废水排放的标准和限值，对制药废水中的污染物浓度和排放量进行了明确的规定，是我国水处理领域的总纲法律。

由于微生物制药工业生产工艺、原材料不同，产生的制药废水性质差异较大，我国针对不同制药废水的处理出台了详细的国家标准，如《混装制剂类制药工业水污染物排放标准》《中药类制药工业水污染物排放标准》《生物工程类制药工业水污染物排放标准》《提取类制药工业水污染物排放标准》《发酵类制药工业水污染物排放标准》和《化学合成类制药工业水污染物排放标准》。这些标准都是基于《环境保护法》和《水污染防治法》制定，相互关联的同时也具有不同的侧重点。如《生物工程类制药工业水污染物排放标准》适用于生物工程类制药工业企业的水污染防治和管理，以及生物工程类制药工业建设项目的环境影响评价、环境保护设施设计、竣工环境保护验收及其投产后的水污染防治和管理，适用于采用现代生物技术方法（主要是基因工程技术等）制备作为治疗、诊断等用途的多肽和蛋白质类药物、疫苗等药品的企业，但不适用于利用传统微生物发酵技术制备抗生素、维生素等药物的生产企业。而《发酵类制药工业水污染物排放标准》则专门适用于发酵类制药工业企业的水污染防治和管理，以及发酵类制药工业建设项目的环境影响评价、环境保护设施设计、竣工环境保护验收及其投产后的水污染防治和管理，并规定了发酵类制药工业水污染物的排放限值、监测和监控要求以及标准的实施与监督等。由于这两类国家标准针对的工艺差异大，监测的主要污染物及其排放限值也有极大差异（表 8-11、表 8-12）。

表 8-11 《生物工程类制药工业水污染物排放标准》中新建企业水污染物排放浓度限值

序号	污染物项目	限值	污染物排放监控位置
1	pH值	6~9	
2	色度（稀释倍数）	50	
3	悬浮物/(mg/L)	50	
4	五日生化需氧量（BOD_5）/(mg/L)	20	
5	化学需氧量（COD_{Cr}）/(mg/L)	80	
6	动植物油/(mg/L)	5	
7	挥发酚/(mg/L)	0.5	
8	氨氮/(mg/L)	10	企业废水总排放口
9	总氮/(mg/L)	30	
10	总磷/(mg/L)	0.5	
11	甲醛/(mg/L)	2.0	
12	乙腈/(mg/L)	3.0	
13	总余氯（以Cl计）/(mg/L)	0.5	
14	粪大肠菌群数/(MPN/L)	500	
15	总有机碳（TOC）/(mg/L)	300	
16	急性毒性（$HgCl_2$当量）/(mg/L)	0.07	

表 8-12 《发酵类制药工业水污染物排放标准》中新建企业水污染物排放浓度限值

序号	污染物项目	限值	污染物排放监控位置
1	pH值	6～9	
2	色度（稀释倍数）	60	
3	悬浮物/（mg/L）	60	
4	五日生化需氧量（BOD_5）/（mg/L）	40（30）	
5	化学需氧量（COD_{Cr}）/（mg/L）	120（100）	
6	氨氮/（mg/L）	35（25）	企业废水总排放口
7	总氮/（mg/L）	70（50）	
8	总磷/（mg/L）	1.0	
9	总有机碳（TOC）/（mg/L）	40（30）	
10	急性毒性（$HgCl_2$当量）/（mg/L）	0.07	
11	总锌/（mg/L）	3.0	
12	总氰化物/（mg/L）	0.5	

注：括号内排放限值适用于同时生产发酵类原料药和混装制剂的联合生产企业。

8.5.3 微生物制药固体废物污染防治法规及其实施条例

为了保护和改善生态环境，防治固体废物污染环境，保障公众健康，维护生态安全，推进生态文明建设，促进经济社会可持续发展，我国早在1995年就专门出台了《中华人民共和国固体废物污染环境防治法》，并历经2004年、2020年二次修订，2013年、2015年、2016年三次修正，共九章一百二十六条。《中华人民共和国固体废物污染环境防治法》及其实施条例是我国针对固体废物管理和处理制定的重要法律法规，为微生物制药工业废物的管理和处理提供了明确的法律依据和规范。

《中华人民共和国固体废物污染环境防治法》主要涉及固体废物的分类和管理、运输和处置、废物污染防治设施及监督管理和处罚措施。

① 根据废物的性质、来源和危害程度，将废物分为有害废物、可回收、其他废物等不同类别，并要求制定废物分类管理制度，建立相应的废物分类收集和储存设施。

② 废物的运输和处置过程应符合安全要求，并采取有效措施防止废物泄漏和污染环境。废物的处置应选择合适的方式，包括焚烧、填埋、化学处理、物理处理、生物处理等，并符合相关的排放标准和要求。

③ 要求建立和使用废物污染防治设施。这些设施包括废物收集容器、废物储存设施、废物处理设施等，应符合相关的技术标准和要求，确保设施的正常运行，防止废物泄漏和对环境的污染。

④ 强调监督管理和处罚措施的重要性。相关部门应加强对固体废物处理活动的监督和检查，确保企业遵守法律法规的要求。对于违反法律法规的企业，将依法予以处罚，包括罚款、责令停产停业、吊销许可证等。

8.5.4 微生物制药废气污染防治法规及其实施条例

除了液废和固废外，微生物制药生产过程中还会产生含有各种有机物、氮氧化物和颗粒物等污染物的废气。这些废气污染对人类的影响不仅体现在人体健康方面，还体现在人类生产、生活的诸多方面。为了规范制药废气的处理和排放，保护环境和公众健康，我国早在1987年第六届全国人民代表大会常务委员会第二十二次会议上通过了《中华人民共和国大气污染防治法》，加强对燃煤、工业、机动车船、扬尘、农业等大气污染的综合防治，推行区域大气污染联合防治，对颗粒物、二氧化硫、氮氧化物、挥发性有机物、氨等大气污染物和温室气体实施协同控制。与其他工业废气相比，制药工业废气成分复杂，毒性大，主要成分包括颗粒物、苯系物、有机胺、氰化氢、光气、甲醛、氯气等有毒有害气体。因此，我国在2019年首次发布了制药工业大气污染物排放控制的基本要求——《制药工业大气污染物排放标准》，该标准详细规定了制药工业大气污染物排放控制要求、检测和监督管理要求，并不再执行《大气污染物综合排放标准》（GB16297—1996）中的相关规定。

表 8-13 《制药工业大气污染物排放标准》大气污染物排放限值　　　　　　单位：mg/m³

序号	污染物项目	化学药品原料药制造、兽用药品原料药制造、生物药品制品制造、医药中间体生产和药物研发机构工艺废气	发酵尾气及其他制药工艺废气	污水处理站废气	污染物排放监控位置
1	颗粒物	30[①]	30	—	
2	NMHC	100	100	100	
3	TVOCs[②]	150	150	—	
4	苯系物[③]	60	—	—	
5	光气	1	—	—	
6	氰化氢	1.9	—	—	车间或生产设施排气筒
7	苯	4	—	—	
8	甲醛	5	—	—	
9	氯气	5	—	—	
10	氯化氢	30	—	—	
11	硫化氢	—	—	5	
12	氨	30	—	30	

① 对于特殊药品生产设施排放的药尘废气，应采用高效空气过滤器进行净化处理或采取其他等效措施。高效空气过滤器应满足 GB/T 13554—2020 中 A 类过滤器的要求，颗粒物处理效率不低于 99.9%。特殊药品包括：青霉素等高致敏性药品、β-内酰胺结构类药品、避孕药品、激素类药品、抗肿瘤类药品、强毒微生物及芽孢菌制品、放射性药品。
② 根据企业使用的原料、生产工艺过程、生产的产品、副产品，结合本标准中的附录 B 和有关环境管理要求等，筛选确定计入 TVOCs 的物质。
③ 苯系物包括苯、甲苯、二甲苯、三甲苯、乙苯和苯乙烯。

对于有组织排放的制药企业，该标准还要求车间或生产设施排气中非甲烷总烃（NMHC）初始排放速率≥3kg/h 时，应配置 VOCs 处理设施，处理效率不应低于 80%。废气收集处理系统应与生产工艺设备同步运行。废气收集处理系统发生故障或检修时，对应的生产工艺设备应停止运行，待检修完毕后同步投入使用；生产工艺设备不能停止运行或不能及时停止运行的，应设置废气应急处理设施或采取其他替代措施。对于 VOCs 燃烧（焚烧、氧化）装置除满足表 8-13 的大气污染物排放要求外，还需对排放烟气中的二氧化硫、氮氧化物和二噁英类进行控制，达到表 8-14 规定的限值。利用锅炉、工业炉窑、固废焚烧炉焚烧处理有机废气的，还应满足相应排放标准的控制要求。

表 8-14 《制药工业大气污染物排放标准》燃烧装置大气污染物排放限值　　　　　　单位：mg/m³

序号	污染物项目	排放限值	污染物排放监控位置
1	SO_2	200	
2	NO_x	200	车间或生产设施排气筒
3	二噁英类[①]（TEQ）	0.1ng/m³	

① 燃烧含氯有机废气时，需监测该指标。

为了保证制药企业周围居民身心健康，《制药工业大气污染物排放标准》还对企业边界及周边污染物浓度提出了要求：企业边界任何 1h 大气污染物平均浓度应符合表 8-15 规定的限值。

表 8-15 《制药工业大气污染物排放标准》企业边界大气污染物浓度限值　　　　　　　单位：mg/m³

序号	污染物项目	限值
1	光气	0.080
2	氰化氢	0.024
3	甲醛	0.20
4	氯化氢	0.20
5	苯	0.40
6	氯气	0.40

8.5.5　微生物制药企业环境信息公开

为规范企业环境信息依法披露活动，强化生态环境保护主体责任，加强社会监督，2020 年 12 月 30 日，审议并通过了《环境信息依法披露制度改革方案》。2021 年 11 月，生态环境部印发了《企业环境信息依法披露管理办法》，明确规定了企业环境信息依法披露的主体、内容和时限、监督管理、罚则等内容。对于重点排污单位、实施强制性清洁生产审核的企业、法律法规规定的其他应当披露环境信息的企业，以及上一年度有因生态环境违法行为被追究刑事责任的，因生态环境违法行为被依法处以十万元以上罚款的，因生态环境违法行为被依法实施按日连续处罚的，因生态环境违法行为被依法实施限制生产、停产整治的，因生态环境违法行为被依法吊销生态环境相关许可证件的，因生态环境违法行为其责任人员被依法处以行政拘留等的发债企业和上市公司（及其子公司），都应当按照规定披露环境信息。需要披露的主要包括八类：

① 企业基本信息，包括企业生产和生态环境保护等方面的基础信息；

② 企业环境管理信息，包括生态环境行政许可、环境保护税、环境污染责任保险、环保信用评价等方面的信息；

③ 污染物产生、治理与排放信息，包括污染防治设施，污染物排放，有毒有害物质排放，工业固体废物和危险废物产生、贮存、流向、利用、处置，自行监测等方面的信息；

④ 碳排放信息，包括排放量、排放设施等方面的信息；

⑤ 生态环境应急信息，包括突发环境事件应急预案、重污染天气应急响应等方面的信息；

⑥ 生态环境违法信息；

⑦ 本年度临时环境信息依法披露情况；

⑧ 法律法规规定的其他环境信息。

对于实施强制性清洁生产审核的企业，在披露年度环境信息时还应当额外披露实施强制性清洁生产审核的原因以及强制性清洁生产审核的实施情况、评估与验收结果。对于上市公司和发债企业，在披露年度环境信息时还应当额外披露：①上市公司通过发行股票、债券、存托凭证、中期票据、短期融资券、超短期融资券、资产证券化、银行贷款等形式进行融资的，应当披露年度融资形式、金额、投向等信息，以及融资所投项目的应对气候变化、生态环境保护等相关信息；②发债企业通过发行股票、债券、存托凭证、可交换债、中期票据、短期融资券、超短期融资券、资产证券化、银行贷款等形式进行融资的，应当披露年度融资形式、金额、投向等信息，以及融资所投项目的应对气候变化、生态环境保护等相关信息。

拓展阅读

维生素 C 发酵及环境友好生产新技术

总结

- 微生物制药产业在规模化、集约化发展的同时，也产生了大量的废物。采用各类好氧、厌氧工艺等生物技术对产生的废物进行处理，可在对废物进行减量化和无害化的同时，实现废物的回收再利用，促进了微生物制药工业清洁生产的快速实现。
- 微生物制药废渣的主要生物处理方法包括好氧和厌氧生物处理。堆肥是最典型的制药废渣好氧生物处理技术，主要利用好氧微生物将有机质转化为腐殖质，同时消除残留抗生素等药物。厌氧消化技术则正好相反，是利用（兼性）厌氧微生物经过水解－产酸－产甲烷三个阶段将有机质最终转化为甲烷。目前，常用的厌氧消化技术包括单相厌氧生物处理技术和两相厌氧生物处理技术。
- 微生物制药废水包括发酵废水，细胞培养废水，浓缩、色谱、置换废水等，是一个重要的环境污染源。微生物制药废水生物处理技术根据工艺可分为好氧工艺、厌氧工艺和厌氧－好氧组合工艺。
- 微生物制药废水好氧处理工艺包括续批式间歇活性污泥法、加压生化法、深井曝气法、生物接触氧化法、生物流化床法和氧化沟等。
- 微生物制药废气包含挥发性有机废气和发酵尾气。生物除臭本质上是各种微生物将恶臭物质用作养分，使其彻底分解或使其转化成无臭物质的过程。
- 《环境保护法》是我国环境保护领域的总纲。针对制药工业各类废物的处理，国家和地方制定了一系列相关的环境标准。

工程 / 思维训练

○ 产业化实例

某制药公司以生物发酵法生产乙酰螺旋霉素，主要废水污染源包括车间生产排水、循环水、制冷系统废水和生活污水等，经计算总废水量约为 600m³/d。各污染源水质差别很大，其中生产废水包括板框废水（悬浮物较多，主成分为菌丝体）和溶剂废水（主成分为醇类和脂类）。已知该公司产生的废水中主要污染因子为 pH、悬浮物（SS）、COD、BOD 等，各股废水的水量、水质情况具体如表 8-16 所示。

表 8-16 各股废水的水量、水质情况

污染源		水量/(m³/d)	pH	SS/(mg/L)	COD/(mg/L)	BOD/(mg/L)	SO_4^{2-}/(mg/L)
高浓度生产废水	板框废水	150	7.0	1000	2200	1000	—
	溶剂废水	100	7.5	400	21000	10000	150
低浓度生产、生活废水		350	7.2	—	350	140	0

由于该公司拟将废水处理后排入江河中，根据相关法律法规，处理后废水需满足《发酵类制药工业水污染物排放标准》（GB 21903—2008）的限值要求，标准具体为：pH=6～9，COD≤120mg/L，

BOD≤40mg/L，SS≤60mg/L，氨氮≤35mg/L，总氮≤70mg/L，总磷≤1mg/L，色度≤60。

能力训练：

根据该公司产生废水的特点以及处理要求：

1. 设计合适的废水处理工艺，并绘制工艺流程图。
2. 描述各工艺中各步骤的作用和原理。

课后练习

1. 抗生素菌渣堆肥消除抗生素的原理是什么？
2. 完全消除抗生素后的菌渣堆肥产品是否可以直接应用？为什么？
3. 在制药废水处理过程中，好氧和厌氧工艺各有什么优势和缺陷？
4. 在制药废水处理过程中，好氧-厌氧组合工艺在哪些方面实现了两种工艺的功能互补？
5. 活性污泥法处理污水的原理是什么？
6. 微生物除臭的原理是什么？
7. 微生物制药废气的生物处理方法有哪些？它们的区别是什么？
8. 企业进行环境信息披露有什么积极影响？

参考文献

[1] 岑沛霖. 工业微生物学［M］. 2版. 北京：化学工业出版社，2008.
[2] 陈坚，堵国成. 发酵工程原理与技术［M］. 北京：化学工业出版社，2012.
[3] 陈启军，牛培鑫，李世超，等. 一种新的大环内酯类抗生素发酵菌渣无害化处理方法. CN 202010242003.1［P］. 2021-10-01.
[4] 陈忆嘉，季国忠. 丝裂霉素C在顽固性食管狭窄中的应用进展［J］. 医学研究生学报，2015，28（11）：1209-1212.
[5] 储炬，李友荣. 现代工业发酵调控学［M］. 3版. 北京：化学工业出版社，2016.
[6] 邓子新. 微生物学. 北京：高等教育出版社，2017.
[7] 丁忠浩. 有机废水处理技术及应用. 北京：化学工业出版社，2002.
[8] 杜梦璇，姜民志，刘畅，等. 肠道微生物菌株资源库的构建与应用开发［J］. 微生物学报，2021，61（04）：875-890.
[9] 段开红. 生物工程设备［M］. 2版. 北京：科学出版社，2017.
[10] 冯变玲. 药事管理学［M］. 7版. 北京：人民卫生出版社，2022.
[11] 韩北忠. 发酵工程［M］. 北京：中国轻工业出版社，2013.
[12] 韩德权，王莘. 微生物发酵工艺学原理［M］. 北京：化学工业出版社，2013.
[13] 郝天怡，赫卫清. 大环内酯类抗生素代谢工程的研究进展［J］. 生物工程学报，2021，37（05）：1737-1747.
[14] 侯路宽，李花月，李文利. 隐性次级代谢产物生物合成基因簇的激活及天然产物定向发现. 微生物学报，2017，57（11）：1722-1734.
[15] 黄芳一，程爱芳. 发酵工程［M］. 4版. 武汉：华中师范大学出版社，2019.
[16] 黄静，陆海峰，何贤生，等. 一种供生产用的链霉菌种液及其制备、保存、使用方法. CN 201710983603.1［P］. 2017-12-26.
[17] 赖颖，王红星. 发酵工程实验［M］. 郑州：郑州大学出版社有限公司，2021.
[18] 李玲玲. 微生物制药技术［M］. 北京：化学工业出版社，2015.
[19] 李瑞娟，赵晓雨，杨润雨，等. 噬菌体重组酶介导的DNA同源重组工程［J］. 微生物学通报，2021，48（09）：3230-3248.
[20] 李学如，涂俊铭. 发酵工艺原理与技术［M］. 武汉：华中科技大学出版社，2014.
[21] 李炎炎，高山行. 中国生物医药产业发展现状分析——基于1995—2015年统计数据. 中国科技论坛，2016，12：42-47.
[22] 李颖. 微生物生物学. 2版. 北京：科学出版社，2019.
[23] 李振，殷瑜，陈代杰. 四环素类抗生素的复苏［J］. 中国抗生素杂志，2021，46（12）：1084-1089.
[24] 林强，霍清. 制药工艺学［M］. 北京：化学工业出版社，2010.
[25] 刘翠，杨书程，李民，等. 药物筛选新技术及其应用进展［J］. 分析测试学报，2015，34（11）：1324-1330.
[26] 罗大珍，林稚兰. 现代微生物发酵及技术教程［M］. 北京：北京大学出版社，2006.
[27] 马玉倩，邢晓燕，葛彬彬，等. APN/CD13抑制剂乌苯美司：一个抗肿瘤化疗药物分子伴侣［J］. 中国药理学通报，2021，37（11）：1497-1502.
[28] 孟祥彬. 磷霉素与其它抗菌素的联合作用研究进展［J］. 河北医学，2017，（5）：840-844.
[29] 饶聪，云轩，虞沂，邓子新. 微生物药物的合成生物学研究进展. 合成生物学，2020，1（1）：92-102.
[30] 沈锦优. 工业废水处理理论与技术. 北京：北京航空航天大学出版社，2024.
[31] 沈萍. 微生物学. 8版. 北京：高等教育出版社，2016.
[32] 史仲平，潘丰. 发酵过程解析、控制与检测技术［M］. 2版. 北京：化学工业出版社，2010.
[33] 司学见，轩诗锋，陈达，等. 一种阿卡波糖的提取纯化方法. CN 202210991990.4［P］.
[34] 孙桂芝，罗斌华. 药事管理学［M］. 北京：化学工业出版社，2021.
[35] 孙彦. 生物分离工程［M］. 3版. 北京：化学工业出版社，2013.
[36] 万春艳. 药品生产质量管理规范（GMP）实用教程［M］. 3版. 北京：化学工业出版社，2024.
[37] 王夏实. 抗癌药物紫杉醇的合成方法进展［J］. 当代化工研究，2019，（03）：187-189.
[38] 王欣荣，杨渊，杨赞，等. 从含有阿卡波糖的溶液中提纯阿卡波糖的方法. CN 201510098483.8［P］.

[39] 王勇军.抗生素菌渣无害化资源化技术研究进展.第五届发酵过程优化控制与节能减排新技术、新设备交流研讨会.2018.

[40] 王远山,王雨薇,官佳慧,程东远.微生物制药菌渣处理方法研究进展.浙江工业大学学报,2021,49(3):318-323.

[41] 吴定,路桂红.低能离子注入法诱变微生物育种[J].中国酿造,2002(C00):31-32.

[42] 辛秀兰.生物分离与纯化技术[M].3版.北京:科学出版社,2024.

[43] 徐晓军,宫磊,杨虹.恶臭气体生物净化理论与技术.北京:化学工业出版社,2005.

[44] 燕平梅.微生物发酵技术[M].北京:中国农业科学技术出版社,2010.

[45] 杨建花,苏晓岚,朱蕾蕾.高通量筛选系统在定向改造中的新进展[J].生物工程学报,2021,37(07):2197-2210.

[46] 叶健文,陈江楠,张旭,等.动态调控:一种高效的细胞工厂工程化代谢改造策略[J].生物技术通报,2020,36(6):1.

[47] 于晴,黄婷婷,邓子新.微生物药物产业现状与发展趋势.中国工程科学,2021,23(5):69-78.

[48] 余林,苟宝迪.博来霉素的抗肿瘤活性及诱导肺纤维化毒性的研究进展[J].包头医学院学报,2018,34(11):126-129.

[49] 余龙江.发酵工程原理与技术应用[M].北京:化学工业出版社,2006.

[50] 袁建琴,高斌战.动物细胞与微生物发酵工程制药[M].北京:中国农业科学技术出版社,2010.

[51] 张嗣良.发酵工程原理[M].北京:高等教育出版社,2013.

[52] 张昱,王辰,韩子铭,冯皓迪,田野,田哲,杨敏.厌氧膜生物反应器处理抗生素废水研究进展与展望.环境工程学报,2024.

[53] 张致平.微生物药物学[M].北京:化学工业出版社,2003.

[54] 赵斌.微生物学.北京:高等教育出版社,2010.

[55] 赵立红.改性Pd/C、Ru/C贵金属催化剂在丙二烯磷酸选择加氢中的应用[D].郑州大学,2006.

[56] 赵临襄,赵广荣.制药工艺学[M].北京:人民卫生出版社,2014.

[57] 赵卫,鲍晓磊,张媛,张焕坤,陆雅静,王洪华.河北省发酵类抗生素菌渣处置现状及存在的问题.安徽农业科学,2013,41(31).

[58] 中国科学院微生物研究所噬菌体组.噬菌体及其防治[M].北京:科学出版社,1973.

[59] 周德庆.微生物学教程.4版.北京:高等教育出版社,2020.

[60] 朱玲玲,张彦,金红,等.西罗莫司治疗原发免疫性血小板减少症对Treg细胞及Breg细胞的影响[J].中国医药科学,2022,12(18):13-16.

[61] 邹家庆.工业废水处理技术.北京:化学工业出版社:2003.

[62] 邹克华,张涛,刘咏,宁晓宇.恶臭防治技术与实践.北京:化学工业出版社,2018.

[63] 刘伟鹏.水解酸化+UASB处理盐酸林可霉素菌渣的试验研究[D].郑州大学,2014.

[64] 李向科,潘厚昌,王绍宇.抗生素发酵液体培养基的灭菌动力学及工艺研究[J].医药工程设计,2013,34(01):8-16.

[65] 朱自强,李勉,王轶雄,关怡新,姚善泾.双水相萃取法提取红霉素的方法.CN 98104898.6[P].

[66] 张杰,相会强,徐桂芹.抗生素生产废水治理技术进展.哈尔滨建筑大学学报,2002,02:44-48.

[67] 侯譞.生物膜反应器对NH_3和H_2S的去除研究[D].北京化工大学,2015.

[68] 李可萌,赫卫清.生物次级代谢产物生物合成基因簇的克隆与异源表达[J].生命的化学,2021,41(03):420-427.

[69] 蒋荣清.堆肥中木质降解素复合菌的筛选及其生理特性研究[D].湖南大学,2010.

[70] 姜威,司书毅,陈湘萍,王林,庄锡亮,邹坚,陈鸿珊,曹凌霄,冯华,陈利.微生物天然产物数据库的建立及应用[J].中国抗生素杂志,2006,02:119-121.

[71] 高学金.面向微生物发酵过程的复杂系统建模与优化控制的研究[D].北京工业大学,2006.

[72] 杜东霞.微生物次级代谢产物生物合成基因簇异源表达研究进展[J].中国抗生素杂志,2011,37(08):568-574,598.

[73] 苏有升,王渭军,韦基岸,成卓韦,王家德.生物滴滤法处理药厂混合废气的工程实践.化工环保,2020,40

[74] 王崔岩，郭月玲，仲伟潭，李敏，赵辉，张雪霞. 两性霉素B分离纯化工艺研究. 中国抗生素杂志，2020，45（12）：1238-1241.

[75] HJ 577—2010序批式活性污泥法污水处理工程技术规范［S］. 北京：中国环境科学出版社，2011.

[76] Chen S A, Zhong W Z, Ning Z F, Niu J R, Feng J, Qin X, Li Z X. Effect of homemade compound microbial inoculum on the reduction of terramycin and antibiotic resistance genes in terramycin mycelial dreg aerobic composting and its mechanism. Bioresource Technol, 2023, 368.

[77] Divakar S, Padaki M, Balakrishna R G. Review on liquid-liquid separation by membrane filtration[J]. Acs Omega, 2022, 7(49): 44495-44506.

[78] El-Bassyouni H T, Mohammed M A. Genome editing: a review of literature[M]. LAP Lambert Academic Publishing, 2018.

[79] Hu Y, Gu P, Yang W, Hong H, Qian Y, Ma X, Hua W, Ouyang P. Separation and purification of gibberellin involves adjusting pH of solution containing gibberellin, filtering using filter aid, adsorbing filtrate using magnetic resin assisted by external magnetic field, desorbing and crystallizing. WO2017091956-A1, SG11201708042-A1, GB2552593-A, SG11201708042-B, GB2552593-B[P].

[80] Hua Y, Kukkar D, Brown R J C, et al. Recent advances in the synthesis of and sensing applications for metal-organic framework-molecularly imprinted polymer (MOF-MIP) composites[J]. Critical Reviews in Environmental Science and Technology, 2023, 53(2): 258-289.

[81] Jiang M Y, Song S Q, Liu H L, Wang P, Dai X H. Effect of gentamicin mycelial residues disintegration by microwave-alkaline pretreatment on methane production and gentamicin degradation during anaerobic digestion. Chem Eng J, 2021, 414.

[82] Jungbauer A. Chromatographic media for bioseparation[J]. Journal of Chromatography A, 2005, 1065 (1): 3-12.

[83] Khasawneh O F S, Palaniandy P. Occurrence and removal of pharmaceuticals in wastewater treatment plants. Process Saf Environ, 2021, 150: 532-556.

[84] Kitano S, Lin C, Foo J L, et al. Synthetic biology: Learning the way toward high-precision biological design[J]. PLoS Biology, 2023, 21(4).

[85] Lawson C E, Harcombe W R, Hatzenpichler R, et al. Common principles and best practices for engineering microbiomes[J]. Nature Reviews Microbiology, 2019, 17(12): 725-741.

[86] Li L, Accessing hidden microbial biosynthetic potential from under explored sources for novel drug discovery. Biotechnol Adv 2023, 66.

[87] Li W, Xu X, Lyu B, et al. Degradation of typical macrolide antibiotic roxithromycin by hydroxyl radical: kinetics, products, and toxicity assessment[J]. Environmental Science and Pollution Research, 2019, 26(14): 14570-14582.

[88] Newman D J, Cragg G M. Natural Products as Sources of New Drugs over the Nearly Four Decades from 01/1981 to 09/2019. [J]. Journal of Natural Products, 2020, 83(3): 770-803.

[89] Park S R, Yoo Y J, Ban Y H, et al. Biosynthesis of rapamycin and its regulation: past achievements and recent progress[J]. The Journal of antibiotics, 2010, 63(8): 434-441.

[90] Pinto G P, Hendrikse N M, Stourac J, Damborsky J, Bednar D. Virtual screening of potential anticancer drugs based on microbial products. Semin Cancer Biol, 2022, 86: 1207-1217.

[91] Sahayasheela V J, Lankadasari M B, Dan V M, Dastager S G, Pandian G N, Sugiyama H. Artificial intelligence in microbial natural product drug discovery: current and emerging role. Nat Prod Rep, 2022, 39 (12): 2215-2230.

[92] Satowa D, Fujiwara R, Uchio S, et al. Metabolic engineering of E. coli for improving mevalonate production to promote NADPH regeneration and enhance acetyl-CoA supply [J]. Biotechnology and Bioengineering, 2020, 117(7): 2153-2164.

[93] Scherlach K, Hertweck C. Mining and unearthing hidden biosynthetic potential [J]. Nature Communications, 2021, 12(1): 3864.

[94] Shi X Q, Leong K Y, Ng H Y. Anaerobic treatment of pharmaceutical wastewater: A critical review. Bioresource Technol, 2017, 245: 1238-1244.

[95] Veiter L, Kager J, Herwig C. Optimal process design space to ensure maximum viability and productivity in Penicillium

chrysogenum pellets during fed-batch cultivations through morphological and physiological control [J]. Microbial Cell Factories, 2020, 19(1): 33.

[96] Wang Z, Liu H B, Zhu X C, Zhou S Q, Zhang X Y, Li J, Yan B B, Chen G Y. Comparative analysis of microwave wet torrefaction and anaerobic digestion for energy recovery from antibiotic mycelial residue. Fuel, 2024, 357.

[97] Yoo Y J, Kim H, Park S R, et al. An overview of rapamycin: from discovery to future perspectives[J]. Journal of Industrial Microbiology and Biotechnology, 2017, 44(4-5): 537-553.

[98] Zhang Q, Gong X J, Zhang Y, Wang X T, Pan X W, Zhou Y F, Xu X J, Zhang Q, Ji X M, Wang W J, Xing D F, Ren N Q, Lee D J, Chen C. Investigation into the treatment and resource recovery of rifamycin mycelial dreg with thermal alkaline pretreatment-anaerobic digestion. J Clean Prod, 2023, 427.

[99] Zhang W J, Ge W S, Li M, et al. Short review on liquid membrane technology and their applications in biochemical engineering[J]. Chinese Journal of Chemical Engineering, 2022, 49: 21-33.

[100] Ziani B E C, Mohamed A, Ziani C, et al. Polyketides[M]. Natural Secondary Metabolites: From Nature, Through Science, to Industry. Cham: Springer International Publishing, 2023: 201-284.